전자 · 전기 · 전산 통신공학도의
초보적인 의문점을 해결해주는 실험서

제 7판

대학 기초실험

최승덕·최영희·김남호·백관현·문현욱 공저

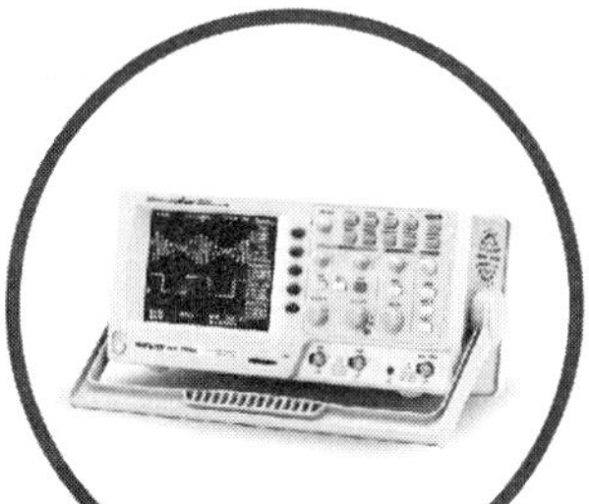

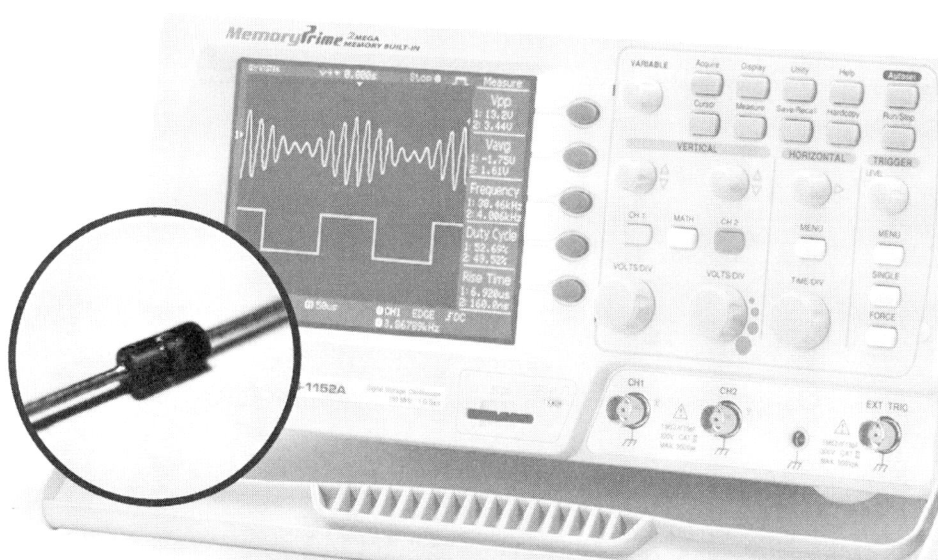

B.C.Info

머 리 말

현대사회는 새로운 과학기술의 급속한 발달로 그 관련 공업기술의 발전은 실로 눈부신 발전을 거듭해 왔으며, 특히 첨단기술 산업으로 각광을 받는 전자기술은 모든 산업의 초석이 되며 매우 광범위한 분야로 되어 있다.

이러한 광범위한 분야를 자기의 전문 영역으로 구축하기까지에는 오랜 시간이 소요되며, 어떠한 부냐를 선택하든지 간에 공통필수로 반드시 이수해야할 과정이 바로 전자기초실습인 것이다.

또한 이 과정을 얼마나 충실하게 공부하였는가에 따라 자기 분야를 발전시켜 나갈 기초가 세워 지는 것이다. 이러한 의미에서 볼 때 이 책에서 다루어지는 내용은 기초 개념에 대한 증명을 통하여 전공영역을 확고히 다져나가도록 의도되었다.

제1장에서는 실험에 대한 기본지식, 제2장에서는 회로시험기를 비롯한 실험할 때 가장 많이 사용되는 기본적인 실험기구 사용법을 숙지하도록 하였고, 제 3장과 4장, 제7장~9장 까지는 전압과 전류의 기본개념을 이해하고 간단한 회로의 법칙과 제반정리를 실험을 통하여 확인할 수 있도록 하였으며, 제9장에서는 일반저항측정방법인 휘트스톤브리지를 실험함으로서 실제적인 브리지 장비의 원리를 이해하도록 하였고, 특히 제5장과 6장에서는 저항계의 원리와 분류기, 배율기를 실험함으로서 테스터기의 원리를 확실하게 이해할 수 있도록 하였다.

제11장에서 아날로그 오실로스코프에 대해서 알아보고, 이 장비를 이용하여 제12장에서 제13장까지 R-L, R-C 직병렬회로와 R-L-C 공진회로에 대해서 실험을 통하여 숙지하도록 하였다.

제14장에서 29장까지는 다이오드를 비롯한 반도체소자 및 광소자의 특성과 정류회로, 증폭회로, 발진회로 등의 기본개념을 실험을 C통하여 이해 할 수 있도록 하였으며, 제30장에서는 전력측정방법, 제31장에서 33장까지는 기본적인 OP AMP를 부분별로 다루었고, 제34장에서는 정전압레귤레이터, 제35장에서는 변조기. 혼합기, 복조기를 제36장에서는 555타이머를 이용한 파형발생기를 다루었다.

특히, 제37장은 종합실험으로서 앞에서 실험한 부분을 종합적으로 회로를 구성하여 회로를 이해하는데 도움이 되도록 하였기 때문에 반드시 마지막에는 실험해 볼 것을 권하고 싶다.

본 교재는 두 학기 분량의 과정으로 엮어졌으나 전공에 따라서 필요한 부분을 선택하여 사용하거나 필요에 따라 실험순서를 바꾸어서 실험할 필요도 있을 것으로

본다.

끝으로 개정판이 2000년 2월에 출판되고, 8년 만에 다시 새롭게 개정판이 나왔고, 이후 수정에 보완을 거쳐 6판에 이르기까지 독자 여러분의 많은 사랑과 충고에 감사드리며, 더욱더 겸허한 마음으로 수정 보완해 나갈 것을 약속한다. 이 책의 출판을 위하여 노력하여 주신 복두출판사 송광헌 사장님과 직원들께 감사드린다.

2016년 8월

저자 씀

차 례

부록

일 러 두 기

Ⅰ. 실험의 목적

실험의 목적은 이미 배운 지식을 실험을 통하여 확실한 이론정립과 동시에 실험 기술을 습득함에 있다. 따라서 실험에 임할 때에는 충분한 준비와 연구적인 태도를 가지고, 각 실험 항목의 목적과, 관련되는 이론의 확실한 개념을 파악한 다음 실험에 들어가도록 해야 한다. 이와 같은 실험을 함에 있어서, 중요한 몇 가지 목적을 열거하면 다음과 같다.

(1) **과학적인 사고력의 훈련** : 모든 실험은 자연적인 현상을 관찰하고 정리 기록하여 검토함으로써 결론을 지어야 한다.

그러나 실험 방법을 교과서 그대로 충실히 시행하더라도 실험 결과는 같은 사람이 두 번 이상 하든 또는 다른 사람이 하든 똑같은 결과가 나오기를 기대하기는 힘들다. 이것은 실험할 때의 주위 환경과 기기의 상태, 관찰자의 상태 등 너무나 많은 시간적인 변화 요인을 가지고 있기 때문이다. 따라서 실험 결과를 잘 고찰하여, 왜 그렇게 되는가를 스스로 생각하는 습관을 가지도록 하는 것이 중요하다.

(2) **이론적인 지식의 인식** : 이론적인 지식은 어디까지나 이론적이고 추상적인 것이지만 실험을 통하여 실제 현상을 경험함으로써 이론과 사실적인 현상이 부합됨을 알게 되고 간단한 실험일지라도 여러 가지 분야의 지식이 복합적으로 나타나게 되므로 단편적인 지식이 종합적으로 정리되어 산지식으로 확인할 수 있게 된다.

(3) **측정 기술과 능력의 향상** : 실험에 있어서 언제나 이상적인 실험 장비가 준비되어 있는 것이 아니므로 실험을 거듭할 때 마다 가지고 있는 장비의 성능을 파악하여 가장 유효적절하게 활용하는 방법과 실험 결과를 얻는데 가장 좋은 결과를 신속하게 얻는 방법 등이 습득됨으로써 측정 기술의 향상을 기대할 수 있을 뿐 아니라 새로운 미지의 과제에 대해서도 신속하게 대응할 수 있는 기술적인 능력을 가질 수 있게 된다.

(4) **협동정신의 함양 :** 모든 일은 개개인의 힘만으로 되는 것은 아니며 또한 비능률적인 경우가 많다. 실험에 있어서도 여러 사람이 각각 할 일을 분담하여 서로 협조함으로써 더욱 좋은 결과를 얻을 수 있도록 함으로써 협동 정신을 기르도록 한다. 다만, 실험 도중에는 전원이 관찰 기록에 참여해야 한다.

(5) **보고서 작성의 연습 :** 자기 자신이 연구한 결과나 의견을 발표할 기회가 장차 있게 될지도 모른다. 연구 결과가 아니더라도 사회생활에서는 서류상의 요식행위를 갖추어야 할 기회는 얼마든지 있다. 이러한 것을 연습하는 의미에서도 보고서 작성은 중요한 의미를 갖는다.

II. 실험상의 주의 사항

(1) 주의사항

① 실험 담당 교수의 지시 사항을 준수해야 한다.
② 실험의 목적, 원리, 방법 및 주의사항 등을 사전에 충분히 이해한다.
③ 실험은 정숙한 태도로 열심히 하여 종료 시간 10분전 까지 완결하고, 10분 동안에 사용한 계기를 등을 정리한다.
④ 실험자는 서로 협동하여 실험해야 하며, 방관하는 자가 없도록 해야 한다.
⑤ 실험 노트를 준비하여 실험 때마다 검토사항 및 특징을 기록해야한다.
⑥ 측정 중에 결과를 알 수 있도록 곡선으로 나타내는 습관을 기르며 실험결과를 체계적으로 기록함으로써 실험 시간을 효과적으로 이용한다.
⑦ 실험은 수 회 실시하고 측정은 가능한 한 정확히 읽으며 관측자와 기록자가 서로 교대하여 측정하고 측정값의 변화가 심한 부분은 측정 간격을 작게 하여 세밀히 한다.

(2) 사용 기구의 선택 및 취급상의 주의 사항

① 기기는 조심성 있게 취급하여야 하며, 특히 정밀급 계기류는 가능한 한 진동을 피한다.
② 사용기구류의 선택은 사용 목적에 따라 직류, 교류별 필요한 읽기의 범위 및 정도 등을 고려하여 선정한다.
③ 전원 전압은 특별한 경우를 제외하고, 0[V]에서부터 점점 높여 가며 회로에 과도한 전류가 흐르지 않도록 한다.

④ 계기의 지시는 사용 단자와 눈금을 대조하여 단위 눈금의 1/10까지 읽는다.
⑤ 실험 중 잘못된 기록으로 생각되면 재 측정하여 시정하며 실험 중 발생한 제반 사항은 빠짐없이 기록한다.
⑥ 실험이 끝난 뒤 사용한 계기는 반드시 전원을 끄고, 정리정돈을 깨끗이 한다.

(3) 배선할 때의 주의사항

① 결선도를 충분히 이해한 후 필요한 계기. 기구의 종류 및 정격을 파악 한다.
② 접속에 사용할 도선은 그 회로에 흐르는 전류, 전압 강하 등을 생각해서 적당하다고 생각되는 굵기의 것을 사용한다.
③ 배선은 전원부에서 시작해서 전원에 대하여 직렬로 되는 부분을 먼저 배선하고 병렬로 되는 부분을 뒤에 배선한다.
④ 배선이 끝나면 전체를 검토하고 오접속, 접촉불량 등의 실수가 없는가를 확인한다.
⑤ 최초에 전원 스위치를 넣을 때에는 회로 중의 가변저항기류는 그것들의 저항값이 최대로 되도록 해 놓고, 회로에 흐르는 전류가 최소가 되도록 해 둔다.
⑥ 배선은 되도록 짧게 해서 배선끼리 얽히거나 교차하지 않도록 가능한 한 피한다.
⑦ 실험을 중지하든가 도중에 배선을 변경할 때는 반드시 전원 스위치를 끈다.

Ⅲ. 측정값의 처리

(1) 실험 도중에 생길지도 모르는 문제점이나 관찰한 의견을 메모하여, 계산을 요구하는 것은 계산 결과를 빠짐없이 기록하여 이 계산은 반드시 실험 노트에 계산하여 그 과정을 차후에 점검할 수 있게 한다.

(2) 측정 중에 생긴 특수 현상은 사소한 일이라도 빠짐없이 기록해 두고 실험이 끝난 다음에 이것을 검토하도록 한다.

(3) 실험의 기록으로는 측정값 뿐만 아니라, 일기, 온도, 습도 등 그 때의 주위 조건과 사용한 기기의 명칭, 정격 등도 기록하여 실험 결과를 검토하는 자료로 해야 하며, 다시 그 실험을 해야 할 때의 참고가 되도록 해야 한다.

(4) 정확도와 정밀도

정확도(Precistion)는 측정된 값의 신뢰도 즉, 표준기가 얼마나 정확한 것으로 측정하였는가를 나타내며, 정밀도(Accuracy)란 계측기의 눈금의 정밀도(예; 소수점아래 몇 째 자리 수)로서 얼마만큼 정확하게 식별할 수 있느냐이며 한편, 감도(Sensitivity)는 측정하고자하는 량의 변화에 대한 지시값의 변화를 나타낸 것으로서 얼마나 민감하게 표시하느냐의 정도이다.(예; 전류감도, 충격감도)

측정값의 계산에서 가장 중요한 것은 유효숫자로서, 보통의 측정에서는 4자리까지 계산하고, 반올림해서 3자리로 하는 것이 좋다.

(5) 측정의 오차

측정을 할 때 아무리 주의를 해도 또한 측정레벨을 바꿈에 따라 오차가 발생하게 되는데 이는 측정값(M)과 참값(T)의 차 즉, 오차(ε)이며

$$\varepsilon = M - T$$

로 표현된다. 또 참값과 측정값의 차를 보정이라 하고 보정값 α는

$$\alpha = T - M$$

로서 오차의 크기는 같고 부호가 반대이며 백분율로도 표현할 수 있다.

Ⅳ. 전기적인 양의 단위와 숫자의 표시

일반적으로 전기적인 양의 표시 단위는 주로 미터(meter), 질량은 킬로그램(kilogram), 시간은 초(second)를 기본으로 한 MKS에 필요한 2차적인 단위를 첨가하여 [표 1], [표2]와 같이 사용하고 있다.

[표 1] 전기적인 양의 단위

종 별	기호	명 칭	단위 표시	종 별	기호	명 칭	단위 표시
전 류	I	Ampere	A	전 력	P	Watt	W
전 압	V	Volt	V	전 하	Q	Coulomb	C
저 항	R	ohm	Ω	정전용량	C	Farad	F
콘덕턴스	G	mho	℧	인덕턴스	L	Henry	H
에너지	W	Joule	J	주파수	f	Hertz	Hz

[표 2] 숫자의 단위

명 칭	기 호	크 기
Tera	T	10^{12}
Giga	G	10^{9}
Mega	M	10^{6}
kilo	k	10^{3}
centi	c	10^{-2}
mili	m	10^{-3}
micro	μ	10^{-6}
nano	n	10^{-9}
pico	p	10^{-12}

V. 보고서의 작성

(1) 누가 읽어도 충분히 알 수 있도록 작성할 것

(2) 결과에 대하여 충분히 생각하고 그에 대한 고찰을 쓸 것

(3) 작성순서는 다음과 같다.

① 실험목적

② 원 리

③ 실험방법

④ 사용기구

⑤ 실험결과

⑥ 고 찰

(4) 작성 시 주의 사항은 다음과 같다.

① 원리는 실험이나 측정의 기초 원리를 간명하게 쓸 것

② 실험방법 중에는 실험에 사용한 배선도를 반드시 브레드보드 기판에 기입할 것

③ 사용 기구에는 실험에 사용한 기구, 장치 등의 규정, 번호 등을 쓸 것

④ 실험경과의 수치는 보기에 편리한 표로 만들 것이며 반드시 방안지에 그릴 것 이때 숫자의 단위를 명확히 기입할 것

⑤ 고찰은 반드시 행할 것

실험 1 실험의 기초지식

1. 목 적

(1) 저항기의 컬러코드 값을 숙지한다.
(2) 콘덴서의 정전용량 값을 숙지한다.
(3) 인덕터의 용량 값을 숙지한다.

2. 관련이론

1) 저항기의 컬러코드

(1) 반도체 종류 및 전자 기기에 이용되는 전자 부품은 대부분 소형 경량의 것으로, 그 용량값이나 그 특성을 부품의 표면에 표시하기 어려우므로 색에 의한 컬러 코드, 또는 숫자와 문자 등으로 약속된 형명을 표기한다.

(2) 저항기의 컬러 코드는 보통 저항인 경우 네 개의 색대로 표시되며 색의 값은 [표 1.1]과 같다.

(3) 컬러 코드를 읽는 순서는 색대들의 표시가 부품 몸체 중심에서 어느 한 쪽으로 치우친 쪽을 기준으로 제1색대, 제2색대 순으로 색대를 읽어가고, 그 어느 쪽에도 치우치지 않을 때는 넓은 색대, 또는 금색이나 은색의 색대가 마지막 색대에 해당된다.

(4) 컬러 코드를 읽는 방법은 [표 1.1]의 비고란과 같이 제1색대와 제2색대는 2자리의 유효숫자, 제3색대는 10의 승수로 저항값이 되고 제4색대는 허용오차를 표시한다.

(5) 색대의 수가 세 개인 경우는 제4색대가 무착색으로, 허용오차는 ±20(%)를 표시한다.

(6) 정밀 저항인 경우에는 제5색대로 구성되고 제1색대에서 제3색대까지는 3자리 유효숫자를 나타내고, 제4색대는 승수, 제5색대는 허용오차를 표시한다. [표 1.2]는 정밀 저항의 컬러 코드표시와 색값을 나타낸 것이다.

[표 1.1] 보통 저항 컬러 코드표

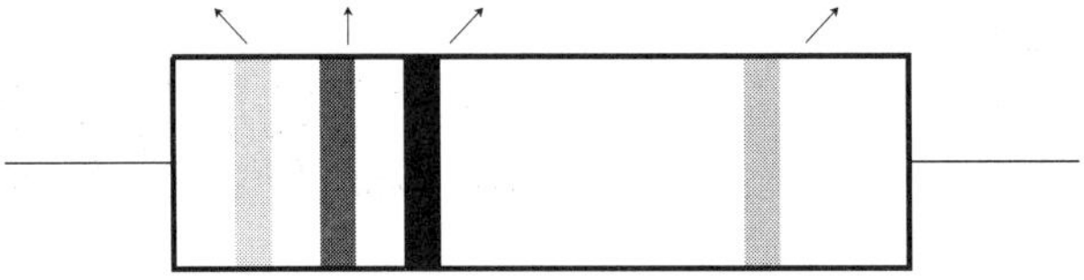

색	제1색대	제2색대	제3색대	제4색대
흑 색(검정, Black)	0	0	10^0	–
갈 색(Brown)	1	1	10^1	±1 (%)
적 색(빨강, Red)	2	2	10^2	±2 (%)
등 색(주황, Orange)	3	3	10^3	±3 (%)
황 색(노랑, Yellow)	4	4	10^4	±4 (%)
녹 색(초록, Green)	5	5	10^5	±0.5 (%)
청 색(파랑, Blue)	6	6	10^6	–
자 색(보라, Violet)	7	7	–	–
회 색(Gray)	8	8	–	–
백 색(흰색, White)	9	9	–	–
금 색(Gold)	–	–	10^{-1}	±5 (%)
은 색(Sliver)	–	–	10^{-2}	±10 (%)
무착색(Non Color)	–	–	–	±20 (%)
비 고	저항값			저항값
	10의 자리	1의 자리	10의 배수	허용오차

[표 1.2] 정밀 저항 컬러 코드표

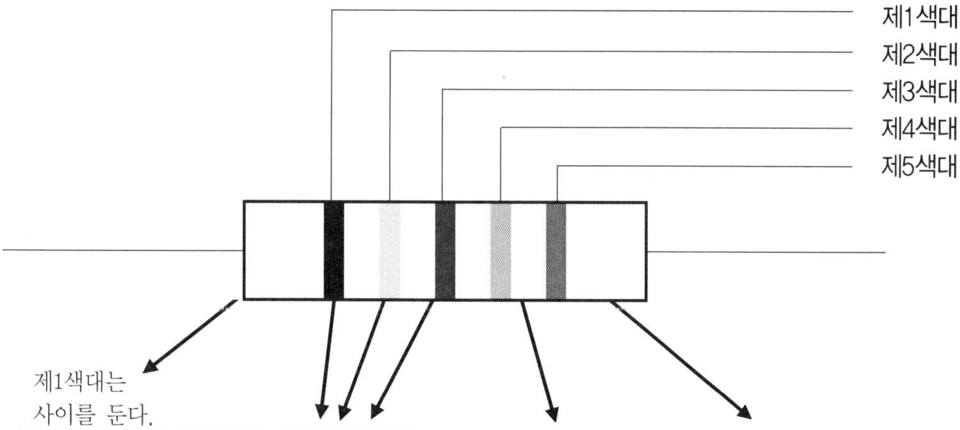

색	유효숫자	승수	허용오차
흑	0	10^0	
갈	1	10^1	±1 (%)
적	2	10^2	±2 (%)
등	3	10^3	
황	4	10^4	
녹	5	10^5	±0.5 (%)
청	6	10^6	±0.25 (%)
자	7	10^7	±0.1 (%)
회	8	10^8	±0.05 (%)
백	9		
금		10^{-1}	±5 (%)
은		10^{-2}	±10 (%)

2) 콘덴서의 형명표시법

CF	M	102(1000 PF)	K	2H(500 V)
↓	↓	↓	↓	↓
전해콘덴서	전기특성	정전용량	허용오차	정격전압

(1) 처음의 두 문자는 콘덴서의 종류를 나타낸다.

(2) 두 번째 문자는 전기 특성을 나타낸다.

(3) 세 번째 숫자는 정전 용량을 표시하는 것으로 처음 두 숫자는 정수이고, 마지막

숫자는 10의 배수를 나타낸다.

단위는 [PF], 소수점을 나타낼 때는 R을 사용해 2R5 = 2.5[PF] 이다.

(4) 네 번째 문자는 허용오차를 나타내며 다음과 같다.

(5) 정격전압은 숫자의 알파벳의 2자로 표시한다. 예를 들면 2H의 2는 10의 지수를 나타내며, 10^2H의 뜻으로 다음 표에서 500[V]임을 알 수 있다.

	A	B	C	D	E	F	G	H	J	K
0	1	1.25	1.6	2.0	2.5	3.15	4.0	5.0	6.3	8.0
1	10	12.5	16	20	25	31.5	40	50	63	80
2	100	125	160	200	250	315	400	500	630	800
3	1,000	1,250	1,600	2,000	2,500	3,150	4,000	5,000	6,300	8,000

또, 세라믹 콘덴서에 있어서는 정격전압은 흔히 생략한다.

ex) 222K 2H : 22×10^2[PF] ± 10% 정격전압 500[V]

3) 인덕터 용량의 판독법

인덕터의 종류로는 색점코드가 사용되고 증폭회로 등의 주파수특성 저하를 보상하기 위해 회로에 접속하는 피킹(peaking)코일과 고주파를 저지하거나 교류성분을 제거하기 위해 콘덴서와 조합해 회로나 필터를 구성하는 쵸크(chock) 코일 등이 있다.

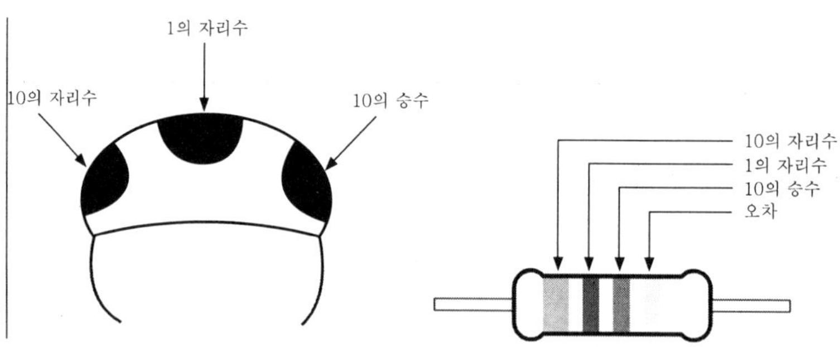

〈그림 1.1〉 색코드에 따른 인덕터의 용량식별

저항의 색띠별 식별과 비슷하게 첫 번째는 10의 자리수, 두 번째는 1의 자리수, 세 번째는 10의 승수, 그리고 네 번째 자리는 오차를 나타내며 단위는 (μH)이며, 피킹코일과 쵸크코일의 예를 들었다.

3. 실험순서

(1) [표 1.1]과 [표 1.2]에 의하여 [표 1.3]을 완성하고 저항값을 숙지하시오.

(2) [표 1.4]를 완성하여 커패시터의 정전용량 값을 숙지하시오.

(3) [표1.5]를 완성하여 인덕터의 용량값을 숙지하시오

4. 실험결과

평 가	월	일
		㉮

실 험 일 자	년 월 일 교시
학 과	
학 번	
공동 실험자	
이 름	

[표 1.3]

저 항 판 독 하 기							
번호	제1세대	제2세대	제3세대	제4세대	제5세대	저항값	오 차
1	적	흑	적	갈			
2	황	자	황	적			
3	청	회	적	은			
4	갈	흑	등	금			
5	황	자	적	적			
6						220 [Ω]	±5 (%)
7						680 [Ω]	±2 (%)
8						33 [kΩ]	±10 (%)
9						1 [MΩ]	±20 (%)
10						1 [Ω]	±1 (%)
11	황	등	적	적	갈		
12	적	황	등	갈	녹		
13	등	등	황	갈	적		
14	갈	적	적	적	갈		
15	황	자	녹	흑	갈		
16						8.33 [kΩ]	±1 (%)
17						22.4 [kΩ]	±2 (%)
18						425 [Ω]	±0.5 (%)
19						821 [Ω]	±1 (%)
20						1.25 [kΩ]	±2 (%)

[표 1.4]

콘덴서 판독하기				
번호	형명	정전용량[PF]	허용차(%)	내압[V]
1	122M 2G			
2	151K 2C			
3	683J 3B			
4	102G 2K			
5	303K 3C			
6	102K 2H			
7		20	±5	25
8		150	±10	100
9		3	±1	16
10		270	±20	50

[표 1.5]

인덕터 판독하기						
번호	제1세대	제2세대	제3세대	제4세대	용량값	오 차
1	적	흑	적	갈		
2	갈	녹	갈	금		
3	적	자	적	은		
4	적	흑	등	금		
5	갈	흑	적	금		
6					1 [mH]	±5 (%)
7					1.2 [mH]	±5 (%)
8					10 [mH]	±5 (%)
9					20 [mH]	±10 (%)
10					2.2 [mH]	±10 (%)

실험 2 기본실험기구 사용법

1. 목 적

실험을 하기에 앞서 다음과 같은 기본 실험기구의 사용법을 익힌다.

(1) 브레드보드 사용법을 익힌다.

(2) 회로시험기 (멀티테스터)의 사용법을 익힌다.

(3) 전원 공급장치(Power supply)의 사용법을 익힌다.

2. 관련이론

1) 브레드보드 사용법

(1) 〈그림 2.1〉은 '브레드보드'의 실체도를 나타내었고, 〈그림 2.2〉는 내부연결을 표시한 '브레드보드'를 나타내었다.

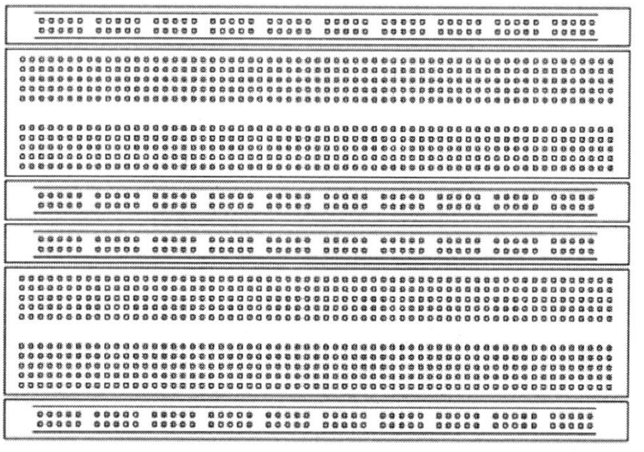

〈그림 2.1〉 브레드보드의 실체도

(2) '브레드보드'를 밑판으로 해서 부품들을 꽂아서 연결하며, '브레드보드'는 납땜이 필요 없기 때문에 실습하기에 간편하다.

(3) ①번 줄에 해당되는 홈은 모두 같은 줄로 연결되어 있으므로 전원의 (+)단자로 사용하며, ②번 줄에 해당되는 홈도 모두 같은 줄로 연결되어 있으므로 전원의 (−)단자로 사용하는 것이 편리하다.

(4) ③번 줄에 해당하는 홈과 ④번 줄에 해당하는 홈은 서로 분리되어 있으며, 또한 ⑤번 줄에 해당하는 홈과 ⑥번 줄에 해당하는 홈은 서로 분리되어 있으므로, 부품을 연결하는데 사용한다.

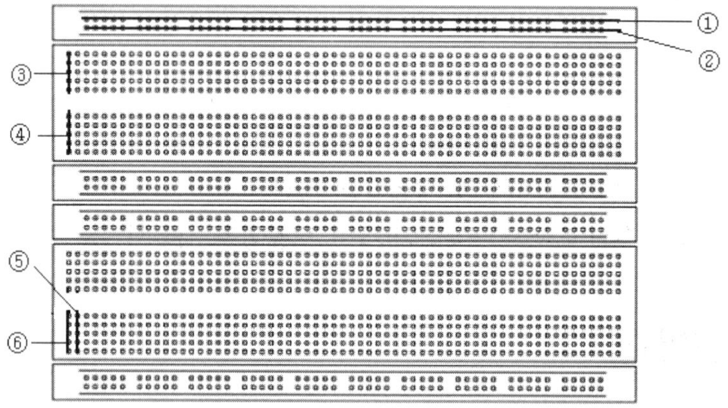

〈그림 2.2〉 내부연결을 표시한 브레드보드

2) 회로시험기 사용법

〈그림 2.3〉 회로시험기(아날로그)

(1) 회로시험기의 구조

① 눈금판

각 기능별로(전류, 전압, 저항) 측정할 때 측정값을 읽는 눈금판으로서 디지털인 경우에는 액정에 수치가 표시 된다.

② DCV

직류전압을 측정할 때 사용한다.

③ DCmA

직류전류를 측정할 때 사용한다.

④ 측정 봉(적색리드봉, 흑색리드봉)

측정(테스터)봉으로서 위의 그림 같은 경우 봉과 기기가 일체형이지만 기기에 따라 분리형도 있다.

⑤ ACV

전압을 측정할 때 사용하며, 10~1000[V] 까지 측정할 수 있으나 기종에 따라서는 750[V] 까지 밖에 측정할 수 없는 것도 있다. 직류 전압이나 교류전압 등을 측정할 때는 측정하려는 곳의 예상 측정값의 두 배 이상의 레인지에서 측정하는 것이 좋다. 테스터 고장의 대부분은 레인지를 잘못 설정하고 측정함으로써 발생한다.

⑥ "0" 옴 조정단자

저항을 측정하기 전에 테스터 봉 두 개를 쇼트(단락)시키고 이 손잡이를 돌려서 눈금을 "0" 옴으로 맞춘다. 이것은 보다 정확한 저항을 측정하기 위한 것으로 전압이나 전류 측정과는 상관없다.

⑦ TR(트랜지스터) 측정단자

트랜지스터의 형별을 구분 할 때 사용하며, 기기 마다 없는 것도 있다.

⑧ OHMS

저항을 측정할 때 사용하며, 배선의 도통상태를 시험할 수 있는 조절기로서, 반도체를 측정할 때 이 조절위치에 놓고 측정한다.

(2) 회로시험기 사용 시 주의사항

① 직류를 측정할 때는 (+),(-)를 역으로 측정하면 안 된다. 디지털인 경우는 극성이 역으로 표시 되겠지만, 아날로그 방식은 바늘이 역방향으로 이동하게 되고 경우에 따라서는 바늘이 휘어지거나 고장날 수 있다.

② 측정 값을 예측할 수 없기 때문에 전환스위치를 가장 큰 측정범위에 놓는다.

③ 대부분의 테스터에는 교환 가능한 퓨즈가 내장되어 있기 때문에 고장이 의심되면 내장 휴즈를 확인해 본다.

④ 저항 측정에 문제가 있으면 내부의 건전지를 확인해 본다. 저항의 측정은 저항기에 전류를 흘려서 측정하기 때문에 건전지 잔량이 얼마 남지 않으면 측정 오차가 커지거나 측정할 수 없게 된다. 그러나 전압이나 전류는 건전지가 없어도 측정할 수 있다. (디지털 방식은 건전지가 다 소비되면 아무것도 할 수 없음)

⑤ 측정하기 전에 레인지는 적절한지 반드시 확인하는 습관을 갖도록 해야 할 것이다. 부적절한 레인지로 측정하면 테스터가 고장 나거나 타버리는 경우도 있다.

⑥ 사용하지 않을 때는 OFF 위치로 하거나 OFF 위치가 없는 테스터라면 AC 가장 높은 레인지로 돌려놓고 보관하여야 한다.

(3) 회로시험기의 측정방법

① 저항의 측정

㉠ 저항값을 예상하여 전환 스위치를 적당한 저항의 측정범위에 놓는다.

㉡ 적색과 흑색 봉의 끝을 접촉시켜 지침이 저항눈금의 0[Ω]에 맞춘다.

㉢ 적색과 흑색 봉을 측정하는 저항의 양 끝에 대고 눈금을 읽는다.

② 직류 전압의 측정

㉠ 직류 전압의 크기를 예상하여 전환스위치를 적당한 측정범위에 놓는다.

㉡ 측정하는 직류전압 (+)쪽에 적색봉을 대고, (-)쪽에 흑색봉을 병렬로 대고서 직류전압의 눈금을 읽는다.

③ 직류 전류의 측정

㉠ 직류전류 크기를 예상하여 전환스위치를 적당한 직류전류(DCmA)에 범위에 놓는다.

㉡ 직류전류는 (+),(-) 극성이 있어, 전류가 회로시험기 적색봉을 거쳐 회로시험기 내부를 거쳐, 흑색봉을 통해 흘러나오도록 직렬로 연결 후 눈금을 읽는다.

④ 교류 전압의 측정

㉠ 교류전압 크기를 예상해, 전환스위치를 적당한 교류전압(ACV) 측정범위에 놓는다.

㉡ 교류전압 양 끝 색깔 구별 없이 시험막대를 병렬로 대고 눈금을 읽는다.

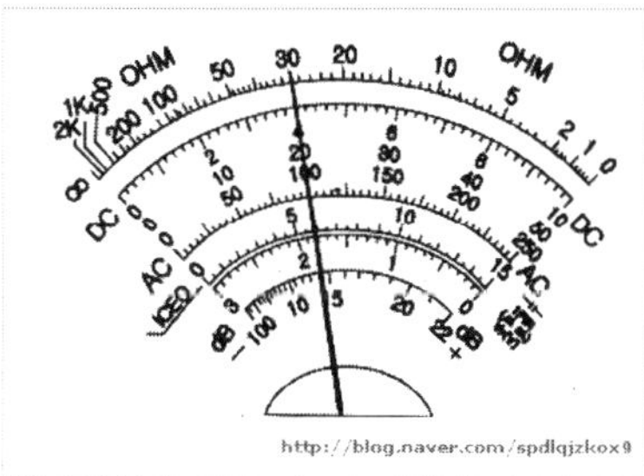

〈그림 2.4〉 눈금판

⑤ 측정 예

㉠ 전환스위치를 ×10R에 놓았을 때 위에 있는 눈금이 나왔다면 저항값은 30[Ω]×10으로서 저항값은 300[Ω]이 되며, ×100R에 놓았다면 그 때의 저항값은 30[Ω]×100으로서 저항값은 3000[Ω]으로서 3[kΩ]이 된다.

㉡ 전환스위치를 DC 250[V]에 놓았을 때 위에 있는 눈금이 나왔다면, 직류전압의 값은 250[V] 눈금을 그대로 읽으면 되므로 100[V]이며, DC 25[V]에 놓았다면, 250[V] 눈금이 100[V]이므로 눈금의 $\frac{1}{10}$ 인 10[V]가 된다.

㉢ 전환스위치를 DC 25[mA]에 놓았을 때 위에 있는 눈금이 나왔다면, 직류전류의 값은 10[mA]이다.

㉣ 전환스위치를 AC 250[V]에 놓았을 때 위에 있는 눈금이 나왔다면, 교류전압의 값은 100[V]이다.

⑥ DMM(디지털 테스터)사용법

디지털 멀티미터에서는 측정전압의 크기에 따라 가장 적합한 측정레인지를 자동적으로 선택하고 있다. 측정레이지를 나누는데 사용하는 것이 분압기이다. 입력전압 V_i를 저항의 비로 분압하고 있다. 교류인 경우, AC-DC 변환은 정류회로에서 하고 있다.

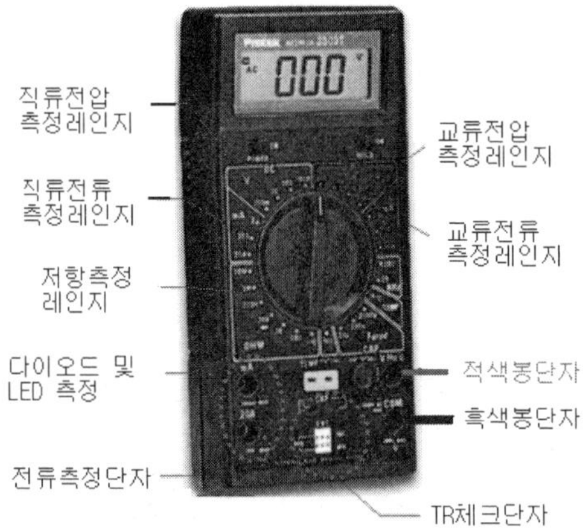

〈그림 2.5〉 디지털 멀티메터

㉠ 전압의 측정은, 회로와 병렬로 접속하여 측정한다. 직류인 경우에는 (+), (-)에 주의를 한다.

i) 전원을 ON으로 하고, 레인지절환을 "DCV/ACV"에 맞춘다.

ii) 시험단자의 검정을 "COM", 빨강을 "V"에 접속한다.

iii) 시험단자의 앞단을 측정하는 회로에 대고 표시값을 읽는다.

㉡ 저항의 측정

저항의 측정은 내장전지를 전원으로 하여, 측정하는 저항에 전류를 흘리고, 그 저항의 양단의 전압을 간접적으로 측정해서 저항값을 구하는 원리이다. 옴 레인지로 절환하면, 저항의 측정 외에 도통시험이나 다이오드 등의 부품 체크 등에도 사용할 수 있다.

i) 전원을 ON으로 하여, 레인지절환을 "옴"에 맞춘다.

ii) 시험단자의 검정을 "COM", 빨강을 "V"에 접속한다.

iii) 시험단자의 선단을 측정하는 회로에 대고 표시값을 읽는다.

⑦ DMM과 아날로그 Multimeter의 차이점

㉠ DMM의 (+)단자는 내부밧데리 (+)에, (-)단자는 내부밧데리 (-)에 연결되어 있다.

㉡ 아날로그 멀티메터의 (+)단자는 내부밧데리 (-)에, (-)단자는 내부 밧데리

(+)에 연결되어 있다.

ⓒ 따라서, 반도체의 이상유무를 [Ω]위치에 놓고 측정할 때 아날로그 멀티메터의 흑색(-)단자가 (+)이고, 디지털 멀티메터에서는 흑색(-) 단자가 (-)이다.

3) 직류전원공급장치(Direct Current Power Supply)

직류전원장치는 교류 110(V)나 220(V)를 1차 측에 공급하고 변압기(Transformer)와 다이오드(Diode)를 사용하여 직류전압으로 정류하여 가변직류전원을 공급해 주는 장치로 각종 실험이나 측정할 때 자주 사용되는 계기이다. 다음은 양전원 직류전원장치에 대한 구조 및 동작방법을 설명한다.

(1) 직류전원 장치의 구조

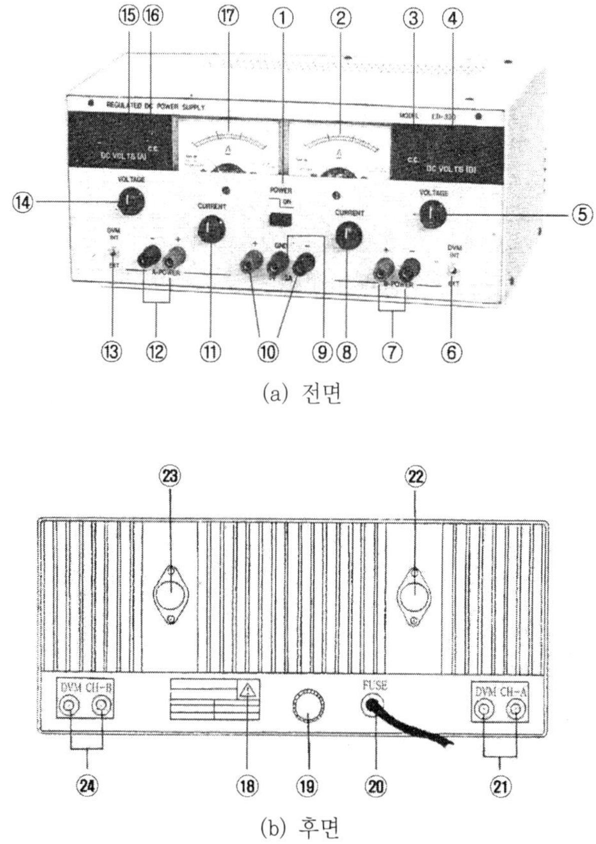

(a) 전면

(b) 후면

〈그림 2.6〉 직류전원장치

(2) 직류전원장치의 각 부분 명칭

(전면판넬)

① 전원 스위치(Push ON/OFF)

② B-POWER(B-ch) 출력 전류계

③ B-POWER Constant Current 동작표시 LED

④ B-POWER Digital Volt-Meter(DVM)

⑤ B-POWER 전압가변 조절기

⑥ B-POWER DVM의 내부/외부 선택 스위치

⑦ B-POWER DC 출력 단자

⑧ B-POWER 전류제한조절 단자

⑨ 샤시 접지 단자

⑩ Fixed Voltage(+5V, 2A) 출력 단자

⑪ A-POWER(A-Ch) 전류제한조절 단자

⑫ A-POWER DC 출력 단자

⑬ A-POWER DVM의 내부/외부 선택 스위치

⑭ A-POWER 전압가변 조절기

⑮ A-POWER Digital Volt-Meter

⑯ A-POWER Constant Current 동작 표시 LED

⑰ A-POWER 출력 전류계

(후면판넬)

⑱ 입력전압 선택 PLUG(110V/220V)

⑲ 입력전원 휴즈 홀더

⑳ 입력전원코드

㉑ A-POWER의 Digital Volt-Meter의 외부입력 잭(Jack)

㉒ 〃 의 Regulating Transistor

㉓ B-POWER의 Regulating Transistor

㉔ 〃 의 Digital Volt-Meter의 외부입력 잭(Jack)

(3)직류전원장치로부터 직류전압을 출력시키는 방법

A채널로부터 직류전압을 출력시키는 방법은 다음과 같다.

i) 전원 스위치 ①을 off한다.

ii) Power Input Voltage Selector(110V/220V)가 입력전압(line 전압)과 같게 선택되었는지 장비 뒷면의 ⑱을 확인한다.

iii) 후면에 있는 입력전원코드 ⑳을 A.C Line에 연결한다.

iv) 전압조절기(A, B 채널의 ⑭,⑤)를 반시계 방향으로 돌려 최소로 놓는다.

v) 전류제한조절 단자(⑧,⑪)를 최소로 놓는다.

vi) DVM(Digital Volt-Meter)스위치 ⑬,⑥를 모두 "INT(내부전원)" 로 놓는다.

vii) 전원 스위치 ①을 on한다.

viii) 전원을 on시켰을 때 ③과 ⑯의 C,C 불이 들어오면 전류제한조절 단자(⑧,⑪)를 약간 높여서 C,C불이 들어오지 않도록 한다.

ix) Digital Volt-Meter(④,⑮)를 보면서 원하는 전압을 지시하도록 전압조정 Knob(⑭,⑤)를 조절한다.

x) 출력코드(⑫,⑦)를 부하단자에 연결한다.

3. 사용기기 및 부품

(1) 직류전원, 멀티미터, 디지털계측기, 브레드보드

(2) 저항{ 180, 560, 4k, 7k, 8.2k, 56k, 15k, 27k,36k, 68k - 1/2W}

4. 실험순서

(1) 다음 회로에 대한 결선도를 [표 2.1]과 [표2.2]에 그리시오.

①

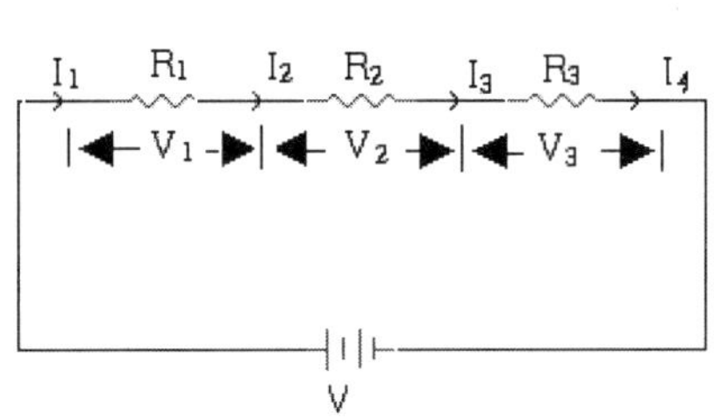

②

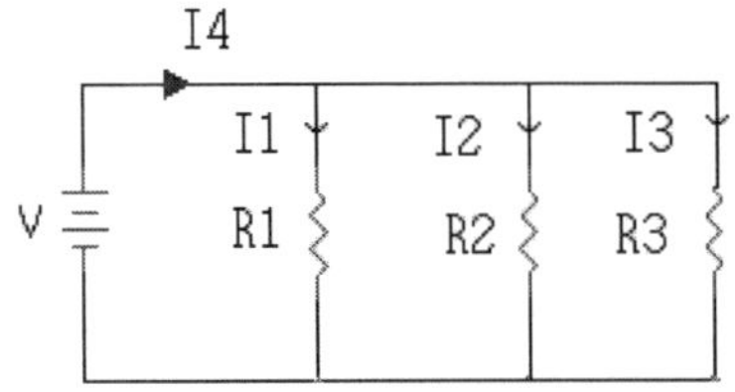

(2) 회로시험기의 측정단자를 저항(ohm) 위치에 두고, 계측기의 두 리드선을 저항의 양단에 접속한 후 [표 2.3]에 지시한 저항값을 측정하여 [표 2.3]을 완성하라. 저항을 측정할 때는 반드시 적색, 흑색의 두 단자를 접속시켜서 0점 조정을 하고 측정해야 한다.

아날로그 멀티메터의 경우는 전환스위치를 R, x10, x100, x1K, x10K의 위치에 놓고 측정한 다음, 바늘이 지시하는 해당범위(Range)에 맞게 읽고, 디지털 계측기의 경우에는 기능(Funtion)에서는 Ω, 측정범위(Range)에서는 저항값보다는 약간 크게 설정하여 측정한다. 가동코일형 멀티미터에서는 저항이 커질수록 정확히 읽기가 어려우므로 영점조정에 대한 주의가 필요하며 디지털계측기는 수치로 표현되는 값을 읽으면 된다.

(3) 흑색의 리드선은 COM 단자에, 그리고 적색 리드선은 Ω, V, A의 위치에 정확히 둔다. 저항의 경우는 상관없지만 직류전압이나, 전류의 경우는 -방향이 되어 부정확하게 된다. 만약 사용 후 전환 스위치를 OFF위치에 두지 않고 오래 방치하면 방전되어 다시 건전지를 갈아 끼워야 정확한 측정이 가능하다. 한편, 눈으로 띠별 저항값을 읽고, 아날로그 멀티미터와 디지털 멀티메터로 측정한 값과의 차이점을 알아본다.

(4) 회로시험기의 측정단자를 직류전압(DCV) 위치에 두고, [표 2.4]에 열거한 직류전원공급장치의 전압을 회로시험기로 측정하여 기록하시오.

5. 실험결과

<table>
<tr><td rowspan="2">평 가</td><td>월</td><td>일</td></tr>
<tr><td colspan="2">㉑</td></tr>
</table>

실 험 일 자	년 월 일 교시
학 과	
학 번	
공동 실험자	
이 름	

1) 브레드보드사용법

[표 2.1]

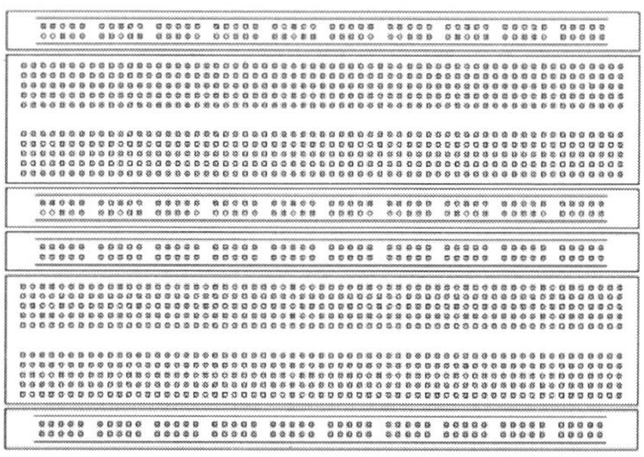

[표 2.2]

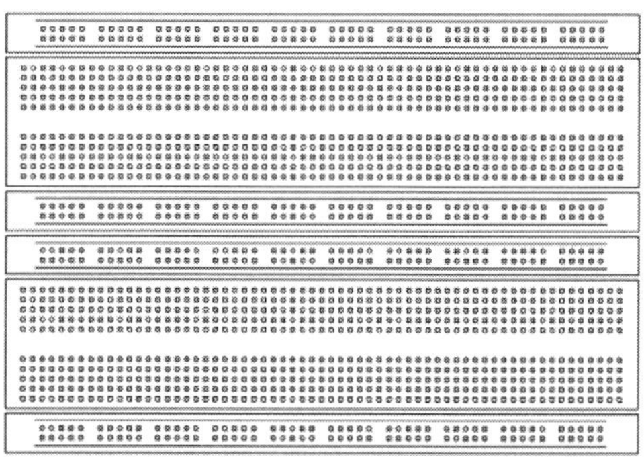

2) 색띠에 따른 저항값

[표 2.3]

	1	2	3	4	5	6	7	8
첫째자리	갈	황	갈	녹	청	등	회	적
둘째자리	회	자	녹	청	회	백	적	자
셋째자리	갈	적	등	갈	등	적	적	등
넷째자리	금	은	금	은	금	금	금	은
칼라코드 저항값								
(아날로그) 테스터 측정값								
(디지털) 테스터 측정값								

3) 위의 측정으로부터 차이 값이 생기는 이유는 무엇인가?

4) 전압측정

[표 2.4]

	1	2	3	4	5
공급전압	2[V]	4[V]	6[V]	8[V]	10[V]
(아날로그) 테스터					
(디지털) 테스터					

실험 3 저항회로 구성과 오옴의 법칙

1. 목 적

(1) 저항 2개 이상을 이용해서 직렬, 병렬, 직병렬 구성을 해보고 합성저항의 크기는 어떻게 변화하는가를 확인한다.
(2) 회로에 직류전압을 가했을 때 어떻게 분압 되며, 각 지로에 흐르는 전류는 어떻게 분류되는가를 확인한다.
(3) V = IR 의 옴의 법칙이 성립하는가를 알아본다.

2. 관련이론

1) 저항회로 구성

(1) 직렬 접속회로

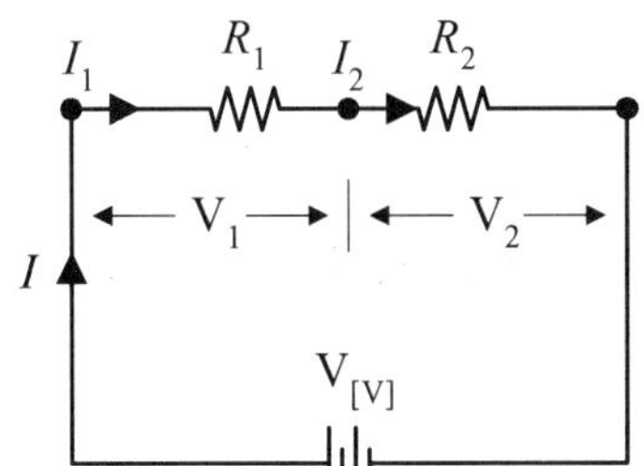

〈그림 3.1〉 저항의 직렬접속

저항 R_1과 R_2를 그림과 같이 직렬접속하면, 합성저항은

$$R = R_1 + R_2 \quad \text{식(3.1)}$$

이며, 회로에 직류전압 V를 인가하면 R_1에는 V_1의 전압이, R_2에는 V_2의 전압이 분압법칙에 의해 분압되며 $V = V_1 + V_2$이다. 이때 두 저항에 흐르는 전류는 $I_1 = I_2 = I$로서 같게 된다.

$$V_1 = VX\frac{R_1}{R_1 + R_2}\ [V] \quad \text{식(3.2)}$$

$$V_2 = VX\frac{R_2}{R_1 + R_2}\ [V] \quad \text{식(3.3)}$$

한편, 이 회로에 흐르는 전체전류는 식(3.4)와 같다.

$$I = \frac{V}{R_1 + R_2}\ [A] \quad \text{식(3.4)}$$

(2) 병렬 접속회로

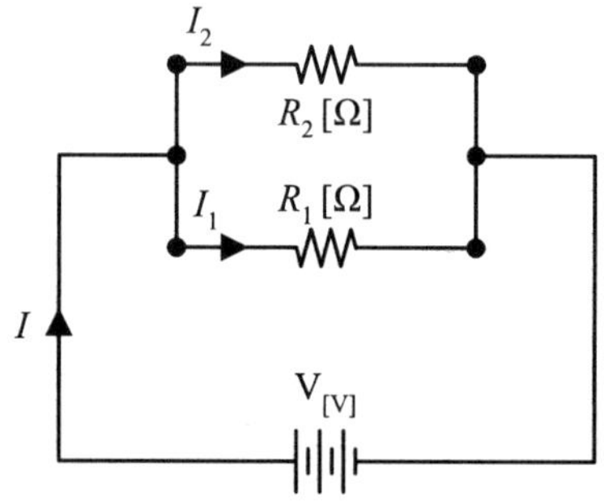

〈그림 3.2〉 저항의 병렬접속

저항 R_1과 R_2를 〈그림 3.2〉와 같이 병렬접속하면, 합성저항은

$$R = \frac{R_1 R_2}{R_1 + R_2} \quad \text{식(3.5)}$$

이며, 이 회로에 전압 V를 인가하면, 두 저항에 걸리는 전압은 V로서 같고, 전류는 분

류법칙에 의해 I_1과 I_2로 분류되며 전체전류 $I = I_1 + I_2$가 된다.

$$I_1 = I \times \frac{R_2}{R_1 + R_2} \qquad \text{식(3.6)}$$

$$I_2 = I \times \frac{R_1}{R_1 + R_2} \qquad \text{식(3.7)}$$

$$I = I_1 + I_2 = V \times \frac{R_1 + R_2}{R_1 R_2} \qquad \text{식(3.8)}$$

(3) 직병렬 접속회로

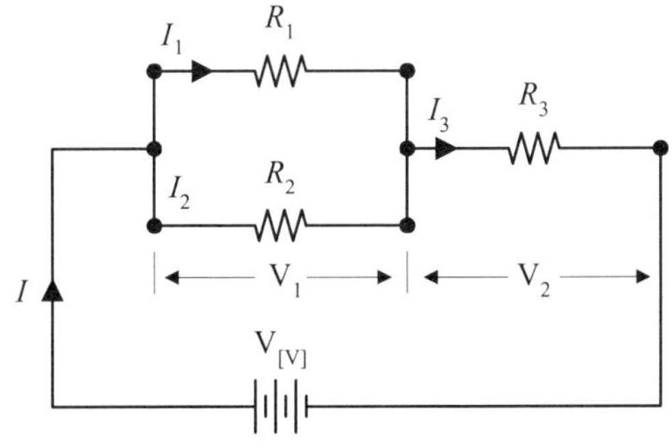

〈그림 3.3〉 저항의 직·병렬접속

〈그림 3.3〉과 같이 접속된 전압 V를 인가하면 저항 R_1과 R_2에 병렬이므로 합성저항 $R_1//R_2$는 식(3.5)와 같으므로, 회로에서의 전체저항은

$$R_t = \frac{R_1 R_2}{R_1 + R_2} + R_3 \qquad \text{식(3.9)}$$

이며, 저항 R_1과 R_2, R_3에 걸리는 전압은 V_1과 V_2는 식(3.10)과 (3.11)과 같다.

$$V_1 = V \times \frac{R_1//R_2}{(R_1//R_2) + R_3} \qquad \text{식(3.10)}$$

$$V_2 = V \times \frac{R_3}{R_1//R_2 + R_3} \qquad \text{식(3.11)}$$

또한, 전체전류 I는

$$I = I_3 = I_1 + I_2 = \frac{V}{R_t} \qquad \text{식(3.12)}$$

이며, 저항 R_1과 R_2에 흐르는 전류 I_1과 I_2는 식(3.13)과 (3.14)와 같게 된다.

$$I_1 = I \times \frac{R_2}{R_1 + R_2} \qquad \text{식(3.13)}$$

$$I_2 = I \times \frac{R_1}{R_1 + R_2} \qquad \text{식(3.14)}$$

2) 옴의 법칙

회로에 공급된 전압(V)에 의해 도선의 저항(R)에는 전류(I)가 흐르게 되는데, 이때 옴의 법칙 $I = \frac{V}{R}$가 실험에 의해 증명되며, V, I, R 중 두요소의 값을 알면 계산에 의해 구할 수 있고, 시간까지를 고려하면 전력과 전력량을 알 수가 있다. 한편, 전력은 Watt(w)라는 단위를 사용하며, "1(초)동안 1[v]의 전압에 의하여 1[C]의 전하를 옮기는데 소요된 일의 량(에너지)" 을 1[W]라 정의하고, 저항에 전류가 흐르면 열이 발생하게 되는데 이 열은 전류가 흐르므로서 전력이 소비됨을 알 수 있다. 이때 전력은

$$P = I^2 R = \frac{V^2}{R} [\mathrm{W}] \qquad \text{식(3.15)}$$

이며, 전력량은

$$W = P \cdot t = I^2 R t = \frac{V^2}{R} \cdot t = V \cdot I \cdot t \ [\mathrm{J}] \qquad \text{식(3.16)}$$

이다.

3) 전압·전류의 측정

(1) 전류계 사용법

① 전류계의 종류에는 직류 전류계와 교류 전류계가 있다.

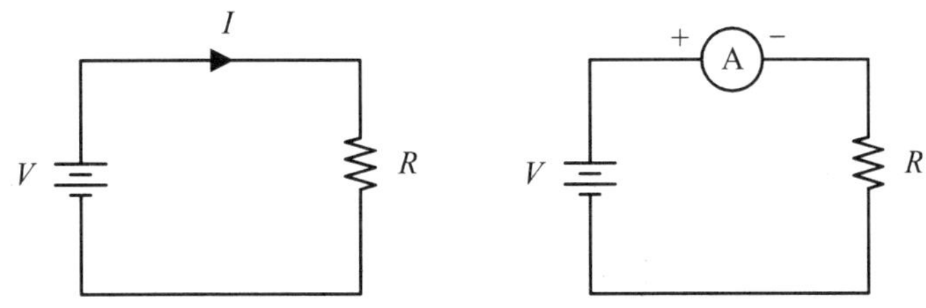

(a) (b)

〈그림 3.4〉 전류계 결선

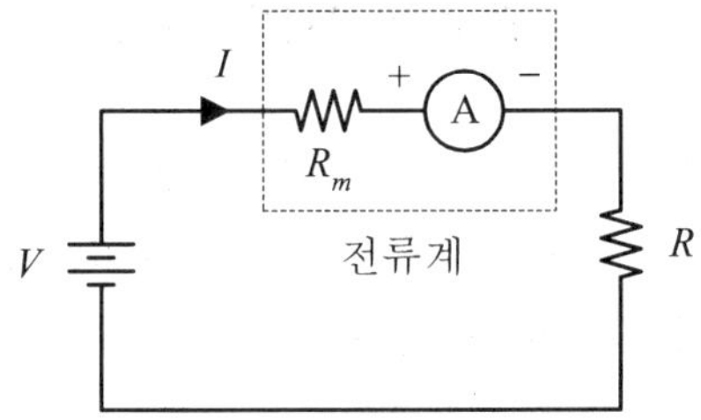

〈그림 3.5〉 〈그림3.4(b)〉의 등가회로

② 〈그림 3.4(a)〉에서 회로에 흐르는 전류를 측정하고자 하는 경우, 전류계의 접속은 전류를 측정하고자 하는 점의 회로를 끊고, 〈그림 3.4(b)〉와 같이 회로와 직렬로 하면 된다.

③ 〈그림 3.4(b)〉에서 전류계가 지시하는 실제값은 전류계의 내부저항 R_m을 고려하면 이론값보다 적은 전류값을 지시하게 된다.

이 론 치	측 정 치
$I = \dfrac{V}{R}$	$I = \dfrac{V}{R+R_m}$

그러므로 전류계의 내부저항은 가급적 적은 것이 바람직하며 정밀한 측정을 할 경우는 미리 전류계의 내부저항을 조사하여 내부저항에 따른 측정 오차를 보상해 주어야 한다.

④ 직류 전류계는 극성에 유의하여 전류계의 (+)단자는 높은 전위에, (−)단자는 낮은 전위에 연결하여야 하며, 미지의 전류를 측정할 때에는 계기의 손상을 막기 위하여 측정 범위가 큰 전류계로부터 측정해 내려가도록 하여야 한다.

(2) 전압계 사용법

① 전압계의 종류에는 직류전압계와 교류전압계가 있다.

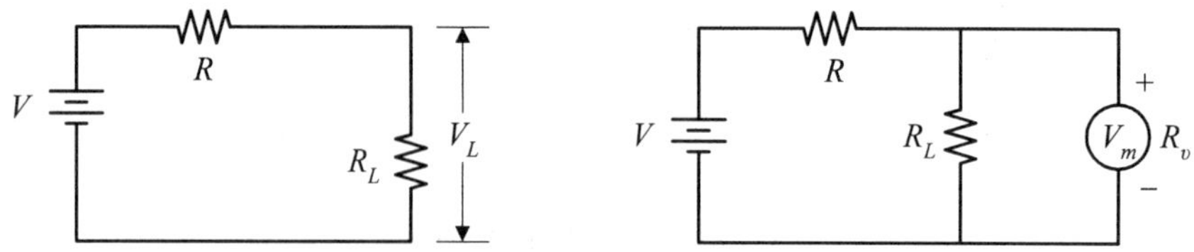

〈그림 3.6〉 전압계 결선

② 어떤 회로나 소자 양단의 전압을 측정하고자 하는 경우는 전압계를 전압을 측정하고자 하는 두점 사이에 접속한다. 즉, 회로와 병렬로 연결하여야 한다.

③ 〈그림 3.6 (a)〉에서 V_L은 R_L양단 전압의 이론치이고, 〈그림 3.6 (b)〉에서 V_m은 R_L양단 전압의 측정치이다. 그러므로 측정치는 이론치보다 적은 값을 지시하게 된다.
따라서, 전압계의 내부저항는 가급적 큰 것을 사용해야만 오차를 줄일 수 있으며, 실제로 전압계의 내부저항은 크게 만들어져 있다.

이 론 치	측 정 치
$V_L = \dfrac{R_L}{R+R_L}V$ $= \dfrac{V}{1+\dfrac{R}{R_L}}$	$V_m = \left(\dfrac{V}{R+\dfrac{R_L R_v}{R_L+R_v}} \times \dfrac{R_L}{R_L+R_v}\right) \times R_v$ $= \dfrac{V}{\left(1+\dfrac{R}{R_L}\right)+\left(\dfrac{R}{R_v}\right)}$

④ 직류전압계는 극성에 유의하여 (+)단자는 높은 전위에, (−)단자는 낮은 전위에 연결하여야 하며, 미지의 전압을 측정할 때에는 계기의 손상을 막기 위하여 측정범위가 큰 전압계로부터 측정해 나가도록 유의하여야 한다.

3. 사용기기 및 부품

(1) 직류전원

(2) 아날로그 멀티메터

(3) 디지털 멀티메터

(4) 직류전원공급장치

(5) 저항 : 1[kΩ], 2[kΩ], 3[kΩ], −1/2[W]

4. 실험순서

(1) 〈그림 3.1〉, 〈그림 3.2〉, 〈그림 3.3〉에 대하여 〈표 3.1~표 3.3〉브레드보드에 결선하시오.

(2) 〈그림 3.1〉을 구성하고, 〈그림 3.4〉와 〈그림 3.6〉에서 보인 방법을 이용하여 전류와 전압을 측정하여 [표 3.4]를 완성하라.

(3) 〈그림 3.2〉를 구성하고 〈그림 3.4〉와 〈그림 3.6〉에서 보인 방법을 이용하여 전류와 전압을 측정하여 [표 3.5]를 완성하라.

(4) 〈그림 3.3〉을 구성하고 〈그림 3.4〉와 〈그림 3.6〉에서 보인 방법을 이용하여 전류와 전압을 측정하여 [표 3.6]을 완성하라.

(5) 실험순서 (2) ~ (4)로부터 식 (3.1) ~ 식 (3.14)까지를 확인하라.

5. 실험결과

평 가	월	일
		㉐

실 험 일 자	년 월 일 교시
학 과	
학 번	
공동 실험자	
이 름	

1) 브레드보드 결선

[표 3.1]

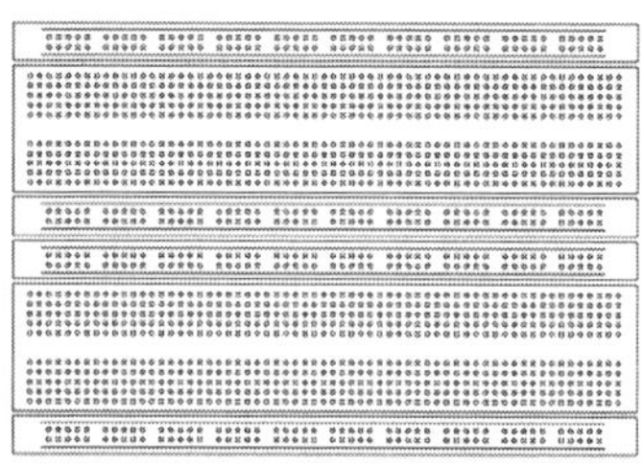

[표 3.2]

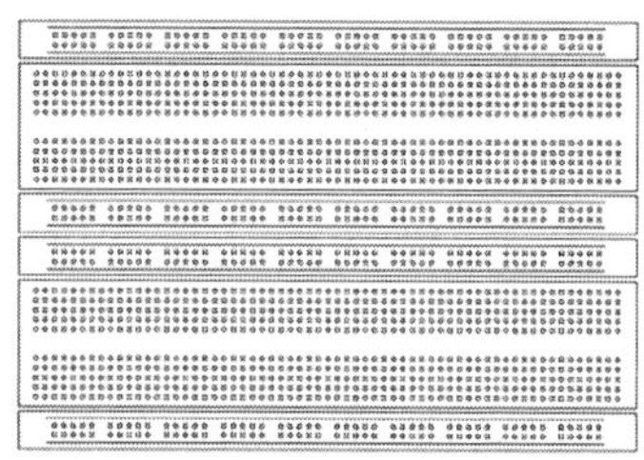

[표 3.3]

2) 저항값 측정

[표 3.4]

저항 / 인가전압	$R_1 =$ 1[kΩ]	$R_2 =$ 2[kΩ]	합성저항 $R_t = R_1 + R_2$
10[V]	$V_1 =$ $I_1 = \frac{V_1}{R_1} =$	$V_2 =$ $I_2 = \frac{V_2}{R_2} =$	$V = V_1 + V_2$ $I = I_1 = I_2 =$

[표 3.5]

저항 / 인가전압	$R_1 =$ 1[kΩ]	$R_2 =$ 2[kΩ]	합성저항 $R_t = \frac{R_1 \cdot R_2}{R_1 + R_2}$
10[V]	$V_1 =$ $I_1 = \frac{V_1}{R_1} =$	$V_2 =$ $I_2 = \frac{V_2}{R_2} =$	$V = V_1 = V_2 =$ $I = I_1 + I_2 =$

[표 3.6]

저항 / 인가전압	$R_1 =$ 1[kΩ]	$R_2 =$ [kΩ]	$R_3 =$ 3[kΩ]	합성저항 $R_t = \frac{R_1 \cdot R_2}{R_1 + R_2} + R_3$
10[V]	$V_1 =$ $I_1 = \frac{V_1}{R_1} =$	$V_1 =$ $I_2 = \frac{V_1}{R_2} =$	$V_2 =$ $I_3 = \frac{V_2}{R_3} =$	$V = V_1 + V_2 =$ $I = I_1 + I_2 = I_3$

3) 문제점 및 특이사항

실험 4 키르히호프의 법칙

1. 목 적

(1) 키르히호프의 전류법칙과 전압법칙을 이해한다.
(2) 키르히호프의 법칙(Kirchhoff's Law)을 실험적으로 증명한다.

2. 관련이론

▶ **키르히호프의 법칙(Kirchhoff's Law)**

회로망(network)의 전압이나 전류의 분포를 결정하는 데 가장 중요한 기본적 법칙으로서 옴(ohm)의 법칙에서 발전한 것으로 전류에 관한 제1법칙과 전압강하에 관한 제2법칙이 있다.

1) 제 1 법칙 (전류법칙)

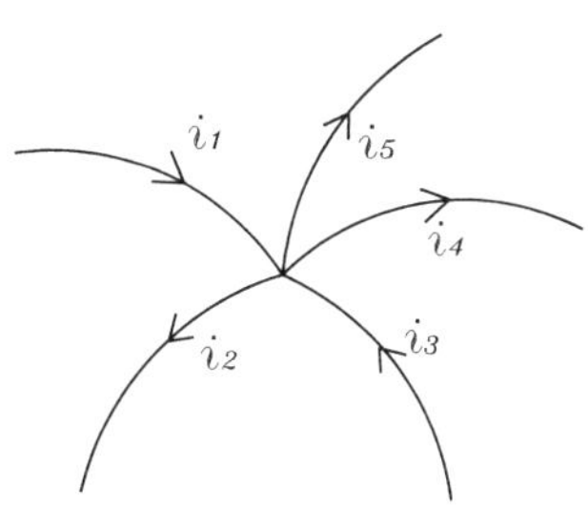

〈그림 4.1〉

"도선의 임의의 접합점에 유입하는 전류의 대수합과 유출하는 전류의 대수합은 각 순간에 있어서 같다"

즉, 〈그림 4.1〉에서 접합점에 유입하는 전류를 (+)로 하면, 유출하는 전류는 (-)로 하여야 하며, 이 때 식은 $i_1 - i_2 + i_3 - i_4 - i_5 = 0$ 으로 되며, 일반적으로는 $\sum_{k=1}^{n} I_k = 0$ 로서, 도선의 임의의 접합점에 유입 또는 유출하는 전류의 총 합은 0이다.

위의 식을 시간 t_1부터 t_2까지 적분하면

$$\int_{t_1}^{t_2} i_1 dt - \int_{t_1}^{t_2} i_2 dt + \int_{t_1}^{t_2} i_3 dt - \int_{t_1}^{t_2} i_4 dt - \int_{t_1}^{t_2} i_5 dt = 0$$

으로서, t_1으로부터 t_2사이에 접합점으로 유입·유출한 전하를 나타내는 것으로 임의의 시간 내에 도선의 접합점에 흘러들어간 전하만큼 반드시 그 접합점에서 흘러나온다는 것을 말하며 즉, 도선의 접합점에는 전하가 축적될 수도 없고 발생될 수도 없다는 것을 의미한다. 이것을 전하보존의 법칙이라고 하며, 키르히호프의 제1법칙을 KCL(Kirchhoff's Current Law)로 표시하기도 한다.

2) 제 2 법칙 (전압법칙) : KVL

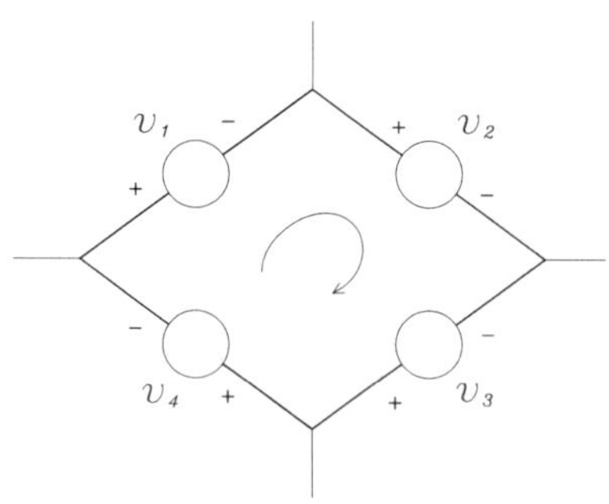

〈그림 4.2〉

"임의의 폐회로에서 한 방향으로 일주하면서 취한 전압 상승의 대수적인 합은 각 순간에 있어서 0이다. 즉, 폐회로에서 한 방향으로 일주하면서 취한 전압상승의 총 합은 전압강하의 총합과 같다"

〈그림 4.2〉에서 시계방향으로 일주할 때 전압상승을 (+), 전압강하를 (-) 로 잡으면 $-v_1 - v_2 + v_3 - v_4 = 0$ 이며, 일반적으로 이 식은 다음과 같이 표시할 수 있다.

$$\sum_{k=1}^{n} V_k = 0$$

3. 사용기기 및 부품

(1) 전원 공급장치
(2) 회로시험기
(3) 저항 : 330[Ω], 470[Ω], 680[Ω], 1.5[kΩ], 3[kΩ], 4.7[kΩ], $\frac{1}{4}$[W]
(4) 브레드보드

4. 실험순서

(1) 〈그림 4.3〉과 〈그림 4.4〉의 회로에 대해서 [표 4.1], [표 4.2]의 브레드보드에 결선하시오.

(2) 〈그림 4.3〉의 회로와 같이 R_1, R_2, R_3를 직렬로 연결하고 각 측정점에서의 전류 I_1, I_2, I_3, I_4와 각 저항 양단의 전압 V_1, V_2, V_3를 측정하여 [표 4.3]에 기록하여라. (단, 이 때 R_1=330[Ω], R_2=470[Ω], R_3=680[Ω], V=10[V]이다.)

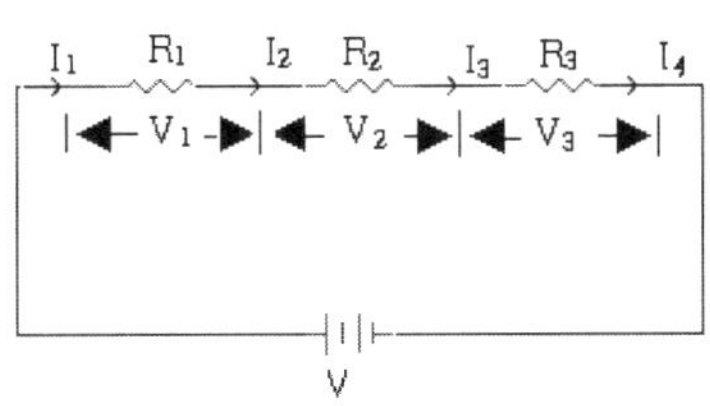

〈그림 4.3〉

(3) 실험순서 (2)로부터 직렬일 때 전류가 같고, 각 측정단자간의 전압은 $V_1 = I_1R_1$, $V_2 = I_2R_2$, $V_3 = I_3R_3$가 되고, $V_1 + V_2 + V_3 = V$가 되는 것을 확인하여라.

(4) 〈그림 4.4〉의 회로와 같이 R_1, R_2, R_3를 병렬로 연결하고, R_1양단의 전압 V_1, R_2양단의 전압 V_2, R_3 양단의 전압 V_3를 측정하고 I_1, I_2, I_3, I_4를 측정하여 [표 4.3]에 기록하여라. (단, 이때 R_1 =1.5[kΩ], R_2=3[kΩ], R_3=4.7[kΩ], V=10[V]이다.)

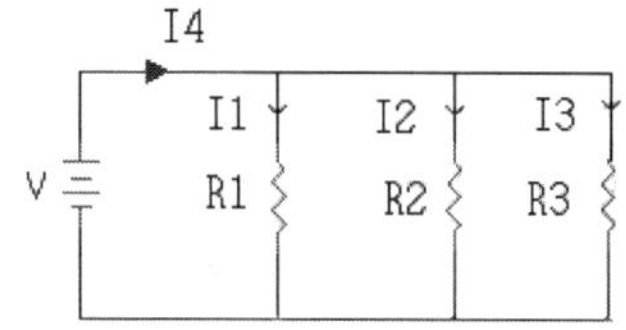

〈그림 4.4〉

(5) 실험순서 (4)로부터 병렬일 때 전압이 같고, 각 측정단자간의 전류는

$I_1 = \dfrac{V}{R_1}$, $I_2 = \dfrac{V}{R_2}$, $I_3 = \dfrac{V}{R_3}$가 되고 $I_1 + I_2 + I_3 = I_4$가 되는 것을 확인하여라.

5. 실험결과

평 가	월	일
		㉧

실 험 일 자	년 월 일 교시
학 과	
학 번	
공동 실험자	
이 름	

1) 브레드보드 결선도

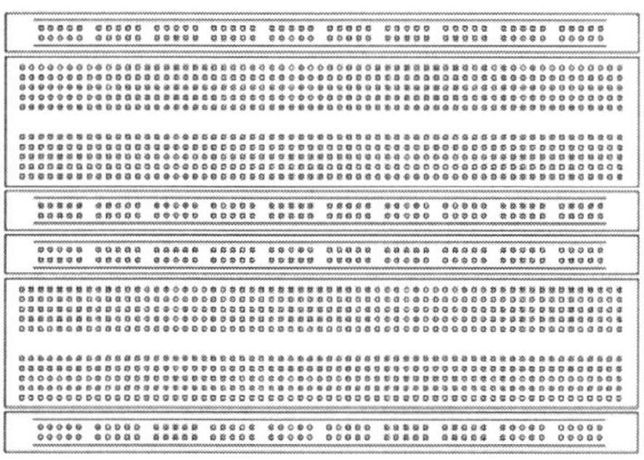

[표 4.1]

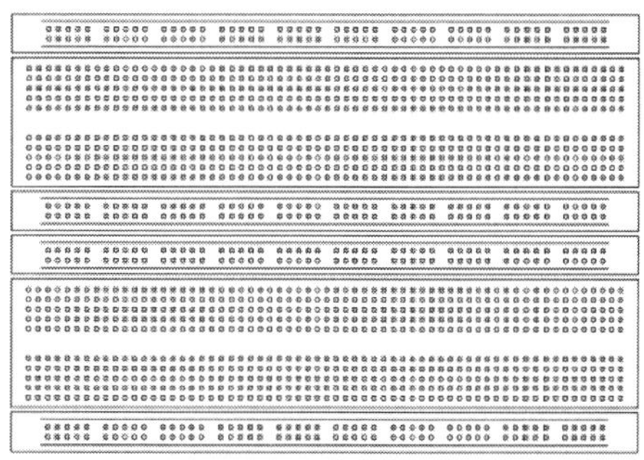

[표 4.2]

2)

[표 4.3]

회로상태	각 측정점에서의 전류		각 저항 양단의 전압		비 고
직 렬	I_1		V_1		
	I_2				
	I_3		V_2		
	I_4		V_3		
병 렬	I_1		V_1		
	I_2				
	I_3		V_2		
	I_4		V_3		

6. 검 토

(1) [표 4.3]의 결과에서 키르히호프의 전류법칙이 성립됨을 보여라.

(2) [표 4.3]의 결과에서 키르히호프의 전압법칙이 성립됨을 보여라.

실험 5 저항계의 원리와 사용법

1. 목 적

(1) 전류계를 이용한 저항계를 제작하여 본다.
(2) 저항계의 측정범위를 확대시키는 방법을 숙지한다.

2. 관련이론

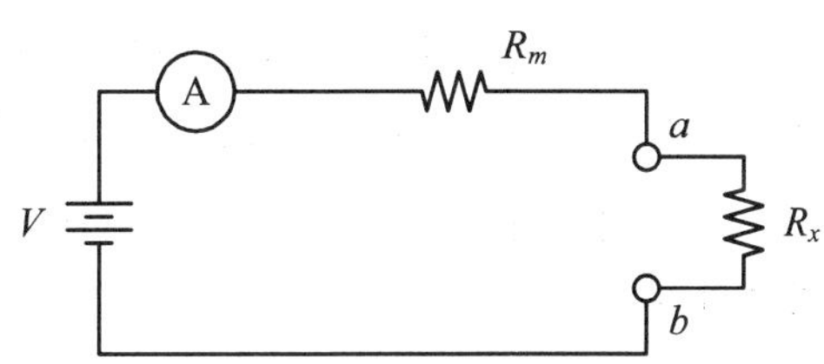

〈그림 5.1〉 저항계 실험

(1) 〈그림 5.1〉의 회로에서 $R_x = \infty[\Omega]$일 때 전류계의 지시치는 0[A]를 나타낸다.

(2) $R_x = 0[\Omega]$일 때 전류계의 지시치가 최대눈금(F.S)이 되도록 R_m이 조절되면

(3) 미지의 저항 R_x에 따른 전류가 지시되어 전류계를 저항계로써 이용할 수 있다.

(4) 〈그림 5.1〉의 회로에서 a, b단자는 Tester의 측정단자이고, R_m은 0 ohm 조정단자가 된다.

(5) 위의 경우에 R_x가 작은 저항일 때에는 전류계의 지시치가 크게 되므로 전류계와 병렬로 분류기 저항을 접속하여 전류계의 측정범위를 확대할 수 있다.

(6) 그러므로 분류기 저항의 선택에 따라 저항 측정범위를 바꾼 경우에는 반드시 $R_x = 0[\Omega]$(a, b측정단자 short)으로 하고, R_m(0 ohm 조정)을 조정하여 지침이 0[Ω]을 지시하도록 한 후에 저항을 측정하여야 한다.

3. 사용기기 및 부품

(1) 전원공급 장치
(2) 직류 전류계 : Full Scale 10[mA]
(3) 저항 상자(R_x) : 0 ~ 10[kΩ]
(4) 가변 저항 : R_m = 10[kΩ], R_s = 500[Ω]
(5) 미지저항
(6) 스위치

4. 실험순서

(1) 〈그림 5.1〉과 〈그림 5.2〉의 회로도에 대하여 [표 5.1], [표 5.2], [표 5.3]의 브레드 보드에 결선하시오.
(2) 〈그림 5.1〉 회로에서 가변저항 R_m을 10[kΩ]으로 하여 결선한다. (단, 이 때 전원전압 V는 1.5[V]이며, a, b단자는 개방상태에 둔다.)
(3) a, b단자를 단락 ($R_x = 0$)하고, 전류계의 지시가 최대가 되도록 R_m을 조절한다.
(4) a, b단자를 개방 ($R_x = \infty$)하여 지침이 전류계의 0 위치에 오는가를 확인한다.
(5) a, b단자에 저항상자를 접속하여 여러가지 저항값에 따른 전류계의 지시를 측정하여 [표 5.3]에 기록한다.
(6) [표 5.3]을 참고하여 전류계를 이용한 저항계를 제작하여 본다.
(7) 실험순서 (6)에서 제작한 저항계를 이용하여 [표 5.4]에 지시된 미지 저항을 측정하여 [표 5.4]에 기록한다.
(8) 〈그림 5.2〉 회로에서 가변저항을 10[kΩ], 분류기 저항계를 500[Ω]으로 하여 결선한다. (단, 이 때 SW는 off 상태, a, b 단자는 개방상태에 둔다.)

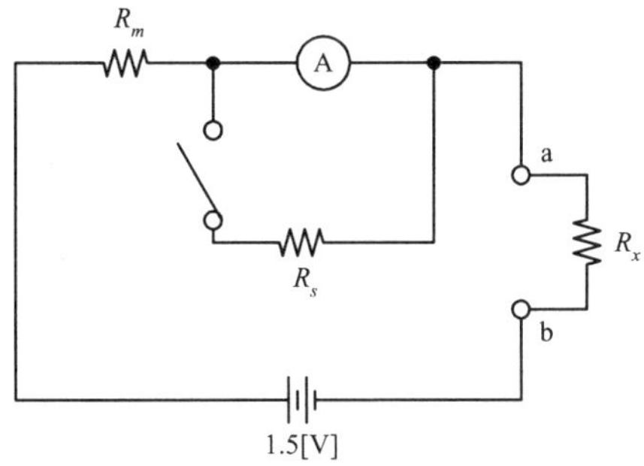

〈그림 5.2〉 1/10 저항계 실험그림

(9) [표 5.3]으로부터 중앙눈금(5[mA])저항치의 1/10 되는 저항 R_x를 a, b단자에 연결하고, SW를 닫은 후 R_s를 조절하여 전류계의 지시가 중앙눈금 (5[mA])이 되도록하고, 다시 a, b단자를 단락($R_x = 0$)하고 R_m을 조절하여 전류계의 지시가 최대가 되도록 한다. 이상의 조작을 반복하여 R_s를 고정시키면 1/10배의 저항계가 된다.

(10) 실험순서 (9)로부터 a, b단자의 R_x를 변화시키면서 여러 가지 저항값에 따른 전류계의 지시를 측정하여 [표 5.5]에 기록한다.

(11) [표 5.5]을 참고하여 1/10 저항계를 제작하여 본다.

(12) 실험순서 (11)에서 제작한 저항계를 이용하여 [표 5.6]에 지시된 미지저항을 측정하여 [표 5.6]에 기록한다.

5. 실험결과

평 가	월	일
		㉷

실 험 일 자	년 월 일 교시
학 과	
학 번	
공동 실험자	
이 름	

1) 브레드보드 결선

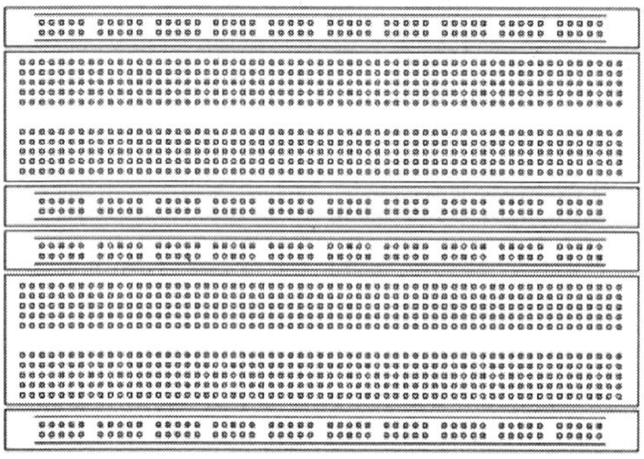

[표 5.1]

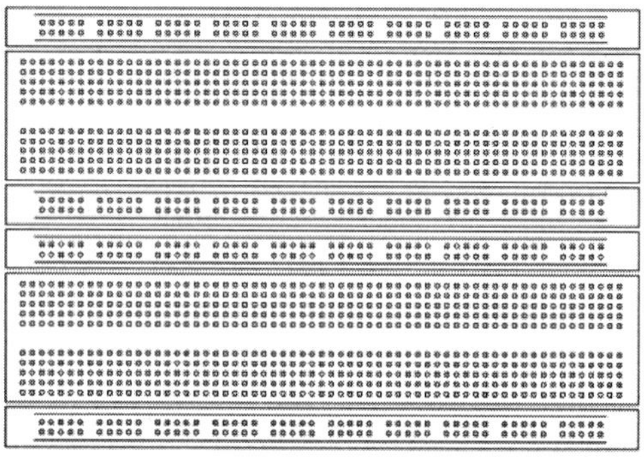

[표 5.2]

2)

[표 5.3]

저항 상자의 저항치 $R_x[\Omega]$	0													∞
전류계의 지시 A[mA]	10													0

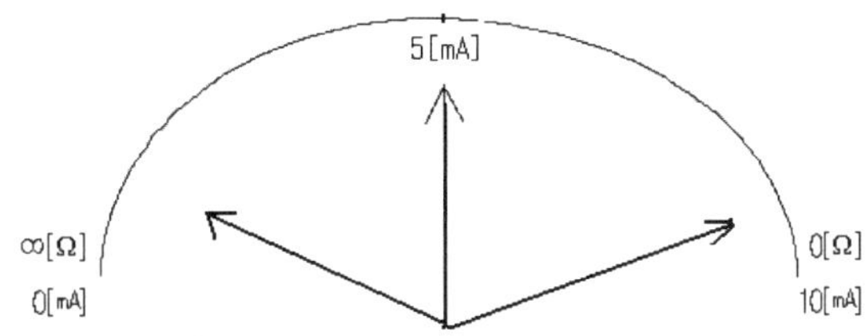

[표 5.4]

미지저항 (R_x)		1 [kΩ]	3 [kΩ]	5.6 [kΩ]	6.8 [kΩ]	8.2 [kΩ]
제작한 저항계의 지시	[mA]					
	[Ω]					

[표 5.5]

저항 상자의 저항치 R_x[Ω]	0													∞
전류계의 지시 A[mA]	10													0

[표 5.6]

미지저항 (R_x)		100 [Ω]	300 [Ω]	560 [Ω]	680 [Ω]	820 [Ω]
제작한 1/10 저항계의 지시	[mA]					
	[Ω]					

6. 검 토

(1) 상용저항계의 저항치와 제작한 저항계의 지시치를 비교하여 보아라.

(2) R×1, R×10, R×100, R×1000 저항계를 제작하여 보아라.

실험 6 분류기, 배율기

1. 목 적

(1) 전류계의 내부저항 측정 방법을 숙지한다.
(2) 전류계의 측정범위를 확대하기 위한 분류기를 숙지한다.
(3) 전압계의 측정범위를 확대하기 위한 배율기를 숙지한다.

2. 관련이론

1) 전류계 내부저항 측정방법

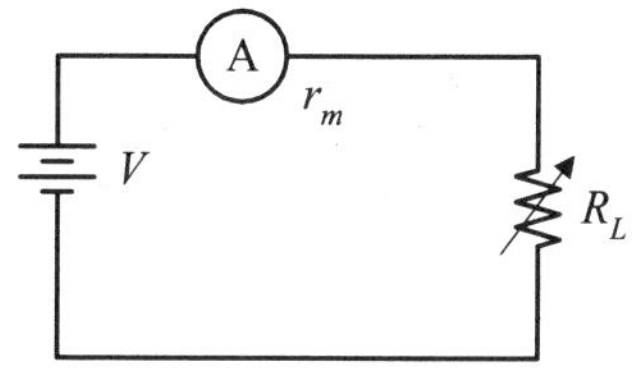

가변저항 R_L을 조절하여 전류의 지시치가 최대가 되었을 때의 저항을 R_1이라 하고, 1/2이 되었을 때의 저항을 R_2라 하면, $R_2 - 2R_1 = r_m$으로 전류계의 내부 저항을 알 수 있다.

2) 분류기

전류계의 측정범위를 확대시켜주기 위해 전류계와 병렬로 연결시켜준 저항을 분류기(Shunt Resister)라 한다.

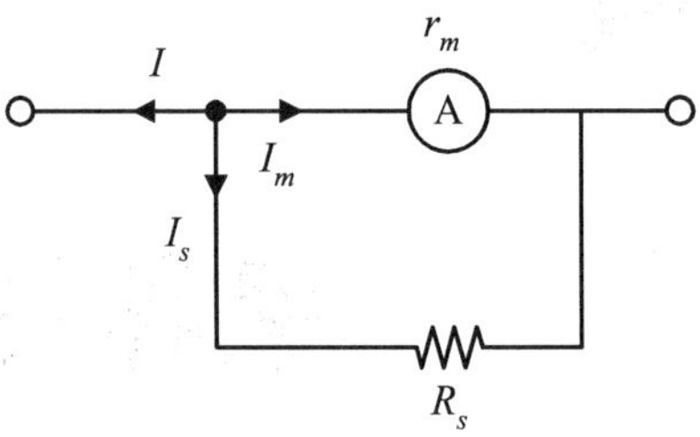

I_m : 전류계 지시치
r_m : 전류계 내부저항
R_S : 분류기저항

이라 하면 배율 $n = \dfrac{I}{I_m}$ 이다.

$$\therefore R_S = \frac{I_m r_m}{I_S} = \frac{I_m r_m}{I - I_m} = \frac{I_m r_m}{nI_m - I_m} = \frac{r_m}{n-1} \text{이다.} \qquad \text{식}(6.1)$$

3) 배율기

전압계의 측정범위를 확대시켜주기 위해 전압계와 직렬로 연결시켜준 저항을 배율기(multipier)라 한다.

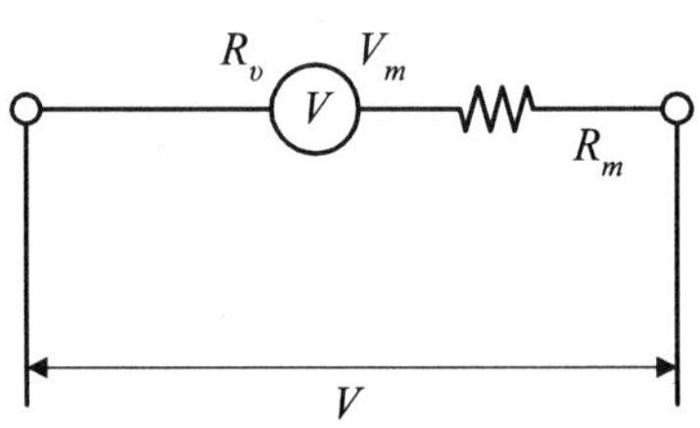

V_m : 전압계 지시치
R_v : 전압계 내부저항
R_m : 배율기 저항

이라 하면 배율 $n = \dfrac{V}{V_m}$ 이다.

$$\therefore R_m = \frac{V - V_m}{\dfrac{V_m}{R_v}} = \frac{R_v(nV_m - V_m)}{V_m} = (n-1)R_v \text{이다.} \qquad \text{식}(6.2)$$

3. 사용기기 및 부품

(1) 전원 공급 장치
(2) 회로 시험기 (전류계, 전압계 대용)
(3) 저항 : 200[Ω], 300[Ω], 3[kΩ], $\frac{1}{2}$[W]
(4) 가변저항 : 25[kΩ]

4. 실험순서

1) 〈그림 6.1〉과 〈그림 6.2〉의 회로에 대해서 브레드보드 결선을 하시오.

2) 분류기

(1) 관련이론을 참고하여 최대 눈금 0.1[mA] (50[μA]) 전류계의 내부저항을 측정하여 내부저항이 5[kΩ](10[kΩ])이 됨을 확인하고 2.5[mA] 전류계로 확대되는 분류기 저항 R_s를 식(6.1)에 의하여 계산한다.

(2) 〈그림 6.1〉과 같이 회로를 결선하여 R_2가 최소일 때 전류계의 최대 눈금 2.5[mA]가 되도록 전원 전압을 조절하여라. (이때, 전원전압은 3[kΩ]×2.5[mA] = 7.5[V]가 될 것이다.)

(3) 앞에서 계산된 분류기 저항 R_s를 〈그림 6.2〉와 같이 접속한다. 그러면 0.1[mA](50[μA])전류계는 2.5[mA] 전류계로 확대된다.

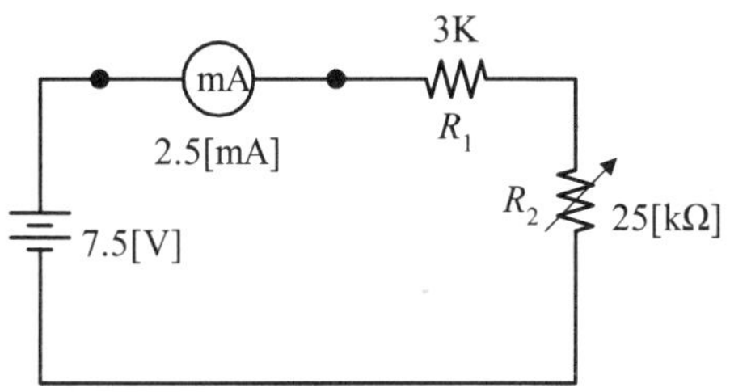

〈그림 6.1〉

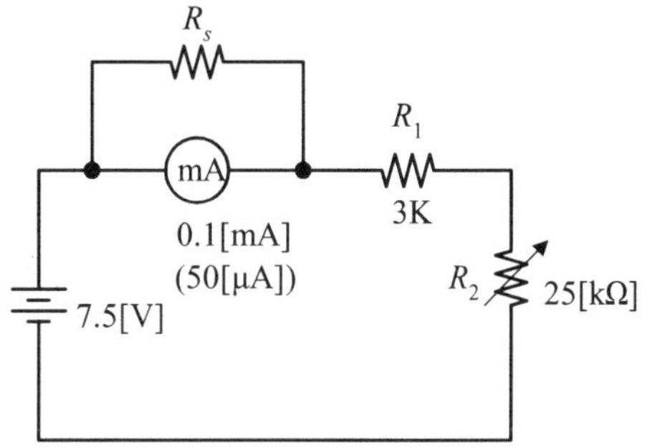

〈그림 6.2〉

(4) 실험순서 (2)와 (3)에서 가변저항 R_2를 가감하여 [표 6.1]에 지시한대로 측정하여 [표 6.1]에 기록한다.

(5) 〈그림 6.1〉과 〈그림 6.2〉에서 R_1을 300[Ω]으로 대체한다. (이때, 회로시험의 전류계 범위는 25[mA]로 할 것.)

(6) 0.1[mA] (50[μA]) 전류계를 25[mA] 전류계로 확대할 수 있는 분류기 저항 R_s를 계산하여 〈그림 6.2〉와 같이 연결한다.

(7) 가변저항 R_2를 가감하여 [표 6.2]에 지시한대로 측정하여 [표 6.2]에 기록한다.

3) 배율기

(1) 회로 시험기에 있어서 전압계의 내부저항은 일반적으로 명기되어 있다.
ex) 10[kΩ]/[V]로써 Full Scale 10[V] 전압계는 내부저항이 100[kΩ]이 된다.

(2) 최대눈금 0.5[V] (0.1[V])전압계를 사용하여 10[V]까지 측정할 수 있는 전압계의 배율기 저항 R_m을 식(6.2)에 의하여 계산한다.

(3) 배율기 저항 R_m을 〈그림 6.3〉과 같이 접속시켜서 가변전원을 [표 6.3]에 지시한 전압과 같이 변화해가며 전압계의 지시값을 측정한다. 이때 전압계의 지시값은 확대된 10[V]Range로 환산하여 읽고, 가변전원 전압은 회로시험기로 측정할 것.

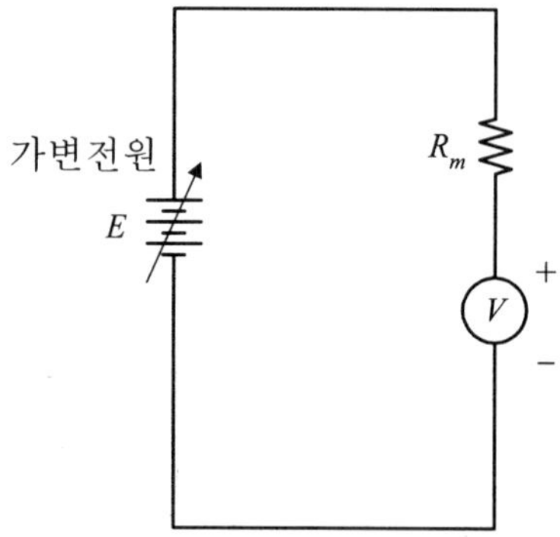

〈그림 6.3〉

5. 실험결과

평 가	월	일
		㉁

실 험 일 자	년 월 일 교시
학 과	
학 번	
공동 실험자	
이 름	

1) 브레드보드 결선

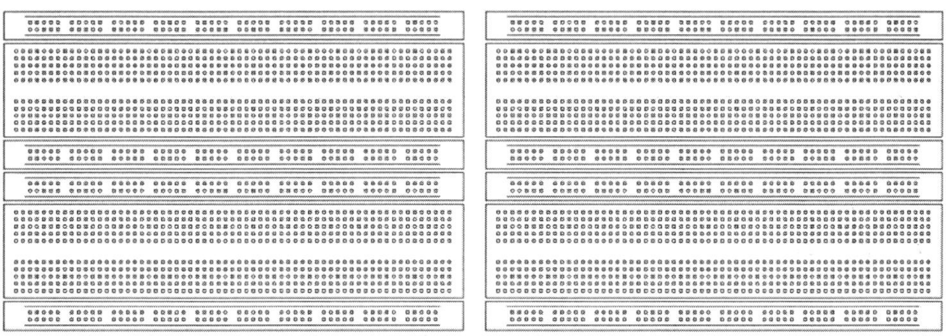

2)

[표 6.1]

분류기용 전류계 (그림 6.2)	회로 시험기로 측정한 전류 (그림 5.1)						오차
	1	2	3	4	5	평균	
0.5 [mA]							
1.0 [mA]							
1.5 [mA]							
2.0 [mA]							
2.5 [mA]							

[표 6.2]

분류기용 전류계	회로 시험기로 측정한 전류						오차
	1	2	3	4	5	평균	
5 [mA]							
10 [mA]							
15 [mA]							
20 [mA]							
25 [mA]							

[표 6.3]

배율기용 전압계	회로시험기로 측정된 전압				오차
	1	2	3	평균	
2 [V]					
4 [V]					
6 [V]					
8 [V]					
10 [V]					

6. 검 토

(1) 각 측정에서 나타난 오차의 원인을 분석하여라.

(2) 최대눈금 50[μA], 내부저항 10[kΩ]의 전류계를 사용하여 1[mA], 250[mA]를 측정할 수 있는 회로시험기와 0.5[V] 내부저항 20[kΩ]의 전압계를 사용하여 5[V], 50[V]를 측정할 수 있는 회로시험기를 설계하여라.

실험 7 중첩의 원리

1. 목 적

(1) 중첩의 원리(Law of superposition)를 이해하고, 이의 응용능력을 키운다.
(2) 중첩의 원리를 실험적으로 증명한다.

2. 관련이론

중첩의 원리는 고성능 음향계통, 전화, 방송 등 수많은 측정기기의 기본원리가 되는 중요한 원리로서 내용은 다음과 같다.

"여러 개의 전원을 포함하는 선형 회로망에 있어서 회로 내 임의의 점의 전류 또는 두 점간의 전압은 개개의 전원이 개별적으로 적용될 때 흐르는 전류 또는 두 점간의 전압을 합한 것과 같다."

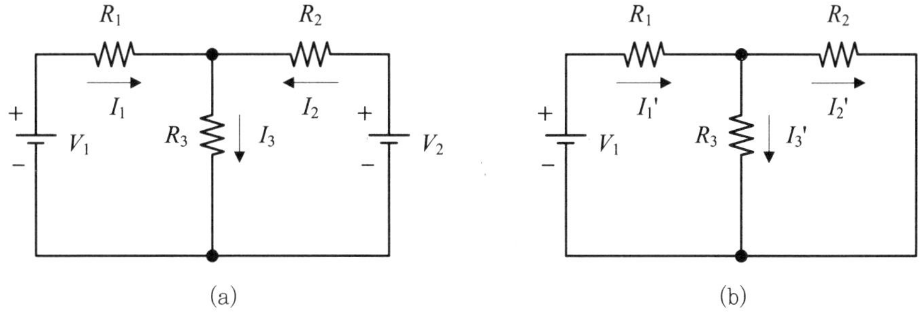

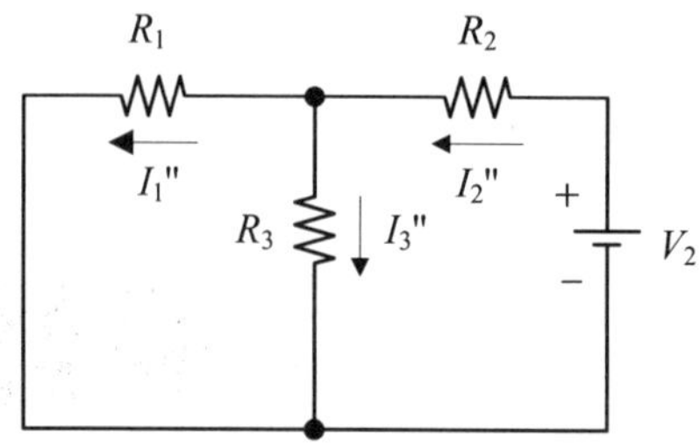

(c)

〈그림 7.1〉

〈그림 7.1(a)〉에서와 같은 회로에서 각 지로에 흐르는 전류 I_1, I_2, I_3는 〈그림 7.1(b)〉의 회로에서 I_1', I_2', I_3'을 구하고 〈그림 7.1(c)〉의 회로에서 I_1'', I_2'', I_3''을 구하여 $I_1 = I_1' - I_1''$, $I_2 = -I_2' + I_2''$, $I_3 = I_3' + I_3''$을 하면 된다.

3. 사용기기 및 부품

(1) 전원공급장치

(2) 회로시험기

(3) 저항 : 330[Ω], 470[Ω], 1[kΩ], 2.2[kΩ], 4.7[kΩ], $\frac{1}{2}$[W]

4. 실험순서

(1) 그림 7.2와 그림 7.4의 회로에 대하여 브레드보드 결선을 하시오.

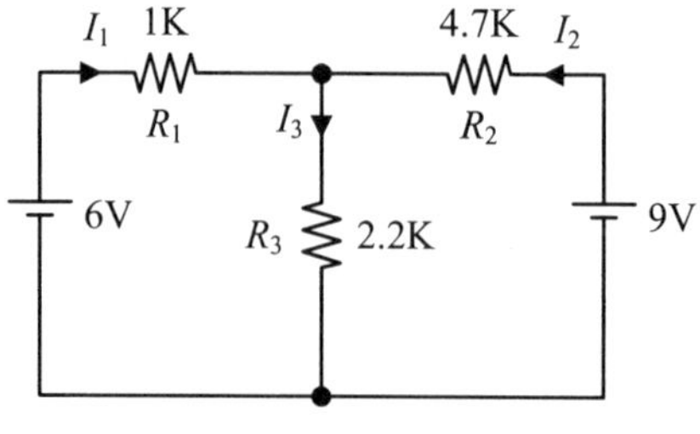

〈그림 7.2〉

(2) 〈그림 7.2〉회로를 결선하고 각 지로에 흐르는 전류 I_1, I_2, I_3를 측정하여 [표 7.1]에 기록하라.

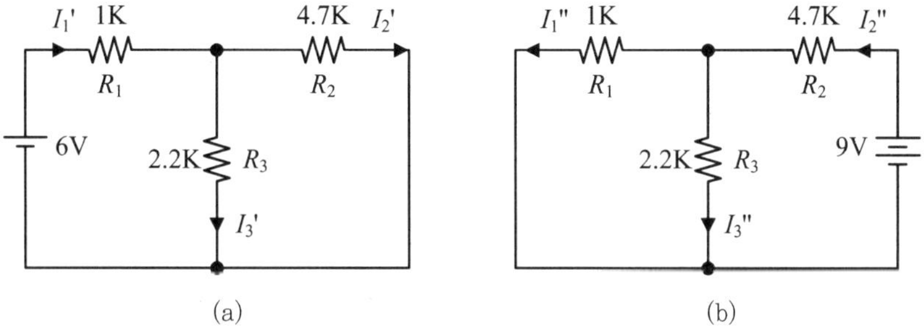

(a) (b)

〈그림 7.3〉

(3) 〈그림 7.3 (a), (b)〉의 회로를 결선하고 각 지로에 흐르는 전류 I_1', I_2', I_3, I_1'', I_2'', I_3''을 측정하여 [표 7.1]에 기록하라.

(4) 실험순서 (2), (3)으로 부터 $I_1 = I_1' - I_1''$, $I_2 = -I_2' + I_2''$, $I_3 = I_3' + I_3''$을 확인하여라.

(5) 〈그림 7.4〉의 회로를 결선하고 각 지로에 흐르는 전류 I_1, I_2, I_3를 측정하여 [표 7.2]에 기록하라.

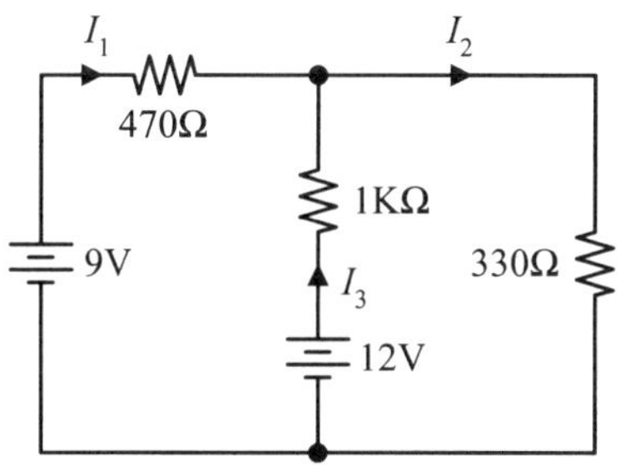

〈그림 7.4〉

(6) 〈그림 7.5(a), (b)〉의 회로를 결선하고, 각 지로에 흐르는 전류 I_1', I_2', I_3, I_1'', I_2'', I_3''을 측정하여 [표 7.2]에 기록하라.

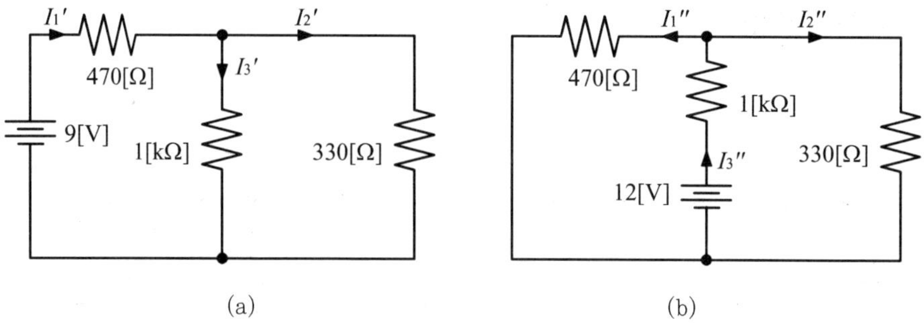

〈그림 7.5〉

(7) 실험순서 (5), (6)으로 부터 $I_1 = I_1' - I_1''$, $I_2 = I_2' + I_2''$, $I_3 = -I_3' + I_3''$을 확인하여라.

5. 실험결과

평 가	월	일
		㊞

실 험 일 자	년 월 일 교시
학 과	
학 번	
공동 실험자	
이 름	

1) 브레드보드 결선

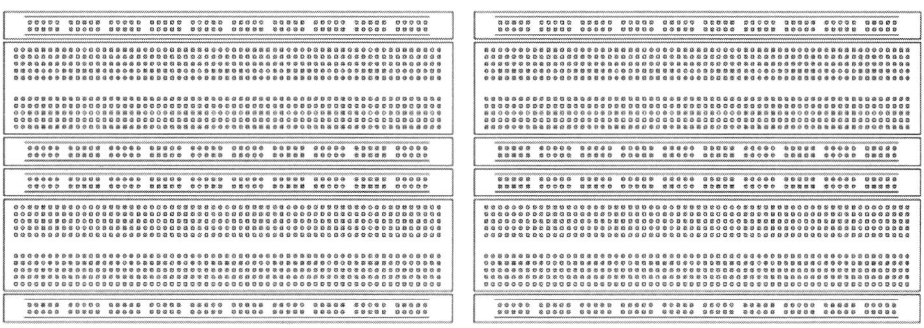

2)

[표 7.1]

지로 전류	이론치 [mA]	측정치 [mA]
I_1		
I_2		
I_3		
I_1'		
I_2'		
I_3		
I_1''		
I_2''		
I_3''		
$I_1 = I_1' - I_1''$, $I_2 = -I_2' + I_2''$, $I_3 = I_3' + I_3''$		

[표 7.2]

지로 전류	이론치 [mA]	측정치 [mA]
I_1		
I_2		
I_3		
I_1'		
I_2'		
I_3		
I_1''		
I_2''		
I_3''		
$I_1 = I_1' - I_1''$, $I_2 = I_2' + I_2''$, $I_3 = I_3'' - I_3'$		

6. 검 토

〈그림 7.6〉 회로와 〈그림 7.7〉 회로를 중첩의 원리에 의하여 두 회로로 분배하여 그리고, 각 저항에 흐르는 전류값을 계산하여 원회로와의 차이를 비교 · 검토하여라.

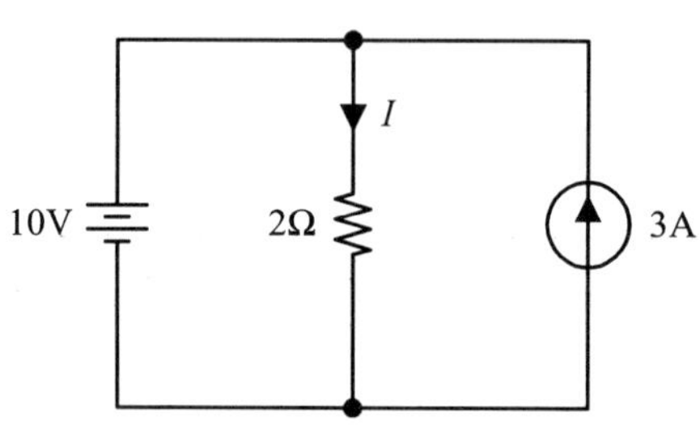

〈그림 7.6〉

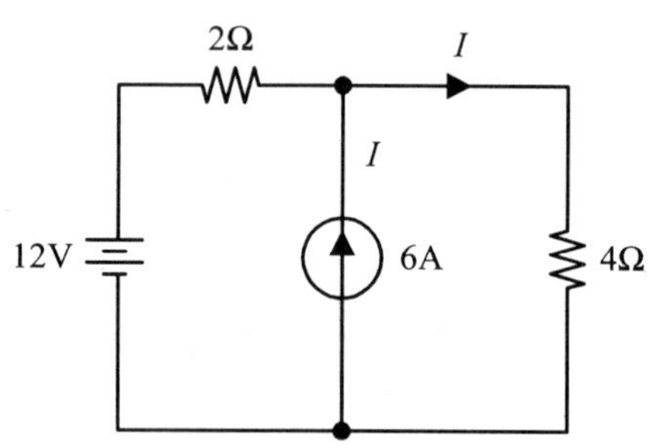

〈그림 7.7〉

실험 8 테브난, 노오튼의 정리

1. 목 적

(1) 임의의 회로에서 테브난(Thévenin)의 등가회로를 이용한 계산값과 측정값을 비교한다.
(2) 테브난의 정리(Thévenin's Theorem)를 실험적으로 증명한다.
(3) 노오튼의 정리(Norton's Theorem)를 이해하고 이의 응용력을 키운다.
(4) 노오튼의 정리를 실험적으로 증명한다.
(5) 밀만의 정리를 이해하고 실험적으로 증명한다.

2. 관련이론

1) 테브난, 노오튼의 정리

어떤 직류전원(전지)의 전기적 특성을 알기 위하여 〈그림 8.1〉과 같이 그 양단에 가변저항 R_L을 연결하고, R_L 값을 0에기서∞까지 변화시키면서 전원의 양단에 나타나는 전압 v와 단자에 흐르는 전류 i를 측정하면 〈그림 8.2〉와 같은 그래프를 얻을 수 있다.

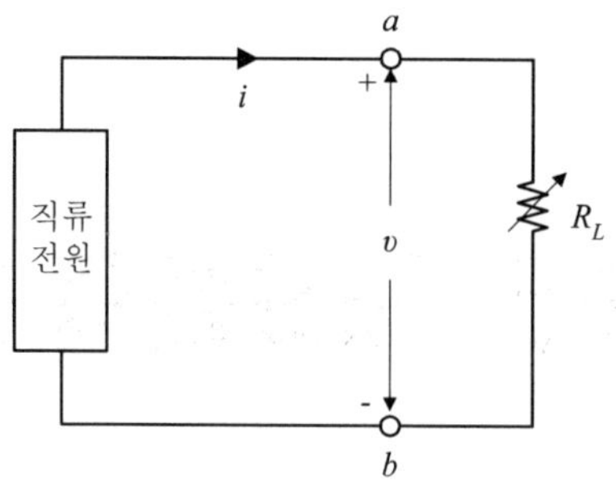

〈그림 8.1〉

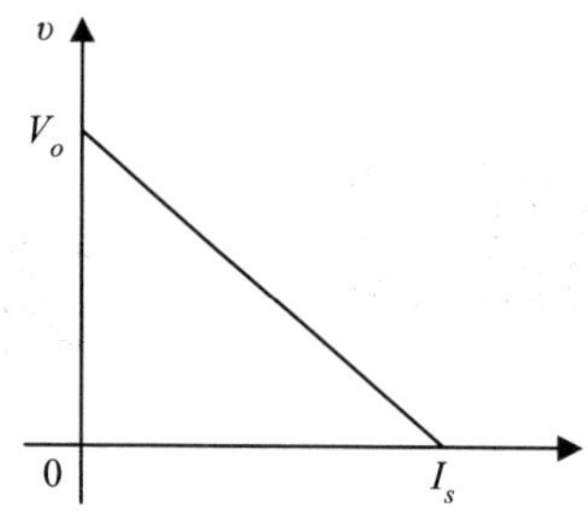

〈그림 8.2〉

〈그림 8.2〉에서 V_o는 a, b단자를 open시켰을 때 ($R_L=\infty$, $i=0$) 에 a, b단자의 전압이고, I_s는 a, b 단자를 short시켰을 때 ($R_L=0$, $v=0$)에 a, b 단자에서의 전류이다. 따라서 직선의 방정식은

$$v = \frac{-V_o}{I_S}i + V_o$$

로 나타낼 수 있고, $\frac{V_o}{I_S} = R_o$ 로 놓으면,

$$v = V_o - iR_o \qquad \text{식(8.1)}$$

가 되며, 양변을 i에 관한 식으로 정리하면, $i = \frac{V_o}{R_o} - \frac{v}{R_o}$ 가 되므로

$$i = I_S - \frac{v}{R_o} \qquad \text{식(8.2)}$$

가 된다. 그러므로 〈그림 8.1〉을 식(8.1)에 따라 등가회로로 고치면 〈그림 8.3(a)〉가 되며, 이와 같이 아무리 복잡한 회로라도 전원이 포함된 능동회로망 쪽은 V_o와 R_o가 직렬로 접속된 것과 같이 해석할 수 있으며, 이것을 전압등가원의 정리, 또는 테브난

의 정리라고 한다.

또한 〈그림 8.1〉을 식(8.2)에 따라 등가 회로로 고치면 〈그림 8.3(b)〉와 같이 나타낼 수 있고, 이와 같이 아무리 복잡한 회로라도 전원이 포함된 능동회로망 쪽은 I_s와 V_o가 병렬로 접속된 것과 같이 해석할 수 있으며, 이것을 전류등가원의 정리 또는 노오튼의 정리라고 한다.

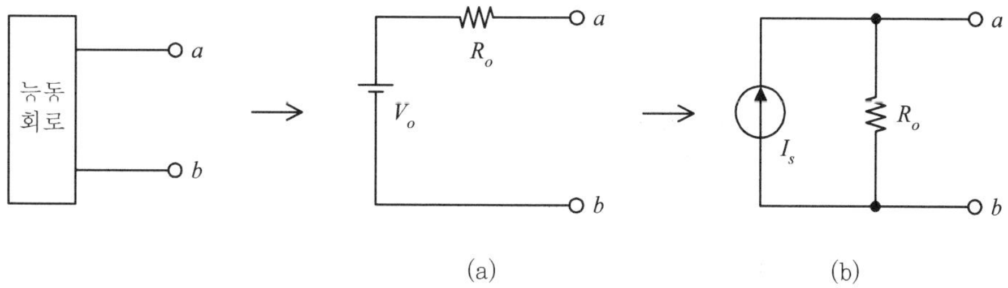

〈그림 8.3〉 등가회로

〈그림 8.3〉에서 V_o는 a, b단자를 open시켰을 때 a, b단자에 나타난 전압이고 R_o는 모든 전원을 제거하고 a, b단자에서 능동회로망 쪽을 바라본 저항이며 전원을 제거시킨다함은 전압원은 short, 전류원은 open시키는 것을 말한다.

또한 I_s는 a, b단자를 short시켰을 때 a, b 단자에 흐르는 전류이다.

간단한 예로 〈그림 8.4〉와 같은 회로를 테브난 등가회로와 노오튼 등가회로로 고치면 각각 〈그림 8.5〉와 〈그림 8.6〉과 같이 된다.

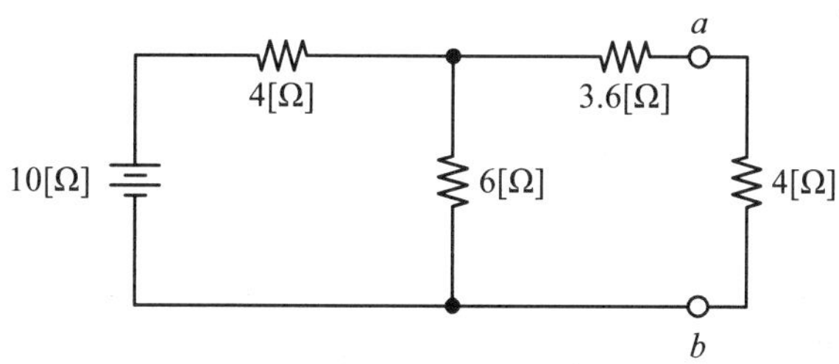

〈그림 8.4〉

V_o :

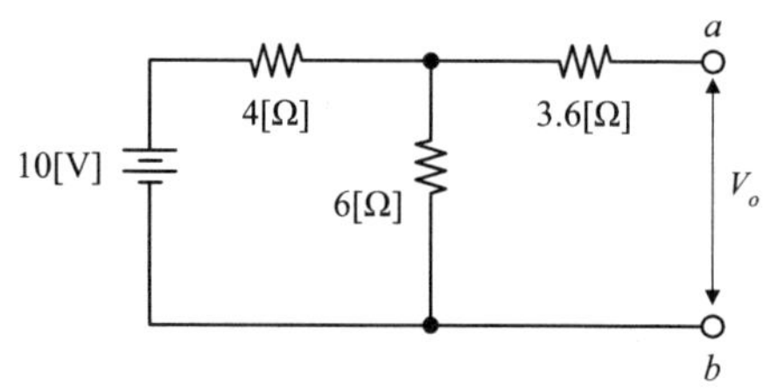

$$V_o = 10 \times \frac{6}{4+6} = 6[\mathrm{V}]$$

R_o :

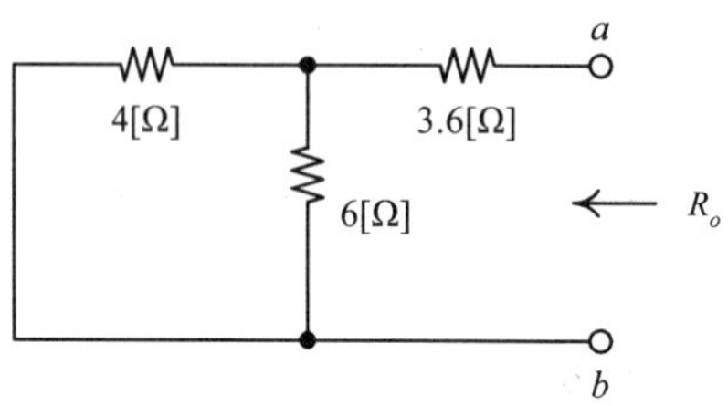

$$R_o = \frac{4 \times 6}{4+6} + 3.6 = 6[\Omega]$$

I_s :

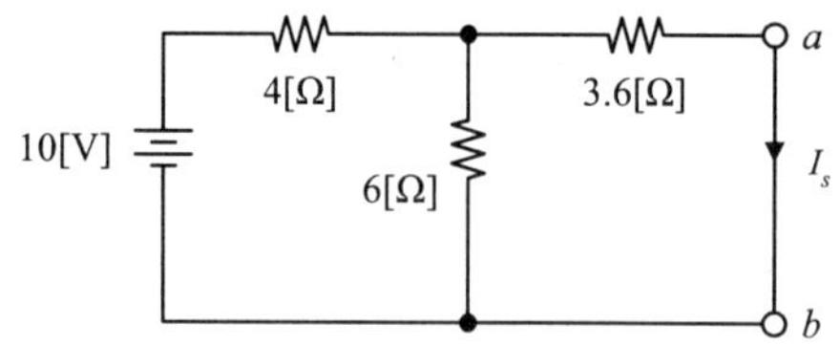

$$I_S = \frac{10}{4 + \frac{6 \times 3.6}{6+3.6}} \times \frac{6}{6+3.6} = 1[\mathrm{A}]$$가 되어 $I_S = \frac{V_o}{R_o}$가 됨을 확인할 수 있다.

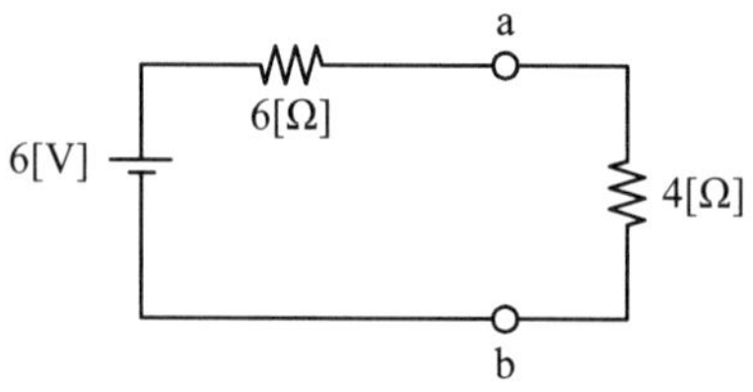

〈그림 8.5〉 테브난 등가회로

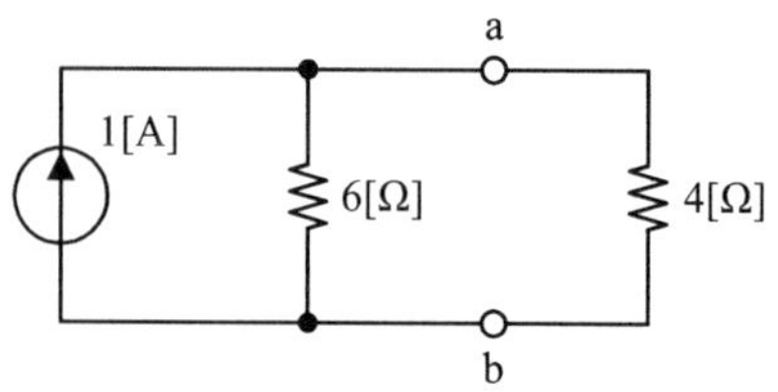

〈그림 8.6〉 노오튼 등가회로

2) 밀만의 정리(Millman's theorem)

밀만의 정리는 테브난 정리와 노오튼 정리를 합성한 것으로서 회로 내에 동일 주파수의 전압전원이 여러 개 병렬로 접속되어 있는 경우에 하나의 등가 전원으로 대치하거나 또는 회로내의 임의의 두 점간의 전압을 구하는데 유용한 정리이다.

예를 들어 〈그림 8.7(a)〉의 회로를 노오튼의 등가회로로 나타내면 〈그림 8.7 (b)〉의 회로로 나타낼 수 있고, 다시 〈그림 8-7 (b)〉의 회로를 테브난 등가회로로 나타내면 〈그림 8.7 (c)〉의 회로로 나타낼 수 있다.

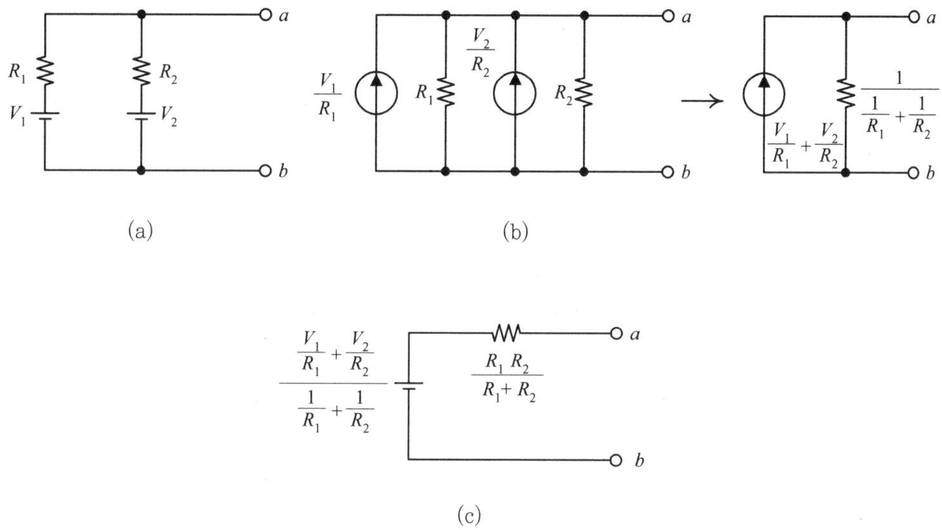

〈그림 8.7〉

그러므로 Millman의 정리에 의한 a, b양단전압 V_{ab} 는

$$V_{ab} = \frac{\sum_{k=1}^{n} Y_k V_k}{\sum_{k=1}^{n} Y_k} \qquad \text{식(8.3)}$$

이다.

3. 사용기기 및 부품

(1) 전원공급장치
(2) 회로시험기
(3) 저항 : 200[Ω], 300[Ω]×2, 470[Ω]×2, 1[kΩ], 2[kΩ], 3[kΩ], $\frac{1}{4}$[W]
(4) 가변저항 : 1[kΩ]

4. 실험순서

(1) 〈그림 8.8〉의 회로에 대하여 브레드보드 결선하시오.
(2) 실험회로도를 〈그림 8.8〉과 같이 결선하고 [표 8.1]에 지시된 저항 R_L값에 대한 a, b단자에서의 전압 V_L과 a, b단자 흐르는 전류 I_L을 측정하여 [표 8.1]에 기록하라.

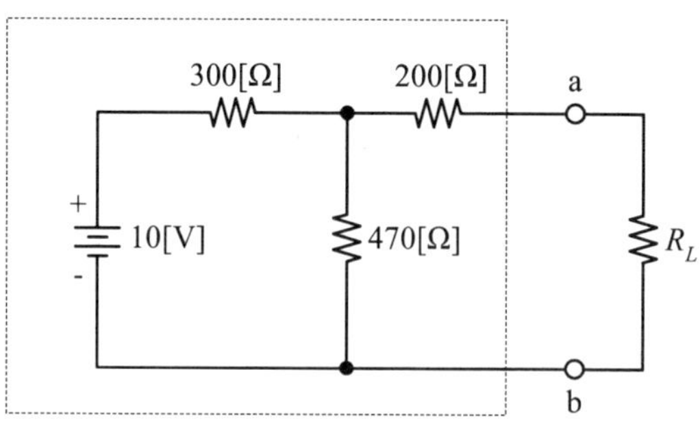

〈그림 8.8〉

(3) 〈그림 8.8〉의 회로에서 a, b단자를 개방시키고 이때의 a, b양단의 전압 V_o를 측정하여 [표 8.2]에 기록하라.

(4) 〈그림 8.8〉의 회로에서 전원전압(10[V])을 제거시키고 a, b단자에서의 저항 R_o를 측정하여 [표 8.2]에 기록하라.

(5) 〈그림 8.8〉의 회로에서 a, b단자를 단락(short)시키고 이때에 a, b단자에 흐르는 전류 I_s를 측정하여 [표 8.2]에 기록하라.

(6) 또한, 부하저항 R_L을 가변저항 1 [kΩ]으로 대치시키고 a, b단자에서의 전압이 실험순서 (2)에서의 V_o값에 대한 절반인 $1/2\,V_o$가 되도록 가변저항을 조절한 후, 가변저항을 떼어내어 가변저항의 저항값을 측정하여 [표 8.2]에 기록하라.
(이 때, 가변저항 R_L은 R_o값이 된다.)

(7) 〈그림 8.9〉회로를 결선하고 R_1, R_2, V_1, V_2를 [표 8.3]에 지시된 대로 바꾸어 a,b 양단 전압 V_{ab}를 측정하여 기록하라.

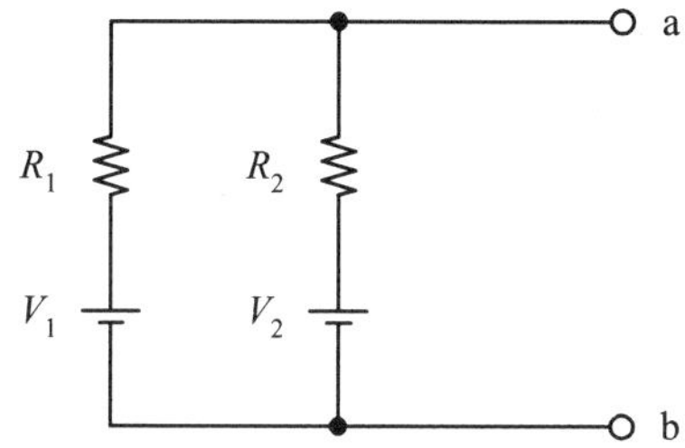

〈그림 8.9〉

5. 실험결과

평 가	월	일
		㊞

실 험 일 자	년 월 일 교시
학 과	
학 번	
공동 실험자	
이 름	

1) 브레드보드 결선

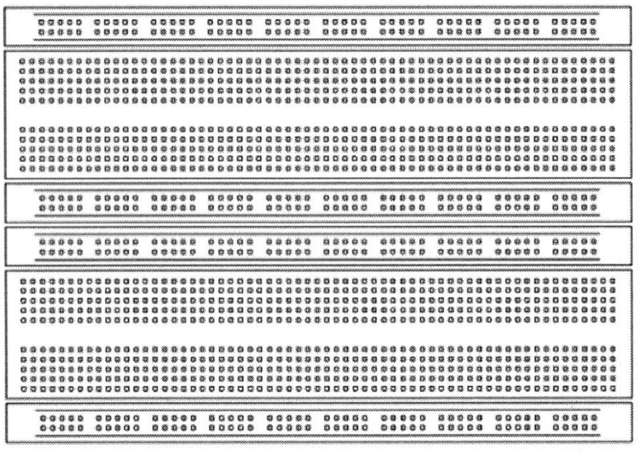

2)

[표 8.1]

R_L	측정치		이론치		비 고
	V_L	I_L	V_L	I_L	
470 [Ω]					
1 [kΩ]					
2 [kΩ]					
3 [kΩ]					

[표 8.2]

V_o [V]		R_o [Ω]			I_s		비 고
이론치	측정치	이론치	측정치(실험순서4)	측정치(실험순서6)	이론치	측정치	
							$I_S = \frac{V_o}{R_o}$ 확인

[표 8.3]

R_1	300 [Ω]	1 [kΩ]	2 [kΩ]	3 [kΩ]
R_2	300 [Ω]	2 [kΩ]	1 [kΩ]	1 [kΩ]
V_1	6 [V]	12 [V]	8 [V]	24 [V]
V_2	6 [V]	15 [V]	10 [V]	12 [V]
이론치 [V]				
측정치 [V]				

6. 검 토

(1) [표 8.2]로부터 테브난 등가회로와 노오튼 등가회로를 그리고 $I_S = \frac{V_o}{R_o}$가 됨을 확인하여라.

(2) [표 8.2]에 의한 등가회로로부터 [표 8.1]에 제시된 부하저항 R_L에 대한 V_L과 I_L을 계산하여 [표 8.1]과 비교하여라.

(3) 실험순서 (6)에서 측정한 가변저항 R_L값이 R_o가 되는 이유를 설명하여라.

실험 9 최대 전력전달 조건

1. 목 적

(1) 직류전원으로부터 부하에 전력을 최대로 전달할 수 있는 조건을 이해한다.
(2) 최대 전력전달 조건을 실험을 통해 확인한다.

2. 관련이론

회로망의 제일 중요한 문제의 하나는 어떻게 하면 부하에 최대의 전력을 전달시키느냐 하는 것이며, 이를 위하여 임피던스의 정합은 일정전원에 의하여 부하에 전력을 최대로 전달할 수 있는 필수조건이다.

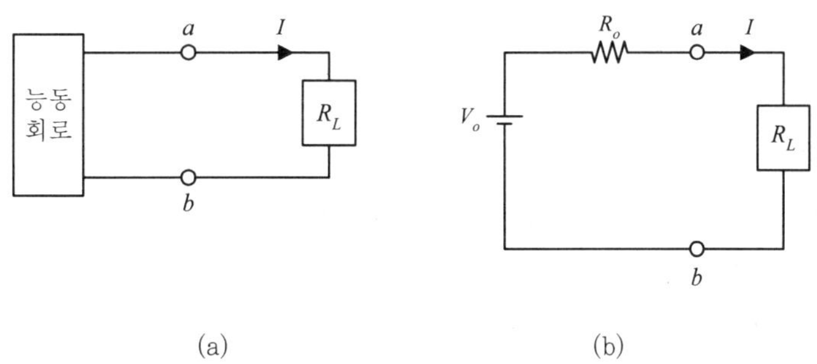

〈그림 9.1〉

〈그림 9.1 (a)〉회로는 테브난 정리에 의하여 〈그림 9.1 (b)〉와 같이 등가 변환할 수 있다. 그러므로 부하저항 R_L에 흐르는 전류 I는

$$I = \frac{V_o}{R_o + R_L}$$ 식(9.1)

이고, 부하에 전달되는 전력 R_L은

$$P_L = \left(\frac{V_o}{R_o + R_L}\right)^2 \times R_L = \frac{V_0^2 R_L}{(R_o + R_L)^2}$$ 식(9.2)

이다. 따라서 최대전력은 식 (9.2)를 R_L에 대하여 미분한 값이 0이어야 한다.

즉, $$\frac{\partial P_L}{\partial R_L} = \frac{V_0^2 (R_0 - R_L)}{(R_o + R_L)^3} = 0$$

이 되어

$$R_o = R_L$$ 식(9.3)

일 때 최대전력을 전달할 수 있으며, 이 때 최대전력

$$P_{\max} = \left(\frac{V_o}{R_o + R_o}\right)^2 \times R_o = \frac{{V_o}^2}{4R_o} = \frac{{V_o}^2}{4R_L}$$ 식(9.4)

가 되며, 부하를 어떻게 조절하더라도 이보다 더 큰 전력을 얻어낼 수 없으므로 P $P_{\max}$을 **가용전력**이라고도 한다.

특히 부하가 고정되어 있는 경우에는 부하와 회로망의 등가 임피던스 사이에 적당한 수동회로망을 삽입하여 부하에 최대 전력이 전달되도록 조정하는 것을 **임피던스 정합**(Impedance matching)이라고 한다.

3. 사용기기 및 부품

(1) 전원 공급 장치
(2) 회로시험기
(3) 저항 : 1[kΩ], $\frac{1}{2}$[W]
(4) 가변저항 : 10[kΩ]
(5) 스위치

4. 실험순서

(1) 〈그림 9.2〉 회로를 브레드보드에 결선하시오.

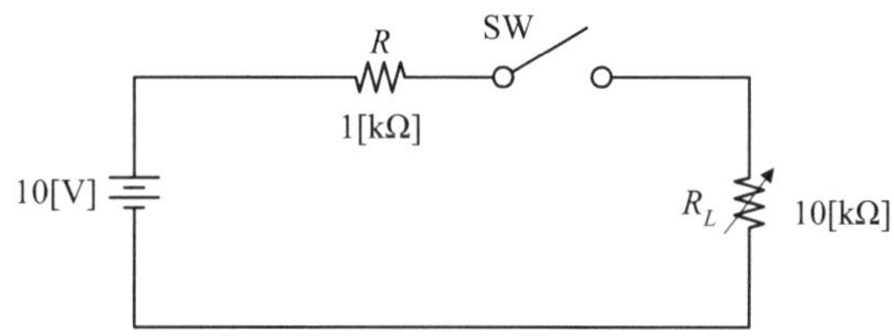

〈그림 9.2〉

(2) 〈그림 9.2〉 회로를 결선하고 SW를 사용하여 회로가 on-off 될 수 있도록 한다.

(3) SW를 열고 R_L이 0이 되도록 조절하여라. 다시 SW를 닫고 R_L에 흐르는 전류 I_L을 측정하여 [표 9.1]에 기록하여라.

(4) SW를 열고 R_L이 100[Ω]이 되도록 조절하여라. 그런 후 SW를 닫고 R_L에 흐르는 전류 I_L을 측정하여 [표 9.1]에 기록하여라.

(5) [표 9.1]에 기록된 모든 R_L에 대해 실험 순서 (3)을 되풀이 한다.

(6) R_L과 I_L의 측정값으로부터 $P_L = I_L^{\ 2} \cdot R_L$를 이용하여 R_L에 있어서의 전력을 계산하여 [표 9.1]에 기록하여라.

(7) [표 9.1]로부터 P_L이 최대가 되는 R_L 값을 조사하여라.

5. 실험결과

평 가	월	일
		㊞

실 험 일 자	년 월 일 교시
학 과	
학 번	
공동 실험자	
이 름	

1) 브레드보드 결선

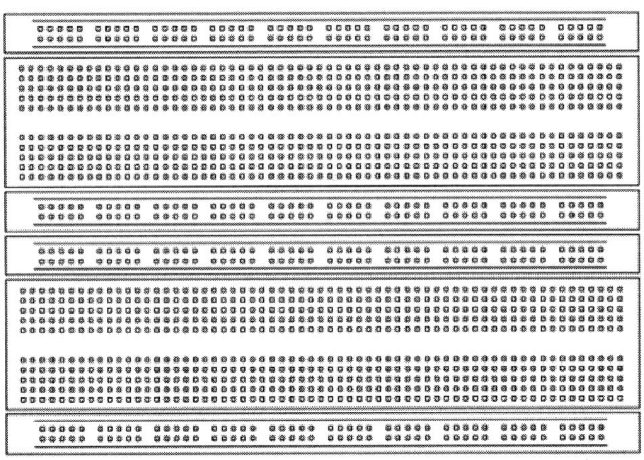

2)

[표 9.1]

R_L [Ω]	I_L(mA) (volts)	$P_L = I_L^2 R_L$ (mW)
0		
100		
200		
400		
600		
800		
850		
900		
950		
1000		
1100		
1200		
1500		
1700		
2000		
4000		
6000		
8000		
10,000		

6. 검 토

(1) [표 9.1]로부터 R_L은 수평축, P_L은 수직축으로 하여 graph를 그려라.

(2) [표 9.1]로부터 최대전력이 전달되기 위한 R과 R_L의 관계를 나타내어라.

실험 10 휘스톤 브리지

1. 목 적

(1) 휘스톤 브리지(Wheatstone bridge)의 원리를 이해한다.

(2) 휘스톤 브리지를 이용하여 저항측정 방법을 익힌다.

2. 관련이론

저항의 정밀측정에는 브리지 회로를 사용한다. 브리지 회로에는 지시계기로서 고감도의 검류계(Galvanometer)를 사용한다. 이 계기의 지시가 0이 되는 정확한 평형점을 찾는다. 〈그림 10.1〉은 브리지의 가장 일반적인 형식인 휘스톤 브리지 회로이다.

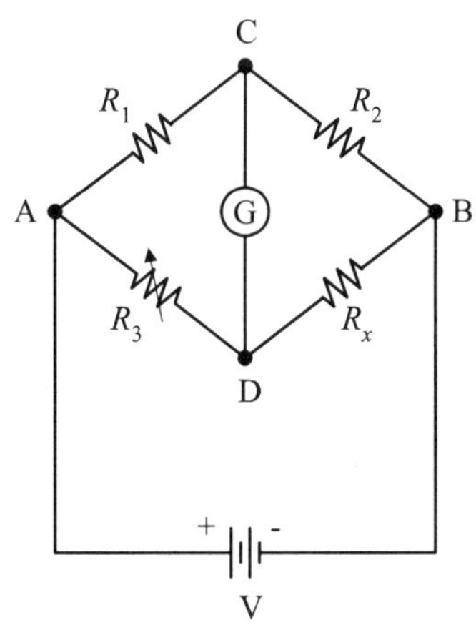

〈그림 10.1〉

검류계 G는 전류가 흐르지 않을 때 중앙의 0점을 지시하는 계기이다. C와 D사이에 전위차가 있다면 G를 통해서 전류가 흐르며, 전위차가 없다($V_{CD}=0$)면 검류계의 지침은 "0" 을 가리키게 될 것이다. 즉, $V_{CD}=0$일 때 브리지는 평형되었다고 하고 $V_C = V_D$이다.

$$V_C = \frac{R_2 V}{R_1 + R_2}, \quad V_D = \frac{R_x V}{R_3 + R_x} \text{ 이므로}$$

$$\frac{R_2 V}{R_1 + R_2} = \frac{R_x V}{R_3 + R_x} \text{ 에서}$$

$$R_2 R_3 = R_1 R_x \qquad \text{식(10.1)}$$

이 된다. 따라서

$$R_x = \frac{R_2}{R_1} \times R_3 \qquad \text{식}$$

(10.2)

가 된다.

이것으로 단자 B, D 사이에 있는 미지저항 R_x를 측정한다. 이 때 R_1과 R_2는 비례변(ratio arm)이라고 하는 고정저항이며 R_3는 **표준변**(standard arm)이라고 하는 가변저항 또는 10진식(decade) 저항이다.

식(10.2)에서 보는 바와 같이 평형상태에서 미지의 저항 R_x는 비례변 R_2/R_1 = 1일 때 R_x = R_3으로 되어 정확도를 기할 수 있게 된다. R_3가 아주 정확한 10진식(decade) 저항이라면 평형상태에서 R_3의 값을 찾아서 R_x의 값을 눈금판에서 직접 읽을 수 있다.

R_2/R_1 = 1인 조건은 R_x의 측정범위를 제한한다. 예를 들면 R_3이 최대 10[kΩ]이라면 10[kΩ]보다 큰 저항을 측정할 수 없게 된다. 이러한 단점을 고려해서 여러 개의 비례변을 택할 수 있도록 레인지 스위치를 마련하고 있다.

R_2/R_1 = 3이면 측정범위는 3배로 증가하게 된다. 그 반면 검류계의 지시를 읽을

때의 오차는 3배로 증가하게 된다. 휘스톤 브리지 외에도 다른 형식의 브리지회로가 많다. 예컨대 습동선(slide-wire) 브리지 등이다. 그러나 이 실험에서는 다이아몬드형의 휘스톤 브리지만을 사용해서 그 원리를 이해하도록 한다.

〈그림 10.2〉는 휘스톤 브리지의 외관을 나타내었다.

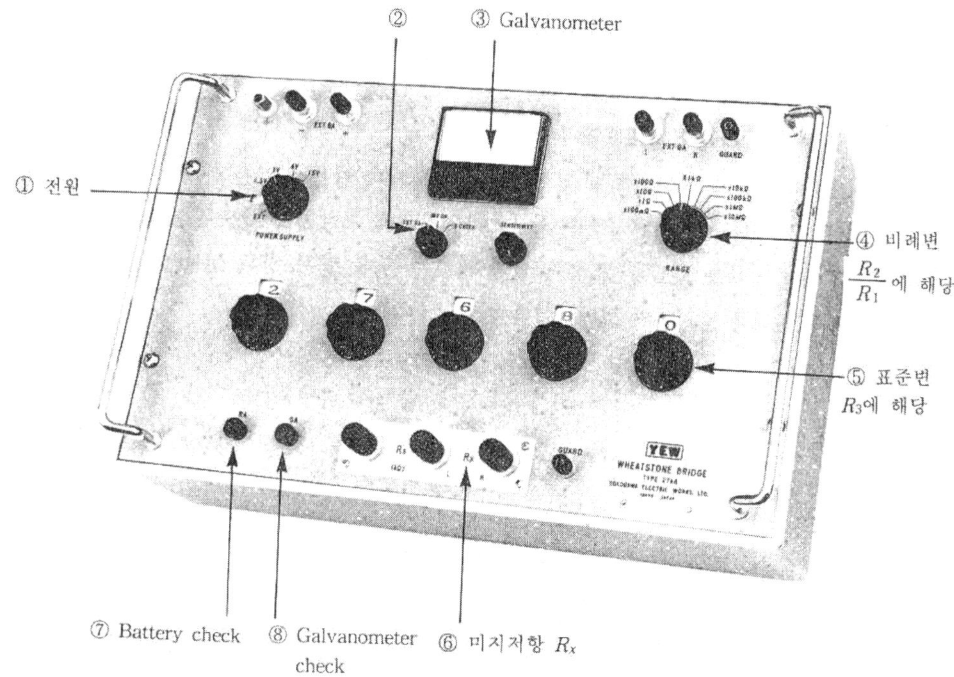

〈그림 10.2〉

(i) 전원단자 ①을 1.5 [V] 위치에 놓는다.
(ii) ②를 INT GA (내부 검류계 사용)위치에 놓는다.
(iii) 비례변 ④를 적당한 위치에 놓는다.
(iv) ⑦, ⑧을 누르고, 표준변 ⑤를 가변하여 검류계 ③ 눈금이 0이 되도록 조절하면, 미지저항 R_x값은 ④×⑤이 된다.

3. 사용기기 및 부품

(1) 전원공급장치

(2) 회로시험기

(3) 검류계 : ±100[μA]

(4) 저항 : 470[Ω] 4.7[kΩ]×2, 1[kΩ], 2[kΩ], 3[kΩ], 3.9[kΩ], 5.1[kΩ], 10[kΩ], 20[kΩ], 30[kΩ], 39[kΩ], 51[kΩ], 56[kΩ]

(5) 가변저항 : 10[kΩ]

4. 실험순서

(1) 〈그림 10.3〉의 회로에 대하여 브레드보드 결선을 하시오.

(2) 〈그림 10.3〉의 실험회로도와 같이 비례변을 $\frac{R_2}{R_1} = 1$로 하여 회로를 브레드보드에 연결한다.
스위치 S_1, S_2는 개방하고 V = 6[V]가 되게 전압을 인가한다. R_3로는 디케이드 박스 또는 10[kΩ] 가변저항을 사용하며, 최대의 저항값을 갖도록 조정해 놓는다. M은 검류계이고 회로에 R_x를 삽입한 이유는 S_1을 닫는 경우 M에 대한 불평형 상태에서 충격을 방지하기 위해서이다.

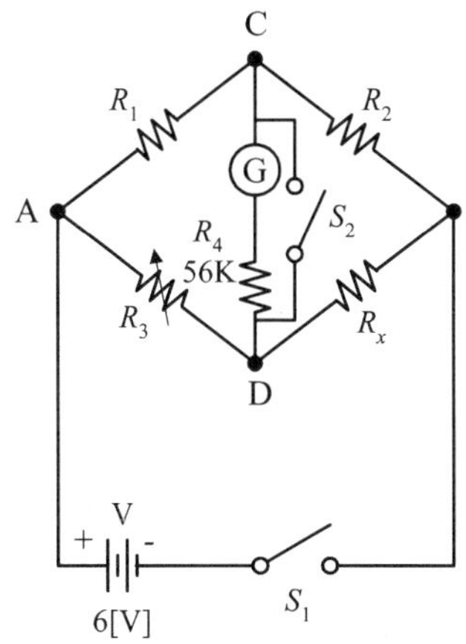

〈그림 10-3〉

(3) BD 사이에 [표 10.1]에 지시된 저항 R_x를 연결한다. (단, R_x는 10[kΩ]보다 작아야 한다.) 다음에 S_1을 닫는다. 이때 S_2는 여전히 개방된 상태여야 한다. 이때 검류계가 움직이지 않는다면 R_3이 최대저항 위치에 놓여 있는지 다시 한 번 보아야 한다.

(4) G의 지시가 "0"에 접근하도록 R_3을 천천히 감소한 다음에 S_2를 닫고 필요하면 R_3을 재조정한다. 디케이드박스로부터 R_3의 값을 읽고 [표 10.1]에 기록한다. 또한 R_3에 따른 R_x값을 환산하여 기록한다.

(5) S_1, S_2를 개방한다. R_3을 다시 최대저항으로 한다. 회로로부터 R_x를 제거하고 다른 임의의 저항들을 연결하여 실험순서 (2), (3)과 같은 방법으로 이들의 저항값을 측정, 기록한다.

(6) 〈그림 10.3〉의 회로에서 $R_1 = 470[\Omega]$, $R_2 = 4.7[K\Omega]$으로 하여 비례변 $\frac{R_2}{R_1}$를 10으로 한 다음 실험순서(3)~(6)를 반복하여 [표 10.2]에 기록한다.(단, 이 때 R_x 는 100[kΩ]보다 작아야 한다.)

5. 실험결과

평 가	월	일
		㊞

실 험 일 자	년 월 일 교시
학 과	
학 번	
공동 실험자	
이 름	

1) 브레드보드 결선

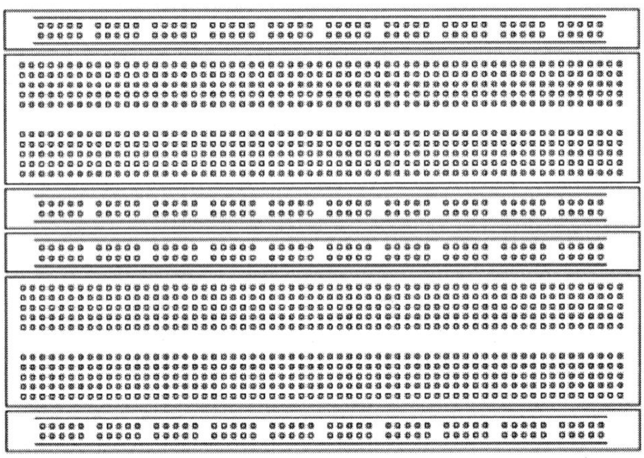

2)

[표 10.1]

측정치 \ 미지저항	1k	2k	3k	3.9k	5.1k
비례변 R_2/R_1	1	1	1	1	1
R_3					
R_x					
오차					

[표 10.2]

측정치 \ 미지저항	10k	20k	30k	39k	51k
비례변 R_2/R_1	10	10	10	10	10
R_3					
R_x					
오차					

6. 검 토

(1) 이 실험의 측정의 정확도를 결정하는 것은 무엇인가?

(2) 이 실험에서 고감도의 검류계를 사용한 이유는 무엇인가?

(3) 〈그림 10.3〉의 회로에서 56[kΩ] 저항을 사용한 이유는 무엇인가?

실험 11 오실로스코프의 원리와 사용법

1. 목 적

(1) 오실로스코프의 기본원리를 이해하고, 각 조절기의 사용법을 익힌다.

(2) 파형관측, 전압, 주파수 및 위상차 측정방법을 익힌다.

2. 관련이론

오실로스코프의 공식명칭은 음극선 오실로스코프(cathode Ray Oscilloscope)로서, 시간적으로 변화하는 전기적인 신호를 스크린상에 파형으로 나타내어 전기적인 변화를 측정, 분석하는 데 사용되는 계측기이다.

또한, 오실로스코프는 일반계기로 측정할 수 없는 높은 주파수, 펄스, 충격성 전압 및 전류 등 각종 파형을 관측할 수 있고, 증폭기의 각종 일그러짐 등을 관측할 수 있기 때문에 응용범위가 대단히 넓다.

1) 구성

오실로스코프는 수직 및 수평축증폭기, 시간축 증폭기, 전원부 및 음극선부로 나누어진다. 〈그림 11.1〉은 오실로스코프의 기본구성도이다.

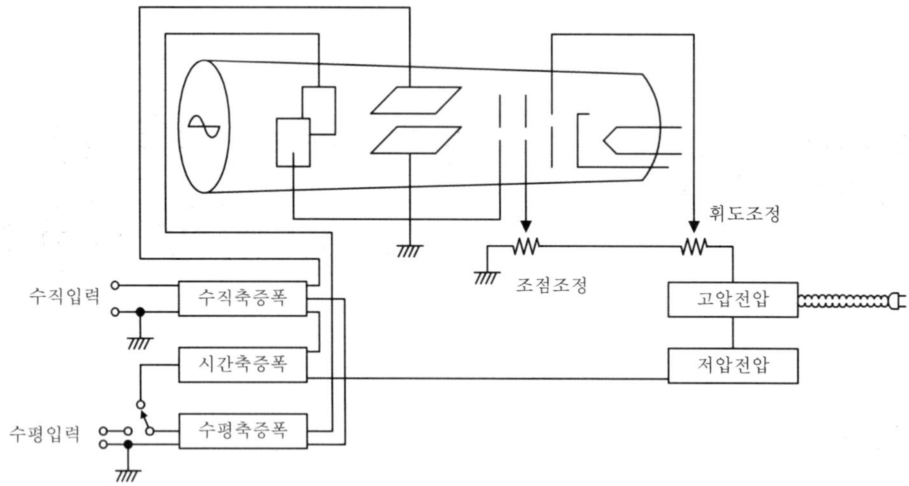

〈그림 11.1〉 기본 구성도

2) 동작원리

오실로스코프는 시간, 전압 및 휘도의 3요소를 조합시켜 파형을 나타내며, 〈그림 11.2〉와 같은 정현파를 표시할 때 이 3요소가 각각 어떠한 동작을 하는가? 우선, CRT의 수평방향의 편향판에는 직선적으로 변하는 전압을 가해서 전자빔을 왼쪽에서 오른쪽으로 이동하도록 편향하는데 이것을 소인(Sweep)이라 한다.

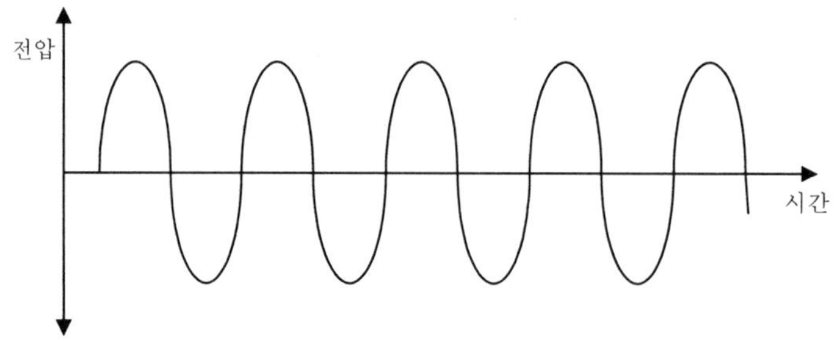

〈그림 11.2〉 정현파의 전압과 시간과의 관계

그런데, CRT의 형광면은 한정되어 있기 때문에 좌측에서 우측으로 어디까지나 소인을 계속할 수 없으므로, 〈그림 11.3〉과 같이 적당한 구간을 정해서 CRT의 우단까지 소인했으면 좌단으로 돌아가 다시 좌단에서 우단으로 소인하도록 한다면 변화하는 전압을 CRT면에 몇 회라도 나타나게 할 수 있으나 불편한 점도 있다. 그것은 소인이 우단에서 좌단으로 돌아올 때 우측에서 좌측으로 소인하게 되어 〈그림 11.3〉의 B→A 구간이 A→B 구간에 겹쳐 〈그림 11.4〉와 같이 보이게 된다. 따라서 B→A 구간의 파형이 보이지 않게 하기 위해서는 소인이 우단에 도착함과 동시에 전자빔을 차단하도록 한다. 즉, B→A 구간의 휘도를 "0" 로 한다.

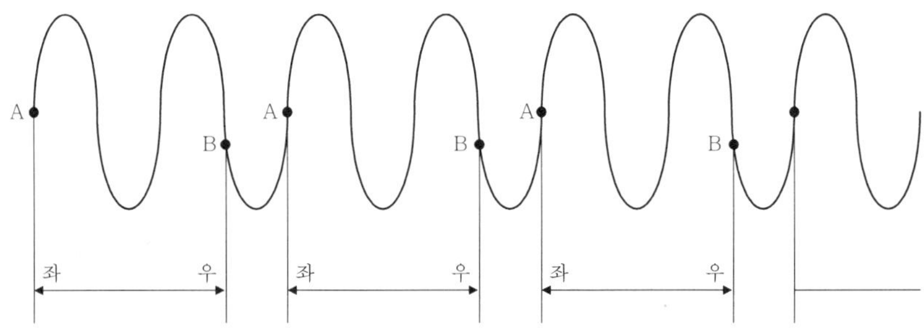

〈그림 11.3〉 유한장 CRT면에 표시하기 위한 소인구간이 실정

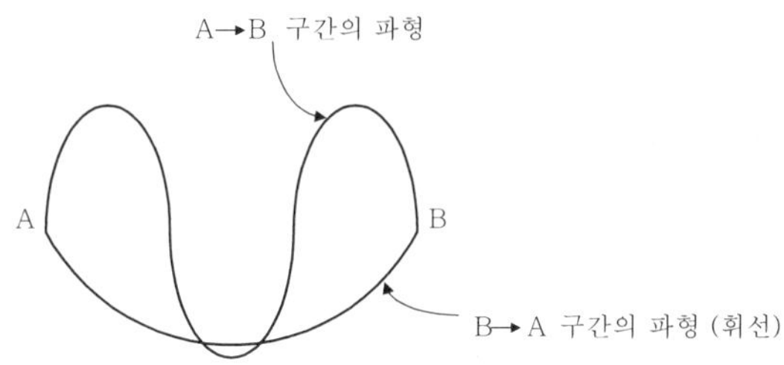

〈그림 11.4〉 소인과 휘선의 관계

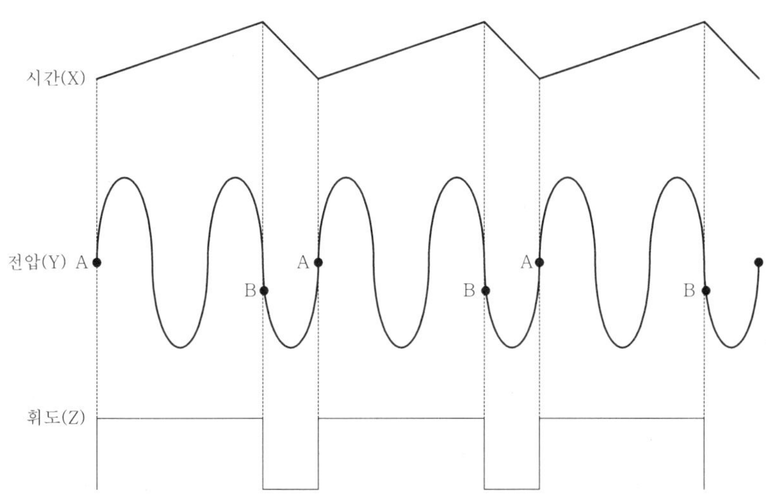

〈그림 11.5〉 시간, 전압, 휘도 3요소의 시간적 관계

이상 3요소의 시간적 관계를 나타내면 <그림 11.5>와 같다. 그림의 (X)와 같이 변화하는 전압을 톱니파(sawtooth wave)라 하는데, 이것을 CRT의 수평편향판에 가하고, 수직편향판에는 표시하고자 하는 신호전압(Y)를 가하며, 휘도를 조정하는 전극에 (Z)와 같이 변화하는 전압을 가하면 형광면에 A→B점 구간의 파형이 나타난다.

그런데, 오실로스코프에서는 시간, 전압, 휘도의 3요소의 조합이 잘 일치해서 타이밍(timing)이 정확히 맞아야 하는 것이 매우 중요하다. 만일, 3요소가 따로따로 작용한다면 파형이 정지하지 못하고 흐르거나 여러 개의 파형이 겹쳐 보이게 된다. 그래서 소인을 어느 순간에 기동하는가 하는 것이 우선 제일 중요하다. 적당한 구간을 정해 소인을 반복시키고 있지만, 그 소인은 관측하려고 하는 신호의 주기와 일치시켜 반복하지 않으면 정지한 하나의 파형으로써 신호를 포착할 수 없다.

이와 같이 소인을 반복하는 구간을 신호의 주기에 일치하는 것을 동기(synchronizing)시킨다고 하고, 동기한 소인을 기동하는 것을 트리거(triggering)라 한다.

3) 수직축의 동작

<그림 11.6>은 수직축의 기본구성도이다.

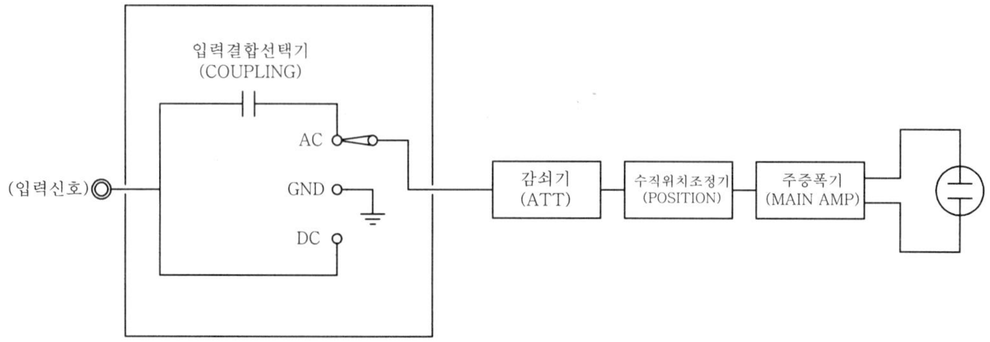

<그림 11.6> 수직축의 기본구성

입력신호가 최초로 통하는 것은 입력결합(coupling) 선택기이고, 여기에는 AC-GND-DC 세 가지의 선택 스위치가 있어 교류(AC)성분만을 관측하고자 할 때는 AC위치로 하고, 또 직류(DC)성분이 포함된 신호를 관측하고 싶을 때는 DC위치로 한다. GND위치에서는 입력신호는 차단되고, 오실로스코프의 입력측이 접지(GND)되어 바로 0[V]의 신호가 입력되는 것과 같게 되며, 기준레벨(level)을 알고자 할 때 사용된다. AC위치에서는 기종에 따라 다르지만, 보통 2~10[Hz]를 저역 차단(cutoff) 주파수로 하는 고역통과여파기(HPF)로 되어 있다. DC의 위치에서는 입력신호가 다음 단 감쇠기(attenuator)로 직결합된다.

오실로스코프로 관측할 수 있는 신호의 크기는 수[mV]에서 수백[V]까지 이지만 오실로스코프 내부의 증폭기 이득(gain)은 일정하고, 작은 입력신호에 맞춰 만들어져 있으므로 큰 전압의 입력신호를 관측할 때는 이것을 적당한 크기까지 감쇠시켜야 한다. 또, 감쇠시킨 경우에도 전압을 정량적으로 측정하기 위해서는 감쇠량이 정확히 교정(calibration)되어야 하며, 한편으로는 임의의 크기로 감쇠시킬 필요가 있기 때문에 이 감쇠기는 교정된 감쇠기와 연속가변 가능한 감쇠기의 두 종류를 구비하고 있는 것이 일반적이다.

수직위치(vertical position)조정기는 CRT 화면상에 파형의 상하 방향위치를 정하기 위한 조정기이다. 입력신호가 위치조정기를 통하여 나올 때까지 다소 증폭되지만, 이대로는 CRT의 전자빔을 편향시키기에는 충분한 크기의 전압이 되지 않으므로, 주 증폭기(main amplifier)에서 충분히 증폭해서 CRT의 수직편향판에 공급한다.

4) 수평축의 동작

〈그림 11.7〉은 수평축의 기본구성도이다.

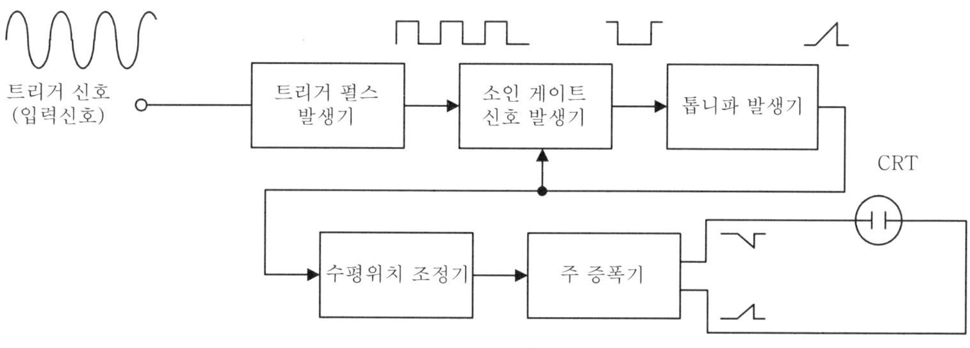

〈그림 11.7〉 수평축의 기본구성

CRT의 수평편향판에는 톱니파 전압이 입력신호에 동기되어 가해진다. 또한, 오실로스코프의 수평축은 시간축으로서도 정확히 동작해야 하므로 직선성이 좋은 톱니파를 만들어 소인할 필요가 있기 때문에 그림으로부터 알 수 있는 바와 같이 입력신호에서 트리거 펄스(trigger pulse)를 만들어 트리거 펄스에 의해 소인을 기동하는 방식인 트리거 소인(trigger sweep)방식을 채택하였다.

트리거 펄스 발생기는 리미터(limiter)회로로서, 일종의 전압비교회로와 슈미트 회로(Schmitt circuit)인 파형정형회로(waveform shaping circuit)의 두 부분으로 구성되었다.

〈그림 11.8〉은 트리거 펄스 발생기의 구성도이다.

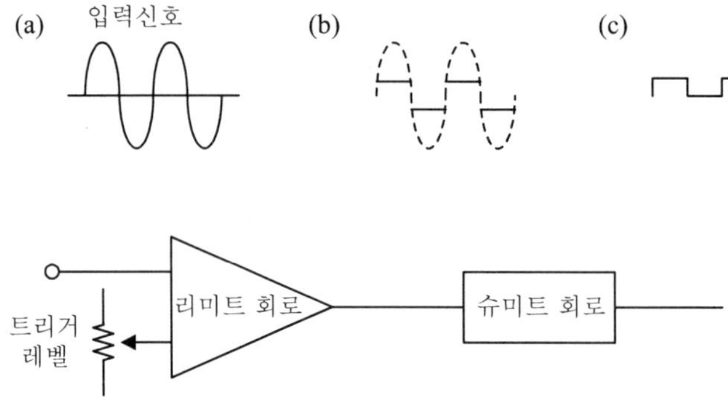

〈그림 11.8〉 트리거 펄스 발생기의 구성

그림으로부터 알 수 있는 바와 같이, 입력신호는 먼저 리미터회로에서 어떤 전압을 경계로 〈그림 11.8(b)〉와 같이 입력신호 상하부분을 잘라버린 것과 같은 출력이 얻어진다. 이때 경계가 되는 전압을 트리거 레벨이라고 하는데, 이것이 소인을 시작하는 위치를 정하는 중요한 역할을 한다. 그러나 리미터회로의 출력은 트리거 펄스로써는 아직 충분하지 않으므로 슈미트회로에 의해 입상시간이 빠른 구형파가 되도록 파형을 정형한다.

슈미트회로는 적당한 히스테리시스(hysteresis)특성을 갖게 함으로써, 잡음(noise)의 영향으로부터 트리거 신호를 보호하고 소인의 시작위치가 잡음으로 혼란되지 않도록 하고 있다.

〈그림 11.9〉는 톱니파 발생기의 구성도이다. 그림으로부터 알 수 있는 바와 같이, 트리거 펄스신호를 소인 게이트신호로 만들기 위해 톱니파 발생기와 루프(loop)로 되어 있다. 톱니파 발생기에는 직선성이 좋은 출력을 얻기 위해 주로 밀러(Miller) 적분회로가 사용된다.

게이트 신호발생기에 트리거 펄스가 가해지면 그 출력이 "0"로 되고, 다이오드 D가 off되어 밀러 적분회로는 CR 시정수로 충전되며, 게이트 신호발생기의 입력부는 닫혀 트리거 펄스를 받아들이지 않게 된다.

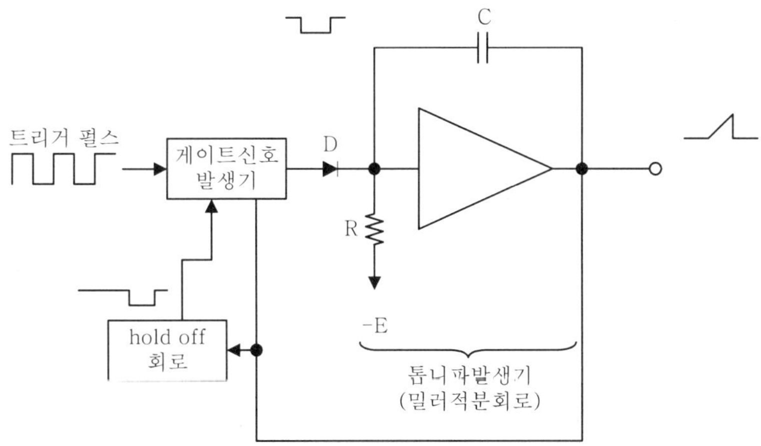

〈그림 11.9〉 톱니파 발생기

그래서 밀러 적분회로의 출력전압이 점차 높아져 가고 CRT면의 우단에 상당하는 전압까지 도달하면 이 전압은 게이트 신호발생기로 되돌아가서 그 출력은 "1" 로 반전된다. 즉, 다이오드 D는 on되고, 밀러 적분회로의 커패시터 C에 축적된 전하는 다이오드 D를 통해 급속히 방전되어 CRT면의 좌단에 상당하는 전압까지 하강하여 정지한다. 이와 같이 하여 방전이 종료하는 때를 가늠하여 신호발생기의 입력부를 열고 다시 트리거 펄스가 가해지는 것을 기다린다. 방전을 시작하고 나서 게이트 신호발생기의 입력부가 개방될 때까지의 시간을 정하는 것이 홀드 오프(hold off)회로의 역할이다. 이 회로에 의해 방전이 완전히 종료될 때까지는 다음 펄스가 들어오지 못하게 하고 있다. 이와 같이 해서 얻어진 톱니파는 수평편향의 위치를 조정한 후 주 증폭기에 의해 전자빔을 편향시키기에 충분한 전압까지 증폭되어 CRT의 수평편향판에 가해진다.

5) 조절기의 기능

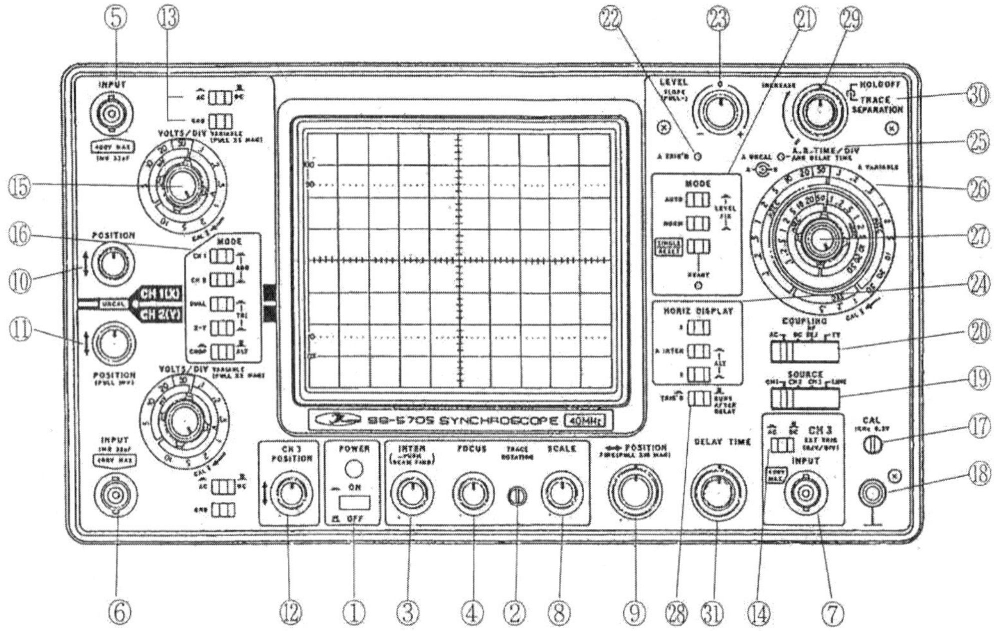

〈그림 11.10〉 오실로스코프

① 전원스위치

② TRACE ROTATION : 수평휘선을 격자선 평형에 맞춰주는 반고정 조정기임.

③ INTENSITY(BEAM FIND): 단자가 눌려지지 않은 상태에서는 휘선 또는 휘점의 밝기를 조절하는 단자이고, 단자가 눌려졌을때는 BEAM FIND 단자이다.
BEAM FIND 단자는 주로 trace나 spot가 CRT 스크린상에 나타나지 않을 때 사용하며, 이 때, 수직 Mode 단자(⑯)는 X-Y 이외의 상태로 놓고, 수평 Mode 단자(㉑)는 Auto 단자에 놓고 사용한다.
BEAM FIND 단자가 누려졌을 때 trace나 spot가 거의 CRT 스크린 중앙에 나타나므로, 수직 또는 수평 위치 조절단자로서 화면조정을 할 수가 있다.

④ FOCUS : 판면의 파형이 선명하게 되도록 맞춰주는 조정기임.

⑤ CH1(X) INPUT : CH1의 수직축 입력단자임. X-Y 동작 시는 X축(수평방향)의 입력단자로 됨.

⑥ CH2(Y) INPUT : CH2의 수직축 입력단자임. X-Y 동작 시는 Y축(수직방향)의 입력단자로 됨.

⑦ CH3 INPUT : 외부 동기신호를 사용하기 위한 입력단자로서 0.1[V]/DIV를 나타낸다.

⑧ Scale : 스크린 면의 밝기를 조절하는 단자임.

⑨ POSITION : 휘선의 수평위치를 결정하는 조정기로서, 앞으로 당겼을 때 배율은 ×10배이다.

⑩~⑫ POSITION : 휘선 또는 휘점의 수직위치를 정하는 조정기임.

⑬ AC-GND-DC : 입력신호와 수직증폭기의 결합을 선택하는 스위치로서 일반적으로 DC 위치에 놓고 사용한다.

가) AC

직류성분은 제거되고 교류성분만 화면에 나타난다.

나) GND

수직증폭기 입력이 접지되고, 입력단자는 개방됨.

다) DC

직류 및 교류성분 모두가 화면에 나타난다.

⑭ CH3 입력회로의 접속방법을 선택하는 단자임.

⑮ VOLT/DIV : 수직축의 감도를 절환하는 단자로서 미세조정단자는 항상 CAL 위치에 놓고 사용한다. 또한 이 단자를 당기면 증폭기의 감도가 5배가 된다.

⑯ MODE : 수직축 동작 선택 스위치로서, 두 개 이상의 선택 스위치를 가진 오실로스코프에서 수직증폭기 동작방식을 결정하는 스위치임.

가) CH 1

이 스위치는 CH 1의 증폭기만 동작하여 브라운관에는 CH 1에 가해진 신호가 나타난다. CH 1의 파형을 볼 때는 동기 신호원 단자(SOURCE ⑲)을 CH 1으로 하여야 동기가 된다.

나) CH 2

이 스위치는 CH 2의 증폭기만 동작하여 브라운관에는 CH 2에 가해진 신호가 나타난다. CH 2의 파형을 볼 때는 동기 신호원 단자를 CH 2로 하여야 한다.

다) ALT

휘선이 반복할 때마다 CH 1과 CH 2에 입력된 신호가 교대로 나타난다. 이는 소인시간이 짧은 경우의 고주파 측정시 사용한다.

라) CHOP

CH 1과 CH 2에 입력된 신호가 소인시간에 관계없이 약 250[Hz] 주기로 번

같아 나타나므로 소인시간이 긴 경우의 저주파 측정시 사용한다.

마) ADD

CH 1과 CH 2에 입력된 두 신호의 대수합이 나타난다.

바) TRI

3현상 표시 단자로서 CHOP 또는 ALT와 TRIPPLE을 동시에 누르면 관측할 2종류의 파형과 트리거 신호가 동시에 표시된다.

사) X-Y

내부 수평입력(톱니파 발생회로)을 끊고 두 개의 수직 입력단자 CH 1, CH 2를 X-Y 좌표에 나타내는 단자로서 리사쥬도형을 볼 때 사용한다.

⑰ CAL : 교정을 위한 1[㎑], 0.3[V]의 구형파 출력단자이며, 프로브(10:1) 교정시 사용한다.

⑱ 신호원 접지단자

⑲ Source : 동기 신호원 단자로서 역할은 다음과 같다.

가) CH 1 : CH 1에 입력된 신호가 동기 신호원이 되며, 내부 트리거단자이다.

나) CH 2 : CH 2에 입력된 신호가 동기 신호원이 되며, 내부 트리거단자이다.

다) CH 3 : 외부트리거 단자로서 외부 신호가 동기 신호원이 되며, 이것은 수직축 신호와 상관없이 특수한 목적으로 동기 시킬 때 사용된다.

라) LINE : 전원 주파수에 동기 되는 신호를 측정할 때 사용한다.

⑳ CoupLING : 트리거 회로의 결합방식을 선택하는 단자로서, 필터부에 해당된다.

가) AC : DC를 차단한 AC 신호로만 트리거를 안정시킬 때 사용하며, 일반적으로 트리거하기 어려운 10[㎐] 이하의 주파수를 가진 트리거 신호를 제외하고는 이 위치에 놓는 것이 편리하다.

나) DC : DC성분으로 트리거를 안정시킬 때 사용하며, 신호원의 DC전압이 Level 콘트롤의 범위 밖에 있으면 DC 위치를 사용할 수 없다.

다) HF REJ : LF표시로도 사용되며, 고주파 잡음을 없애고 낮은 주파수의 신호로 트리거할 때 사용한다.

라) TV : TV 신호의 안정된 신호 관측을 위해 사용한다.

㉑ Mode : 트리거 모드 선택 단자로서 수평 모드 버튼에 의해 선택되어지며 Auto와 Norm 단자가 있다.

가) Auto : 트리거 펄스가 도래하지 않을 때에는 자동적으로 소인을 반복해서 휘선을 내보내고, 트리거 펄스가 가해지면 트리거 소인으로 자동적으로 전환되는 기능을 갖는다. 따라서, 파형을 관측할 때 일반적으로 Auto

단자에 놓으며, 이 단자는 Level Control(㉓) 단자와 함께 트리거 레벨이 세트될 수 있다.

50[Hz] 이하의 입력신호에 대해서는 사용하지 않는다.

나) Norm : 세트된 트리거 레벨이 Level 콘트롤(㉓)의 트리거 레벨 범위에 있다면 Auto mode에서처럼 동작하지만, Level 콘트롤의 트리거 레벨 범위 밖에 있거나, 입력 신호가 없다면 소인이 발생되지 않는다.

주로, 이 단자는 입력신호가 50[Hz]이하일 때 사용한다.

다) Single/Reset : 단소인 (Single sweep) 단자로서 1회 밖에 발생하지 않는다. 현상을 잡는 기능을 갖는다.

소인모드를 Single에 세트하고 트리거신호원 선택(⑲), 트리거레벨, 슬로프(㉓), 트리거회로 결합(⑳)을 설정한다. 이 때, 트리거 회로 결합단자(⑳)는 DC가 적당하다.

Reset를 누르면 Ready 램프가 점등되며, 이것은 관측신호를 기다리는 상태로 된 것을 나타낸다. 관측신호가 한번 발생하면 1회만 소인하고 관면에 파형을 그리며, 그 후는 다시 Reset를 누를 때까지 신호가 들어와도 소인하지 않는다.

㉒ A TRIG'D : 동기 되었을 때 램프에 불이 들어오며 이 때, Single 버튼을 누르면 Single sweep가 발생한다.

㉓ Level/Slope : 트리거 Level은 트리거 신호원의 파형의 어느 부분에서 트리거 펄스를 끌어내느냐를 결정하는 단자이고, 트리거 스로프는 트리거 펄스를 꺼내는 파형의 경사를 선택하는 기능을 갖는다. (+)경사를 선택하고자 할 때 Level을 누르고, (−)경사를 선택하고자 할 때 Level을 당긴다.

㉔ Horiz Display : 수평축 소인방법의 선택단자로서 지연소인 기능 표시에는 지연 준비소인(A, A Intensity)과 지연소인(B)이 있다.

가) A : A-sweep를 나타내며, 일반적인 측정방법에서는 주로 이 단자를 사용한다. A Sweep의 소인률 결정은 ㉖에 의해서 결정된다.

나) B : B-sweep라고 하며 지연소인단자이다.

지연소인 방법으로서 Runs After Delay와 TRIG'D 방법이 있다(㉘).

다) A INTEN : A-sweep 중에서 지연소인부분(B-sweep 부분)을 밝게 나타낸다.

라) ALT : 올터네이터 소인단자로서 A INTEN와 B를 동시에 누른 것과 같다.

㉕ A UNCAL : A-sweep의 시간이 교정되지 않았을 때 점등된다.

㉖ A, B TIME/DIV : 측정된 신호에 적합한 소인률(Sweep Rate)을 선택하는 단자로서 바깥쪽에 있는 단자가 A-sweep의 소인률을 결정하고, 안쪽의 단자는 B-sweep의 소인률을 결정한다.

㉗ VARIABLE : A-sweep의 소인률을 가변시키는 단자로서 CAL위치에 놓았을 때 A-sweep의 소인률을 가르키며, 완전히 좌측으로 돌렸을 때 최대 2.5배의 소인률을 갖는다.

㉘ TRIG'D, RUNS AFTER DELAY : 동기 방법을 결정하는 방법으로서 일반적으로 DELAY TIME(㉛) 단자와 병행하여 사용한다.

가) TRIG'D : 지연시간 경과 후에 최초로 도래하는 B-트리거펄스로 B-sweep가 시작하는 방법으로서 트리거 지연소인 방법이다.
이 방법은 지터가 많은 파형이나 일정한 주기 중에 랜덤하게 변화하는 펄스열 신호등을 확대 관측하는데 적합하다.

나) RUNS AFTER DELAY : 지연시간이 경과한 후 곧 B-sweep가 시작하는 방법으로서 지연소인이라고 한다.
이 방법은 지연시간을 정확히 판독할 수 있으므로, 파형상의 임의의 점을 수천 배로 확대할 수 있는 이점이 있다.

㉙ HOLD OFF : 소인이 정지하고 있는 시간을 제어하며 소인의 반복주기를 관측하는 신호(퍼스열)의 반복주기와 일치시키므로서 파형을 정지시키는 방법으로서, 복잡한 pulse의 측정에 편리하다.
일반적으로 좌측으로 돌리면 HOLD OFF 시간이 짧아지고,
우측으로 돌리면 HOLD OFF 시간이 길어진다.

㉚ TRACE SEPARATION : 이 단자는 HORIZ DISPLAY(㉔) 단자가 ALT로 선택될 때 유용하며, A INTEN sweep와 B-sweep 기능에 의해 나타나는 파형을 수직방향으로 분리시킨다.

㉛ DELAY TIME : B-sweep의 시작시간을 연속적으로 변화시키는 단자로서 TRIG'D, RUNS AFTER DELAY(㉘) 단자와 병행하여 사용한다.

6) 기본측정

(1) 오실로스코프의 조절기 조절방법

오실로스코프의 조절기를 다음과 같이 조절한다.

i) 수직축, 수평축, VAR단자를 CAL 위치에 놓는다.(⑮, ㉖)

ii) 수직입력 결합 스위치(⑬)를 GND로 하여 "0" 전위를 수직 POSITION(⑩) 단자로 맞추고, DC 위치에 놓는다.

iii) 트리거 방식 선택스위치인 TRIG MODE(⑳)를 AUTO 위치에 놓는다.

iv) SOURCE 선택스위치(⑲)를 INT 위치 CH 1로 측정할 때는 CH1, CH 2로 측정할 때는 CH 2로 놓는다.

(2) 전압, 주파수 측정법

i) 수직축 동작 선택스위치 MODE(⑯)를 CH 1에 놓는다.

ii) 트리거회로의 결합방식 선택단자인 CoupLING(⑳)을 AC로 한다.

iii) HORIZ Display(㉔) 단자를 A 위치로 한다.

iv) VOLT/DIV(⑮)을 0.5[V] 위치에 놓는다.

v) TIME/DIV(㉖)을 0.5[ms]에 놓는다.

vi) CH 1 수직입력단자(⑤)에 프로브(PROBE)를 연결하고, 프로브를 CAL 0.3[V] 단자(⑰)에 연결하면, CAL 0.3[V] 단자가 0.3[V], 1[kHz]로 교정된 단자이므로 〈그림 11-11〉과 같이 수직축에 1.5 DIV, 수평축 주기가 2 DIV이 나올 것이다. 여기서, 수직축은 전압을, 수평축은 시간을 나타내므로, 전압은 1.5 DIV×0.2[V] = 0.3[V]이고, 시간(주기)은 2 DIV×0.5[ms] = 1[ms]가 된다. 따라서 주파수 f = 1/T이므로 다음과 같다.

$$f = \frac{1}{1 \times 10^{-3}} = 1[\text{kHz}]$$

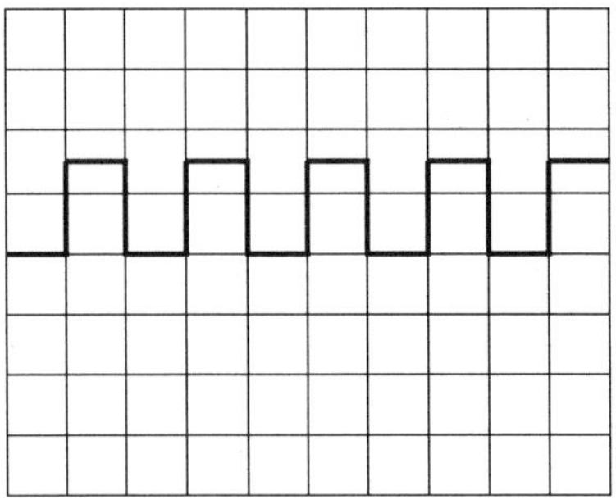

〈그림 11.11〉

vii) 동기가 안되면 LEVEL 단자(㉓)를 조절하여 동기를 맞춘다.

(3) 두 신호간의 위상차 측정

주파수가 같은 2개의 정현파 신호 등의 위상차 측정은 오실로스코프로 간단히 측정할 수 있다. 2현상 오실로스코프로 두 신호간의 위상차를 측정하는 경우, 2개의 신호를 CH 1, CH 2의 입력단자에 각각 접속하고, 수직 MODE선택기를 ALT나 CHOP 중 하나를 선택한다.

$$위상차 = \frac{위상편이의\ 수평거리(DIV)}{1주기\ 동안의\ 수평거리(DIV)} \times 360^{\circ}$$

(4) X-Y동작을 이용한 리사쥬 도형에 의한 주파수 및 위상차 측정

오실로스코프의 수직축 입력과 수평축 입력에 각각 같은 진폭의 신호전압을 넣는다. 한쪽에는 미지주파수의 신호를, 다른 한쪽에는 주파수가 판독되는 정현파 발진기의 출력신호를 넣는다. 그 다음에 발진기의 주파수를 변화시켜 양쪽의 주파수의 비가 정수가 되도록 하면 그림 11.12에 보인 것과 같은 두 신호간의 주파수 및 위상차에 따른 리사쥬 도형(Lissajous-figure)이 얻어진다. 이와 같은 리사쥬 도형에 의해 두 신호간의 주파수비 및 위상차를 구할 수 있다.

오실로스코프의 수평축 동작방식 선택기를 X-Y 동작위치로 하면 소인회로를 정지시켜 X-Y 오실로스코프로 동작시킨다. 2현상 오실로스코프에서는 CH 1과, CH 2의 증폭기를 X축, Y축의 증폭기로 각각 사용하므로 감도도 같게 되고 또한 감쇠기도 그대로 사용할 수 있다.

리사쥬 도형에 의해 미지의 신호주파수를 알아내기 위해서 수평축(X축)에 미지 주파수 신호를, 수직축(Y축)에 기지 주파수의 신호를 넣고 두 입력신호의 진폭이 같지 않을 경우에는 입력감쇠기 및 미세조정기를 조절하여 정사각형 안에 리사쥬도형이 나타나도록 한다. 기지의 주파수를 가변하여 〈그림 11.12〉에 보인 것과 같은 도형이 나타나면 그 도형으로부터 미지의 주파수를 다음의 관계식으로부터 구할 수 있다.

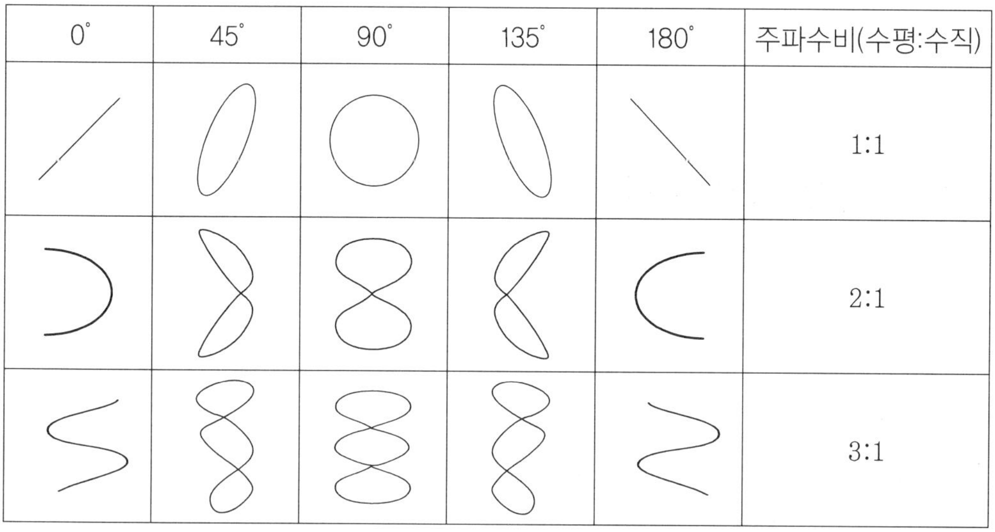

〈그림 11.12〉 리사쥬 도형

$$\frac{\text{미지 주파수}(f_X)}{\text{기지 주파수}(f_Y)}\left[=\frac{\text{수평 입력 주파수}}{\text{수직 입력 주파수}}\right]=\frac{\text{수직선과의 교차수}}{\text{수평선과의 교차수}}$$

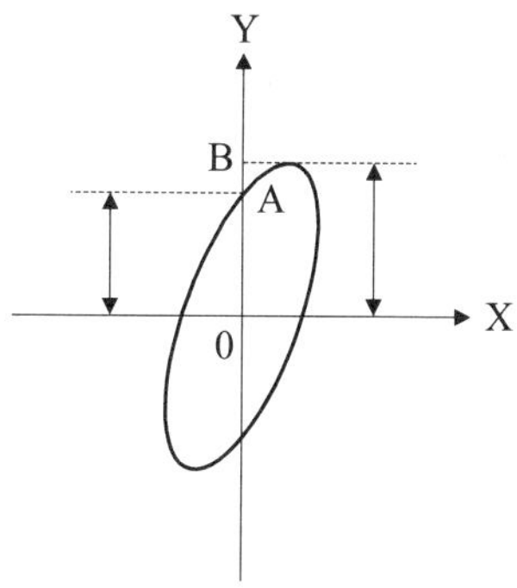

〈그림 11.13〉 위상측정

2개의 동일주파수의 정현신호간의 위상차(phase difference)를 측정하기 위해서는 두 신호를 수직입력(Y축)과 수평입력(X축)에 각각 넣고서 CRT면상의 리사쥬도형이 정사각형 안에 나타나도록 입력감쇠기 및 미세조정기를 조정한다. 위상측정은 〈그림 11.13〉과 같이 정사각형 안에 나타나면 전체의 크기(B)와 수직축(Y축)에 접한 값(A)의 비로써 구하며, 그에 따른 수식은 다음과 같다.

$$\theta = \sin^{-1}\frac{A}{B}$$

3. 사용기기 및 부품

(1) 전원공급장치
(2) 회로시험기(Multi-Tester)
(3) 오실로스코프
(4) 신호발생기
(5) 저항 : 1[kΩ], 2[kΩ], 4.7[kΩ], 10[kΩ]×2 개, 20[kΩ], 47[kΩ]
(6) 콘덴서 : 0.1[μF]

4. 실험순서

1) DC 및 AC 전압측정

(1) 우선 오실로스코프를 이 실험에 적절하도록 조정하여라.
(2) 〈그림 11.14(a)〉를 구성하고, [표 11.1(a)]에 열거한 R_2에 대하여 V_o를 오실로스코프로 측정하여 [표 11.1(a)]에 기입하여라.

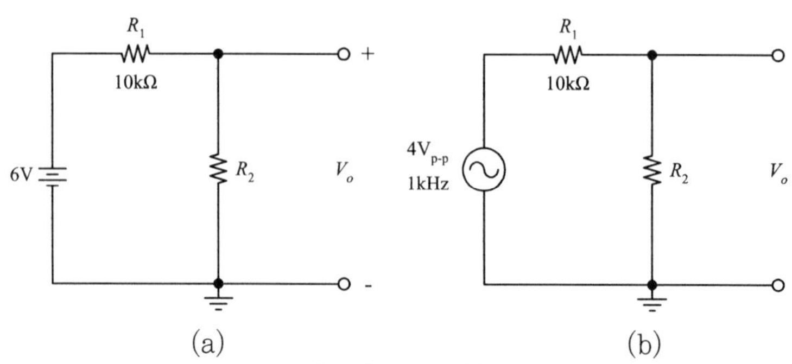

〈그림 11.14〉

(3) 회로시험기로 V_o를 측정하여 [표 11.1(a)]에 기입하여라.

(4) 〈그림 11.14(b)〉의 회로를 구성하고, 신호 발생기의 출력을 4Vp-p 1[kHz]로 조절하여라.

(5) [표 11.1(b)]에 열거한 R_2저항 양단의 AC전압 v_o를 오실로스코프로 측정하여 [표 11.1 (b)]에 기입한다.

(6) 또한, 회로시험기로 v_o를 측정하여 [표 11.1(b)]에 기입한다.

2) 주기 및 주파수 측정

(7) 신호발생기의 출력을 오실로스코프의 수직입력단자에 접속하여라.

(8) 신호발생기의 출력을 2Vp-p 정현파로 하고, [표 11.2]에 열거한 신호발생기의 눈금상의 주파수에 대해서 주기 T 를 측정하여 [표 11.2]에 기입하여라.
또한, 이에 따른 주파수 f 를 계산하여라.

3) 두 신호간의 시간차 및 위상차 측정

(9) 〈그림 11.15 (a), (b)〉의 입력파형과 출력파형을 측정하고, 시간차 및 위상차를 계산하여 [표 11.3]에 기입하여라. (단, 위상차는 다음 식으로부터 구할 수 있다.)

$$\text{위상차}(\theta) = \frac{\text{시간차 } t(\text{sec})}{\text{한 주기 } T(\text{sec})} \times 360^\circ$$

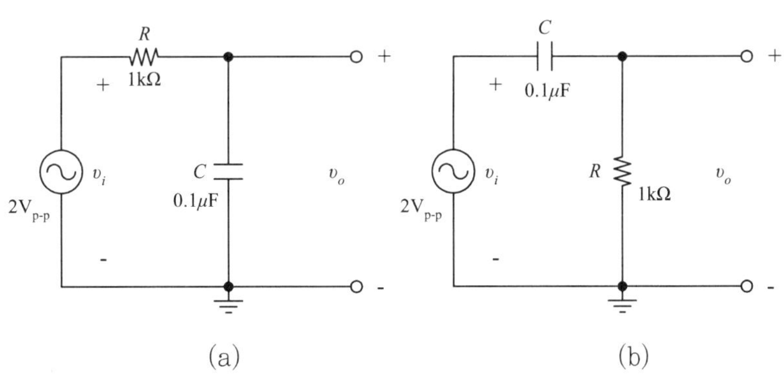

〈그림 11.15〉

4) X-Y 동작을 이용한 리사쥬 도형에 의한 위상차 측정

(10) 〈그림 11.15 (a), (b)〉의 입력전압 및 출력전압을 오실로스코프의 수직입력 CH 1과 CH 2에 각각 넣고, TIME/DIV 스위치를 X-Y 동작위치로 하여 CRT 면상에 리사쥬 도형이 나타나게 한다. 그러나 입력신호와 출력신호 전압의 진폭이 같지 않으므로 입력감쇠기(VOLTS/DIV) 및 미세조정기(VARIABLE)를 조절하여 정사각형 내에 도형이 나타나도록 한다.

(11) 신호발생기의 주파수 1[kHz], 10[kHz], 30[kHz] 정현파에 대해서 RC 회로의 입출력 전압간의 리사쥬 도형을 관측하여 그래프 종이에 도시하고, 위상차를 계산하여 [표 11.4]에 기입한다.

5. 실험결과

평 가	월	일
	㉌	

실 험 일 자	년 월 일 교시
학 과	
학 번	
공동 실험자	
이 름	

1) 실험순서에 따라 다음의 해당표에 실험결과를 기재하여라.

[표 11.1 (a)]

R_2		2 [kΩ]	4.7 [kΩ]	10 [kΩ]	20 [kΩ]	47 [kΩ]
오실로스코프로 측정한 V_o [V]	이론치					
	실험치					
	오 차					
회로시험기로 측정한 V_o [V]	이론치					
	실험치					
	오 차					

[표 11.1 (b)]

R_2		2 [kΩ]	4.7 [kΩ]	10 [kΩ]	20 [kΩ]	47 [kΩ]
이론치 v_o [Vp-p]	계 산 치					
	$V_{rms} = \frac{V_{p-p}}{2\sqrt{2}}$					
오실로스코프로 측정한 v_o [Vp-p]	실 험 치					
	$V_{rms} = \frac{V_{p-p}}{2\sqrt{2}}$					
	오 차					
회로시험기로 측정한 v_o [Vrms]	실 험 치					
	오 차					

[표 11.2]

신호 주파수	주기 (T)	주파수 (f)
1 [kHz]		
10 [kHz]		
30 [kHz]		

[표 11.3]

입력신호 (정현파)	RC 회로				CR 회로			
	위상차 이론치	시간차 측정치	위상차 측정치	오차, $\Delta\theta$	위상차 이론치	시간차 측정치	위상차 측정치	오차, $\Delta\theta$
$f=$ 1[kHz]								
$f=$ 10[kHz]								
$f=$ 30[kHz]								

[표 11.4]

입력신호 (정현파)	RC 회로			CR 회로		
	이론치	측정치	오차, $\Delta\theta$	이론치	측정치	오차, $\Delta\theta$
$f=$ 1[kHz]						
$f=$ 10[kHz]						
$f=$ 30[kHz]						

6. 검 토

(1) 오실로스코프로 전압을 측정하는 경우에 발생할 수 있는 측정오차에는 어떠한 것이 있는가?

(2) 〈그림 11.16 (a), (b)〉와 같이 파형이 측정되었다면, 이 때 이 파형의 P-P 전압값은 얼마가 되는가? (단, VOLTS/DIV은 3Vp-p / DIV이다.)

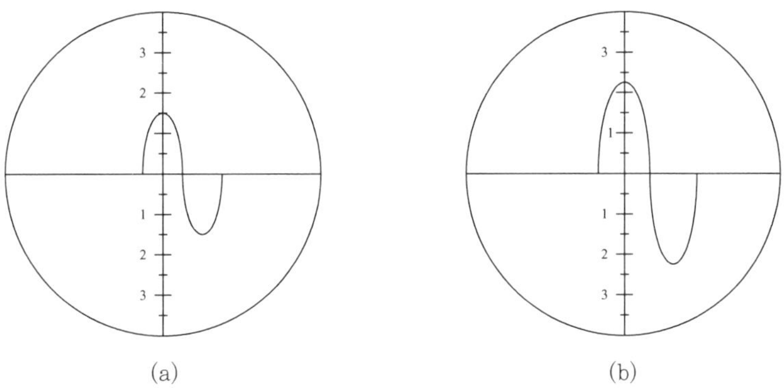

〈그림 11.16〉

(3) VOLTS/DIV가 0.2[V]/DIV이고, TIME/DIV이 0.5[ms]/DIV일 때, 〈그림 11.17〉의 오실로스코프 파형에서 진폭과 주기를 계산하여라.

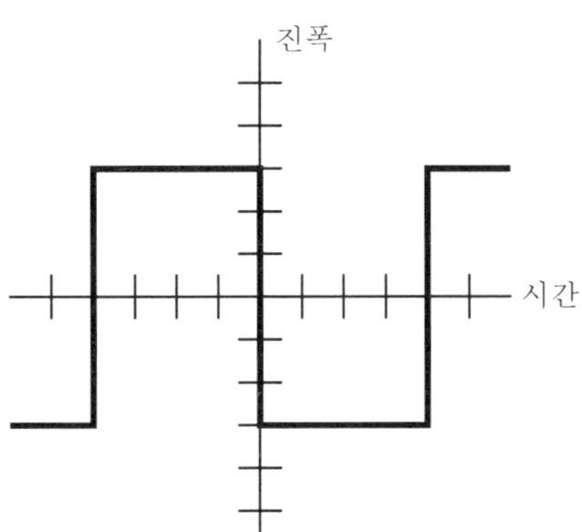

〈그림 11.17〉

실험 12 R-L, R-C 직·병렬회로

1. 목 적

(1) R-L 직·병렬회로를 통하여 인덕턴스를 측정한다.
(2) R-C 직·병렬회로를 통하여 커패시턴스를 측정한다.
(3) 교류회로의 임피던스 및 어드미턴스의 개념을 파악한다.
(4) R-L 및 R-C 직·병렬회로에서 각 소자양단의 전압과 인가전압의 관계를 고찰하고, 위상을 결정한다.

2. 관련이론

(1) 인덕턴스, 커패시턴스, 리액턴스, 임피던스, 어드미턴스의 정의는 다음과 같다.

i) 인덕턴스는 전류가 변화할 때 자체에서 유도전압을 발생시키는 도체의 능력을 말하고, L로 표시하며, 인덕티브 리액턴스는 전류의 흐름을 방해하는 것으로, 정현파 교류전류에 대한 인덕턴스 L이 갖는 저항값이고, X_L로 나타내며, 주파수 f 및 인덕턴스 L에 비례한다. 즉, $X_L = j\omega L$로 나타낸다.

ii) 커패시턴스는 인덕턴스와 정반대로 유전체나 절연체 양단에서 전압이 변화할 때 유전체의 전하 축적 능력을 의미하고, C로 표시하며, 가변전압에 의해서 콘덴서가 충전과 방전을 하면 교류전류가 흐르게 되는데 콘덴서의 유전체를 통해서는 어떤 전류도 흐를 수 없지만 콘덴서의 극판에 연결된 회로에는 콘덴서의 충전과 방전에 의해서 전류가 흐르게 된다. 이렇듯 정현파 전압에 의해서 흐르게 되는 전류의 세기가 결정되고, C가 갖는 저항값의 기호는 X_C로 나타내며, 주파수 f 및 커패시턴스 C에 반비례한다. 즉,

$$X_C = \frac{1}{j\omega C}$$

로 나타낸다.

iii) 임피던스는 일반회로 즉, R-L, R-C, R-L-C 직·병렬회로에서 저항과 리액턴스의 합성 저항값을 말하며, $\dot{Z}$로 나타낸다.

iv) 어드미턴스는 임피던스의 역수이고, $\dot{Y}$로 나타낸다.

(2) 직렬회로는 임피던스 $\dot{Z}$로, 병렬회로는 어드미턴스 $\dot{Y}$로 해석할 수 있다.

(3) R, L, C 소자의 전압과 전류의 위상관계

i) R인 경우, $\dot{V} = \dot{I}R$이므로 $\theta = 0°$ (동상)이다.

ii) L인 경우, $\dot{V} = \dot{I} \cdot X_L = \dot{I} \cdot j\omega L$이므로 전압이 전류보다 90빠르다.

iii) C인 경우, $\dot{V} = \dot{I} \cdot X_C = \dot{I} \cdot \frac{1}{j\omega C}$이므로 전압이 전류보다 90늦다.

(4) R-L, R-C 직렬회로의 임피던스 및 위상관계

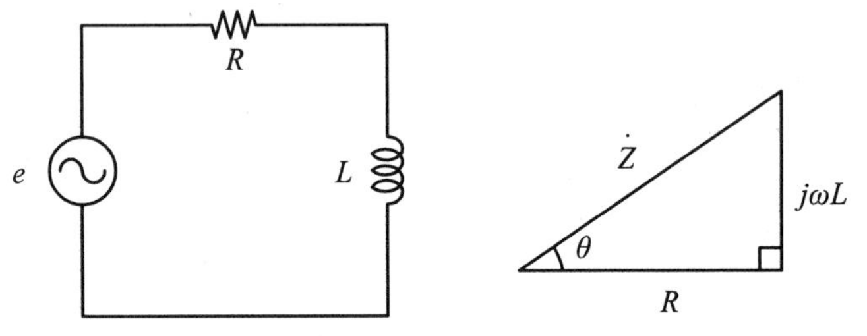

〈그림 12.1〉

$$\dot{Z} = R + j\omega L$$

$$|\dot{Z}| = \sqrt{R^2 + (\omega L)^2}$$

$$\theta = \tan^{-1}\frac{\omega L}{R}$$

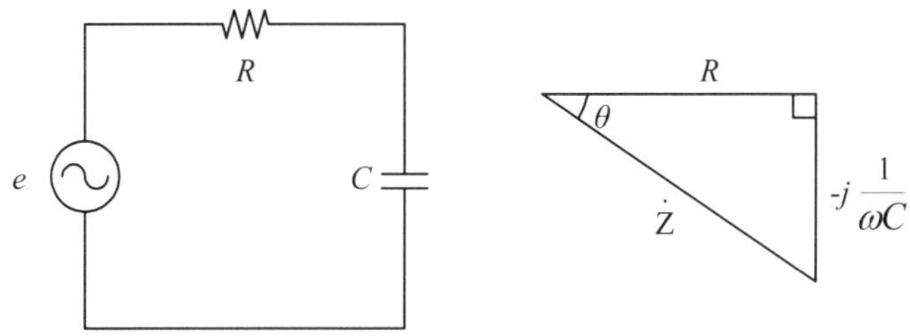

〈그림 12.2〉

$$\dot{Z} = R + \frac{1}{j\omega C}$$

$$|\dot{Z}| = \sqrt{R^2 + \left(\frac{1}{\omega C}\right)^2}$$

$$\theta = \tan^{-1}\left(\frac{-\frac{1}{\omega C}}{R}\right)$$

$$= -\tan^{-1}\frac{1}{\omega CR}$$

(5) R-L, R-C 병렬회로의 어드미턴스 및 위상관계

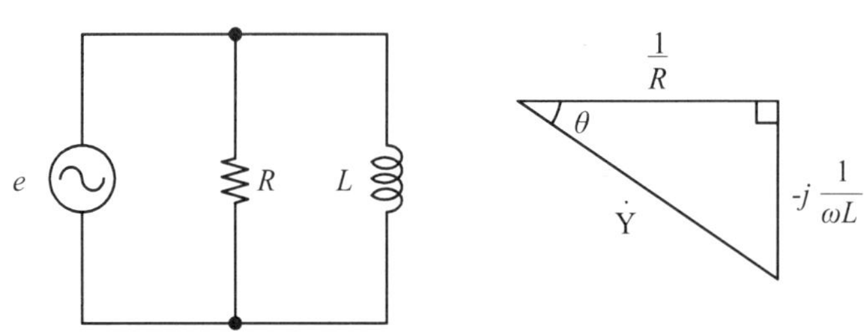

〈그림 12.3〉

$$\dot{Y} = \frac{1}{R} + \frac{1}{j\omega L} = \frac{1}{R} - j\frac{1}{\omega L}$$

$$|\dot{Y}| = \sqrt{\left(\frac{1}{R}\right)^2 + \left(\frac{1}{\omega L}\right)^2}$$

$$\theta = \tan^{-1}\left(\frac{-\frac{1}{\omega L}}{\frac{1}{R}}\right)$$

$$= -\tan^{-1}\frac{R}{\omega L}$$

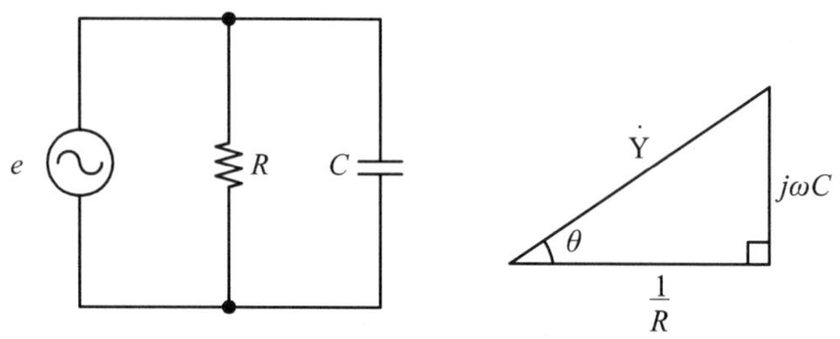

〈그림 12.4〉

$$\dot{Y} = \frac{1}{R} + j\omega C$$

$$|\dot{Y}| = \sqrt{\left(\frac{1}{R}\right)^2 + (\omega C)^2}$$

$$\theta = \tan^{-1}\left(\frac{\omega C}{\frac{1}{R}}\right)$$

$$= \tan^{-1}\omega CR$$

3. 사용기기 및 부품

(1) 회로시험기
(2) 오실로스코프
(3) 신호발생기
(4) 저항 : 200[Ω], 470[Ω], 1[kΩ]×2, 3[kΩ], $\frac{1}{4}$[W]
(5) 가변저항 : 5[kΩ]
(6) 콘덴서 : 0.1[μF]
(7) 인덕터 : 20[mH]

4. 실험순서

(1) 〈그림 12.5〉 회로를 브레드보드에 결선하고, 신호발생기의 출력 v_{out} 10[kHz] 1[Vp-p]의 정현파가 되도록 조정하고, v_R과 v_L을 측정하여 [표 12.1]에 기록하여라.(단, 저항 R은 200[Ω]이다).

(2) 저항 R을 [표 12.1]에 지시된 값으로 교환하고, 실험 (1)을 반복하여라. (단, 저항 R을 교환할 때마다 신호발생기의 출력을 1[Vp-p]가 되도록 조정할 것)

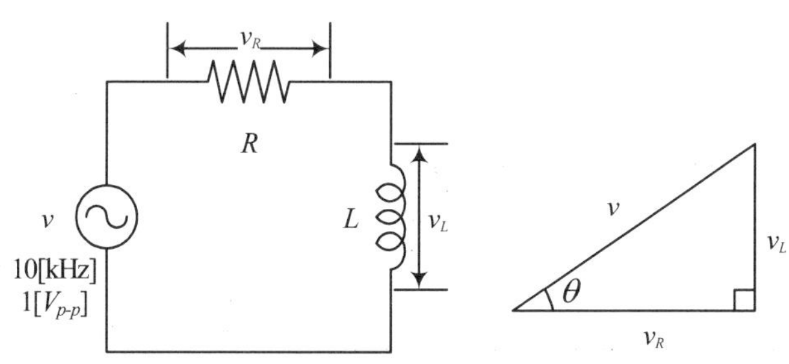

〈그림 12.5〉

(3) [표 12.1]에 대해서 임피던스 $|\dot{Z}|$, 위상각 θ, 인덕턴스 L을 계산하여라.

[Hint]

i) $\dot{Z} = R + j\omega L$에서 양변에 전류 i를 곱하면, $Zi = iR + j\omega L \cdot i$이므로

$v_{out} = \dot{v}_R + \dot{v}_L = \sqrt{{v_R}^2 + v_L^2}$이 된다.

ii) $|\dot{Z}| = \dfrac{v_{out}}{i} = \dfrac{1\ V_{p-p}}{\dfrac{v_R}{R}} = \dfrac{R}{v_R}$

iii) $\theta = \tan^{-1}\dfrac{v_L}{v_R}$

iv) $\omega L = \dfrac{v_L}{i} = \dfrac{R \cdot v_L}{v_R}$에서 $L = \dfrac{R \cdot v_L}{\omega v_R} = \dfrac{R \cdot v_L}{2\pi f \cdot v_R}$로 된다.

(4) 〈그림 12.6〉과 같이 회로를 결선하고, 가변저항 R을 가변시켜 리사쥬 도형의 위상차를 45°가 되도록 조절하여라. 이때의 R값을 측정하여 인덕턴스 L을 계산하여라. (단, 오실로스코프는 X-Y 단자에 놓을 것)

[Hint]

$\theta = \tan^{-1}\dfrac{\omega L}{R}$에서 θ가 45°이므로, $R = \omega L$이 된다.

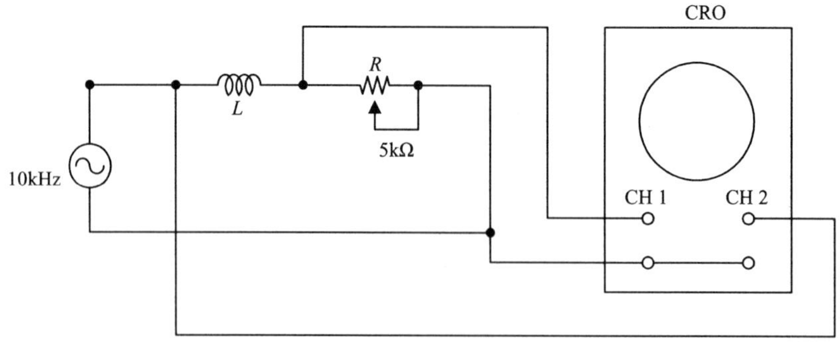

〈그림 12.6〉

(5) 〈그림 12.7〉과 같이 회로를 결선하고, 1[kΩ] 저항양단의 전압이 1[Vp-p]가 되도록 신호발생기의 출력을 조정하여라.

(6) [표 12.2]에 지시된 저항 R에 대하여 R, L 병렬회로의 양단전압 v_{out}를 측정하고, 인덕턴스 L을 계산하여 [표 12.2]에 기입하여라. (단, R을 바꿀 때마다 1[kΩ] 양단의 전압이 1Vp-p가 되도록 신호발생기의 출력을 조정할 것)

[Hint]

$i_L = \sqrt{i^2 - i_R^2}$, $i_R = \dfrac{v_{out}}{R}$, $\omega L = \dfrac{v_{out}}{i_L}$ 이다.

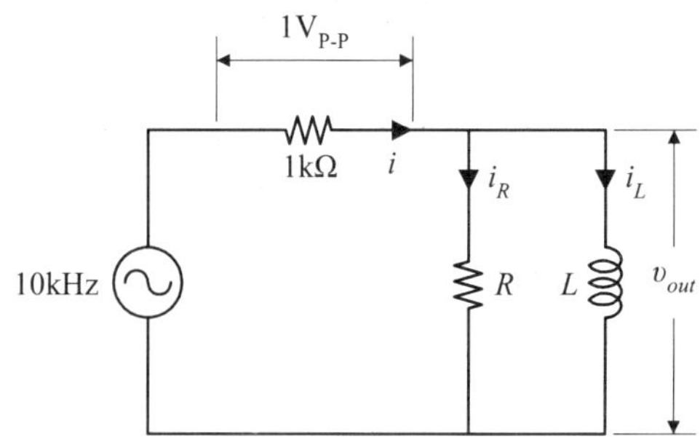

〈그림 12.7〉

(7) 〈그림 12.8〉과 같이 회로를 결선하고, [표 12.3]에 주어진 저항에 대하여 저항양단의 전압 v_R과 커패시턴스 양단의 전압 v_C를 측정한 후, 임피던스 $|\dot{Z}|$와 위상차 θ, 커패시턴스 C값을 계산하여 [표 12.3]에 기입하여라. (단, 저항을 바꿀 때마다 신호발생기의 출력 v_{out}을 1[Vp-p]가 되도록 조정할 것)

[Hint]

i) $v_{out} = \sqrt{{v_R}^2 + {v_C}^2}$

ii) $|\dot{Z}| = \dfrac{v_{out}}{i} = \dfrac{1[V_{P-P}]}{\dfrac{v_R}{R}} = \dfrac{R}{v_R}$

iii) $\theta = \tan^{-1}\dfrac{v_C}{v_R}$

iv) $\dfrac{1}{\omega C} = \dfrac{v_C}{i} = \dfrac{v_C \cdot R}{v_R}$ 에서

$C = \dfrac{v_R}{2\pi f R \cdot v_C}$ 로 된다.

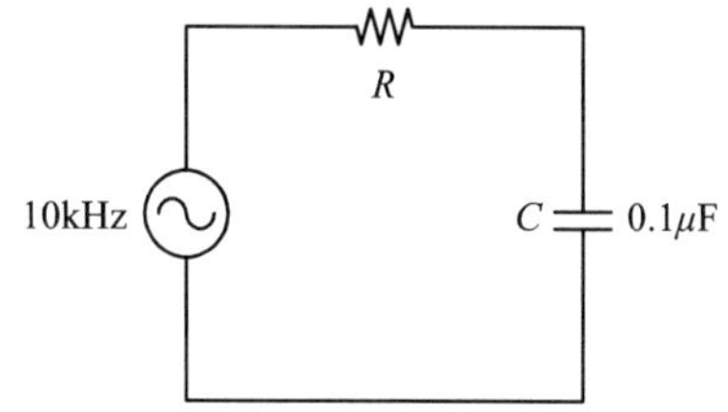

〈그림 12.8〉

(8) 〈그림 12.9〉와 같이 회로를 결선하고, 가변저항 R을 가변시켜 리사쥬 도형의 위상차를 45°가 되도록 조절하여라. 이때의 R값을 측정하여 커패시턴스 C를 계산하여 [표 12.3]에 기입하여라.

[Hint]

$\theta = \tan^{-1} \dfrac{\frac{1}{\omega C}}{R}$ 로부터

$\theta = 45°$ 가 되려면 $R = \dfrac{1}{\omega C}$ 이어야 한다.

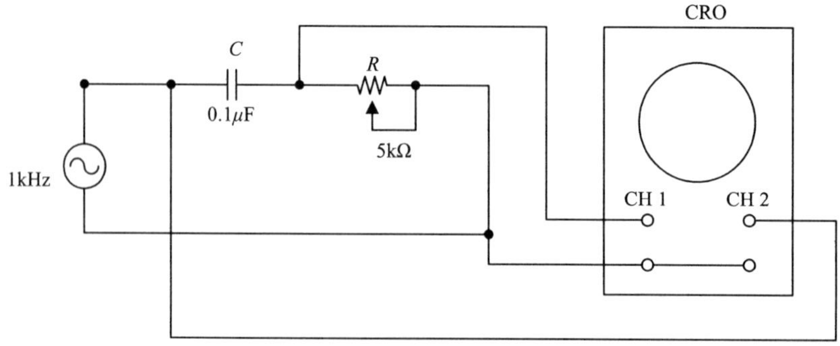

〈그림 12.9〉

(9) 〈그림 12.10〉과 같이 회로를 결선하고, 1[kΩ] 저항 양단의 전압이 1Vp-p가 되도록 신호 발생기를 조정하여라.

(10) [표 12.4]에 주어진 저항 R에 대하여 R, C 병렬회로의 양단전압 v_{out}를 측정하고, i_R, i_C, C를 계산하여 [표 12.4]에 기입하여라. (단, 저항 R을 바꿀 때마다 1[kΩ] 양단의 전압이 1Vp-p가 되도록 신호발생기를 조정할 것)

[Hint]

i) $i_C = \sqrt{i^2 - i_R^2}$ 이고, $i_R = \dfrac{v_R}{R}$ 이다.

ii) $\dfrac{1}{\omega C} = \dfrac{v_{out}}{i_C}$ 으로부터

$C = \dfrac{i_C}{2\pi f \cdot v_{out}}$ 이다.

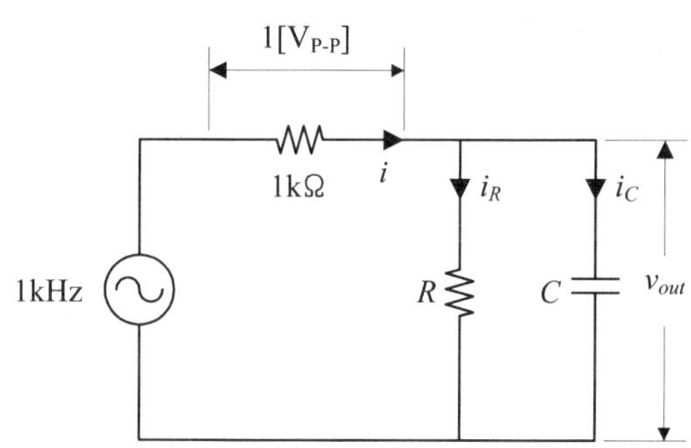

〈그림 12.10〉

5. 실험결과

평 가	월	일
		㉐

실 험 일 자	년 월 일 교시
학 과	
학 번	
공동 실험자	
이 름	

1) 브레드보드 결선

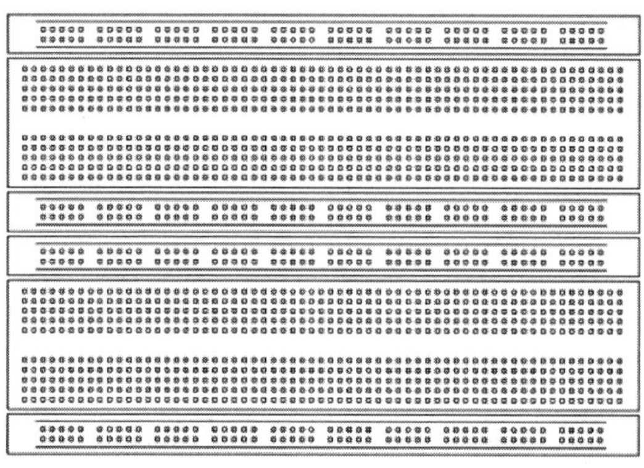

(1) 실험순서에 따라 다음의 해당표에 실험결과를 기재하여라.

2)

[표 12.1] (f = 10[kHz])

R	200 [Ω]	470 [Ω]	1 [kΩ]	3 [kΩ]
V_R				
V_L				
$v_{out} = \sqrt{v_R^2 + v_L^2}$ $[v_{p-p}]$				
$\|\dot{Z}\|$				
θ				
L				
이론치 $\dot{Z} = \|\dot{Z}\| \angle \theta$				

[표 12.2] (f = 10[kHz], i = 1[mAp-p])

R	200 [Ω]	470 [Ω]	1 [kΩ]	3 [kΩ]
$v_{out}\ [V_{p-p}]$				
$i_R\ [mA_{p-p}]$				
$i_L\ [mA_{p-p}]$				
L				

[표 12.3] (f = 1[kHz], C= 0.1[μF])

R	200 [Ω]	470 [Ω]	1 [kΩ]	3 [kΩ]
V_R				
V_C				
V_{out}				
$\lvert\dot{Z}\rvert$				
θ				
C				
이론치 $\dot{Z} = \lvert\dot{Z}\rvert \angle \theta$				

[표 12.4] (f = 1[kHz], C = 0.1[μF])

R	200 [Ω]	470 [Ω]	1 [kΩ]	3 [kΩ]
$v_{out}\left[V_{p-p}\right]$				
i_R				
i_C				
C				

6. 검 토

(1) 실험순서 (2)에서 저항을 바꿀 때마다 신호발생기의 출력을 $1V_{P-P}$가 되도록 맞추는데 그 이유는?

(2) 실험순서 (3), (4)에 의한 L값을 비교하여라.

(3) 실험순서 (5)에서 1[kΩ] 양단 전압이 1VP-P가 되도록 신호발생기의 출력을 맞추는 이유는?

(4) 실험순서 (7), (8)에 의한 C의 값을 비교하여라.

(5) 실험순서 (4)와 (8)로부터 R-L 직렬회로나 R-C 직렬회로로 구성하지 않고, L-R 직렬회로와 C-R 직렬회로로 구성하는 이유를 말하시오.

실험 13 R-L-C 직 · 병렬 공진회로

1. 목 적

(1) R-L-C 직렬공진회로의 특성을 실험을 통하여 이해한다.
(2) R-L-C 병렬공진회로의 특성을 실험을 통하여 이해한다.
(3) R-L-C 직렬공진회로의 공진주파수를 구하고, 실험을 통하여 확인한다.
(4) R-L-C 병렬공진회로의 공진주파수를 구하고, 실험을 통하여 확인한다.

2. 관련이론

R-L-C로 구성된 회로에서 전압과 전류의 위상이 동위상이 되는 경우를 공진이라 하며, 이때의 주파수를 **공진주파수**라 한다. 즉, 공진 시에는 합성 임피던스 또는 합성 어드미턴스가 순저항성분만 남게 되므로, 리액턴스 성분은 서로 상쇄되고, 공진 주파수를 구하려면, 직렬회로에서는 합성 임피던스, 병렬회로에서는 합성 어드미턴스를 구하여 허수부가 "0" 이 되는 조건을 구하면 된다.

1) 직렬 공진회로

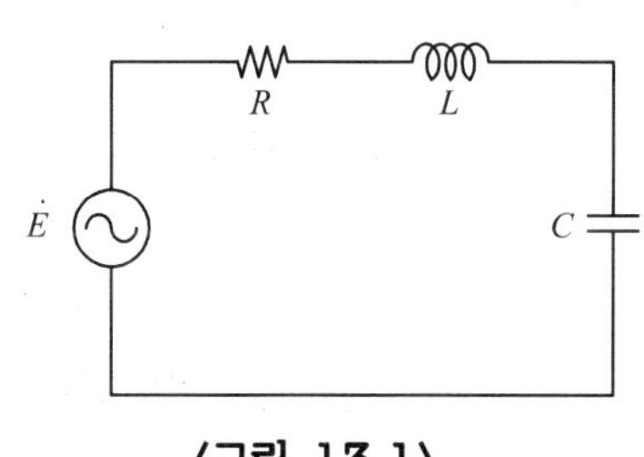

〈그림 13.1〉

$Z = R + j\left(\omega L - \dfrac{1}{\omega C}\right)$에서 공진조건은 $\omega_o L = \dfrac{1}{\omega_o C}$이므로, 공진각주파수 $\omega_o = \dfrac{1}{\sqrt{LC}}$이 공진주파수 $f_o = \dfrac{1}{2\pi\sqrt{LC}}$이다. 또한 $|Z| = \sqrt{R^2 + \left(\omega L - \dfrac{1}{\omega C}\right)^2}$이므로, $|Z|$가 최소가 되며, 전류는 최대가 된다. 또한, 최대전류 I_o의 $\dfrac{1}{\sqrt{2}}$ 되는 주파수를 $P = I^2 R$로부터 최대전력의 $\dfrac{1}{2}$이 되므로 반전력 주파수라 한다.

여기서 $f_2 - f_1 = \Delta f$를 대역폭이라 하고, $\dfrac{f_o}{\Delta f} = Q$로 정의하여 선택도 또는 첨예도라 하며, $Q = \dfrac{\omega_o L}{R} = \dfrac{1}{\omega_o CR}$로 나타낼 수 있다.

또한, $\dot{V}_R = RI_o = \dot{E}$

$$\dot{V}_L = j\omega_o L \cdot I_o = j\frac{\omega_o L}{R} \cdot RI_o = jQ \cdot \dot{E}$$

$$\dot{V}_C = \frac{1}{j\omega_o C} \cdot I_o = \frac{1}{j\omega_o CR} \cdot RI_o = -jQ \cdot \dot{E}$$

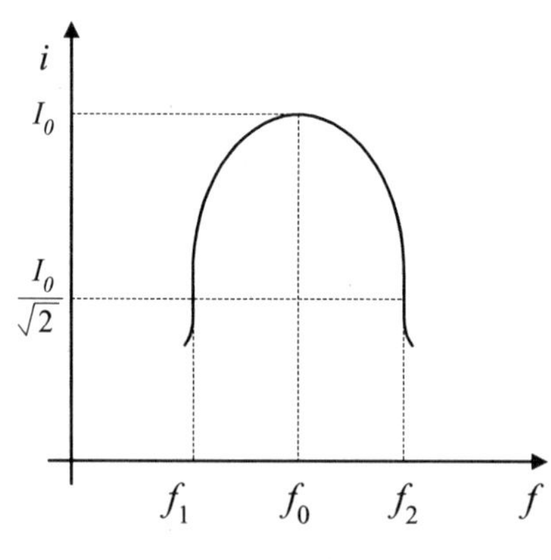

〈그림 13.2〉

로서, 공진 시 L 또는 C에 걸리는 전압의 절대치는 인가전압 $\dot{E}$의 Q배가 됨을 알 수 있다. 그러므로, 직렬 공진회로에서의 Q를 **전압확대비**라고 한다.

2) 병렬 공진회로

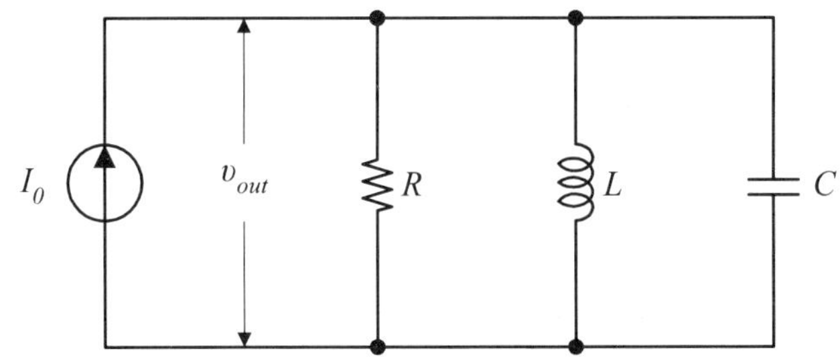

〈그림 13.3〉

$\dot{Y} = \frac{1}{R} + j\left(\omega C - \frac{1}{\omega L}\right)$에서 공진조건(허수부=0)으로부터

$\omega_o = \frac{1}{\sqrt{LC}}$, $f_o = \frac{1}{2\pi\sqrt{LC}}$로 되고, $|\dot{Y}| = \sqrt{\left(\frac{1}{R}\right)^2 + \left(\omega C - \frac{1}{\omega L}\right)^2}$ 이므로, 공진주파수에서 $|\dot{Y}|$가 최소가 되므로 전압이 최대가 되며, 선택도 $Q = \frac{f_o}{\Delta f} = \frac{R}{\omega_o L} = \omega_o CR$이 된다.

또한, $\dot{I}_R = \frac{v_{out}}{R} = I_o$

$$\dot{I}_C = j\omega_o C \cdot v_{out} = j\omega_o C \cdot RI_o = jQI_o$$

$$\dot{I}_L = \frac{v_{out}}{j\omega_o L} = -j\frac{R}{\omega_o L} \cdot I_o = -jQI_o$$

로서, 공진 시 L 또는 C에 흐르는 전류는 인가전류의 Q배가 되므로 병렬공진회로에서의 Q를 **전류확대비**라고 한다.

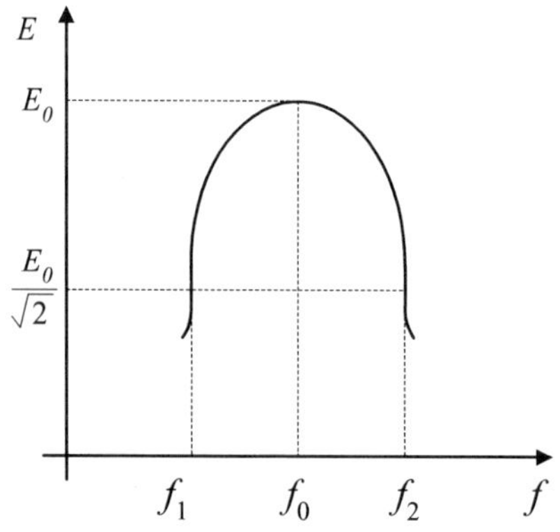

〈그림 13.4〉

3. 사용기기 및 부품

(1) 회로시험기
(2) 오실로스코프
(3) 신호발생기
(4) 저항 : 100[Ω], 1[kΩ], 3.3[kΩ]
(5) 콘덴서 : 0.01[μF]
(6) 인덕터 : 20[mH] 정도

4. 실험순서

(1) 〈그림 13.5〉의 회로에 대하여 브레드 보드 결선을 하시오.

(2) 〈그림 13.5〉의 회로에 대하여 [표 13.1]에 지시된 대로 신호발생기의 발진주파수를 변화시켜 가면서 v_R, v_L, v_c, v_x,를 측정하여 기입하여라. 이 실험에서 유의하여야 할 사항은 신호발생기의 발진주파수를 변화시킬 때마다 출력전압 v_{out}을 반드시 1[Vp-p]가 주파수를 엄밀히 측정해야 한다. 이는 실험결과 및 고찰에서 가장 중요하게 다루어질 공진주파수와 반전력점의 주파수가 된다.

【주의】 [표 13.1]에서는 신호발생기의 발진주파수가 최소 7[kHz], 최대 20[kHz]의 경우만 주어져 있는데 이 사이의 주파수는 실험자가 임의로 선정하여라.

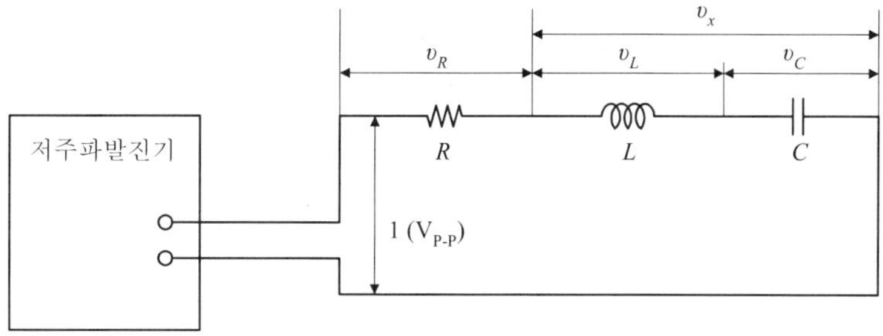

〈그림 13.5〉

(3) 〈그림 13.6〉과 같이 회로를 결선하고, 신호발생기의 발진주파수를 서서히 변화시켜가면서 오실로스코프상에 나타나는 리사쥬도형이 어떻게 변화되는가를 관찰하여라. 특히 리사쥬도형에서 위상이 "0" 이 되는 주파수(공진주파수) 및 45° 가 되는 주파수(반전력점) 2개를 정확하게 측정하여 기입하여라.

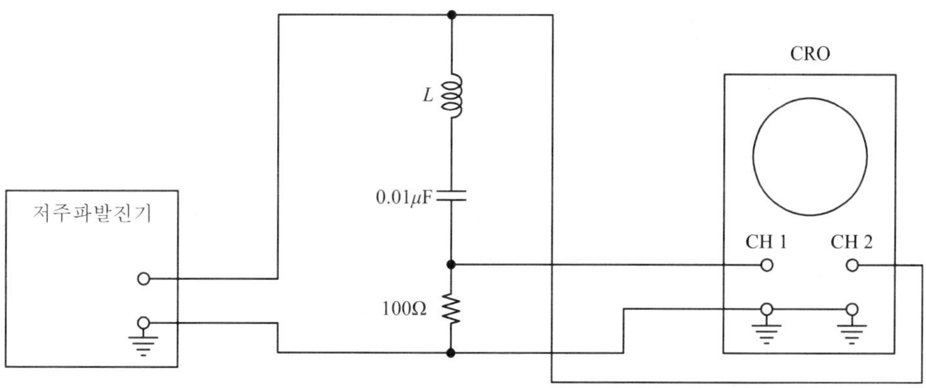

〈그림 13.6〉

(4) 〈그림 13.7〉과 같이 회로를 결선하여라. (이와 같은 병렬공진회로의 실험에는 원칙적으로 교류 정전류원이 필요하나 이는 실험장비 중에는 없으므로 R-L-C 병렬공진회로에 1[KΩ]의 저항을 직렬 접속하여 신호발생기의 발진주파수가 변화될 때마다 1[KΩ] 양단의 전압을 일정하게 신호발생기의 출력전압을 조정해주면 항상 일정한 전류가 흐르는 것이나 마찬가지이므로 정전류원을 접속한 것과 마찬가지가 된다. 따라서 본 실험에서도 주파수를 변화시킬 때마다 1[kΩ]양단의 전압이 일정하도록 세심한 조정을 해야 한다. 본 실험에서는 이 전압을 1[Vp-p]로 하고 있다.)

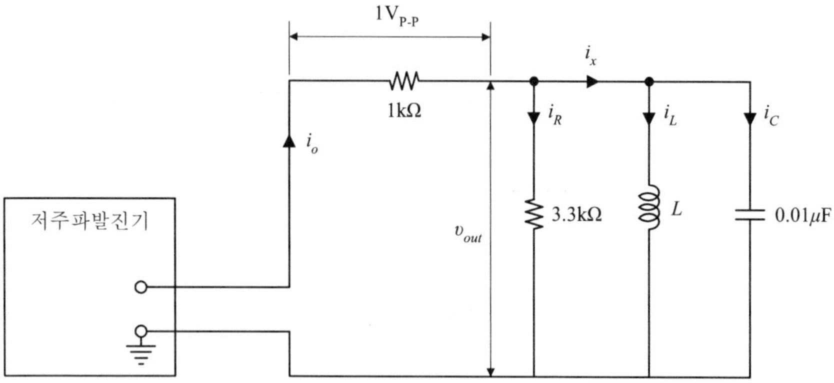

〈그림 13.7〉

(5) 신호발생기의 발진주파수를 5[kHz]로부터 20[kHz]까지 임의로 변경시켜 가면서 v_{out}[Vp-p]를 측정하여 [표 13.2]에 기입하여라. 이때 발진주파수를 바꿀 때마다 1[kΩ] 양단의 전압이 1[Vp-p]가 되도록 반드시 조정하여야 하며, v_{out}가 최대가 되는 주파수(공진주파수)와 v_{out} 최대값의 0.7배가 되는 주파수 2개(반전력점의 주파수)는 정확하게 측정하여 기입하여야 한다.

(6) 〈그림 13.8〉과 같이 회로를 결선하고, 신호발생기의 발진주파수를 서서히 변화시켜 오실로스코프상에 나타나는 리사쥬 도형이 어떻게 변화되는가를 관측하고, 리사쥬 도형의 위상각이 최소가 되는 주파수(공진주파수)와 45°가 되는 주파수 2개(반전력점의 주파수)를 측정하여 기록해 두어라.

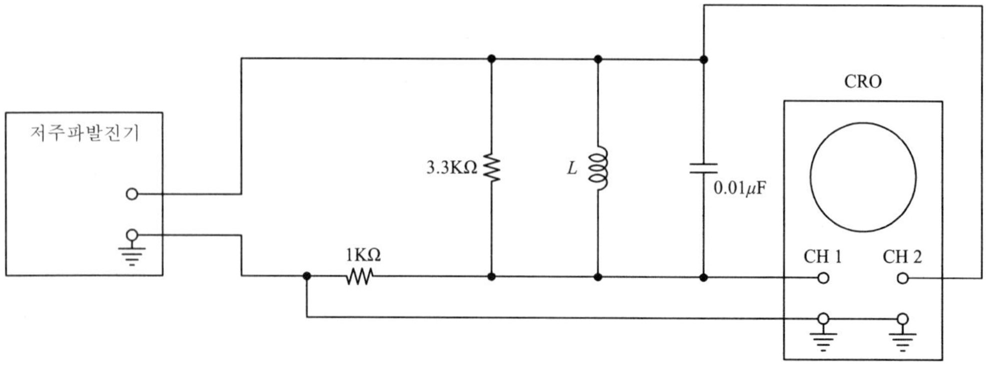

〈그림 13.8〉

5. 실험결과

평 가	월	일
		㉧

실 험 일 자	년 월 일 교시
학 과	
학 번	
공동 실험자	
이 름	

1) 브레드보드 결선

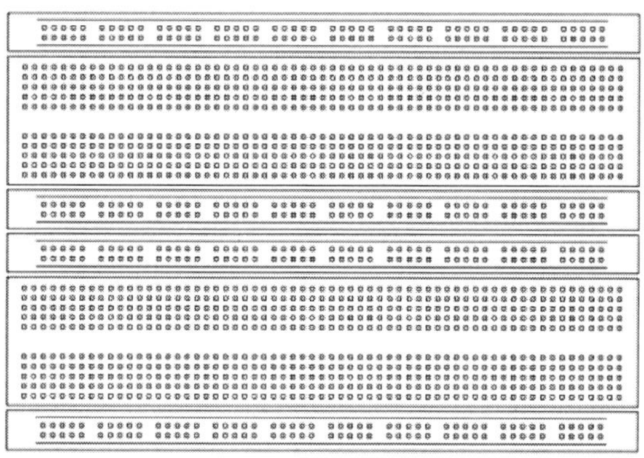

(1) 실험순서에 따라 다음의 해당표에 실험결과를 기재하여라.

2)

[표 13.1] (v_{out} = 1[Vp-p])

f [Hz] 저주파발진기의 발진 주파수	7 [kHz]	20 [kHz]
$v_R[V_{p-p}]$		
$v_L[V_{p-p}]$		
$v_c[V_{p-p}]$		
$v_x[V_{p-p}]$		
$v_{out} = \sqrt{v^2_{+v_X^2 R}}$		
$\theta = \tan^{-1}\frac{v_x}{v_R}$		

[표 13.2] (I_o = 1[mAp-p])

주파수 [Hz]	5 [kHz]	20 [kHz]
$v_{out}[V_{p-p}]$		
$i_R = \frac{v_{out}}{R} = v_{out}$ $[mA_{p-p}]$		
$i_c = \omega C v_{out}$		
$i_x = \sqrt{i_0^2 - i_R^2}$		
$i_L = i_c - i_x$		
$\theta = \tan^{-1}\frac{i_x}{i_R}$		

6. 검 토

(1) [표 13.1]에서 볼 때 이 회로의 공진주파수는?

(2) [표 13.1]에서 볼 때 반전력점의 주파수 및 Q는?

(3) [표 13.1]에서 볼 때 이 실험에 사용된 L값은 어느 정도인가?

(4) 공진 시 R 양단의 전압과 v_{out}는 같은가? 민일 오차가 있으면 그 원인은 어디에 있다고 보는가?

(5) 공진 시 L및 C 양단의 전압으로 보아 이 공진회로의 Q는 어느 정도로 판단되는가?

(6) 위 (3)에서 고찰한 Q와 (6)에서 고찰한 Q는 서로 같은가? 같으면 Q는 무엇을 의미한다고 볼 수 있나? (약간의 오차는 무시하고 생각하여라.)

(7) [표 13.1]을 이용하여 이 회로의 공진곡선을 그려보아라.

(8) 실험순서 (2)에서 위상각이 "0" 이 되는 주파수는? 이 주파수는 실험순서 (1)에서 측정한 공진주파수와 일치하는가? 또한 위상각이 45° 가 되는 주파수는 실험순서 (1)에서 측정한 반전력점의 주파수와 일치되는가? 이 두 가지의 경우 오차가 발생되었으면 그 원인도 분석해 보아라.

(9) [표 13.2]에서 볼 때 이 회로의 공진주파수 및 반전력점의 주파수를 기록하고, 이로부터 Q를 구하여라.

(10) [표 13.2]에서 볼 때 이 실험에서 사용된 L값은 어느 정도라고 판단되나?

(11) 실험순서 (5)에서 관찰한 리사쥬 도형이 변화되는 형식을 도시해 보아라. 또한 위상각이 "0" 이 되는 주파수는 얼마로 측정되었는가? 이 주파수는 [표 13.2]의 공진주파수와 일치하는가를 고찰하여라. 또한 위상각이 45° 가 되는 주파수 2개도 기입하고, 이것도 [표 13.2]와 비교하여 고찰하여라.

실험 14 접합 다이오드의 특성

1. 목 적

(1) 접합 다이오드의 동작특성을 이해한다.
(2) 접합 다이오드의 전압, 전류특성을 도시한다.
(3) 접합 다이오드의 극성을 저항계로 식별한다.

2. 관련이론

반도체는 저항율이 도체와 절연체 사이에 위치한 것으로서 주로 사용되는 원소로는 게르마늄(Ge)과 실리콘(Si)이 있지만 주로 많이 사용되는 것은 실리콘이다. 실리콘은 이른바 규소로서 모래로부터 정제된 실리콘이 얻어진다.

순도 99.999…9%의 실리콘 반도체는 순수 반도체 또는 진성 반도체로 불려지며 이 반도체에 3가 원소(B, Ga, ln)나 5가 원소(P, As, Sb)의 불순물이 도핑되어서 p형 반도체와 n형 반도체를 형성하게 된다. p형 반도체는 다수 캐리어가 정공(hole)이고 n형 반도체에는 다수 캐리어가 전자(electron)이다. PN접합 다이오드는 P형 반도체와 N형 반도체를 금속적으로 접합시킨 것으로 양단에 가해지는 전압의 극성에 따라 전류가 흐르거나 흐르지 않거나 하는데 이와 같은 작용을 **정류작용**이라 하며 정류를 목적으로 만들어진 소자를 **다이오드** 또는 **정류기**라고 한다. 이것은 〈그림 14.1〉과 같은 기호로 표시되며 전류가 흘러가는 쪽의 전극을 애노드(anode;양극), 흘러나오는 쪽을 캐소드(cathode;음극)라고 한다.

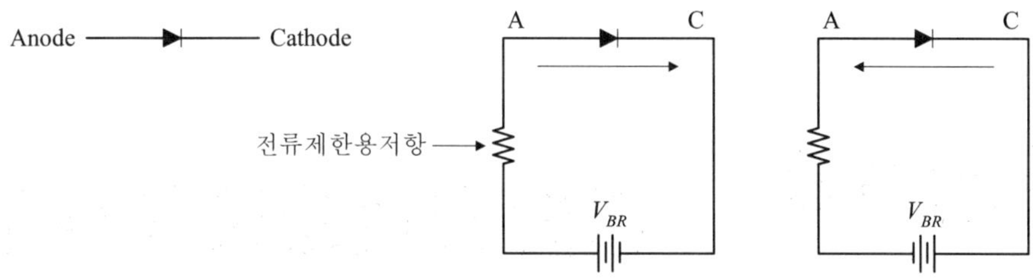

(a) 기호 (b) 순방향 바이어스 (c) 역방향 바이어스

〈그림 14.1〉

다이오드에는 외부로부터 전압을 가하여 동작을 시키게 되는데 이 전압을 바이어스(bias) 전압이라고 한다. 바이어스 전압은 전압이 가해지는 방향에 따라 (+)방향으로 가해지면 순바이어스이고, (−)방향이면 역바이어스라고 한다.

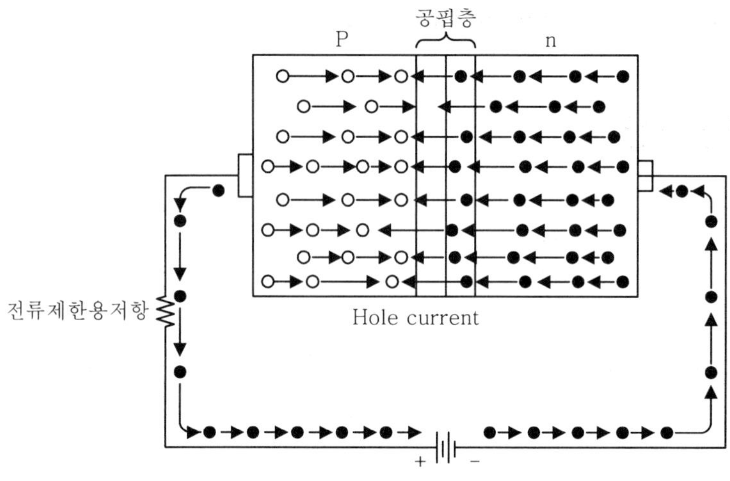

〈그림 14.2〉

〈그림 14.3〉에서 순바이어스시에는 다수 캐리어의 이동에 의한 큰 전류가 흐름으로 저항은 매우 작으며 역바이어스시에는 소수 캐리어에 의한 이동에 의하여 작은 전류가 흐르게 됨으로 저항은 매우 크다. 이상적인 경우 순바이어스시의 저항값은 0이고, 역바이어스시의 저항값은 ∞이다.

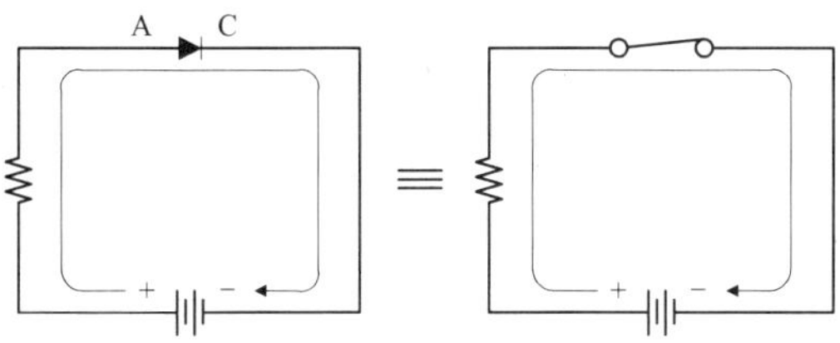

(a) 순방향 바이어스

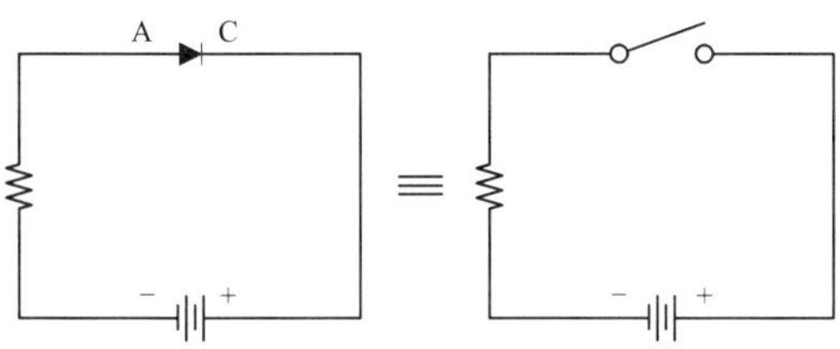

(b) 역방향 바이어스

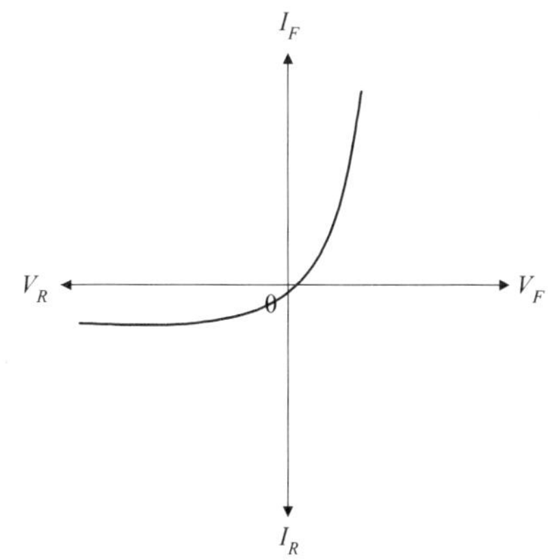

(c) 이상적인 특성곡성

이와 같은 다이오드의 전압, 전류관계를 표시한 식은 다음과 같다.

$$I = I_s(e^{\frac{qV}{kT}} - 1)$$

여기서 I : diode에 흐르는 전류

I_s : 역방향 포화전류

q : 전자의 전하량 1.6 × 10-19 [C] k : Boltzmann의 상수

T : 절대온도 [k]

실온에서 q/kT 는 근사적으로 39이므로 다음과 같은 근사식을 얻을 수 있다.

$$I = (e^{39V} - 1)I_s$$

여기서 다이오드 양단전압이 +(순방향 바이어스)이면 diode에 흐르는 전류는 지수함수로 증가되며 역방향 바이어스 때는 e^{39V}는 무시되어서 $I = -I_s$가 된다.

순방향 전압이 전위장벽(Si인 경우 0.7[V], Ge인 경우 0.3[V])과 거의 같아지면 전

류는 증가하기 시작한다. 일단 순방향 전압이 전위장벽에 도달하면 전류는 급격하게 증대되므로 직렬로 저항을 연결하여 전류를 제한하여야만 한다. 순방향으로 바이어스된 다이오드 양단의 전압은 거의 전위장벽과 같게 유지된다.

또 음의 방향으로 역방향 전압을 증가시킬 경우 항복전압에 도달될 때까지의 전류는 거의 0이 된다. 그러나 항복전압이 일어나면 큰 역방향 전류가 흐르게 되고 전류가 제한되지 않는다면 다이오드는 파괴될 것이다.

일반적으로 정류용 다이오드인 경우 항복전압은 대부분 50[V] 이상이다. VI특성곡선에서 다이오드는 전류와 전압의 함수로서 표시되는 저항과 같은 역할을 한다. 순방향에서 저항은 전류가 변화함에 따라 연속적으로 가변된다.

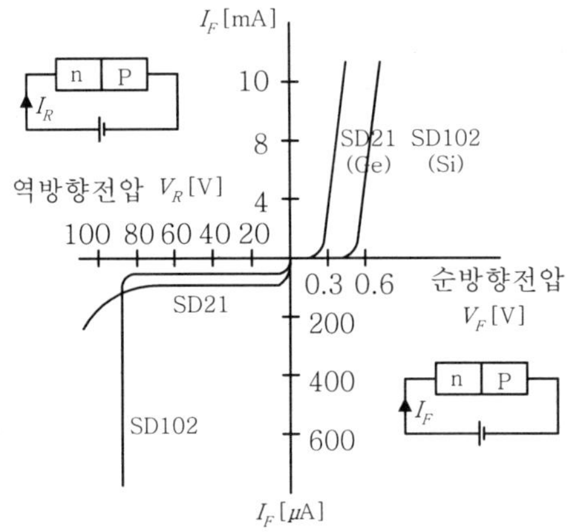

〈그림 14.4〉 접합 다이오드의 전류-전압 특성곡선

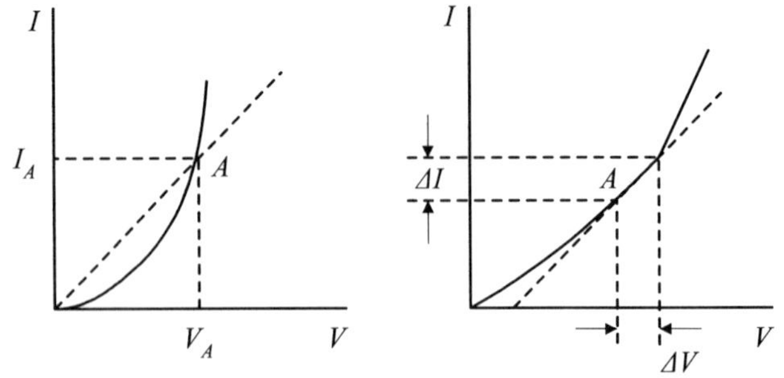

(a) A점에서의 정적저항 (b) A점에서의 정적저항

〈그림 14.5〉

정적저항(static resistance)은 곡선의 어떤 한 점에서 전압과 전류의 비로서 정의할 수 있다. 예로서 〈그림 14.5〉에서 점 A에서 동작하는 다이오드의 정적저항은

$$R_s = \frac{V_A}{I_A}$$

이고, 원점에서 점 A까지 그려진 직선의 기울기는 $1/R_s$이다. 순방향 특성곡선의 한 점에서 동적저항은 다음과 같이 정의할 수 있다.

$$R_d = \frac{\Delta V}{\Delta I}$$

여기서 ΔV와 ΔI는 동작점에서 미소 증가분이다.

동작점에서 다이오드 특성곡선에 그린 접선의 기울기는 $1/R_d$이다.

예로서 위 〈그림 14.5 (b)〉에서 점 A의 동적저항은 $R_d = \Delta V/\Delta I$ 이다.

한 점에서의 정적저항과 동적저항은 〈그림 14.5 (a), (b)〉에서 두 직선의 기울기를 보면 서로 다름을 알 수 있다.

〈그림 14.6〉에서 역방향 저항 R_r은 다음과 같이 결정한다.

$$R_r = \frac{\Delta V_r}{\Delta I_r}$$

그러므로 R_s, R_d, R_r은 다이오드의 특성곡선과 관계식을 통하여 얻을 수 있다.

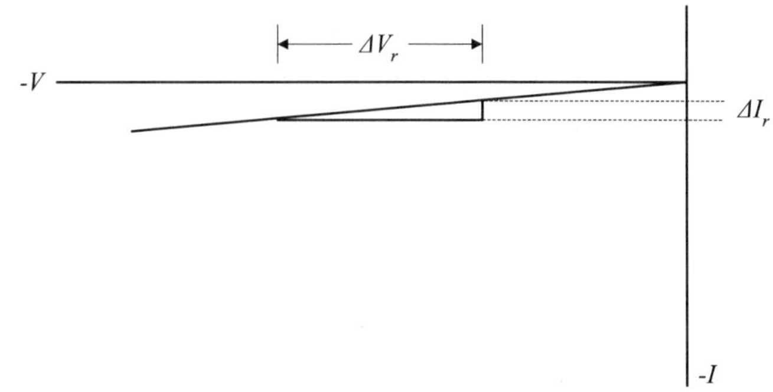

〈그림 14.6〉

여기서 만일 다이오드의 벌크저항(bulk resistance)을 안다면 동적저항은 다음 식에 의해 계산할 수 있다.

$$R_d = \frac{26}{I[\mathrm{mA}]} + R_B$$

$26/I$ [mA] 항은 이상적인 다이오드 최소 접합저항을 나타낸다. I [mA]는 단위가 밀리암페어인 다이오드의 전류이다. R_B는 다이오드 벌크저항이고 이 값은 다이오드 특성곡선에서 구할 수 있다. 만약에 I 값이 크면 $26/I$ 은 무시될 수 있으므로 R_d는 근사적으로 R_B와 같다.

그러므로 I 의 큰 값에 대해서 특성곡선은 거의 선형이고 다이오드의 벌크저항은 아래 〈그림 14.7〉에서처럼 $\Delta V_B/\Delta I_B$를 구하므로 얻을 수 있다.

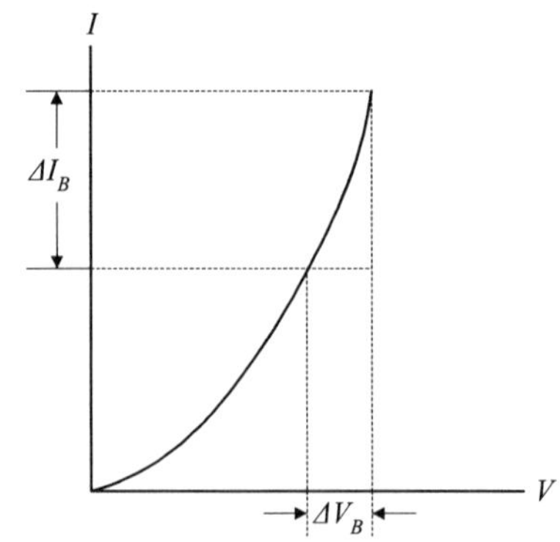

〈그림 14.7〉 다이오드 벌크저항

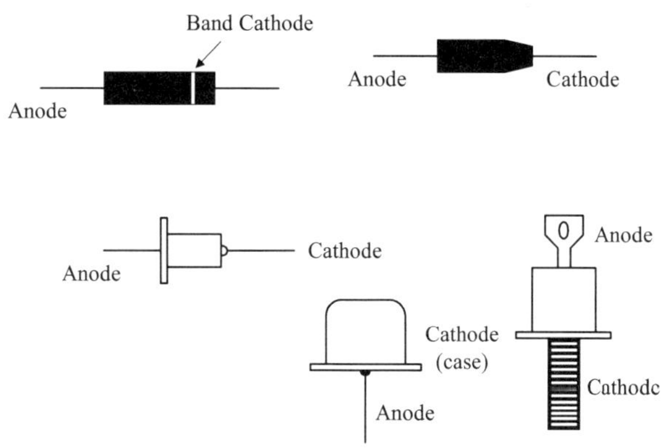

〈그림 14.8〉 전형적인 다이오드

저항계의 내부전지를 이용하여 다이오드를 순방향 혹은 역방향으로 바이어스하여 기능적으로 적절히 동작하는지를 빠르고 간편하게 점검할 수 있다.

〈그림 14.9〉와 같이 아날로그 멀티테스터의 흑색 (-)단자를 애노드에 연결시키고 적색 (+)단자를 캐소드에(디지털 멀티테스터인 경우에는 반대임) 연결시키면 저항계의 내부전지가 다이오드를 순방향으로 바이어스 시키므로 매우 낮은 저항이 표시된다. 반면에 단자가 역방향이 되면 저항계의 내부전지가 다이오드를 역방향으로 바이어스 시키므로 매우 큰 저항(이상적인 경우 무한대)이 표시된다. 만약 순방향과 역방향의 모든 바이어스 상태에서 매우 낮은 저항값이 표시되면 p-n접합은 단락된 것이며 둘다 모두 매우 높은 저항이 나타나면 개방된 것이다.

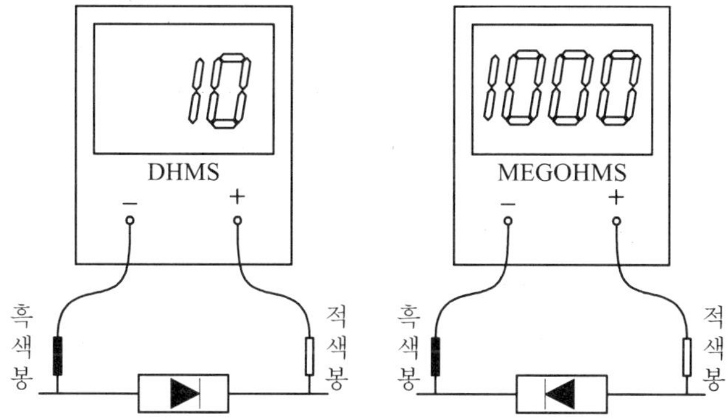

(a) 순방향 체크　　　(b) 역방향 체크

〈그림 14.9〉 저항계를 이용한 반도체 다이오드의 점검

3. 사용기기 및 부품

(1) 전원공급장치
(2) 회로시험기
(3) 전압계(F.S 30[V])
(4) 다이오드 : 1N4001 (Si diode), 1N60A(Ge diode)
(5) 저항 : 100[Ω], 10[kΩ], $\frac{1}{2}$[W]

4. 실험순서

(1) 〈그림 14.10〉의 회로에 대하여 브레드보드 결선하시오.
(2) 다이오드의 극성을 식별한다.
  i) 다이오드에 띠가 있을 경우, 띠가 있는 쪽이 캐소드이고 반대쪽이 애노드이다.
  ii) 저항계를 이용한 다이오드의 극성 식별은 〈그림 14.9〉와 같이 디지털 멀티메터인 경우에는 적색 리드봉 쪽이 애노드, 흑색 리드봉 쪽이 캐소드이고 아날로그 멀티 메터인 경우에는 이와 반대이다.

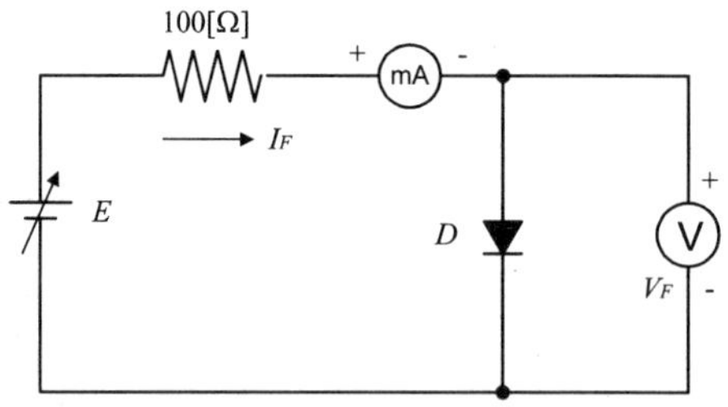

〈그림 14.10〉 순방향

(3) 회로를 브레드보드에 구성한다.
  i) 저항계를 이용하여 실리콘(Si) 다이오드 (1N4001)의 극성을 조사한다.
  ii) 〈그림 14.10〉과 같이 다이오드를 전원에 대해서 순방향이 되도록 연결한다.
(4) 순방향 특성을 측정한다.
  i) 전원전압을 0[V]에서 서서히 증가시켜 가면서 [표 14.1]에 주어진 순방향 전압 V_F에 대한 순방향전류 I_F를 측정하여 기록한다.

ii) 순방향전류 I_F가 흐르기 시작한 순방향전압 V_F, 즉 동작전압을 측정한다.

iii) 순방향 저항값을 계산하여 [표 14.1]에 기입한다.

(5) 역방향 특성을 측정한다.

i) 〈그림 14.11〉과 같이 다이오드를 역방향이 되도록 연결한다.

ii) 전원전압을 서서히 증가시켜 가면서 [표 14.1]에 주어진 V_R에 대한 I_R을 측정하여 기록한다.

iii) 역방향 저항값을 계산하여 [표 14.1]에 기입한다.

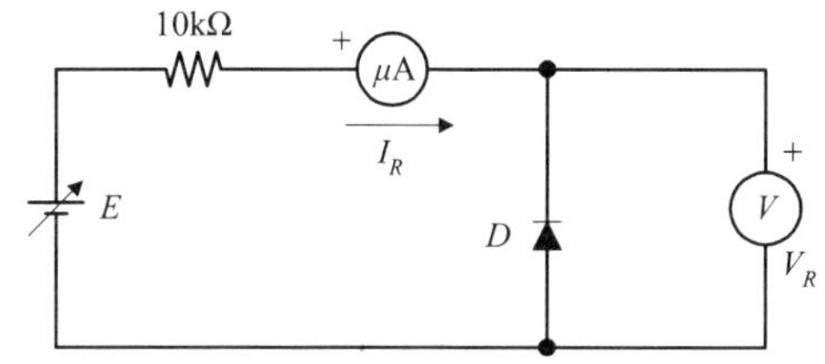

〈그림 14.11〉 역방향

(6) 게르마늄(Ge) 다이오드 특성을 측정한다.

i) 실리콘 다이오드를 게르마늄 다이오드(1N60A)로 교체한다.

ii) 실험순서 (3)~(5)항을 반복하여 진행한다.

iii) [표 14.2]에 기입한다.

(7) 다이오드의 특성곡선을 작성한다.

i) [표 14.1]을 이용하여 〈그림 14.12〉에 전압·전류 특성곡선을 작성한다.

ii) [표 14.2]를 이용하여 〈그림 14.13〉에 전압, 전류 측정곡선을 작성한다.

iii) 실리콘 다이오드와 게르마늄 다이오드를 비교한다.

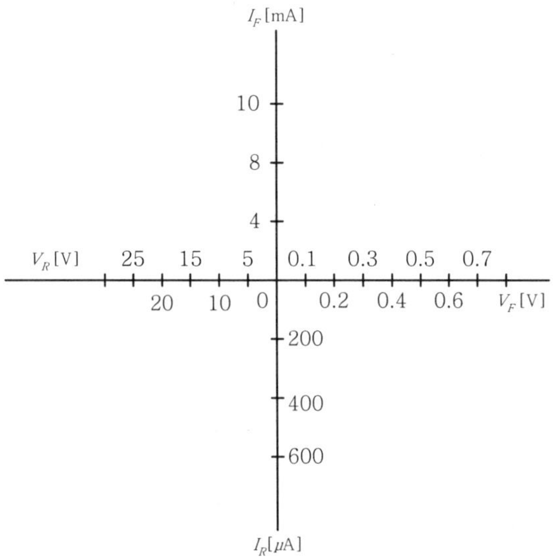

〈그림 14.12〉

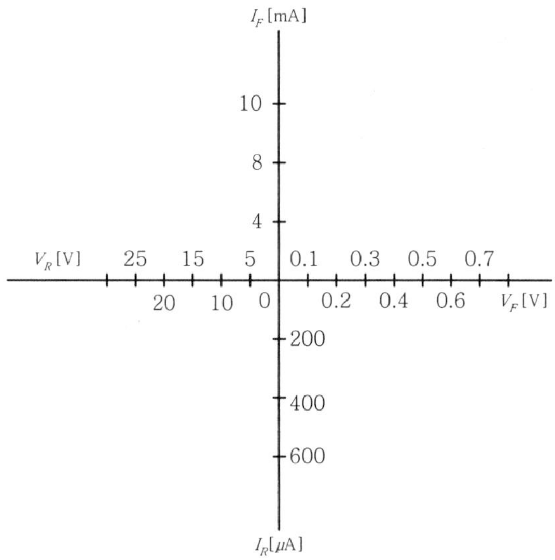

〈그림 14.13〉

(8) 다이오드 역방향저항 대 순방향저항의 비를 구한다.

i) [표 14.3]에 주어진 다이오드의 저항을 측정 기입한다.

ii) 역방향저항 대 순방향저항의 비를 계산하여 [표 14.3]에 기입한다.

5. 실험결과

평 가	월	일
		㉧

실 험 일 자	년 월 일 교시
학 과	
학 번	
공동 실험자	
이 름	

1) 브레드보드 결선

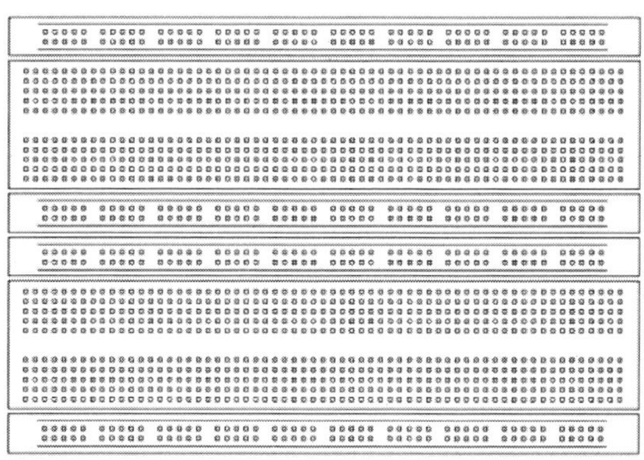

2)

[표 14.1]

IN4001

순 방향			역 방향		
V_F [V]	I_F [mA]	R [Ω]	V_R [V]	I_R [μA]	R [kΩ]
0			0		
0.1			5		
0.2			10		
0.3			15		
0.4			20		
0.5			25		
0.6					
0.7					
0.8					

[표 14.2]

1N60A

순 방향			역 방향		
V_F [V]	I_F [mA]	R [Ω]	V_R [V]	I_R [μA]	R [kΩ]
0			0		
0.1			5		
0.2			10		
0.3			15		
0.4			20		
0.5			25		
0.6					
0.7					
0.8					

[표 14.3]

다이오드	R_F [Ω]	R_R [Ω]	R_F / R_R
1N 4001			
1N 60A			

6. 검 토

(1) 실리콘 다이오드(1N4001)와 게르마늄 다이오드(1N60A)의 특성곡선을 작성한다.

(2) 실리콘 다이오드와 게르마늄 다이오드의 차이점에 대해 설명한다.

(3) 다이오드의 극성 및 양부 판정에 대한 보고서를 작성한다.

(4) 순바이어스 된 다이오드의 전압-전류 특성곡선 중 직선적인 부분은?

(5) 이 직선적인 부분으로부터 실험용 다이오드의 dc저항을 구하여라.

실험 15 제너 다이오드의 특성

1. 목 적

(1) 제너 다이오드의 제너전압을 측정한다.

(2) 제너 다이오드의 역방향특성의 그래프를 그린다.

(3) 정전압소자로서의 제너 다이오드의 응용을 검토한다.

2. 관련이론

제너 다이오드의 동작 특성곡선은 본질적으로 일반 다이오드와 꼭 같지만 역방향 breakdown 전압을 제조공정에서 구조의 기하학적 제어와 불순물 첨가 등에 의해 예측할 수 있는 측정값이 되도록 제조된 다이오드이다.

일반적으로 3[V]에서 200[V]까지의 역방향 breakdown 혹은 제너전압 V_Z를 갖는 다이오드를 만들 수 있는데 이러한 특이한 종류의 다이오드를 일반적으로 **제너 다이오드**라고 한다. 역방향 breakdown점의 형성은 일반적으로 두 가지의 고체 역학적 작용에 의하여 만들어진다.

1) 제너 브레이크다운(Zener breakdown)

V_Z가 6[V] 이하인 경우에는 불순물의 첨가농도에 따라 접합부근에서 강한 전계의 결과로 공유결합을 하고 있는 전자를 끌어내게 된다.

따라서 그 결과 전류가 크게 증가하여 작은 역전압에서도 충분히 터널효과를 나타내어 브레이크다운 지점을 형성하게 되는 것이다.

제너항복은 보다 낮은 역방향 전압에서 일어난다.

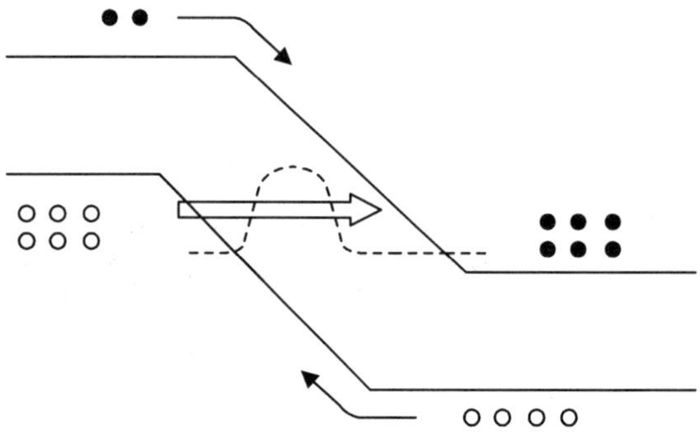

〈그림 15.1〉 제너 브레이크다운

2) 애벌랜치 항복(Avalanch breakdown)

애벌랜치 항복은 원자의 공유결합을 파괴시킬 만큼 충분한 속력을 얻은 전자가 원자에 충돌함으로써 전류가 증가하는 현상이다. 제너 다이오드는 온도에 민감하다. 순방향 바이어스일 때는 다른 일반 다이오드와 같이 부성 온도계수(negative temperature coefficient)를 갖는다. 그러나 역방향에서 다이오드는 0[V]로부터 6[V] 사이의 전압에 대하여 부성 온도계수를 가지며 여기서 제너현상이 현저하게 일어난다. 역방향 breakdown 전압이 6volt 이상으로 될 때 다이오드는 정의 온도계수(positive temperature coefficient)를 가지며 애벌랜치 현상이 현저하게 된다. V_Z = 5.5[V] 근처에서 온도계수는 0이고 정전압장치는 이러한 작용의 이점을 이용하여 구성한다. 대표적인 제너 다이오드 특성곡선 혹은 V-I 곡선은 그림 15.2와 같다.

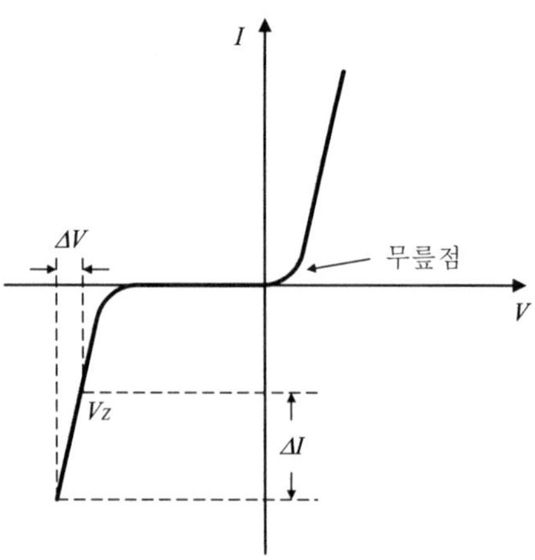

〈그림 15.2〉 제너 다이오드 V-I 곡선

이 곡선을 보면 가장 중요한 제너특성은 breakdown 영역에서 제너전압 V_Z와 동작 임피던스 R_Z임을 알 수 있다. 정전압원으로서 제너의 이점을 충분히 이용하기 위하여서는 제너 다이오드는 〈그림 15.2〉와 같이 특성곡선의 breakdown점이상의 전류에서 동작시켜야 한다. 동작임피던스 R_Z는 특성곡선으로부터 다음과 같이 결정할 수 있다.

$$R_Z = \frac{\Delta V}{\Delta I}$$

임피던스 R_Z는 동작전류의 함수이고 ΔI는 Q점의 중앙에서 취해야 한다.

〈그림 15.3 (a)〉의 회로와 같은 정전압기로서의 제너 다이오드의 응용에 대해 생각해 보자. 〈그림 15.3 (a)〉에서 V는 정전압이 되지 않은 직류전압이고 V_s는 불필요한 맥류(ripple)전압이다. 그리고 R_s는 dc전압원의 내부저항이고 R_L은 부하저항이다.

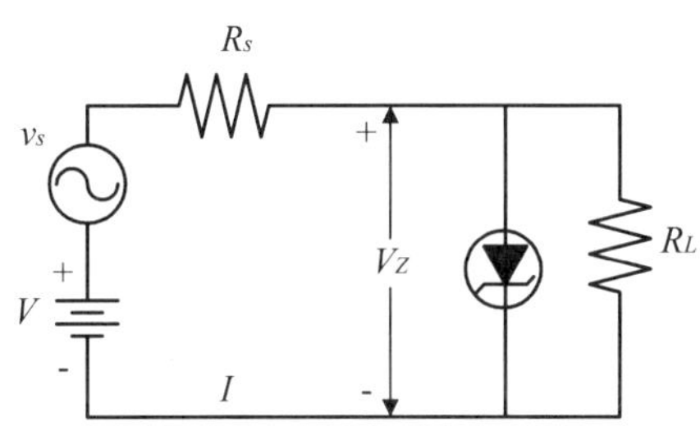

(a) 정전압기로 사용된 제너 다이오드

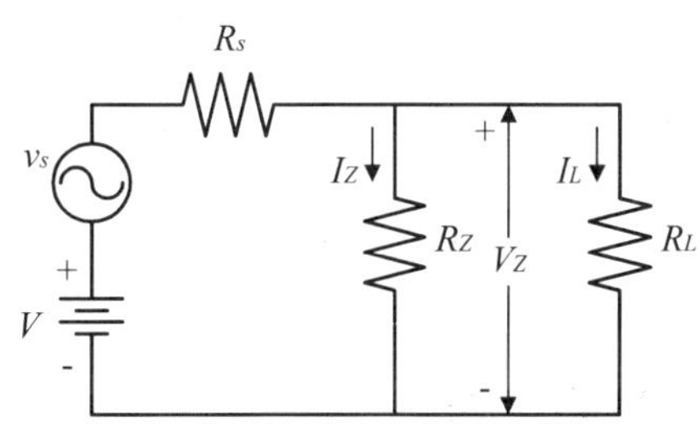

(b) 제너 다이오드에 대한 정전압 등가회로

〈그림 15.3〉

만일 제너 다이오드가 연결되지 않았다면 v_s가 증가하면 공급전압원의 전류가 증가하게 되어 결과적으로 출력전압이 증가하게 된다. 제너 다이오드는 이러한 초과전류를 분류시키므로 출력전압이 V_Z로 일정하게 된다. 마찬가지로 R_L에서 전류의 증가도 출력전압을 증가시키게 되는데 제너 다이오드가 부하전류를 분류시키기 때문에 출력 전압은 V_Z로 유지된다. V_S 혹은 R_L이 감소하면 앞에서와는 반대현상으로 출력이 또한 일정하게 된다.

제너 다이오드는 내부의 동작임피던스 R_Z 때문에 완전히 이상적인 정전압기는 못된다. 정전압기에 대한 등가회로는 그림 15.3 (b)와 같다. 여기서 제너는 동작 임피던스 R_Z로 대치하였다. 정전압기로서 제너의 동작은 그림 15.3을 고찰하면 알 수 있다. 제너는 원하는 출력 V_Z에 맞추어 선택한다. 저항 R_S는 원하는 동작점에서 최대출력 전류 I_L에 제너전류 I_Z를 더한 값으로 되도록 선택한다.

그러므로 $R_S = \dfrac{V - V_Z}{I_Z + I_L}$ 이고 출력에서의 V_{out}는 다음과 같다.

$$V_{out} = V_S \cdot \frac{(R_Z // R_L)}{R_S + (R_Z // R_L)}$$

3. 사용기기 및 부품

(1) 전원공급장치
(2) 회로 시험기
(3) 오실로스코프
(4) 직류 전류계 : F.S 50[mA]×2, F.S [10mA]
(5) 저항 : 470[Ω] 2[W], 3.3[kΩ] $\frac{1}{2}$[W]
(6) 제너 다이오드 : 1[W] 5[V]

4. 실험순서

(1) 〈그림 15.4〉의 회로에 대하여 브레드보드 결선하시오.
(2) i) 제너 다이오드의 극성이 전원에 대해 역방향이 되도록 연결한다.
　ii) 전원전압 V를 0[V]로 조정한다.

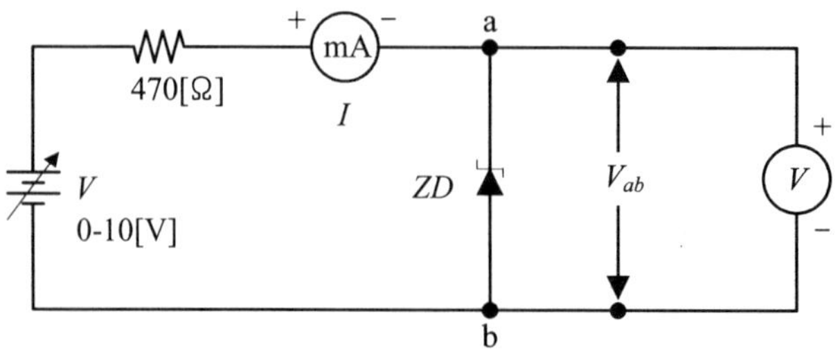

〈그림 15.4〉

(3) 역방향 특성을 측정한다.

i) 전원전압 V를 조정하여 [표 15.1]에 주어진 V의 값에 대한 V_{ab}와 전류 I를 측정하여 기록한다.

ii) 동적저항 $R_Z(= V_{ab}/I)$를 계산하여 [표 15.1]에 기입한다.

iii) [표 15.1]에서 측정값에 대한 역방향 특성곡선을 [표 15.2]에 작성한다.

(4) 정전압 특성을 측정한다.

i) 〈그림 15.5〉의 회로를 구성한다.

ii) 전원전압 V를 서서히 증가시켜 다이오드 전류가 20[mA]가 되게 조정한다.

iii) 이때의 전원전압 V와 부하 양단의 전압 V_{ab}및 전체전류 I를 측정하여 [표 15.3]에 기입한다.

iv) V_{ab}가 위에서 얻은 V_{ab}값의 ±0.1[V]이내로 일정하게 유지되는 V의 변화범위를 결정하고 [표 15.3]에 기록한다.

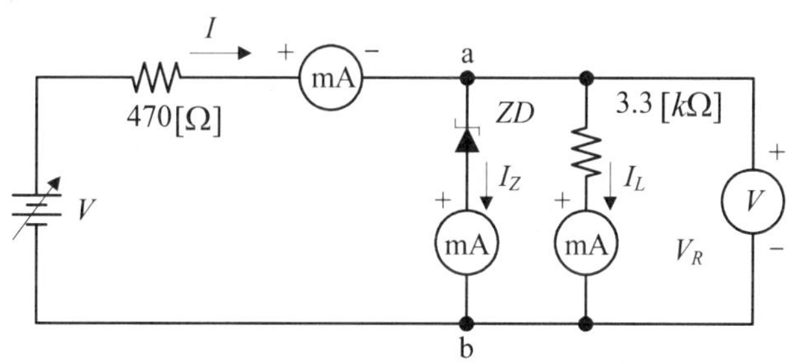

〈그림 15.5〉

5. 실험결과

평 가	월	일
		ⓘ

실 험 일 자	년 월 일 교시
학 과	
학 번	
공동 실험자	
이 름	

1) 브레드보드 결선

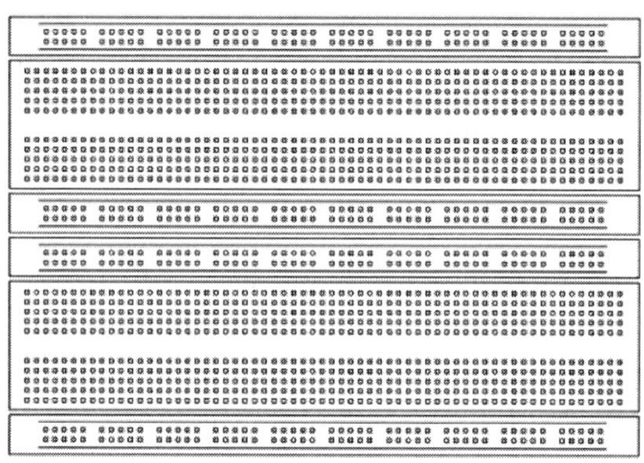

2)

[표 15.1] 역방향 특성

V[V]	0	0.5	1.0	1.5	2.0	2.5	3.0	3.5	4.0	4.5	5.0	5.5	6.0	6.5	7.0	8.0	9.0	10.0
V_{ab}[V]																		
I [mA]																		
$R_Z[\Omega]$																		

[표 15.2] 역방향 특성곡선

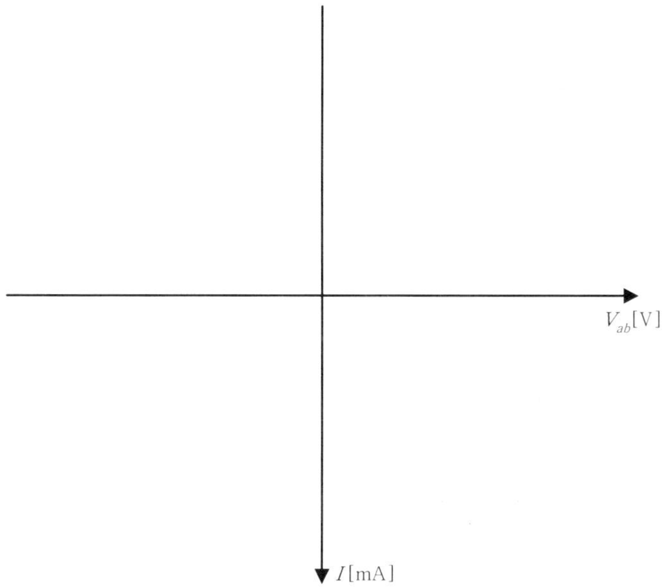

[표 15.3] 전압조정 특성

	V_{ab} [V]	I_Z [mA]	I [mA]	V [V]
V_{ab}		20		
V_{ab} + 0.1				
V_{ab} − 0.1				

6. 검 토

(1) 제너 다이오드의 역방향 특성곡선을 그려라.

(2) 정전압 특성범위를 측정하여라.

(3) 접합 다이오드와 제너 다이오드의 차이점을 설명하여라.

(4) 전압 레귤레이터의 회로동작을 그리고 설명하여라.

(5) 전압 레귤레이터에 이용되는 Zener diode의 특성은 특성곡선에서 어느 부분인가? 그 이유를 설명하여라.

실험 16 광소자의 특성

1. 목 적

(1) 적색과 녹색 LED에 관한 실험 데이터를 얻는다.
(2) 7-세그먼트(Seven-Segment) 표시기로 숫자를 표시한다.
(3) 포토 커플러(photo coupler)를 통하여 신호를 전달한다.

2. 관련이론

광전자 공학은 광학기술과 전자공학이 조합된 분야이다. 광전자 공학분야의 출현으로 전기적 자극으로 빛이 생성되는 여러 유형의 발광소자가 만들어지고 또한 빛에너지를 전기적 에너지로 변환시키거나 혹은 전기적 파라미터에 영향을 주는 방법으로 빛에 반응하는 여러 유형의 수광소자가 만들어졌다.

1) 수광소자

(1) 포토 다이오드(photo diode)

포토 다이오드(photo diode)는 〈그림 16.1 (a)〉와 같이 역방향 바이어스에서 동작하는 p-n접합소자로서 빛이 투과할 수 있는 조그마한 투명 창문을 갖고 있다. 포토 다이오드의 회로기호는 〈그림 16.1 (b)〉에 나타나 있다.

정류 다이오드는 역방향으로 바이어스 되었을 때 매우 적은 역방향 누설전류가 흐른다. 포토 다이오드에 대해서도 같은 현상이 있다. 역방향 바이어스 된 전류는 공핍층에서 열로 생성된 전자-정공쌍들에 의해서 만들어지고 전자-정공들은 역방향전압에 의해서 발생된 전자에 의해 접합을 통하여 이동하게 된다. 정류 다이오드에서 역방향 누설전류는 전자-정공쌍들의 증가 때문에 온도에 따라서 증가하고 포토 다이오드는 p-n접합에서의 광의 세기에 따라서 역방향전류가 증가한다는 점이 다르다. 입사광이 없으면 역방향전류 I는 거의 무시할 정도로 적은데 이것을 암전류라고 한다.

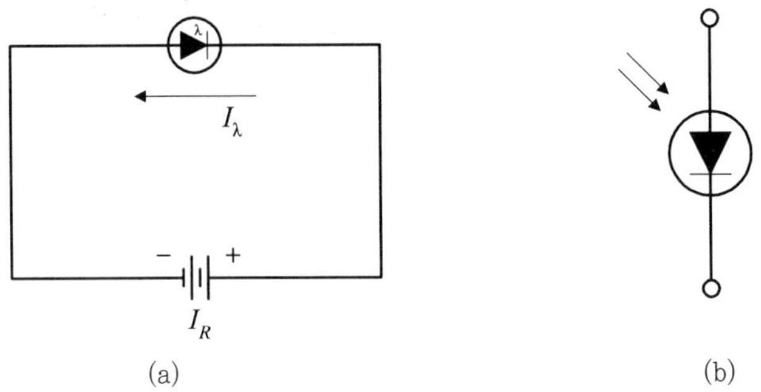

〈그림 16.1〉 포토 다이오드

빛에너지의 증가는 〈그림 16.2 (a)〉의 그래프와 같이 증가시킨다. 〈그림 16.2 (b)〉는 역방향 바이어스 전압에 대하여 전형적인 포토 다이오드의 특성곡선을 나타내고 있다. 〈그림 16.2 (b)〉에 있는 특성곡선으로부터 어떤 특성소자의 암전류는 3[V]의 역방향 바이어스전압에서 대략 20[μA]이다. 그러므로 입사광이 없을 때 소자의 저항은

$$r_R = \frac{V_R}{I_\lambda} = \frac{3[\mathrm{V}]}{20[\mu\mathrm{A}]} = 150[\mathrm{k\Omega}]$$

빛의 세기가 25000 [lm/m2], 역방향전압이 3[V]일 때 전류는 대략 375[μA]이다. 이 조건 하에서 이 소자의 저항은

$$r_R = \frac{V_R}{I_\lambda} = \frac{3[\mathrm{V}]}{375[\mu\mathrm{A}]} = 8[\mathrm{k\Omega}]$$

이런 계산으로부터 포토 다이오드는 빛의 세기에 의해서 제어되는 가변 저항소자로서 사용될 수 있음을 알 수 있다. 물론 포토 다이오드는 단지 한 방향으로만 전류를 흐르게 한다는 점이 광도전 셀과 다르다.

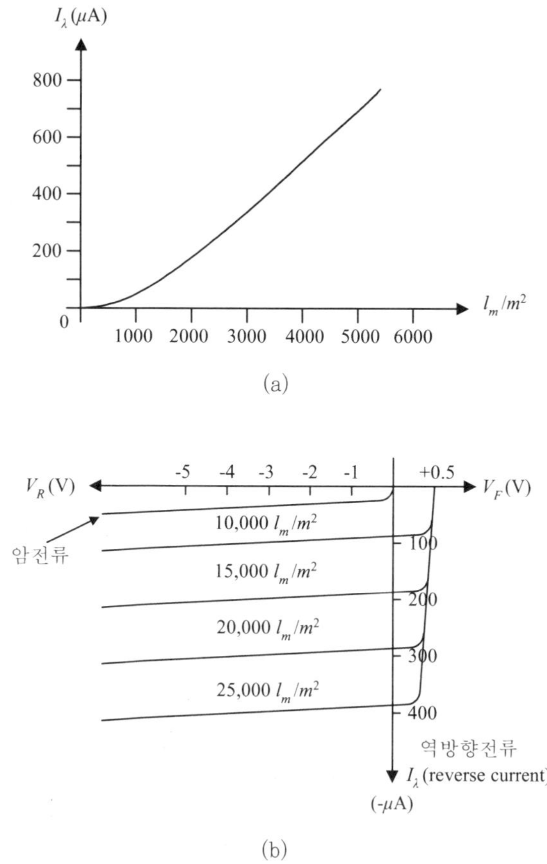

〈그림 16.2〉 전형적인 포토 다이오드

(2) 포토 트랜지스터(photo transistor)

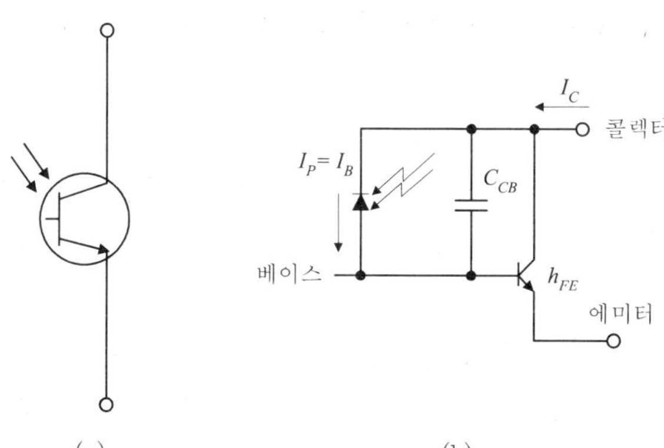

〈그림 16.3〉 포토 트랜지스터

포토 트랜지스터는 감광성 콜렉터-베이스 pn 접합을 가지고 있다. 트랜지스터 외곽에 있는 렌즈를 통해 이 pn접합에 빛이 입사된다. 입사광이 없으면 콜렉터에서 에 미터로 열적으로 생성된 누설전류, I_{CEO}가 흐른다.

이것을 **암전류**(dark current)라고 부르며 nA범위 내에 있다.

〈그림 16.3〉에 포토트랜지스터의 회로기호와 등가회로를 나타내었다.

포토 트랜지스터는 〈그림 16.3〉의 등가회로에 보인 바와 같이 포토 다이오드와 증폭용 NPN 트랜지스터를 결합구성한 것으로 볼 수 있다. 포토 트랜지스터의 광전류 I_c는

$$I_C = I_P \times h_{FE} \qquad 식(16.1)$$

이며 (단, I_F는 포토 다이오드의 광전류이고 h_{FE}는 트랜지스터의 직류전류 증폭률이다.)

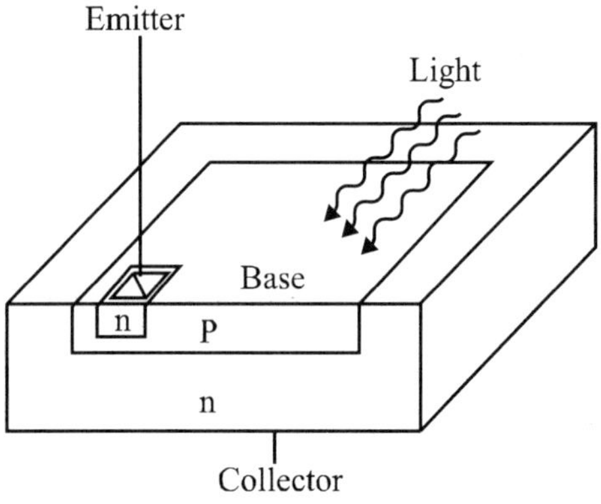

〈그림 16.4〉 전형적인 포토 트랜지스터의 칩 구조

빛에 의해 생성되는 베이스전류는 콜렉터-베이스 영역에서 발생하기 때문에 이 영역의 물리적 면적이 크면 클수록 더 많은 베이스전류가 생성된다. 따라서 전형적인 포토 트랜지스터는 〈그림 16.4〉의 간략화 된 구조도와 같이 입사광에 많은 면적을 제공하도록 설계되어 있다.

포토 트랜지스터는 2단자 소자 또는 3단자 소자이다. 3단자 형태에서는 베이스 단자가 달려 있어 부가적인 감광 특성을 가진 바이폴라-트랜지스터로 사용되거나 이 특성을 갖지 않는 일반 바이폴라 트랜지스터로서 사용할 수 있다.

2단자 형태에서는 베이스를 전기적으로 이용할 수 없으므로 소자는 입력으로 단지 빛만을 이용할 수밖에 없다. 많은 응용에서 포토 트랜지스터는 2단자 형태로 사용된다.

〈그림 16.5〉는 바이어스 회로를 가진 포토 트랜지스터와 전형적인 콜렉터 특성곡선들을 나타내고 있다. 포토 트랜지스터는 모든 빛에 감응하는 것이 아니고 일정한 파장 범위 내의 빛에만 감응한다.

그들은 〈그림 16.6〉에 있는 스펙트럼의 응답곡선의 첨두점에 의해 나타난 것처럼 특정 파장에서 가장 민감하다.

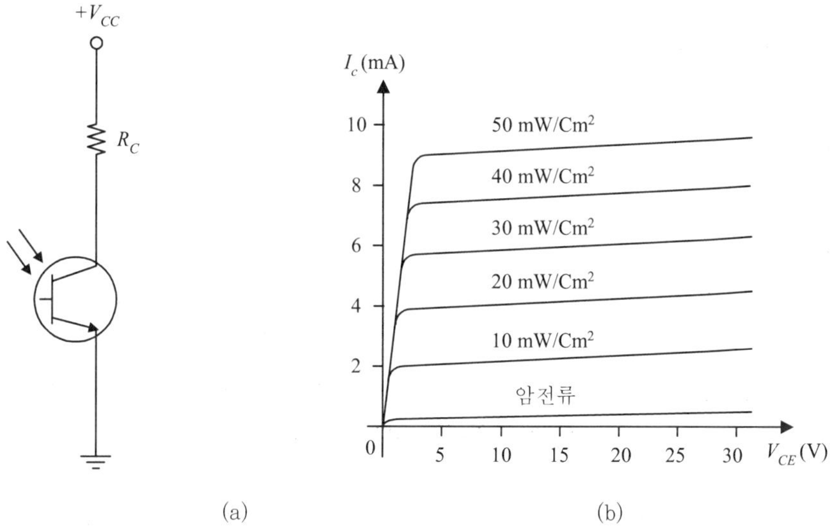

〈그림 16.5〉 포토 트랜지스터의 (a) 바이어스회로와 (b) 전형적인 콜렉터 특성곡선

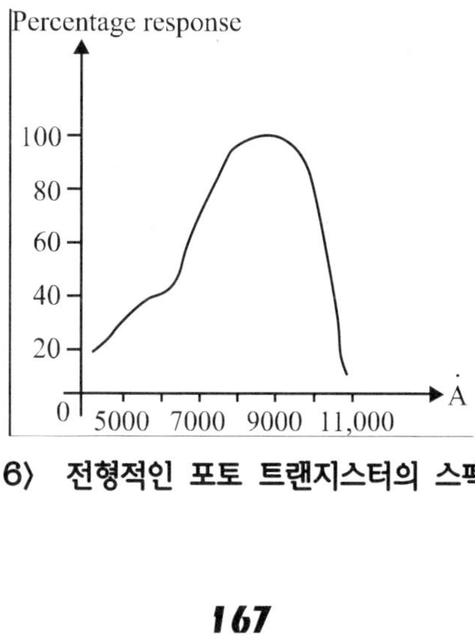

〈그림 16.6〉 전형적인 포토 트랜지스터의 스펙트럼 응답

2) 발광소자

(1) 발광 다이오드(LED)

지금까지 취급한 모든 광전자 소자들은 빛에 의해서 활성화되었다. 지금부터는 발광소자 즉, LED의 유형을 논의하겠다. 포토 다이오드는 빛 에너지를 흡수하여 역방향 전류를 생성한 반면에 LED의 동작은 본질적으로 그것과는 반대로 된다. LED는 〈그림 16.7 (a)〉와 같이 충분한 순방향 전류에 대한 응답으로 빛을 발한다.

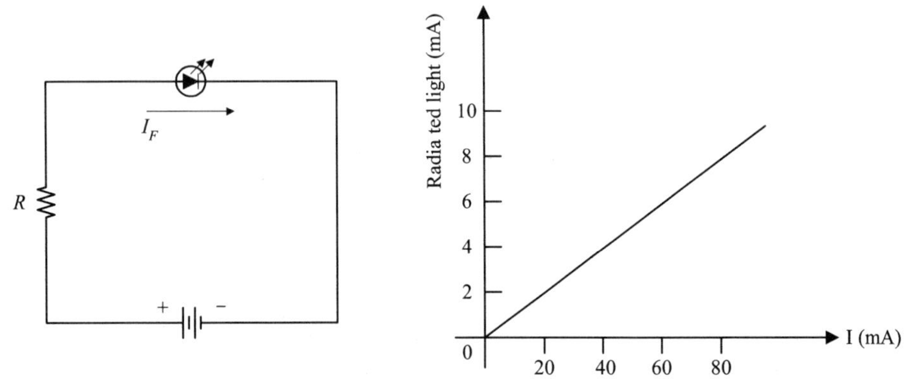

(a) 순방향 바이어스 동작 (b) 순방향전류에 대한 전형적인 출력

〈그림 16.7〉 발광 다이오드

출력되는 빛의 양은 〈그림 16.7 (b)〉에서 나타낸 바와 같이 순방향전류에 직접적으로 비례한다.

LED의 기본동작은 다음과 같다. 소자가 순방향 바이어스되어 있으면 전자는 n형 재료로부터 pn접합을 건너서 p형 재료에서 정공과 재결합한다.

이러한 자유전자들은 전도대에 있는 반면 정공들은 가전자대에 있으므로 전자들이 더 높은 에너지 레벨에 있게 된다. 재결합이 일어나면 재결합한 전자들은 열이나 빛의 형태로 에너지를 방출한다. 반도체 물질의 한층 위에 넓게 노출된 표면적은 광자들을 가시광선으로 발할 수 있게 한다. 〈그림 16.8〉은 전기발광(electroluminescence)이라고 부르는 과정을 보여주고 있다.

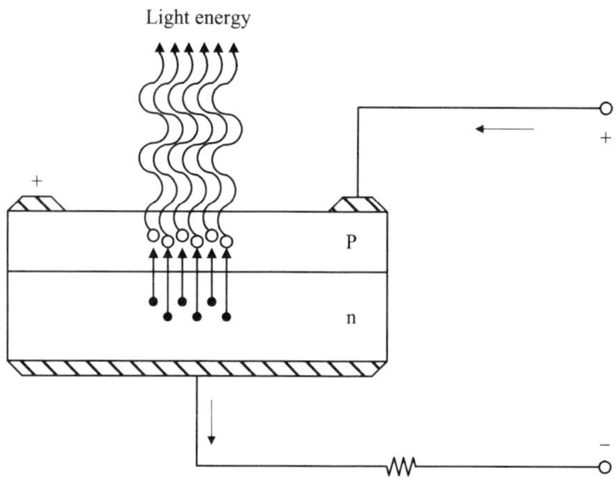

〈그림 16.8〉 LED에 있어서의 전기 발광

LED에 사용되는 반도체 재료는 GaAs(gallium arsenide) GaAsP(gallium arsenide phosphide) 또는 GaP(gallium phoshide)이다. 실리콘과 게르마늄은 본질적으로 열생성 물질이며 빛생성능력이 극히 저조하기 때문에 사용되지 않는다. GaAs LED는 적외선을 발하고 GaAsP는 적색 또는 황색빛을 만들고 GaP는 적색 또는 녹색빛을 발한다.

(2) 발광표시 소자

LED는 일반적으로 상용기구에서 과학장치에 이르는 광범위한 분야에 걸쳐 여러 기구상의 표시램프나 판독표시기(readout display)로 사용된다.

LED를 사용한 표시 소자의 매우 흔한 형은 〈그림 16.9〉의 7-세그먼트 표시기(seven-segment display)이다.

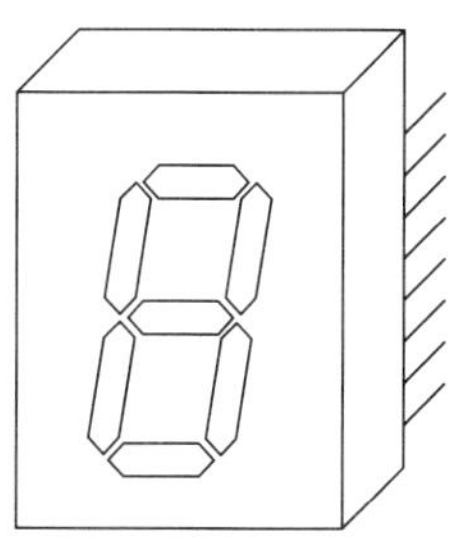

〈그림 16.9〉 7-세그먼트 LED표시기

이러한 세그먼트의 조합은 10개의 십진기호를 형성한다. 적외선을 방출하는 다이오드는 종종 광섬유와 함께 광학결합 응용에 사용된다.

3) 광 아이솔레이터(photo isolator)

광 아이솔레이터는 입력회로와 출력회로 사이의 완전한 전기적 격리를 위하여 설계되었다. 격리의 통상적인 목적은 고전압 천이, 서지(surge) 전압 또는 낮은 레벨의 잡음으로 부터 출력의 에러나 소자의 손상을 방지하기 위한 것이다. 광 아이솔레이터는 전압레벨이나 접지가 다른 회로를 인터페이싱(interfacing)시킬 수 있다. 입력회로는 전형적으로 LED이고 출력회로는 그림 16.10 (a)에 있는 포토 트랜지스터와 같은 여러 형태를 가질 수 있다. 입력전압이 LED를 순방향으로 바이어스시킬 때 포토 트랜지스터로 전달된 빛은 그것을 on시켜 그림 16.10 (b)와 같이 외부부하를 통하여 전류를 흐르게 한다.

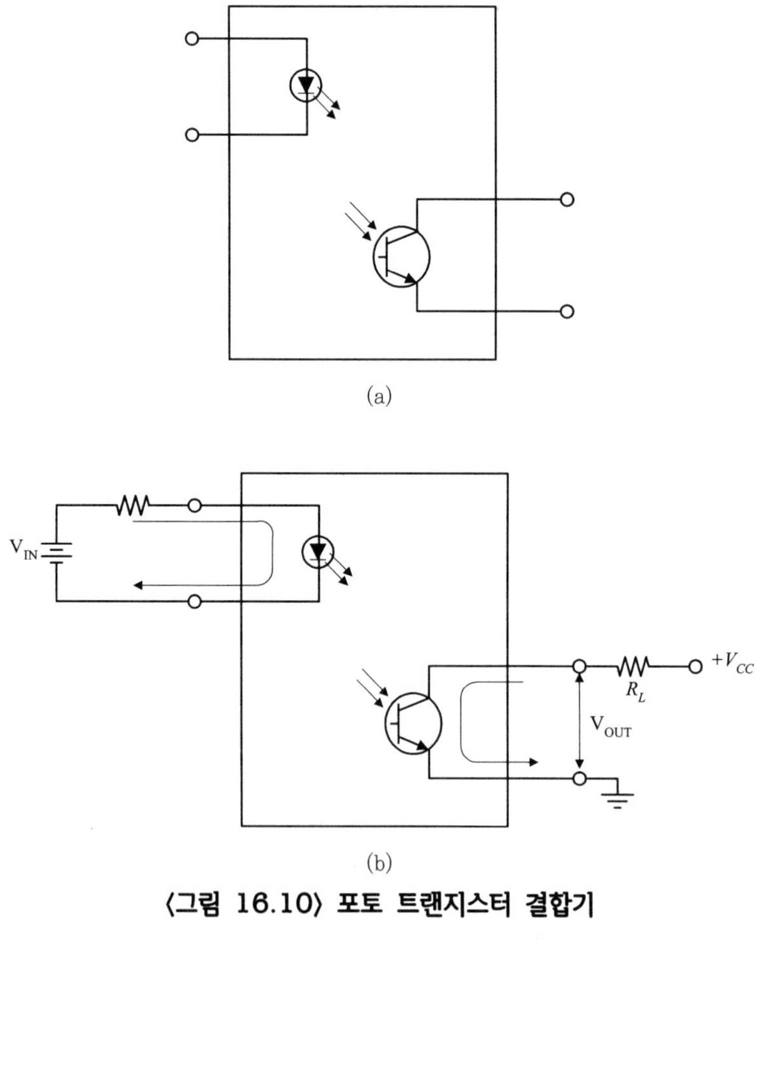

〈그림 16.10〉 포토 트랜지스터 결합기

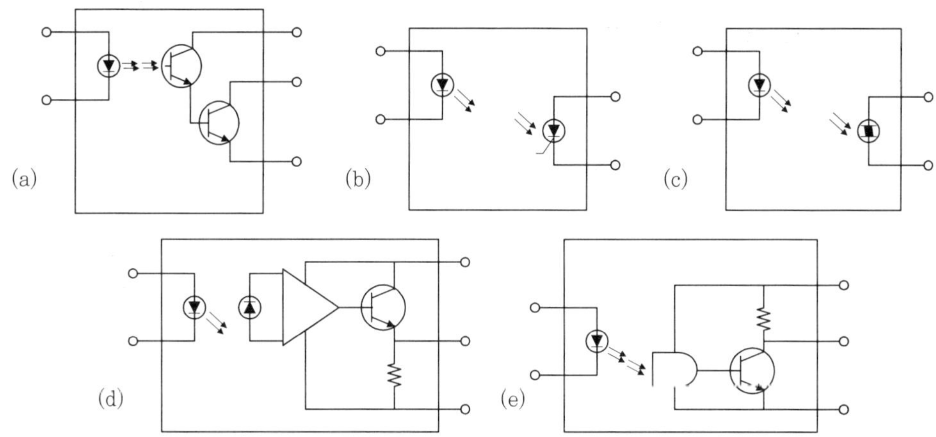

〈그림 16.11〉 광 결합소자의 일반유형

결합기의 몇 개의 다른 유형이 〈그림 16.11〉에 나타나 있다. 포토 트랜지스터의 출력을 초과하는 증가된 출력전력이 필요할 때에는 〈그림 16.11 (a)〉에 있는 다아링톤 트랜지스터 결합기가 사용된다. 이것의 단점은 포토 다아링톤이 포토 트랜지스터보다 스위칭 속도가 느리다는 점이다.

LASCR의 출력결합기가 〈그림 16.11 (b)〉에 나타나 있다. 이 소자는 낮은 레벨의 입력전압으로써 고전압 릴레이를 래치(latch)하여 전기기계적 소자를 활성화시키는 분야에 응용된다. 포토 트라이악(photo triac)의 출력결합기는 〈그림 16.11 (c)〉에 나타나 있다. 이 소자는 저레벨 입력으로써 교류 110[V] 전원을 스위칭하는 것과 같이 격리된 트라이악을 트리거(trigger)시키는데 응용된다.

〈그림 16.11 (d)〉는 광학적으로 격리된 교류선형 결합기를 나타낸다. 이 소자는 입력전류의 변동을 출력전압의 변동으로 바꾼다. 출력회로는 입력단자 양단에 포토 다이오드를 가진 증폭기로 구성된다. LED로부터 방출된 광의 변화는 포토 다이오드에 의해 포착되어 증폭기에 입력신호를 공급한다. 증폭기의 출력은 에미터 폴로워단으로 버퍼(buffer)되어 있다. 이 소자는 전화선 결합, 주변기기 격리, 그리고 음향기기 등의 많은 분야에 이용될 수 있다. 〈그림 16.11 (e)〉는 디지탈 출력결합기를 나타내고 있다. 이 소자는 트랜지스터 버퍼단이 딸린 고속 검출기 회로로 이루어져 있다. 입력 LED를 통하여 전류가 흐르면 검출기는 빛에 의해 활성화되고, 출력 트랜지스터가 on되어 콜렉터는 낮은 전압레벨로 전환된다. LED를 통하여 전류가 흐르지 않을 때 출력은 높은 전압레벨에 있다. 이 소자는 컴퓨터 단말기와 주변 소자들 간의 인터페이스(interface) 등과 같은 디지털회로와의 양립성을 필요로 하는 응용분야에서 사용될 수 있다.

3. 사용기기 및 부품

(1) 전원공급장치
(2) 회로시험기
(3) 오실로스코프
(4) AF 신호발생기
(5) 저항 : 270[Ω]×8, 1.5[kΩ], 4.7[kΩ], 10[kΩ], 680[kΩ], $\frac{1}{2}$[W]
(6) 가변저항 : 1[kΩ], 500[kΩ]
(7) 반도체 : 1N4004, TLR 114A(적색 LED), TLG 114A(녹색 LED),
SND507A(7-세그먼트표시기), Photo Tr

4. 실험순서

1) 적색 LED

(1) 〈그림 16.12〉의 회로에 대하여 브레드보드 결선하시오.

(2) 적색 LED를 점검하라. 대분부의 LED에서 캐소우드(K) 리이드(lead)는 애노드(A) 리이드보다 약간 더 짧게 되어 있다.

(3) 적색 LED를 사용하여 〈그림 16.12〉의 회로를 구성하여라. LED에 흐르는 전류를 측정하기 위한 전류계로 회로시험기를 사용하고, LED 양단의 전압을 측정하기 위한 전압계로 오실로스코프를 사용하라. 1N914 다이오드는 사고로 역전압을 가했을 경우 LED를 보호한다.

(4) LED를 통하여 흐르는 전류가 10[mA]가 되도록 전원전압 V_s를 조절하여라. 이에 따른 LED양단 전압을 측정하여 [표 16.1]에 기록하여라.

(5) [표 16.1]에 열거된 전류가 되도록 전원전압을 조절하고 이에 따른 LED 전압을 측정하여 기록하여라.

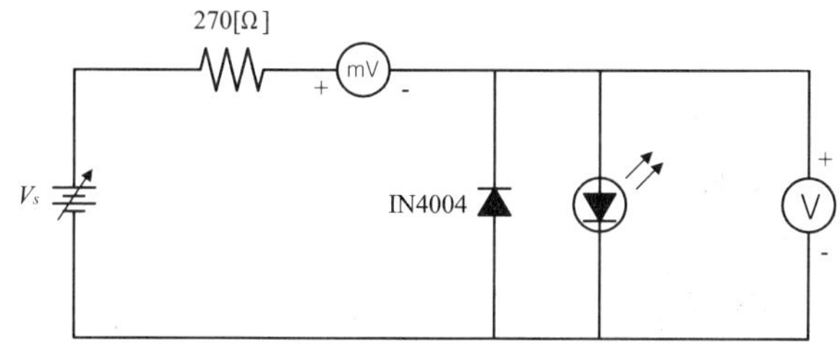

〈그림 16.12〉

2) 녹색 LED

(1) 그림 16.12의 회로에서 적색 LED를 녹색 LED로 대치하여라.

(2) 녹색 LED에 대해서 실험순서 1)의 (3), (4)를 반복하여라.

3) 7-세그먼트 표시기

(1) 〈그림 16.13 (a)〉는 이 실험에 사용되는 7-세그먼트 표시소자에 대한 핀(pin) 표현을 보여주고 있다. 이 표시소자는 우측 소수점(RDP)를 포함하고 있다. 〈그림 16.13 (b)〉의 회로를 구성하여라.

(2) 〈그림 16.13 (c)〉는 SND507A에 대한 내부 회로도를 보여주고 있다. 4번, 7번, 6번 핀(pin)을 접지하라. 만일 이 회로가 바르게 동작하면 7이란 숫자가 표시될 것이다.

(3) 4번, 7번, 6번 핀을 접지에서 떼어라.

(4) 그림 16.13 (a), (c)를 참조하여 표시기가 숫자 0을 나타내기 위해서는 어느 핀이 접지되어야 하는가? 이 핀번호를 표 16.2에 기입하여라.

(5) 나머지 숫자, 즉 1에서 9까지와 소숫점에 대해서도 실험순서 (3)-(4)를 반복하여라.

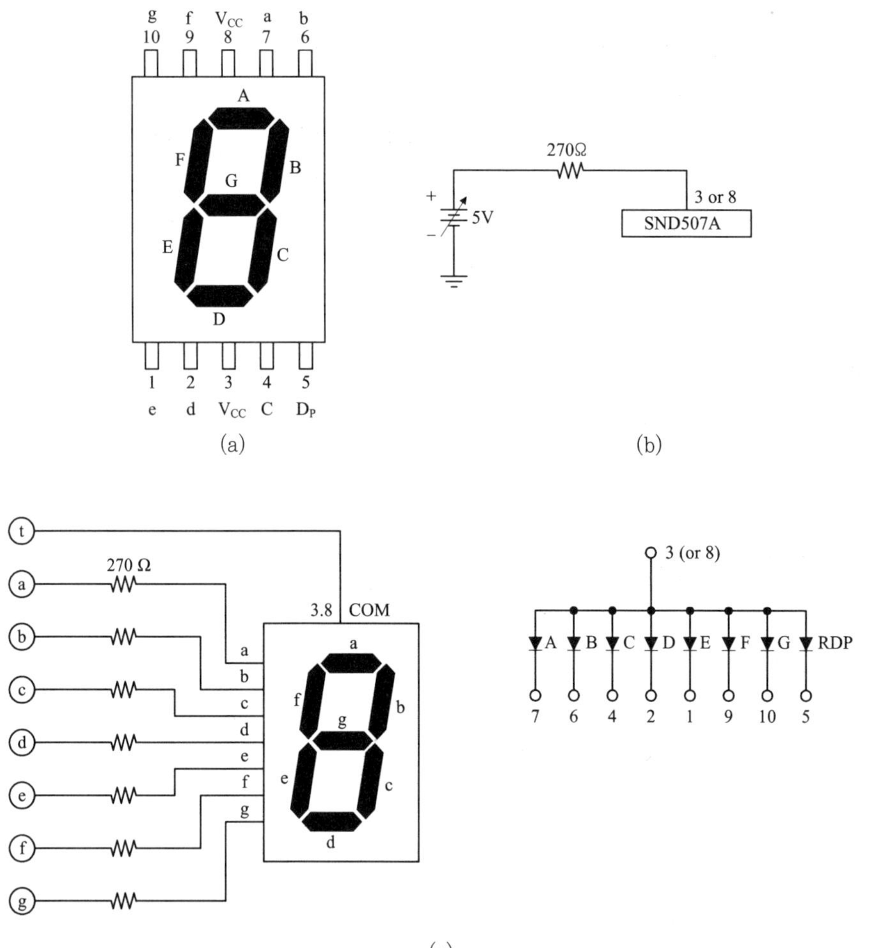

〈그림 16.13〉

4) 포토 트랜지스터의 특성

(1) 에미터와 콜렉터 리드(에미터의 리드)에 저항계를 접속하고 빛이 소자에 들어오지 못하도록 렌즈를 엄지손가락으로 덮어서 쥔다.

(2) 베이스 리드가 개방된 상태에서 광 트랜지스터의 저항을 측정하고 [표 16.3 (1)]에 기록하여라.

(3) 렌즈를 덮지 않은 상태로 실내휘도에서 ②와 같이 다시 저항을 측정하여 [표 16.3] (1)에 기록하여라.

(4) 그림 16.14의 실험회로도를 결선한다. 이때 램프의 꼭지와 광 트랜지스터의 렌즈가 약 3~4 mm가 되도록 판에서 평탄하게 아래로 눌러 놓아라.

(5) VR_1 1[kΩ]을 완전히 반시계 방향으로 돌리고 전원을 on시켜라.

(6) VR_2 500[kΩ]을 서서히 증가함에 따라 이때 V_{BE} − I_C값을 측정하여 [표 16.3 (2)]에 기록하고 그 관계를 도표로 나타내어라.

(7) VR_1 1[kΩ]을 시계방향으로 최대로 놓아서 (6)의 과정을 반복하여 [표 16.3 (2)]에 기록하여라.

(8) V_{BE} 전압을 포토 트랜지스터가 동작하도록 고정하고 VR_1을 중간위치에 두고 광 트랜지스터의 V_{CE}를 [표 16.3 (3)]과 같이 놓고, 그때의 I_c를 측정하여 [표 16.3 (3)]에 기록한다.

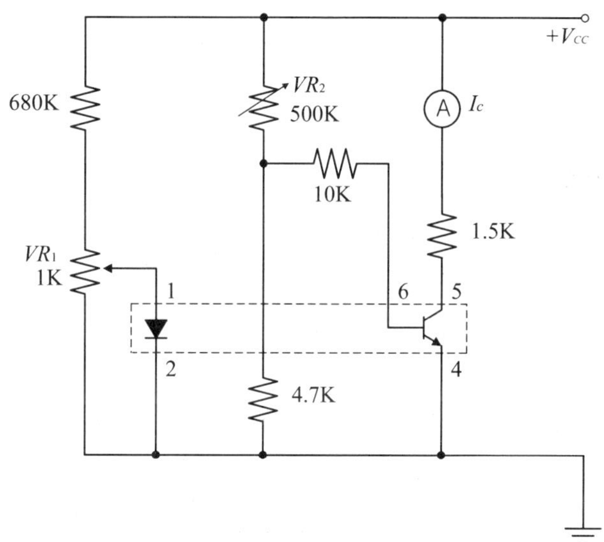

〈그림 16.14〉

5. 실험결과

평 가	월	일
		㉤

실 험 일 자	년 월 일 교시
학 과	
학 번	
공동 실험자	
이 름	

1) 브레드보드 결선

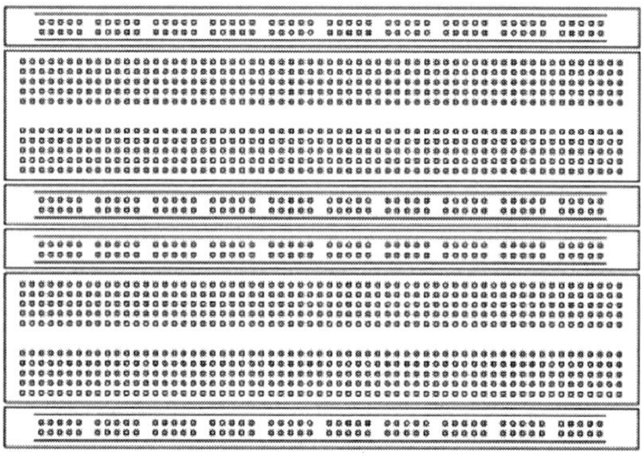

2)

[표 16.1] LED 데이터

I [mA]	V_{red} $[V]$	V_{green} $[V]$
10		
20		
30		
40		

[표 16.2] 7-세그먼트 표시기

표 시	접지된 핀 번호
0	
1	
2	
3	
4	
5	
6	
7	
8	
9	
RDP	

[표 16.3] 포토 트랜지스터

(1) 저항측정

입사광이 있을 때	입사광이 없을 때

(2) 특성값

V_{BE} $[V]$	0.4	0.45	0.5	0.55	0.6	0.65	0.7	0.75	0.8	0.85	0.9
무광시 I_C [mA]											
조광시 I_C [mA]											

(3) 특성 측정

V_{CE} [V]	5	10	15	20	25	30
I_C [mA]						

6. 검 토

(1) [표 16.1]에서 LED 전류가 증가될수록 빛의 밝기는 어떻게 되는가?

(2) LED전류가 20[mA]일 때 녹색 LED와 적색 LED의 전압강하는 얼마인가?

(3) 7-세그먼트 표시가 숫자 8일 때보다 1일 때가 더 밝게 보이는 이유는 무엇인가 ?

(4) [표 16.3]의 (2) data를 이용하여 특성곡선을 그려라.

(5) [표 16.3]의 (3) data를 이용하여 특성곡선(V_{CE} - I_C)을 그려라.

(6) 포토 트랜지스터는 일반 바이폴라 트랜지스터와 어떻게 다른가?

실험 17 Dide 반파 · 전파 및 브리지 정류

1. 목 적

(1) 반파 정류회로의 출력파형을 관찰한다.
(2) 전파 정류회로의 출력파형을 관찰한다.
(3) 브리지 정류회로의 출력파형을 관찰한다.

2. 관련이론

교류(AC)를 직류(DC)로 바꾸는 과정을 정류라 하며, 반파 및 전파정류가 있다.

1) 반파 정류회로

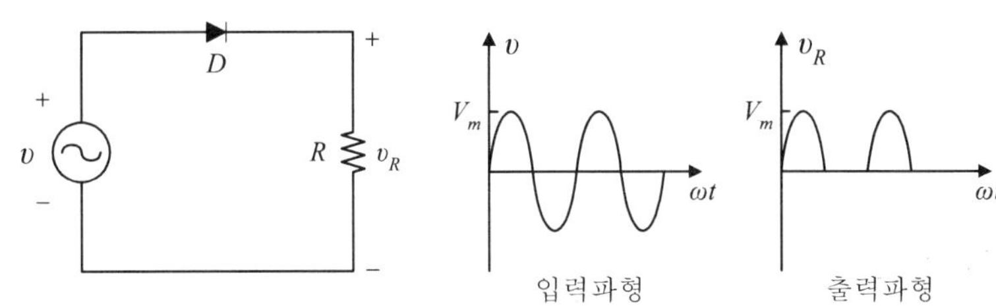

〈그림 17.1〉

정현파 입력이 회로에 인가되면, 양(+)의 반주기는 다이오드 D가 순방향 바이어스 되어 도통하고, 음(-)의 반주기는 다이오드 D가 역방향 바이어스 되어 차단되므로 출력파형은 반파전압만이 부하저항 R에 걸리게 된다.

정류된 신호의 평균치 V_{dc} 또는 v_{av} 는 〈그림 17.2〉에서

$$V_{dc} = v_{av} = \frac{1}{T}\int v \cdot dt = \frac{1}{2\pi}\int_0^{\pi}(V_m \sin\theta)d\theta$$

$$= \frac{V_m}{2\pi}\Big[-\cos\theta\Big]_0^{\pi} = \frac{V_m}{\pi} = 0.318\,V_m$$

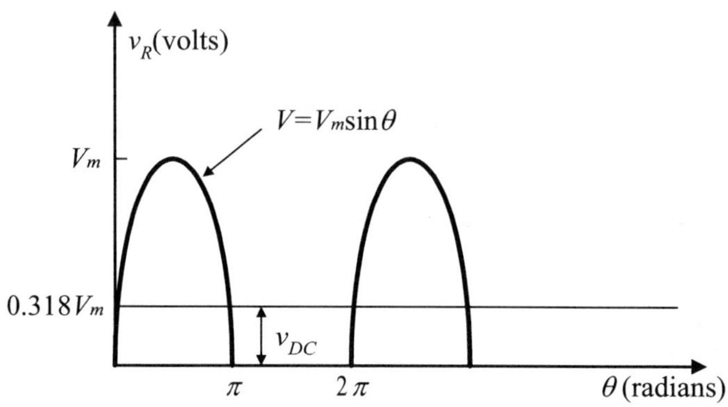

〈그림 17.2〉

따라서, 반파정류의 평균 dc 전압은

$$V_{dc} = 0.318\,V_m$$

이고, PIV(Peak Inverse Voltage : 최대 역방향 전압)는 V_m이다.

2) 전파 정류회로

전파 정류회로는 정현파 교류의 (+), (-) 두 파형을 모두 직류로 바꾸기 때문에 반파 정류기보다 효율이 더 좋으며, Center-tap이 있는 정류회로와 Bridge 정류회로가 있다.

(1) Center-tap이 있는 정류회로

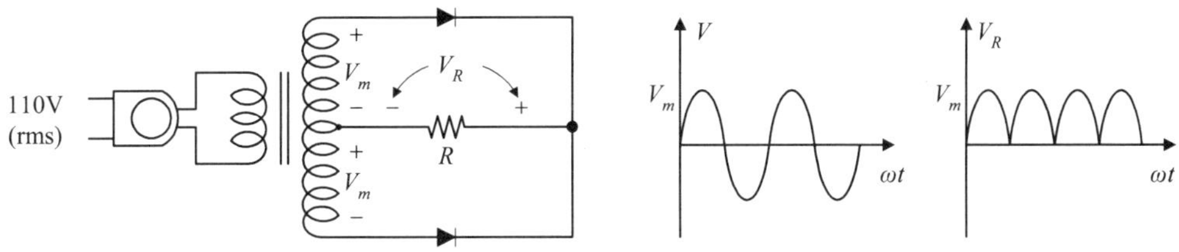

〈그림 17.3〉

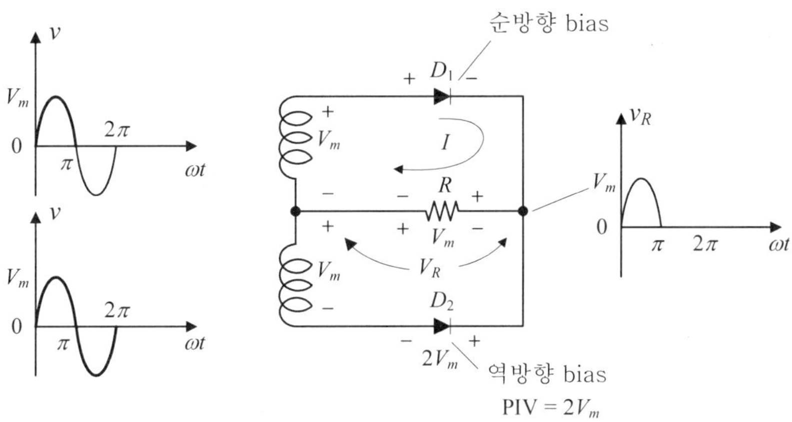

(a) 양(+)의 반주기

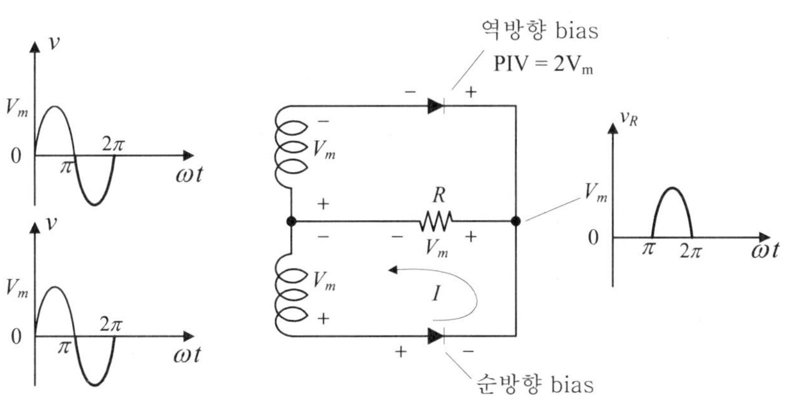

(b) 음(−)의 반주기

〈그림 17.4〉 전파 정류회로의 회로동작

〈그림 17.3〉은 전파 정류회로의 입력과 출력파형이고, 〈그림 17.4〉에 회로동작을 나타냈다.

입력의 (+)반주기 동안($0 \sim \pi$)은 D_1은 ON, D_2는 OFF이고, 입력의 (-)반주기 동안 ($\pi \sim 2\pi$)은 D_1은 OFF, D_2는 ON이다.

OFF 상태에 있는 다이오드의 PIV는 $2V_m$이 되고, 출력신호의 기본파 주파수는 입력의 2배가 된다. 전파정류에서 평균전압은

$$V_{dc} = 2(0.318 V_m) = 0.636 V_m$$ 이 된다.

(2) Bridge 정류회로

〈그림 17.5〉는 Bridge 정류회로의 입출력파형이고, 회로동작은 〈그림 17.6〉에 나타내었다.

입력의 (+)반주기 동안은 D_1과 D_3는 ON되고, D_2와 D_4는 OFF된다. 입력의(-)반주기 동안은 D_1과 D_3는 OFF되고, D_2와 D_4는 ON된다.

OFF 상태에 있는 다이오드(diode)의 PIV는 V_m이고, 전파정류의 평균전압은 $V_{dc} = 0.636 V_m$이며, 가장 흔히 사용되는 정류회로다.

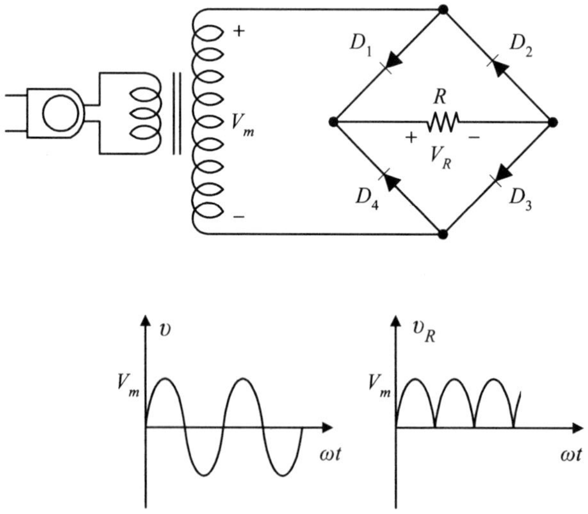

〈그림 17.5〉 전파브리지 정류회로

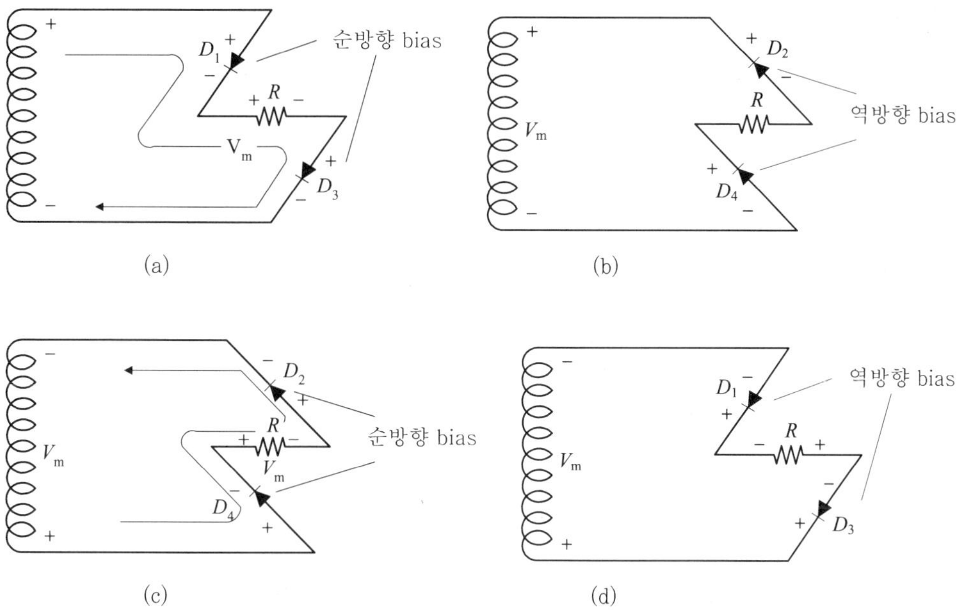

〈그림 17.6〉 브리지회로의 동작

3. 사용기기 및 부품

(1) 회로시험기
(2) 오실로스코프
(3) 저항 : 1[kΩ]
(4) 다이오드 : 1N4001×4
(5) 전원트랜스 : 1차측 110[V], 2차측 0[V], 6[V], 12[V]

4. 실험순서

1) 〈그림 17.7〉, 〈그림 17.8〉, 〈그림 17.9〉의 회로에 대하여 브레드보드 결선을 하시오.

2) 반파 정류회로

(1) 〈그림 17.7〉과 같이 회로를 결선하고, 오실로스코프로 점 a와 b간의 입력파형과 전압 peak치를 [표 17.1]에 기록하여라.

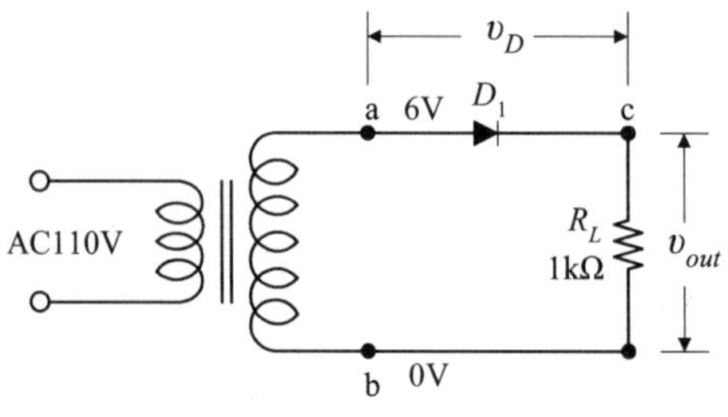

〈그림 17.7〉

(2) 반파 정류회로의 R_L저항 양단에 오실로스코프를 연결하고, 출력정류전압 v_{out}의 p-p(peak to peak)치를 측정하여, 그 정류파형을 입력파형과 맞추어 [표 17.1]에 그려라.

(3) 다이오드 양단의 전압 v_D를 오실로스코프로 관찰하고, 그 파형을 [표 17.1]에 나타내어라. 또한 다이오드 1개의 PIV는 얼마인가?

(4) 회로시험기로 R_L 저항 양단간의 dc전압을 측정하여 [표 17.1]에 기록하여라.

3) 전파 정류회로(C.T가 있는 전원트랜스를 사용한 경우)

(5) 〈그림 17.8〉과 같이 회로를 결선하고, 전원트랜스 2차측에서 $v_{ab} = v_{bc}$의 피크치 및 그 파형을 오실로스코프로 측정하여 [표 17.2]에 그려라.

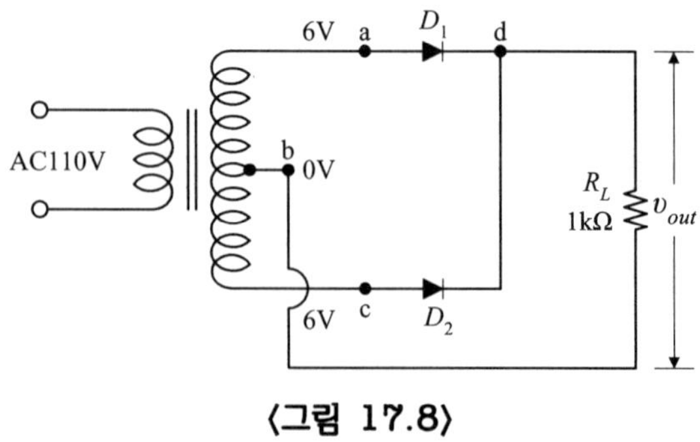

〈그림 17.8〉

(6) R_L양단에 오실로스코프를 연결하고, 정류출력전압 v_{out}의 p-p치를 측정하며, 그 정류파형을 입력파형과 맞추어 [표 17.2]에 그려라.

(7) 다이오드 D_1, D_2의 양단 전압을 각각 오실로스코프로 관찰하고, 그 파형을 [표 17.2]에 나타내어라. 또한 다이오드의 PIV는 얼마인가?

(8) 회로시험기로 R_L저항 양단의 dc전압을 측정하여 [표 17.2]에 기록하시오.

4) 브리지 정류회로

(9) 〈그림 17.9〉와 같이 회로를 연결하고, 전원트랜스의 2차측에서 전압 v_{ad}의 피크치를 측정하며, 그 파형을 [표 17.3]에 도시하여라.

(10) R_L 양단에 오실로스코프를 연결하고, 정류출력전압 v_{out}의 p-p치를 측정하며, 그 정류파형을 입력파형과 맞추어 [표 17.3]에 도시하여라.

(11) 다이오드 D_2의 양단전압을 오실로스코프로 관찰하고, 그 파형을 [표 17.3]에 나타내어라. 또한 다이오드의 PIV는 얼마인가?

(12) 회로시험기로 R_L저항 양단간의 dc전압을 측정하여 [표 17.3]에 기록하여라.

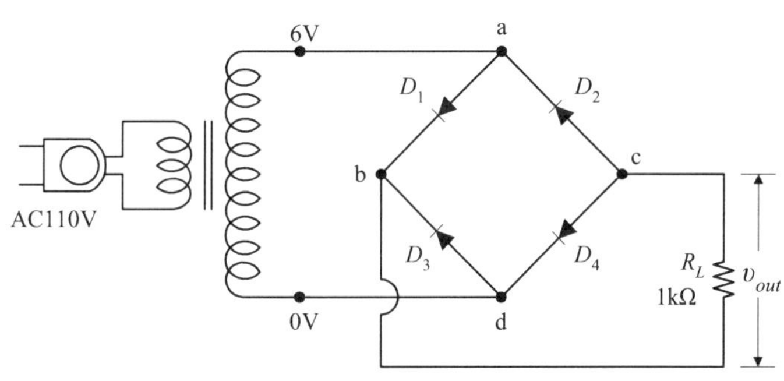

〈그림 17.9〉

5. 실험결과

평 가	월	일
		㉧

실 험 일 자	년 월 일 교시
학 과	
학 번	
공동 실험자	
이 름	

1) 브레드보드 결선

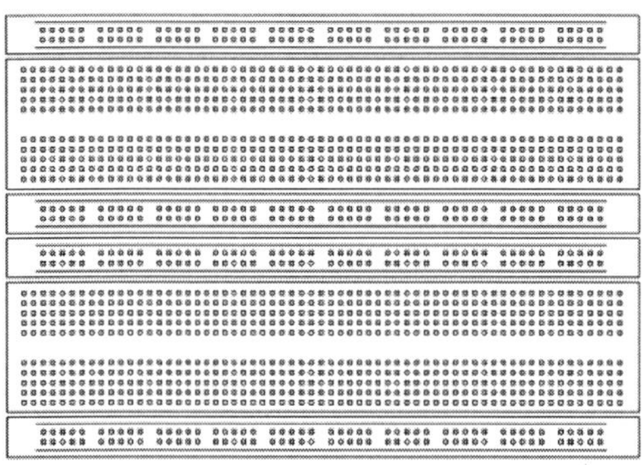

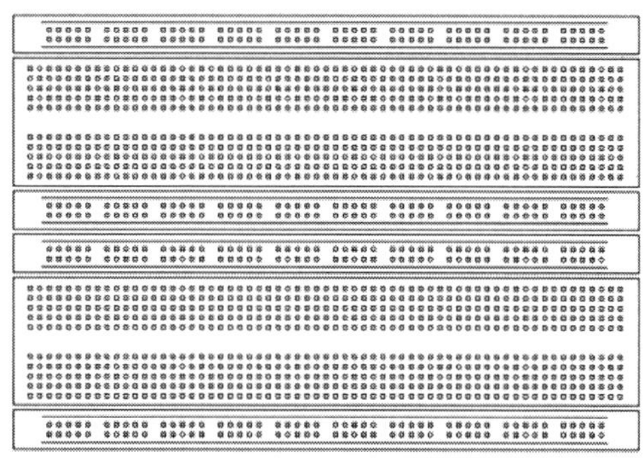

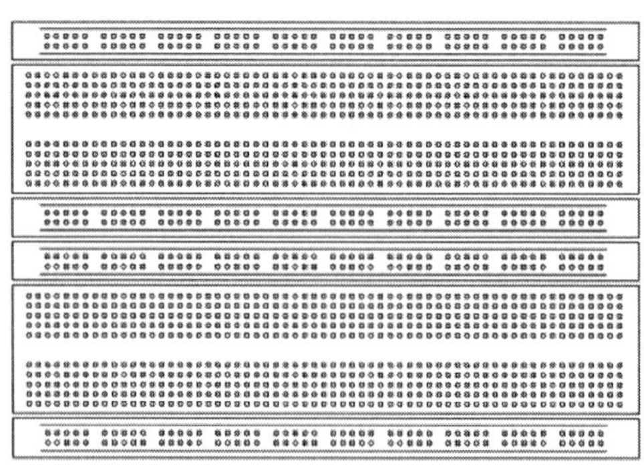

(1) 실험순서에 따라 다음의 해당표에 실험결과를 기재하여라.

[표 17.1]

실험순서	전압파형			
(1)	$v_{ab} = v_{in}$	t	$V(\text{peak}) =$	X
(2), (4)	v_{out}	t	$V_{p-p} =$	dc[V] =
(3)	v_D	t	PIV =	X

[표 17.2]

실험 순서	전 압 파 형			
(5)	$v_{ab} = v_{bc}$	t	$V(\text{peak}) =$	X
(6), (8)	v_{out}	t	$V_{p-p} =$	dc[V] =
(7)	v_{D_1}	t	PIV =	X
(7)	v_{D_2}	t	PIV =	X

[표 17.3]

실험 순서	전압 파형			
(9)	v_{ad}	t	$V(\mathrm{peak}) =$	X
(10), (12)	v_{out}	t	$V_{p-p} =$	dc[V] =
(11)	v_{D_2}	t	PIV =	X

6. 검 토

(1) 위의 실험에서 사용한 각 계기들이 나타낸 전압은 무슨 수치인가? (이 값을 정확히 알면, 경우에 따라서는 전압의 크기측정에 오실로스코프가 오히려 더 적합할 수도 있다는 것을 알 것이다.)

(2) 정류회로의 출력측정값을 직류 전압계와 교류 전압계로 측정했을 때 각각 어떠한 값을 지시 하는가?

(3) 반파, 전파 정류회로의 평균 DC전압에 대하여 이론치와 측정치를 비교하시오.

실험 18 배전압 정류회로 및 여파기

1. 목 적

(1) 배전압 정류회로의 동작원리를 이해한다.
(2) 반파 및 전파 배전압 정류회로의 입력 및 출력파형을 관찰하고, 각 점에서 dc전압을 측정한다.
(3) 각 전원장치의 맥동전압과 전압 변동율을 고찰한다.
(4) 여파기회로의 입력 및 출력파형을 관찰하고, dc 출력전압과 리플에 미치는 영향을 관찰한다.

2. 관련이론

1) 배전압회로

정류회로에서는 원하는 값의 전압을 얻기 위해서 변압기를 사용한다. 그러나, 변압기를 사용하지 않고서도 입력교류전압의 2배, 3배, 4배, 그 이상의 직류전압을 얻을 수 있는 전압체배회로가 있다.

전압체배기의 기본 동작원리는 입력교류전압의 정, 부의 변화에 관계없이 항상 커패시터를 충전하는 데 있다.

〈그림 18.1〉은 반파 배전압회로이다.

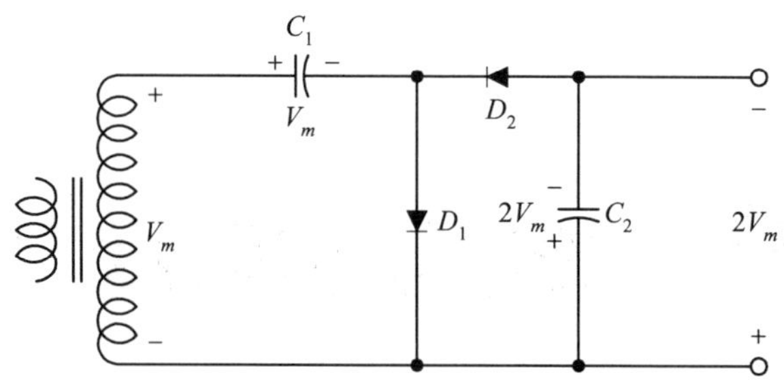

〈그림 18.1〉 반파 배전압회로

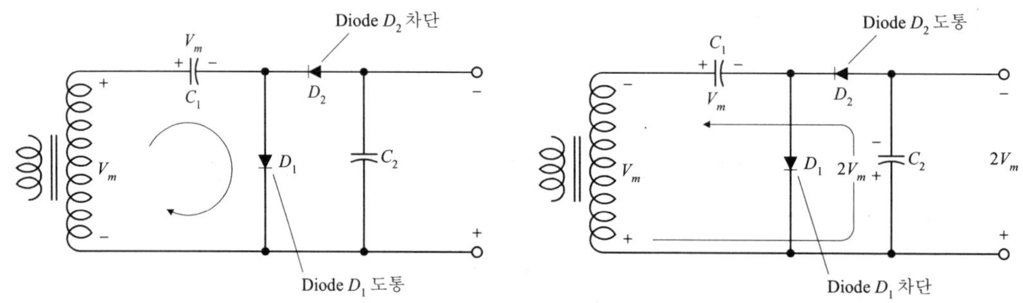

(a) (+)반주기 (b) (−)반주기

〈그림 18.2〉 배전압회로의 동작

입력전압의 (+)반주기 동안에는 〈그림 18.2(a)〉에서와 같이 다이오드 D_1은 도통 되고, 다이오드 D_2는 차단되어, 콘덴서 C_1은 peak 정류전압(V_{m})치까지 충전된다.

(−)반주기 동안에는 다이오드 D_1은 차단되고, 다이오드 D_2는 도통되어, 콘덴서 C_2를 충전하므로, 〈그림 18.2(b)〉에서와 같이 바깥측 loop에 대한 전압의 합은 다음과 같은 식으로 쓸 수 있다.

$$-V_{C_2} + V_{C_1} + V_m = 0$$

즉,

$$-V_{C_2} + V_m + V_m = 0$$

따라서,

$$V_{C_2} = 2V_m$$

이 된다.

다음에 오는 (+)반주기 동안에는 다이오드 D_2는 차단되고, 콘덴서 C_2는 부하를 통하여 방전하게 된다. 만약 C_2양단에 부하가 연결되어 있지 않다면, 두 콘덴서는 각각 C_1은 V_m으로 C_2는 $2V_m$으로 충전된 채로 남아 있게 된다. 예상되는 바와 같이 배전압회로의 출력에 부하가 연결되어 있다면, 콘덴서 C_2 양단 사이의 전압은 입력의 (+)반주기 동안에는 떨어지고, (-)반주기 동안에는 콘덴서는 다시 충전한다. 콘덴서 C_2 양단간의 출력파형은 커패시터 필터(capacitor filter)에 의해서 필터되는 반파신호의 파형이다. 각 다이오드의 PIV는 $2V_m$이다.

이 회로의 장점은 험(hum)을 최소화시키며, 커패시터의 용량이 같지 않아도 된다. 그러나 단점은 직류출력전압에 60[Hz]의 리플이 많이 포함된다.

〈그림 18.3〉은 전파 배전압회로 이다.

입력전압의 (+)반주기 동안에는 〈그림 18.4 (a)〉에서와 같이 다이오드 D_1은 도통되고, D_2는 차단되어 콘덴서 C_1을 peak전압 V_m으로 충전한다. (-)반주기 동안에는 〈그림 18.4 (b)〉에서와 같이 다이오드 D_1은 차단되는 반면 D_2는 도통되어 콘덴서 C_2를 충전시킨다.

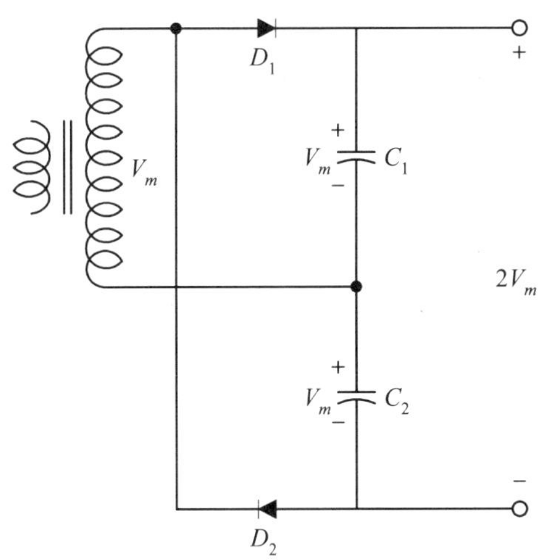

〈그림 18.3〉

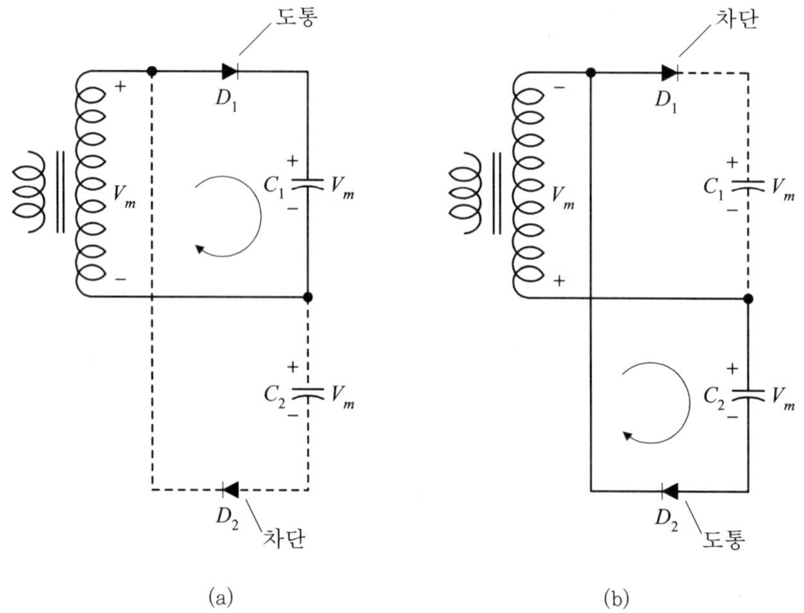

〈그림 18.4〉

만약 이 회로에 부하전류가 흐르지 않는다면, 콘덴서 C_1과 C_2 양단의 전압은 $2V_m$이 된다. 만약, 이 회로에 부하전류가 흐른다면, 콘덴서 C_1과 C_2 양단의 전압은 전파 정류회로에 의해서 공급되는 필터 콘덴서 양단의 전압과 같고, 각 다이오드의 PIV는 $2V_m$이다. 직렬로 연결되어 있는 콘덴서 C_1과 C_2의 실효용량치는 콘덴서 C_1과 C_2의 개개의 용량치보다 더 작아진다. 이 낮아진 콘덴서는 단일 커패시터 필터회로보다 더 나쁜 필터작용을 한다.

이 회로의 장점은 전압조정이 좋으며, 직류 출력에 리플성분이 적게 포함되어 있지만, 부하가 교류에 떠있는 상태가 되므로 험(hum)이 생길 가능성이 커지고, 콘덴서 C_1과 C_2의 값이 같아야 한다. 그렇지 않으면 리플이 커진다.

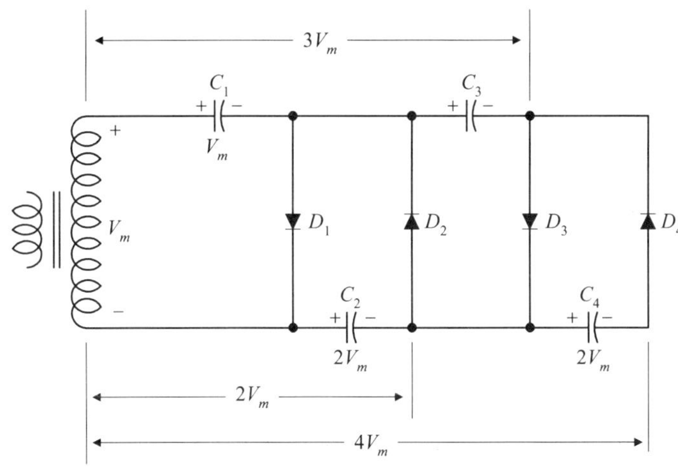

〈그림 18.5〉

〈그림 18.5〉는 반파 배전압회로의 확장된 회로를 나타내었다.

회로동작을 보면, 입력전압의 (+)반주기 동안에 다이오드 D_1이 도통되어 콘덴서 C_1은 peak전압 V_m으로 충전한다. (−)반주기 동안은 다이오드 D_2가 도통되어 콘덴서 C_2는 콘덴서 C_1 양단 전압과의 합인 $2V_m$으로 충전한다. 다음에 오는 (+)반주기 동안에는 다이오드 D_3가 도통되고, 콘덴서 C_2의 양단전압은 콘덴서 C_3를 같은 $2V_m$ peak 전압으로 충전시킨다. (−)반주기 동안에 다이오드 D_2와 D_4는 콘덴서 C_3와 함께 도통되어 콘덴서 C_4는 $2V_m$이 되고, 콘덴서 C_1과 C_3 양단의 전압은 $3V_m$이 되며, 콘덴서 C_2와 C_4 양단의 전압은 $2V_m$이 된다. 이 회로에서 콘덴서 C_1을 제외한 다른 콘덴서는 $2V_m$으로 충전되어 있음을 알 수 있다.

또한, 이 회로의 각 다이오드의 PIV는 $2V_m$이 된다. 만일, 부하가 작고 콘덴서의 누설전류가 적다면, 이런 형의 회로를 이용하여 매우 높은 전압을 발생시킬 수 있다.

2) 필터회로

정류기로부터 얻은 정류출력은 순수한 전류가 아니고, 직류성분과 기본파 및 고조파 성분으로 구성된 맥류이기 때문에 전원으로 사용된다면, 음성잡음을 가져오므로, AC 성분을 제거하고, DC 성분만을 선택하는 평활회로 또는 여파기(filter)를 사용한다.

필터에는 커패시터 필터, RC 필터, CHOKE 필터, LC 필터, π 형 필터 등이 있으며, 필터회로의 리플계수 γ 는

$$\gamma(\text{리플계수}) = \frac{\text{리플전압의 실효치}}{\text{dc전압}}$$

로 정의하고, 전압원에서의 전압변동율은

$$\text{전압변동율} = \frac{\text{무부하에서의 전압} - \text{부하에서의 전압}}{\text{부하상태에서의 전압}}$$

으로 정의한다.

〈그림 18.6 (a)〉는 전파정류기의 커패시터 필터회로이고, 〈그림 18.6 (b)〉는 출력파형을 나타내었다. 그림으로부터 알 수 있는 바와 같이 필터 된 전압이 dc 레벨 위에 작은 리플전압이 있음을 볼 수 있다.

만약, 부하저항 R_L이 필터에 접속되지 않으면, 출력파형은 정류기의 출력 peak전압 V_m과 같은 일정한 dc레벨이 된다. 그러나 dc전압을 얻는 목적은 다른 전자회로에 전원으로 사용하기 위한 것이므로 필터에는 항상 부하가 있게 된다.

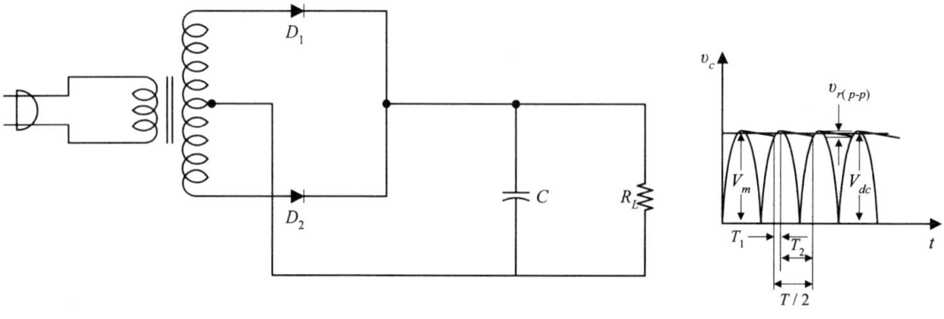

(a) 커패시터 필터회로 (b) 출력파형

〈그림 18.6〉

전파정류신호에 대해서 〈그림 18.6(b)〉에서와 같은 두 개의 시간구간을 표시하였다. T_1은 전파정류기의 다이오드가 도통되어, 콘덴서가 peak정류기 출력전압 (V_m)에 충전되는 시간이고, T_2는 정류기 전압이 peak전압 이하로 떨어지면서 콘덴서가 부하를 통하여 방전하는 시간이다. 만약, 콘덴서가 단지 조금만 방전된다면, 이 때 평균전압은 최적치 V_m에 가깝게 될 것이다. 리플전압의 양은 작은 부하에 대해서는 또한 적어질 것이다. 이것은 커패시터 필터회로는 작은 부하에 대해서는 더 큰 dc전압과 작은 리플전압을 나타내고, 큰 부하에 대해서는 더 작은 dc전압과 더 큰 리플전압을 가지고 있음을 보여준다.

〈그림 18.6 (b)〉에서 리플전압파형의 충전 및 방전곡선을 직선적으로 근사화하면, 다음과 같은 관계식이 얻어진다.

$$v_{DC} = V_m - \frac{v_{r(p-p)}}{2} \qquad v_r(rms) = \frac{v_{r(p-p)}}{2\sqrt{3}} = \frac{V_m - v_{dc}}{\sqrt{3}}$$

3. 사용기기 및 부품

(1) 회로시험기
(2) 오실로스코프
(3) 저항 : 5[W] 500[Ω], 2[W] 250[Ω], 1[W] 100[Ω], $\frac{1}{2}$[W] 5.6[kΩ], 2.7[kΩ]
(4) 콘덴서 : 100[μF]×3
(5) 다이오드 : 1N4001×2
(6) 전원트랜스 : 1차; 110[V], 2차; 0[V], 6[V], 6[V]

4. 실험순서

1) 〈그림 18.7〉에 대하여 브레드보드 결선을 하시오.

2) 반파 배전압회로

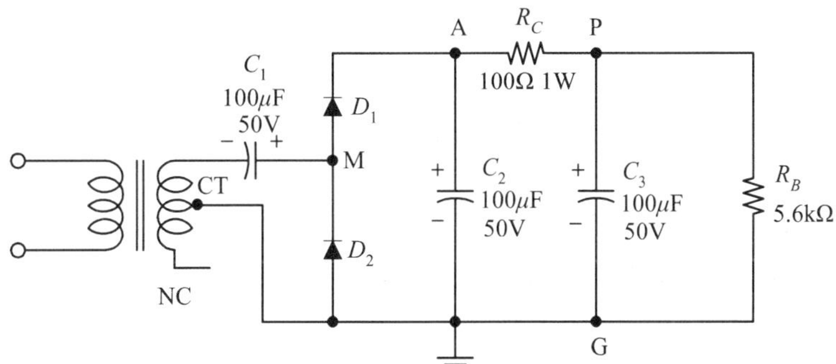

〈그림 18.7〉

(1) 〈그림 18.7〉과 같이 회로를 결선하라. R_B는 블리더(bleeder) 저항으로서, 전압변동률을 개선하기 위하여 사용된다.
(2) 전원을 끄고, 회로시험기로 점 P와 G 사이의 저항을 측정하여라. 이때 저항계 리드(lead)의 극성은 콘덴서의 극성과 일치해야 하며, 만약 저항값이 5.6[kΩ]보다 매우 작으면 회로를 점검하여 저항값이 낮은 이유를 밝혀라.
(3) 전원을 넣고 점 AG, 점 PG사이의 직류 무부하전압을 측정해 [표 18.1]에 기록하라.
(4) 점 AG, 점 PG 사이의 무부하 리플전압을 오실로스코프로 관찰하고, 이의 첨두전압 Vp-p를 측정하여 표 18.1에 기록하여라.
(5) 전원을 끄고, R_B와 병렬로 부하저항 500[Ω]을 연결하여 실험순서 (3), (4)를 반복하고, 그 측정값을 [표 18.1]에 기록하여라.
(6) 전원을 끄고, 모든 콘덴서를 방전시킨 후에 콘덴서 C_1을 떼어내어라.
(7) 전원을 넣고, 점 A와 G, 점 P와 G 사이의 dc전압과 ac파형을 관측하고, [표 18.2]에 기록하여라.
(8) [표 18.2]에 열거된 개방되는 각 콘덴서에 대해서 실험순서 (6), (7)을 반복하여라.

3) 전파 배전압회로

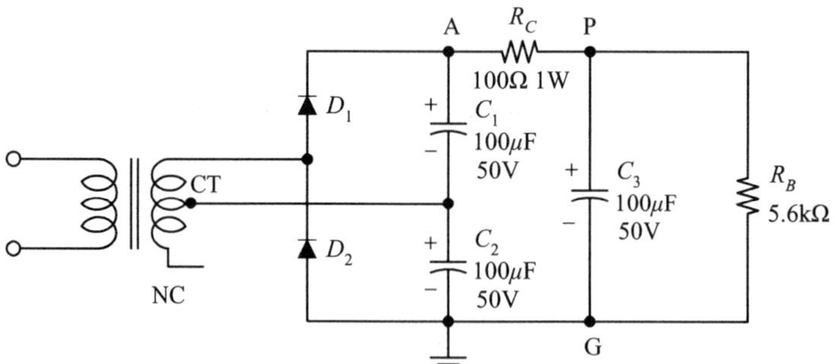

〈그림 18.8〉

(1) 전원을 끄고, 모든 콘덴서를 방전시킨 다음에, 〈그림 18.8〉의 회로를 결선하여라.
(2) 실험순서 1).(2)~1).(8)까지 반복하고, 그 결과를 [표 18.3]과 [표 18.4]에 기록하여라.

4) 커패시터 필터

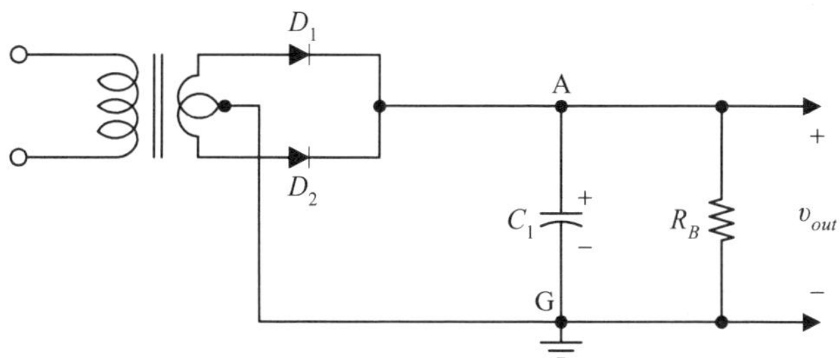

〈그림 18.9〉

(1) 〈그림 18.9〉와 같이 회로를 결선하여라. 여기서, C_1은 100[μF], 블리드 저항 R_B는 2.7[kΩ]으로서, 전압변동율을 개선하기 위해 사용된다.

(2) 전원을 넣고 전압계로 R_B 양단의 dc 출력전압 v_{out}를 측정하여 [표 18.5]에 기록하여라. R_B 양단에 오실로스코프를 연결하여 관하고, 리플전압의 p-p 진폭을 측정하여 [표 18.5]에 기록하여라.

(3) 전원을 끄고, 콘덴서 C_1을 방전시킨 후에, 블리더 저항과 병렬로 2[W] 250[Ω] 의 부하저항을 연결하여라.

(4) 전원을 넣고, v_{out}와 리플파형을 측정하여 [표 18.5]에 기록하여라. 2[W] 250[Ω]의 저항에 흐르는 부하전류 I_L을 계산하여 [표 18.5]에 기록하여라.

【주의】 전원을 끈 후에는 항상 필터 콘덴서를 방전시키도록 한다.

5) π 형 필터

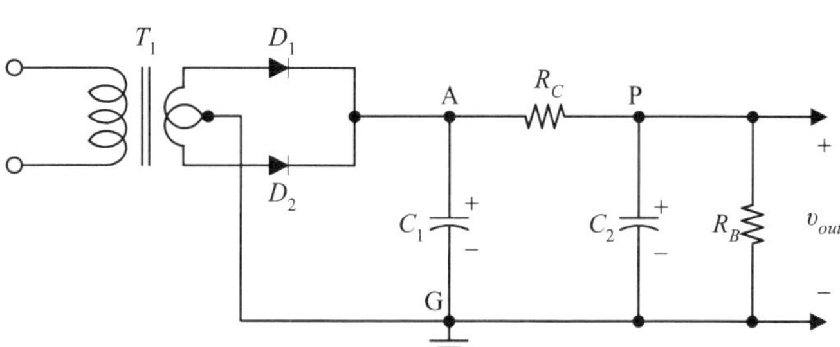

〈그림 18.10〉

(1) 〈그림 18.10〉과 같이 회로를 결선하여라. 여기서 C_1, C_2는 100[μF], R_c는 100[Ω], R_B는 2.7[kΩ]이다.

(2) 전원을 넣고, 점A와 G, 점P와 G 사이의 무부하 dc 전압과 리플파형 및 그 p-p 전압을 오실로스코프로 관측하여 표 18.6에 기록하여라.

(3) 전원을 끄고, R_B와 병렬로 2[W] 250[Ω]의 부하저항을 연결하여라.

(4) 전원을 넣고, 부하가 있는 상태에서, 실험순서 4).(2)를 반복하여 측정치를 [표 18.6]에 기록하여라.

(5) 전원을 끄고, 회로에서 콘덴서 C_1을 제거하고, 실험순서 4).(2)~4).(4)를 반복하여 결과를 [표 18.6]에 기록하여라.

(6) 전원을 끄고, 회로에 다시 C_1을 연결한 후, C_2를 제거하고 실험순서 4).(2)~4).(4)를 반복하여 결과를 [표 18.7]에 기록하여라.

5. 실험결과

평 가	월	일
		㊞

실 험 일 자	년 월 일 교시
학 과	
학 번	
공동 실험자	
이 름	

1) 브레드보드 결선

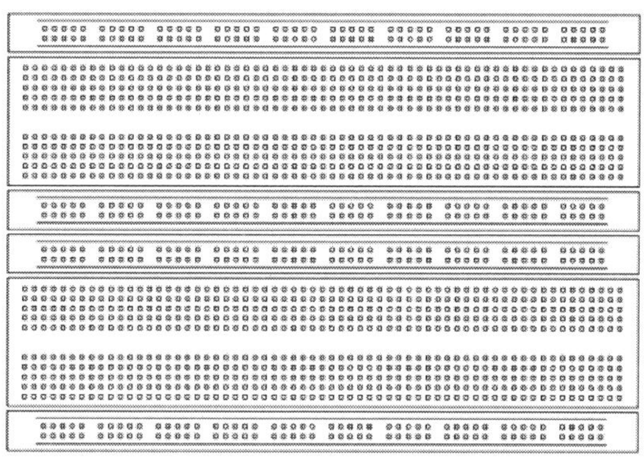

2)

[표 18.1]

측정점	무 부 하			부 하 (500[Ω])		
	dc	리 플		dc	리 플	
	[V]	파 형	V_{p-p}	[V]	파 형	V_{p-p}
A-G		t			t	
P-G		t			t	

[표 18.2]

개방되는 콘덴서	점 A-G			점 P-G		
	dc [V]	파 형	V_{p-p}	dc [V]	파 형	V_{p-p}
C_1						
C_2						
C_3						

[표 18.3]

측정점	무 부 하			부 하 (500[Ω])		
	dc [V]	리플 파형	V_{p-p}	dc [V]	리플 파형	V_{p-p}
A-G		t			t	
P-G		t			t	

[표 18.4]

개방되는 콘덴서	점 A-G			점 P-G		
	dc [V]	파 형	V_{p-p}	dc [V]	파 형	V_{p-p}
C_1		t			t	
C_2		t			t	
C_3		t			t	

[표 18.5]

실험 순서	부하 [Ω]	리플 파형	리플 V_{p-p}	$v_{out} = v_{DC}$	I_L (계산치) [mA]
3).(2)	X	t			
3).(4)	250	t			

[표 18.6]

실험 순서	측정점	무 부 하			2[W] 250[Ω] 부 하			상태
		dc	리 플		dc	리 플		
		[V]	파 형	V_{p-p}	[V]	파 형	V_{p-p}	
4). (2) (4)	A-G		t			t		π필터
4). (2) (4)	P-G		t			t		"
4). (5)	A-G		t			t		C_1개방
4). (5)	P-G		t			t		"

[표 18.7]

실험 순서	측정점	무 부 하			2[W] 250[Ω] 부 하			상태
		dc	리 플		dc	리 플		
		[V]	파 형	V_{p-p}	[V]	파 형	V_{p-p}	
4). (6)	A–G		t			t		C_2개방
4). (6)	P–G		t			t		"

6. 검 토

(1) 배전압 정류회로가 일반 정류회로에 비해서 가질 수 있는 장점은 무엇인가?

(2) 부하가 있을 때 출력에 리플이 가장 적은 회로와 dc 출력전압이 가장 큰 회로는 어느 것인가?

(3) 배전압 정류회로에서 콘덴서의 역할은 무엇인가?

(4) 필터회로에서 부하저항이 적어지면 리플은 어떻게 되는가?

(5) [표 18.1~18.7]로부터 리플계수와 전압변동률을 검토해 보아라.

실험 19 Diode 클리퍼와 클램프

1. 목 적

(1) 다이오드 클리퍼의 입력파형과 출력파형간의 관계를 결정한다.

(2) 다이오드 클램퍼의 출력파형 및 dc 레벨을 관찰한다.

2. 관련이론

다이오드에 의한 파형 변환방법은 비교적 많이 쓰이는 방식으로서, 클리퍼와 클램퍼 등이 있다.

1) 클리퍼

클리퍼는 파형의 기준레벨보다 상단 또는 하단을 클립(잘라낸다)하여 축출하는 회로로서, 다이오드가 신호전송회로와 직렬로 연결되어 있으면 직렬클리퍼, 병렬로 연결되어 있으면 병렬클리퍼라 하며, 진폭선택회로, 리미터, 슬라이서도 이에 속한다.

신호를 전송할 때 기준값보다 높은 부분 또는 낮은 부분 등의 원하는 부분만을 전송하기 위해서 사용되며, 특히 리미터회로는 FM 수신기의 중간주파 증폭단의 후단에 넣어 증폭된 중간주파의 진폭을 일정한 레벨로 제한하는 목적으로 사용되고, 입력 FM파의 진폭이 다소 변동이 있거나, 큰 진폭으로서 들어오는 펄스적인 잡음이 있더라도 중간주파 출력의 진폭을 일정하게 유지하면서 안정된 수신을 가능하게 한다.

(1) 직렬 클리퍼

〈그림 19.1(b)〉는 시간위상에 대한 입력전압 v_i와 출력전압 v_o를 나타낸 것이다. (+)의 반주기 동안에 각 다이오드의 캐소드는 애노드에 비해 (+)이므로 각 다이오드는 역방향으로 바이어스 된다. 따라서 회로에는 전류가 흐르지 않으므로 R 양단의 출력전압 v_o는 0[V]가 된다. (-)의 반주기 동안에는 다이오드는 순방향으로 바이어스 되어 단락스위치처럼 동작하므로 저항 R에 전류가 흐르게 된다. 따라서 R양단의 출력전압은 (-)의 반주기 동안에만 나타나게 된다.

그러나, 실제로 다이오드에 미소의 역방향 전류가 흐르고 적은 순방향 저항이 있으므로 다이오드는 이상적인 스위치는 못된다. 즉, 다이오드의 순방향 저항 때문에 입력전압의 일부는 각 다이오드의 순방향 저항 양단의 전압강하로 나타나므로 R 양단의 출력전압은 입력전압의 (-)의 반주기보다 적은 값이 된다. 이러한 회로를 (+) **직렬클리퍼**라고 한다.

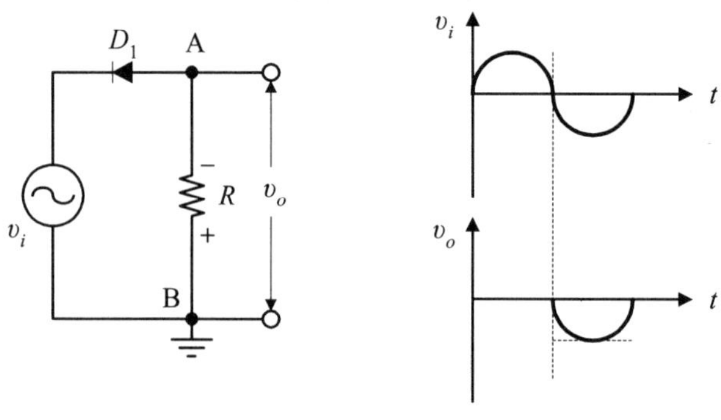

〈그림 19.1〉 교류신호의 (+)의 반주기를 제한하기 위한 직렬클리퍼

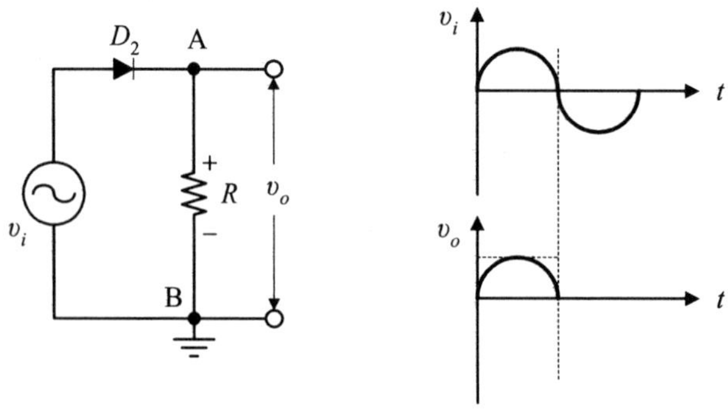

〈그림 19.2〉 교류신호 (-)의 반주기를 제한하기 위한 직렬클리퍼

〈그림 19.2〉는 다이오드를 반대방향으로 접속하여 (-)의 클리퍼로서 사용하는 것을 보인 것이다. 〈그림 19.2(b)〉의 파형은 다이오드가 (+)의 반주기 동안에는 순방향으로 바이어스 되어 저항 R에 전류가 흘러 나타나는 전압파형이다.

(-)의 반주기 동안에는 다이오드가 역방향으로 바이어스 되므로 전류가 흐르지 못한다. 따라서 R 양단의 출력전압파형은 나타나지 않으므로 〈그림 19.2〉에서 직렬로 연결된 다이오드는 (-)의 클리퍼로 동작한다.

(2) 병렬 클리퍼

(+)반주기 동안에는 다이오드 D_1은 v_i와 역방향으로 바이어스 되므로 높은 역방향 저항 R_R을 나타낸다. 따라서 저항 R이 RR보다 매우 작으면 실질적으로 입력의 (+)의 반주기 동안 출력전압 v_o가 다이오드 양단간에 나타난다.(그림 19.3(b)참조)
(-)의 반주기 동안에는 D_1이 v_i와 순방향으로 바이어스 되므로 다이오드는 단락 스위치처럼 동작하며, 매우 낮은 순방향 저항 R_F 를 나타낸다. 한편, R은 R_F보다 매우 크므로 다이오드 양단간에 나타나는 출력은 무시할 수 있다.

즉, 전도상태의 다이오드는 단락회로처럼 동작하므로 다이오드 양단의 전압 파형은 나타나지 않는다.(그림 19.3(b) 참조)

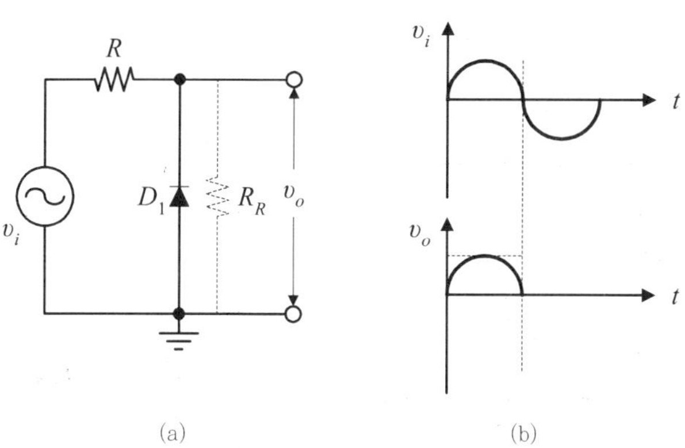

〈그림 19.3〉 (-)의 반주기를 제한하기 위한 병렬클리퍼

〈그림 19.3(a), (b)〉는 (-)의 클리퍼의 예이다. 다이오드의 방향을 바꾸어 접속하면 (+)의 반주기가 제한되는 병렬클리퍼가 된다. (그림 19.4(a), (b) 참조)

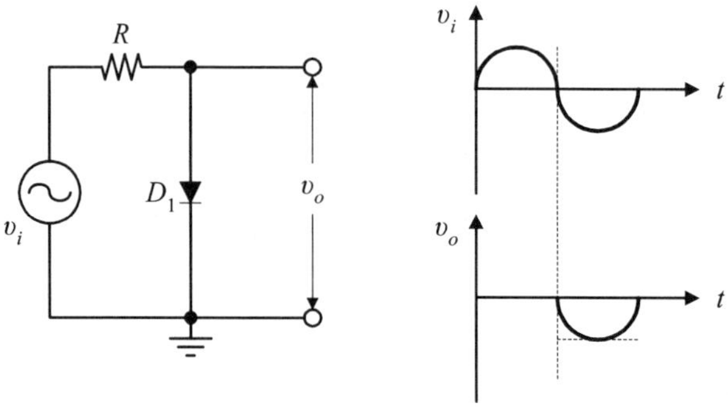

(a) (b)

〈그림 19.4〉 (+)의 반주기를 제한하기 위한 병렬클리퍼

(3) 바이어스 된 병렬 클리퍼(부분 클리핑)

〈그림 19.5〉와 〈그림 19.6〉의 회로는 입력 정현파의 (+)의 주기와 (-)의 주기의 일부를 제한하는 회로이다. 〈그림 19.5(a)〉에서 입력전압 v_i가 기준레벨 V_R보다 (+)일 때 다이오드 D_1이 차단되어 출력전압 v_o는 v_i가 되고, 입력전압 v_i가 V_R보다 (-)일 때는 다이오드 D_1이 도통되어 출력전압 v_o는 $-V_R$이 된다. (그림 19.5(b) 참조) 마찬가지로 〈그림 19.6(a)〉와 같이 바이어스 된 병렬 클리퍼는 입력전압 v_i가 V_R보다 (+)인 부분을 제한하게 된다.

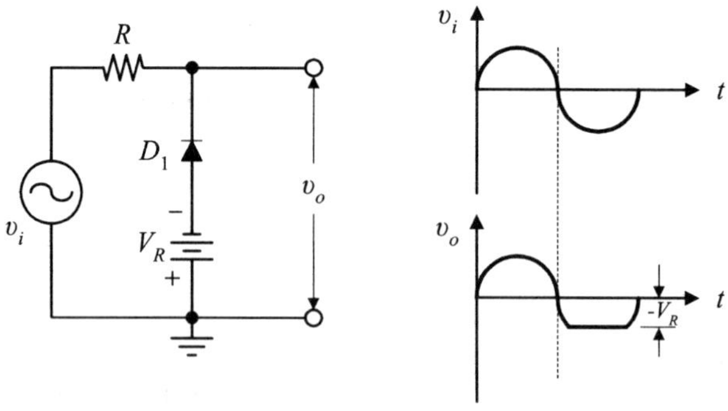

(a) (b)

〈그림 19.5〉 (-)의 반주기를 부분적으로 제한하기 위하여 바이어스 된 클리퍼

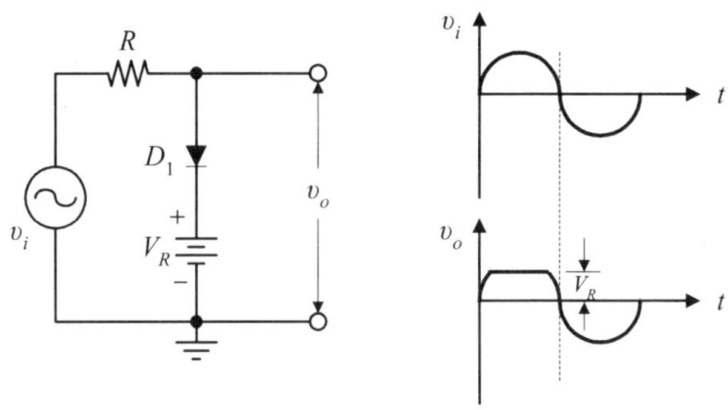

〈그림 19.6〉 (+)의 반주기를 부분적으로 제한하기 위하여 바이어스 된 클리퍼

(4) 바이어스 된 2중 다이오드 클리퍼

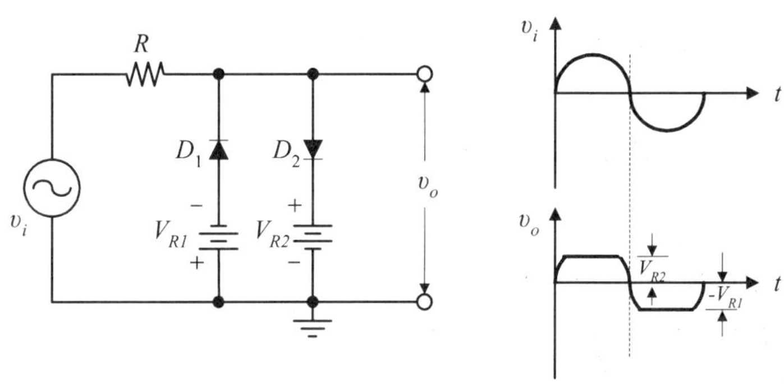

〈그림 19.7〉 바이어스 된 2중 다이오드 클리퍼

〈그림 19.7(a)〉는 (+) 반주기의 출력과 (−) 반주기의 출력의 일부분을 각각 제한하도록 바이어스 된 2중 다이오드 클리퍼회로이다. 다이오드 D_1은 입력 v_i가 V_{R1}보다 더 작은 값을 취할 때 도통되어 (−)의 주기에 대한 출력을 $-V_{R1}$으로 제한한다. 다이오드 D_2는 v_i가 V_{R2}보다 더 큰 값을 가질 때 도통되어 (+)의 주기에 대한 출력을 V_{R2}로 제한한다. 〈그림 19.7(b)〉는 이와 같은 출력파형을 나타낸 것이다.

2) 다이오드 클램퍼

클램퍼는 입력파형의 형태는 변화시키지 않고, 입력파형에 직류전위를 더해 주는 회로이다.

(1) (+)의 클램퍼

〈그림 19.8〉은 (+)의 클램퍼가 교류전압 파형에 미치는 영향을 나타낸 것이다.

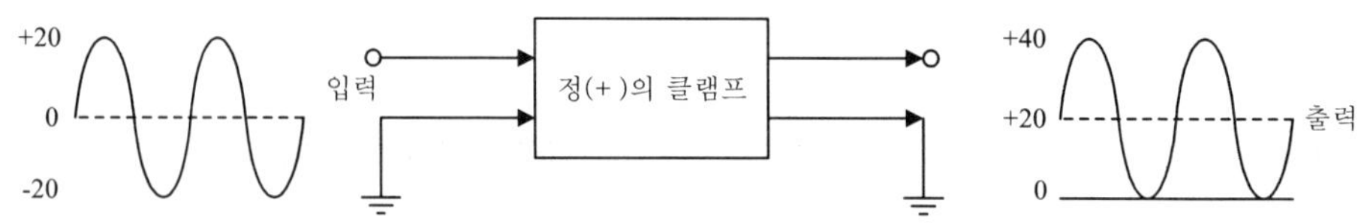

〈그림 19.8〉 정(+)의 클램퍼

이 클램퍼는 피크-피크간의 전압이 40[V]인 교류전압 파형에 직류전압 20[V]를 더해주므로 +20[V]~-20[V] 범위에서 변하는 입력파형이 0[V]~40[V]의 범위에서 변하는 파형으로 출력에 나타난다. 즉, 입력에 20[V]의 전원을 직렬로 연결한 것과 같은 출력파형이 나타난다.

〈그림 19.9〉는 DC 클램퍼의 회로도이다.

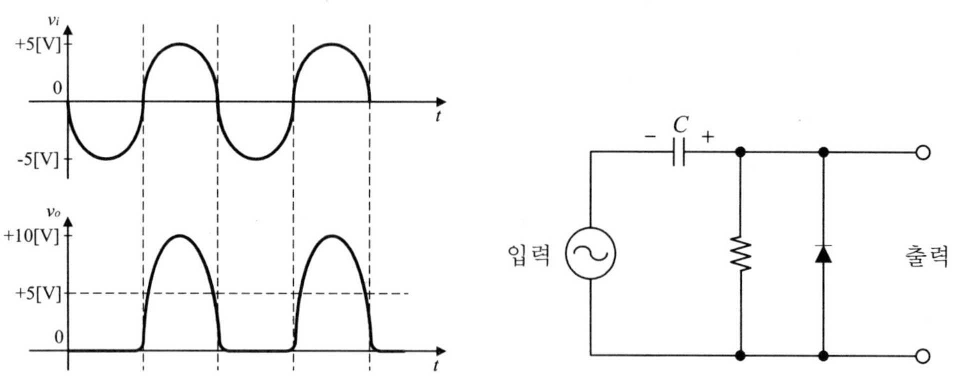

〈그림 19.9〉 정(+)의 클램퍼 회로도

DC 클램퍼의 동작은 다음과 같다. 피크-피크간이 10[V]인 입력 정현파의 (-)의 주기 동안은 다이오드 D의 캐소드(cathod)는 애노드(anode)에 비해 (-)로 구동되므로 D는 전도상태로 되고, 출력은 0[V]가 된다. 이때 커패시터 C는 (-) 주기의 피크치인 5[V]까지 충전된다. (+)의 주기 동안은 다이오드의 캐소드가 애노드에 비해 (+)가 되므로 다이오드 D는 차단상태로 되어, 출력은 10[V]가 된다. 이때 커패시터 C는 R을 통해 방전한다. 그러나 시정수 RC가 정현파의 주기보다 크면 커패시터는 방전을 하지 못하므로 C의 양단의 전압은 5[V]로 유지된다. 그 결과 다음 파형의 (-)의 주기 때에는 C의 (+) 전압과 (-)입력전압은 서로 상쇄되고, 다이오드 D는 전도 상태로 되지 못한다. 〈그림 19.10〉은 이러한 경우를 나타낸 것으로서 커패시터 C는 입력신호 전압과 직렬로 연결된 +5[V]전원으로 대치되었다. 이 회로에 피크-피크간이 10[V]인 정현파 신호전압을 걸어주면, 출력파형은 0[V]~10[V] 범위에서 변하는 파형이 된다.

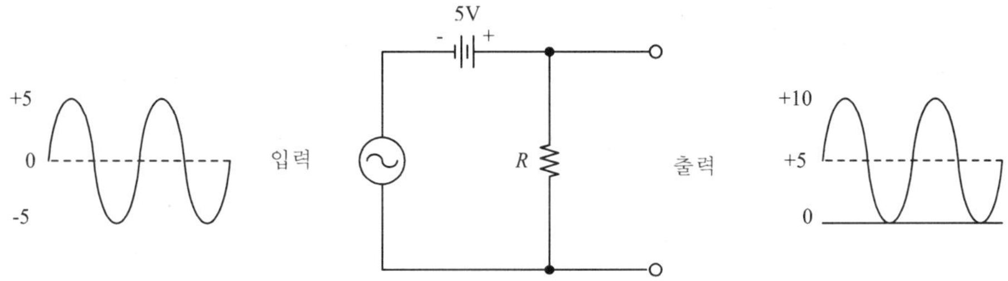

〈그림 19.10〉 충전 된 커패시터 C를 +5[V]의 전원으로 대치한 회로도

(2) (-)의 클램퍼

〈그림 19.11〉은 (-)의 클램퍼 회로이다.

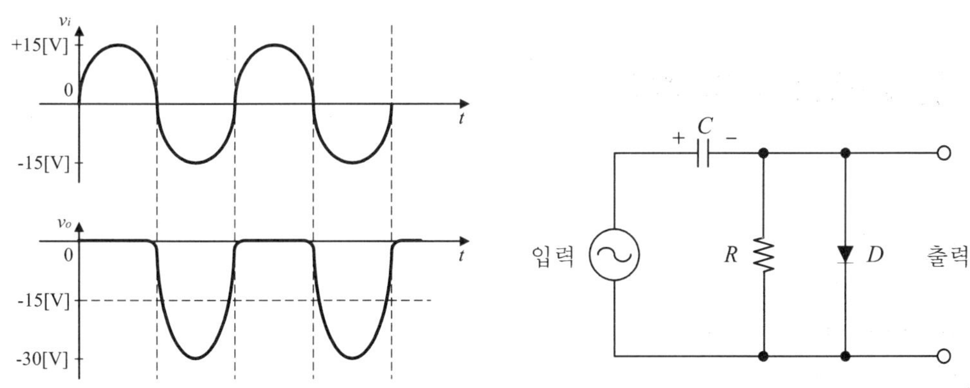

〈그림 19.11〉 부(-)의 클램퍼 회로도

이 회로에서 C는 입력신호가 (+)의 값을 취하는 동안에 충전된다. 만일 입력신호가 +15[V]~-15[V] 범위에서 변하면, C는 -15[V]까지 충전되므로 출력파형은 0[V]~-30[V] 범위에서 변화한다.

(3) 바이어스 된 클램퍼

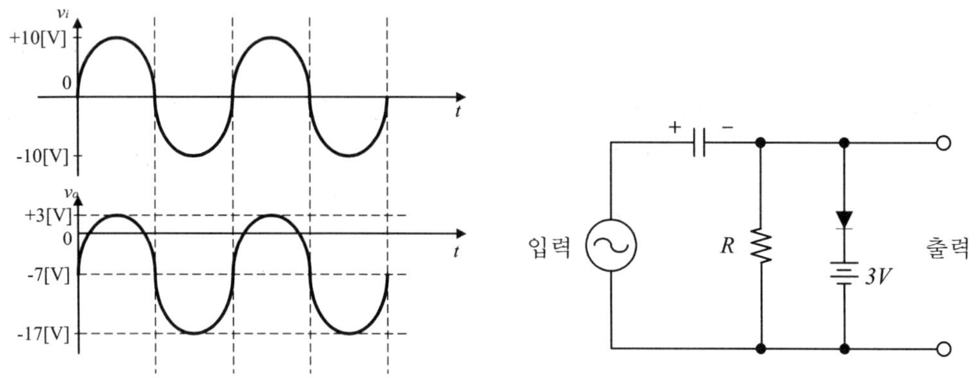

〈그림 19.12〉 바이어스된 부(-)의 클램퍼

〈그림 19.12〉는 바이어스 된 (-)의 클램퍼 회로이다. 이 회로에서 3[V]의 전원은 캐소드에 3[V]의 바이어스를 걸어주므로 다이오드 D는 애노드의 전위가 캐소드에 대해 (+)의 값이 되기 전에는 전도상태로 될 수 없다. 즉, 입력이 +3[V] 이상이 되어야 다이오드가 전도상태로 된다. 그러므로 〈그림 19.12〉의 입력신호가 +3[V]~+10[V]일 때 다이오드 D가 전도상태로 되어 커패시터 C는 −7[V]까지 충전된다.

C가 충전된 후의 회로의 동작은 〈그림 19.11〉 회로와 같다.

3. 사용기기 및 부품

(1) 양전원공급장치
(2) 회로시험기
(3) 오실로스코프
(4) 신호발생기
(5) 저항 : 120[kΩ]
(6) 가변저항 : 5[kΩ], 50[kΩ]
(7) 콘덴서 : 0.1[μF]
(8) 다이오드 : 1N 4001 × 2

4. 실험순서

1) 직렬 클리퍼

(1) R = 120[kΩ]을 사용하여 〈그림 19.13(a)〉의 회로를 결선하여라.

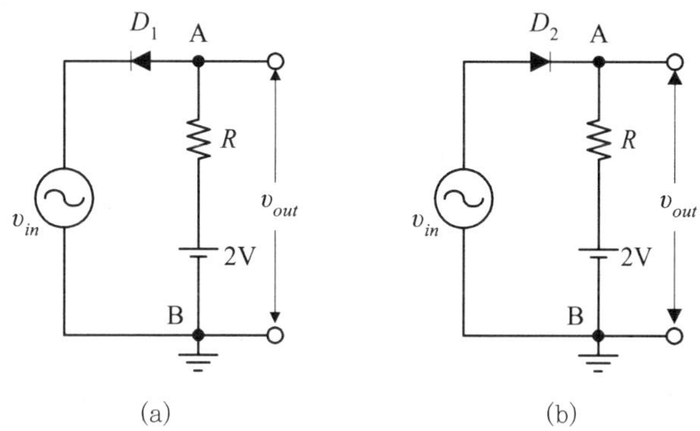

〈그림 19.13〉

(2) 입력신호 v_{in}이 1[kHz], 10[Vp-p] 정현파가 되도록 신호발생기를 조정하여라.

(3) 오실로스코프로 2~3 주기의 입력 신호파형이 나타나도록 조정하여라.

(4) 오실로스코프의 수직입력단자를 회로의 출력단자에 연결하여라. 이때의 출력 신호파형 v_{out}를 관찰하고, 출력파형을 입력파형에 맞추어 [표 19.1]에 기록하여라.

(5) 〈그림 19.13(b)〉의 회로를 결선해 이때의 출력파형을 관찰하고 [표 19.1]에 기록하여라.

【주의】 실험에서 사용되는 오실로스코프가 2채널인 경우에는 회로의 입력신호 v_{in}는 수직채널 1의 입력에 가하고, 출력신호 v_{out}는 수직채널 2에 가해서 입력 및 출력 신호파형을 동시에 관찰하여라.

2) 병렬 클리퍼

(1) 〈그림 19.14(a)〉와 같이 회로를 결선하고 출력파형을 관찰하여 [표 19.1]에 기록하여라.

(2) 〈그림 19.14(b)〉와 같이 회로를 결선하고, 이때의 출력파형을 관찰하여 [표 19.1]에 기록하여라.

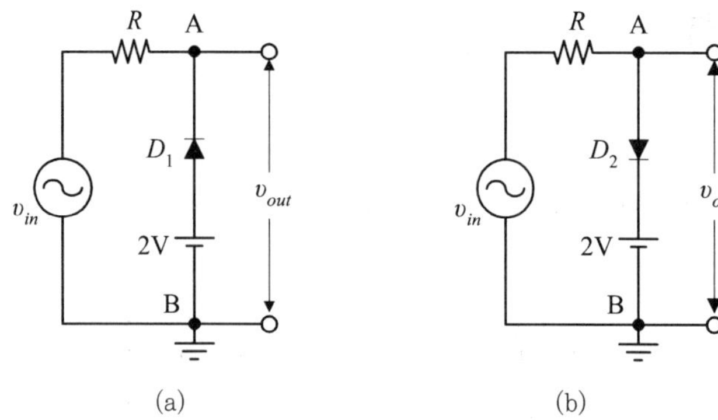

〈그림 19.14〉

3) 리미터

(1) 〈그림 19.15〉와 같이 회로를 결선하고, 스위치 S_1과 S_2는 개방하여라. dc전원 V_R의 전압을 4[V]로 맞추고, 가변저항 R_2를 조절하여 점 B가 점 F와 G의 중앙에 오도록 하여라. 이것은 점 F와 B 사이의 전압 V_{FB}와 점 B와 G사이의 전압 V_{BG}를 같도록 하기 위해서이다. 이 때,

$$V_{FB} = V_{BG} = 2[\text{V}]$$

【주의】 dc전원은 회로와 접지시키지 말 것.

(2) 스위치 S_1은 닫고, 이때의 v_{out}를 관찰하여 [표 19.2]에 기록하여라.
(3) 스위치 S_1은 개방하고, S_2는 닫아 이때의 v_{out}를 관찰하여 [표 19.2]에 기록하여라.
(4) 스위치 S_1과 S_2를 모두 닫고, 이때의 v_{out}를 관찰하여 [표 19.2]에 기록하여라.
(5) 전압 V_R을 10[V]까지 증가시키고, 이때의 출력파형을 관찰하여 [표 19.2]에 기록하여라.
(6) 다시 전압 V_R을 4[V]로 감소시키고, 가변저항 R_2를 양쪽으로 변화시키면서 v_{out}에 어떠한 변화가 있는지 관찰하여라.

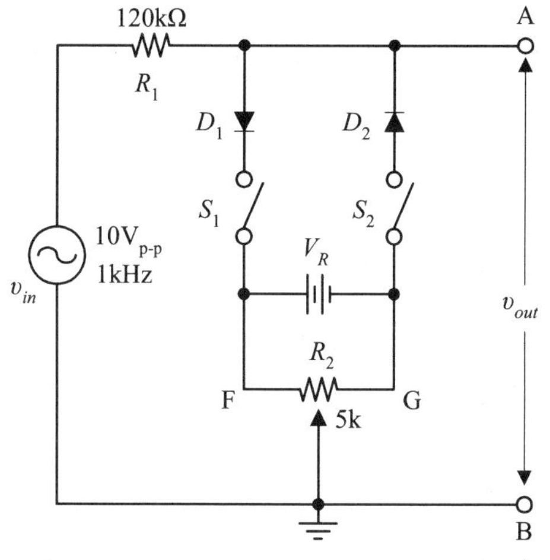

〈그림 19.15〉

(7) R_2를 조정하여 D_1은 +1[V]로, D_2는 −3[V]로 각각 바이어스 되게 하여라. 즉, $V_{FE} = +1[V]$로, $V_{GB} = -3[V]$로 맞추어라. 이때의 v_{out}를 관찰하여 [표 19.2]에 기록하여라.

(8) R_2를 조정하여, D_1은 +3[V]로, D_2는 −1[V]로 각각 바이어스 되게 한 다음 v_{out}를 관찰하여 [표 19.2]에 기록하여라.

4) 클램퍼

(1) 저항 R = 120[kΩ], 콘덴서 C = 0.1[μF]를 사용하여 〈그림 19.16(a)〉의 회로를 결선하여라.

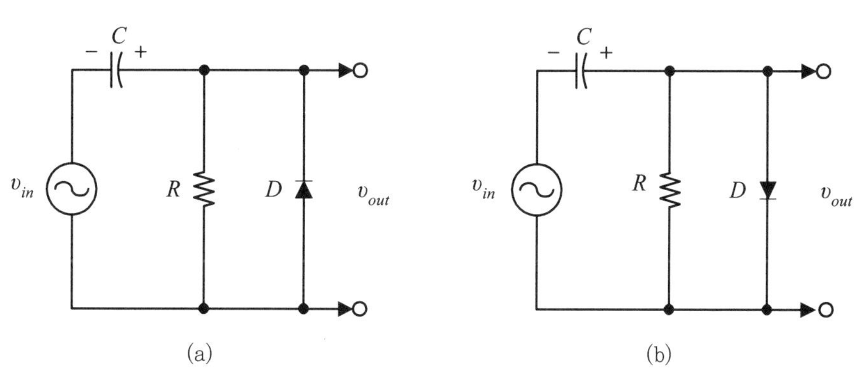

〈그림 19.16〉

(2) 신호발생기의 출력을 1[kHz], 10Vp-p 정현파로 하여라. 오실로스코프로 출력파를 측정하여 [표 19.3]에 기록하여라. 이때, 수직이득의 감도는 [2V/Div]으로 하고, 수직입력 스위치는 반드시 DC위치에 놓는다.

(3) R을 가변저항 50[kΩ]으로 교환하고, 가변저항을 조절하여 출력을 관찰하여라.

(4) 〈그림 19.16(b)〉와 같이 회로를 결선하고, 실험순서 (2)를 반복하여라.

(5) 〈그림 19.17(a)〉와 같이 회로를 결선하고, 가변 DC전원 V_R을 0~4[V]까지 서서히 변화시키면서 이때의 출력파형의 dc 레벨의 변화를 관찰하여라.

(6) 〈그림 19.17(b)〉와 같이 회로를 결선하고, 실험순서 (5)를 반복하여라.

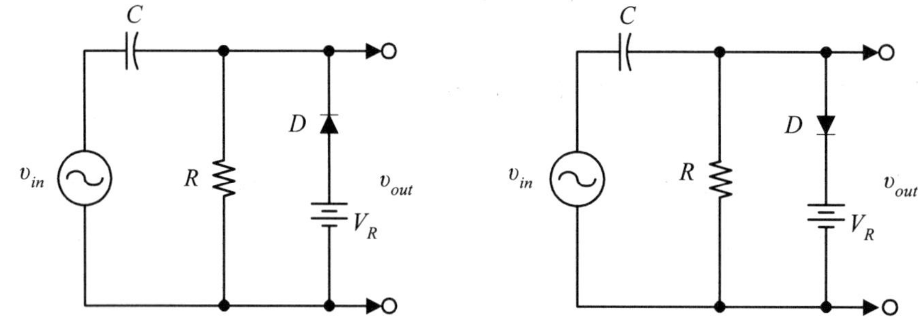

〈그림 19.17〉

5. 실험결과

평 가	월	일
		㉧

실 험 일 자	년 월 일 교시
학 과	
학 번	
공동 실험자	
이 름	

1) 브레드보드 결선

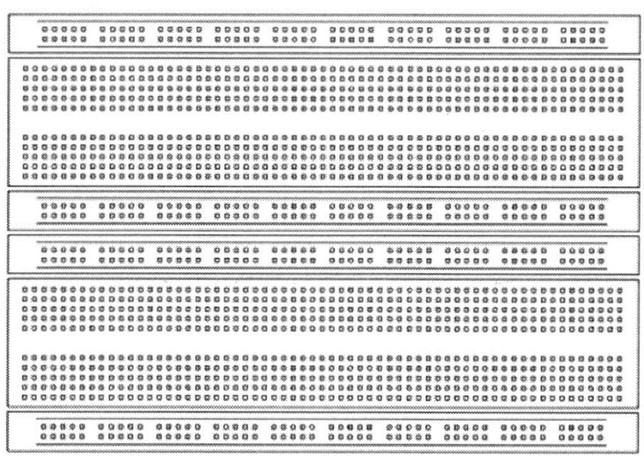

2) 실험순서에 따라 다음의 해당표에 실험결과를 기재하여라.

[표 19.1]

순서	V_{p-p}	파 형	순서	V_{p-p}	파 형
입력 파형		t	입력 파형		t
1).(4)		t	2).(1)		t
1).(5)		t	2).(2)		t

[표 19.2]

순서	V_{p-p}	파 형	순서	V_{p-p}	파 형
입력 파형		t	입력 파형		t
3).(2)		t	3).(5)		t
3).(3)		t	3).(7)		t
3).(4)		t	3).(8)		t

[표 19.3]

순서	V_{p-p}	파 형	순서	V_{p-p}	파 형
입력 파형		t	입력 파형		t
4).(2) 정현파 $f=1$ [kHz]		t	4).(4) 정현파 $f=1$ [kHz]		t

6. 검 토

(1) 클리핑회로에서 바이어스 전압의 역할은?

(2) 실험순서 (4)의 (3)항에서 R의 변화에 대하여 출력이 어떻게 되는가?

(3) 실험순서 (4)의 (5)항과 (6)항에 대하여 출력파형의 변화는?

실험 20 J-FET의 특성

1. 목 적

(1) 드레인-소스전압 V_{DS}가 드레인 전류 I_D에 미치는 영향을 결정한다.
(2) 게이트-소스 역바이어스 전압 V_{GS}가 드레인 전류 I_D에 미치는 영향을 결정한다.
(3) J-FET의 드레인 특성을 측정하여 그린다.
(4) 특정한 V_{DS}에 대한 I_D 대 V_{GS}의 J-FET 전달곡선을 측정하여 그린다.

2. 관련이론

전계효과 트랜지스터(Field Effect Transistor)는 트랜지스터와 함께 증폭, 발진, 스위칭 등을 할 수 있는 반도체 소자로서 다수캐리어의 이동에만 의존하는 단극성 소자이고 일반 트랜지스터에 비하여 열잡음이 적고 높은 입출력 임피던스를 갖는 전압 제어형 소자이다.

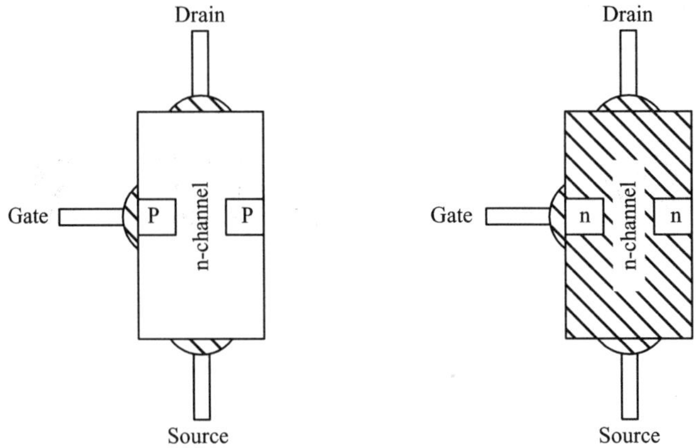

(a) n채널　　　　(b) p채널

〈그림 20.1〉 두 가지 형태의 J-FET의 구조

〈그림 20.1〉은 J-FET의 물리적 구조를 나타내었다.

〈그림 20.1〉의 (a)는 n-channel J-FET의 구조이고, (b)는 p-channel J-FET의 구조이다.

여기에는 게이트(gate), 드레인(drain), 소오스(source)의 세 단자가 있다. 이들 단자는 각각 BJT의 베이스, 콜렉터, 에미터에 해당하며 J-FET의 표시기호로는 〈그림 20.2〉와 같다.

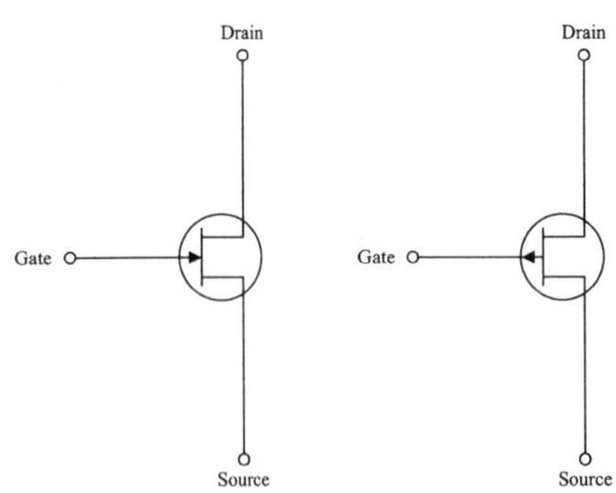

(a) n-채널　　　　(b) p-채널

〈그림 20.2〉 J-FET의 기호

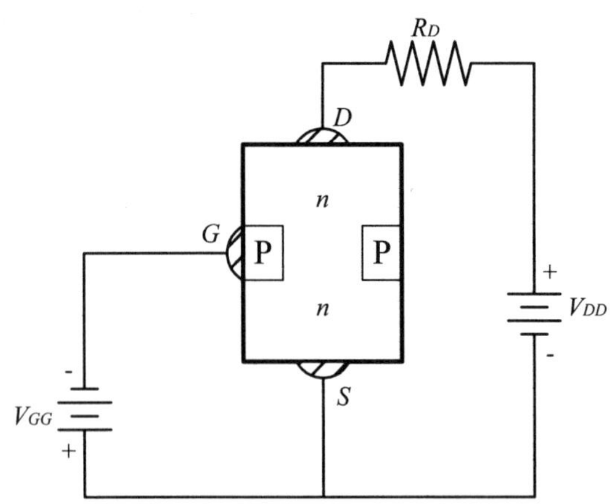

〈그림 20.3〉 바이어스 된 n채널 J-FET

J-FET의 동작을 설명하기 위해 〈그림 20.3〉에서 n채널 J-FET에 가해진 바이어스 전압을 보여준다. V_{DD}는 드레인-소스전압을 공급해 주고 드레인에서 소스로 전류를 흘려준다. V_{GG}는 게이트와 소스 사이에 역방향 바이어스 전압을 걸어준다.

J-FET는 게이트-소스 사이의 pn접합을 항상 역방향으로 바이어스 시킨다. 음의 게이트 전압은 게이트-소스 사이의 전압을 역방향으로 바이어스 시키므로 n채널에 공핍영역(depletion region)이 생기게 되고 채널저항을 증가시킨다. 이 채널폭은 게이트전압에 의해 제어된다. 이 개념이 〈그림 20.4〉에 나타나 있다.

그림에서 역방향 바이어스에 의해 생성된 공핍영역을 보여준다. 게이트와 소스 간의 역방향전압보다 게이트와 드레인간의 역방향전압이 더 크기 때문에 공핍 영역은 드레인쪽이 더 넓다.

〈그림 20.5 (a)〉와 같이 V_{GS} = 0[V]인 경우 게이트와 소스가 단락된다.

V_{DD}가 0에서 증가하면 〈그림 20.5 (b)〉의 A, B점 사이의 그래프와 같이 I_D는 V_{DS}에 비례하여 증가할 것이다. 이 영역에서 공핍영역은 충분히 크지 않기 때문에 채널저항은 거의 일정하다. V_{DS}와 I_D사이에는 옴의 법칙이 성립되기 때문에 이것을 저항영역(Ohmic region)이라고 한다.

B점에서부터 I_D는 비교적 일정한 값으로 되는데 이 값을 I_{DSS}라 한다. 게이트와 드레인간의 역방향전압(V_{GD})이 채널을 충분히 좁혀 채널저항이 증가하기 시작하는 곳이 바로 이 점(B점)이다. 이 점에서의 V_{DS} 값을 핀치오프 전압 V_P라 부른다.

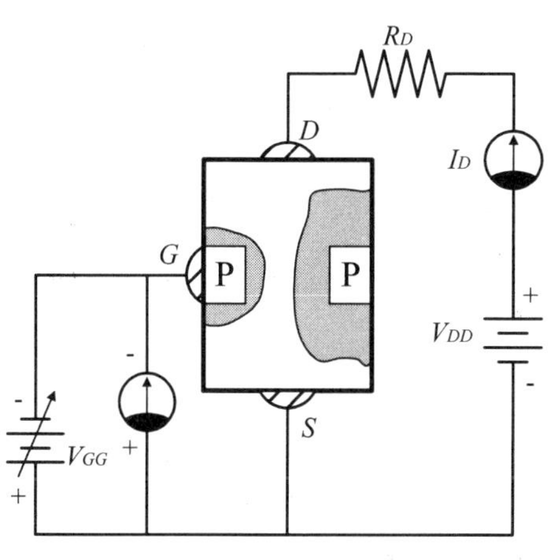

(a) 도통되기 위한 J-FET 바이어스

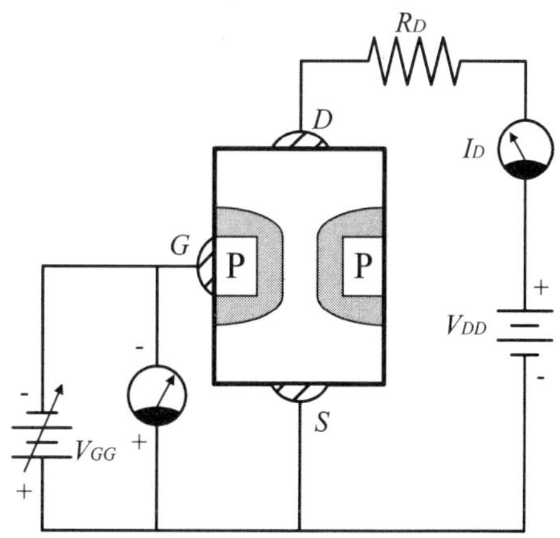

(b) VGG의 증가는 채널폭을 좁히고 I_D를 감소시킨다.

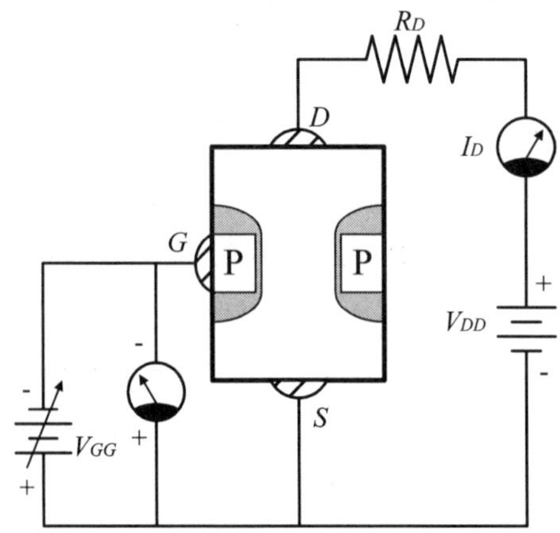

(c) VGG가 감소되면 채널폭은 넓어지고 I_D는 증가한다.

〈그림 20.4〉 채널폭과 드레인 전류에 대한 VGG의 효과

게이트 바이어스 전압이 0[V]인 경우 V_{GD}와 V_{DS}는 서로 같기 때문에 핀치오프점에서 V_P = V_{DS}이다. 〈그림 20.5〉에서 V_{DS}를 B점을 지나서 계속 증가시켜도 I_D는 I_{DSS}로 일정하게 된다. V_{GS} = 0[V]일 때 I_{DSS}는 I_D의 최대값이다. C점에서는 항복현상이 발생되고 I_D가 급격히 증가하여 파괴된다. 그러므로 J-FET는 항상 항복점 이하에서 동작시키고 핀치오프 영역 내에서 동작되어야 한다.

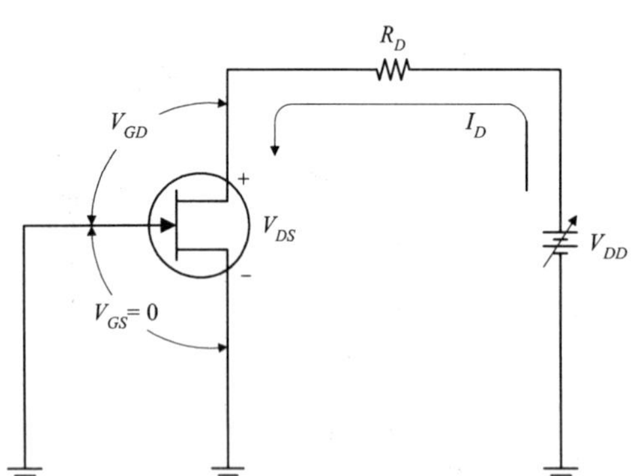

(a) V_{GS} = 0[V], V_{DS} 가변

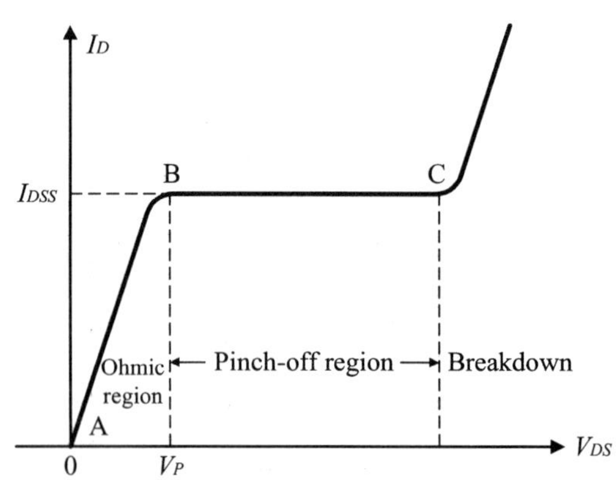

(b) V_{GS} = 0[V]에 대한 드레인 특성곡선과 핀치오프영역

〈그림 20.5〉 드레인 특성곡선의 발생

〈그림 20.6〉에서 V_{GS}의 음의 값을 증가시키면 더 낮은 값의 V_{DS}에서 핀치오프가 발생하여 결과적으로 I_D이값이 감소된다. 따라서 드레인전류는 V_{GS}에 의해 제어된다. n채널 J-FET에서는 V_{GS}의 음의 값이 크면 클수록 핀치오프 영역에서 I_D는 작아지게 된다. V_{GS}의 음의 값이 충분히 크면 I_D는 0으로 감소되며 공핍영역이 아주 커져서 채널을 완전히 감싸므로 차단점에서의 V_{GS}값은 V_{GS}(off)로 표시된다.

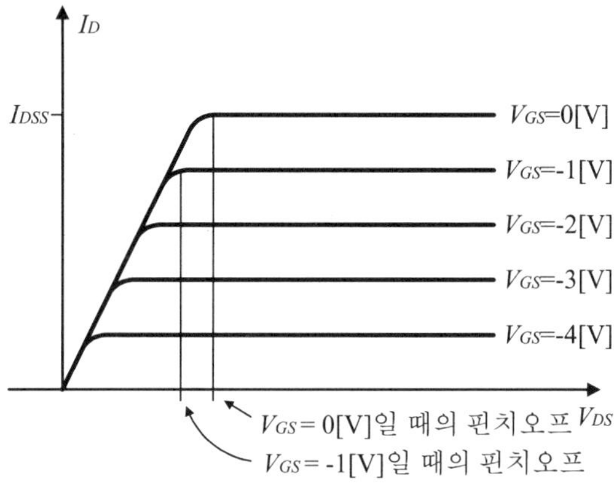

〈그림 20.6〉 드레인 특성곡선

핀치오프전압 V_P는 어떤 V_{GS}값이 주어질 때 드레인 전류가 일정하게 되는 V_{GD}이며 반면에 차단전압 V_{GS}(off)는 드레인전류가 0으로 되는 V_{GS}값이다. 또 $V_{GS} = -V_P$이면 I_D는 0이다. 드레인전류가 0이면 차단상태이므로 V_P의 크기는 V_{GS}(off)의 크기와 같다. 대부분의 FET 규격표에는 V_{GS}(off)값만 주어지고 V_P값은 없다. 그러나 V_{GS}(off)값을 알면 V_P도 알 수 있는 것이다.

0에서 V_{GS}(off)까지의 V_{GS}값은 드레인전류를 제어한다는 사실을 알았다. n채널 J-FET의 V_{GS}(off)는 음이고 p채널 J-FET의 V_{GS}(off)는 양이다.

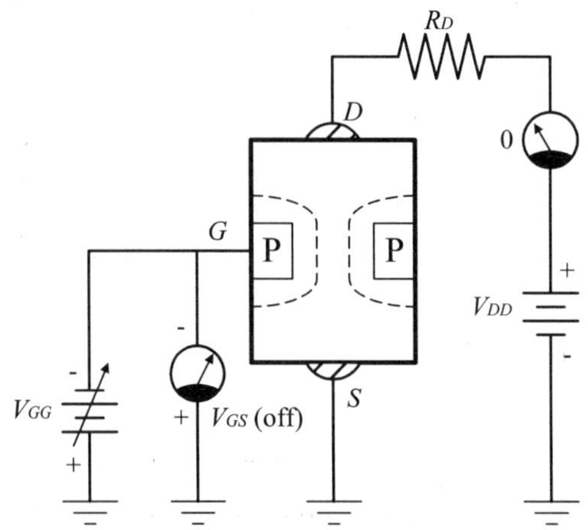

〈그림 20.7〉 차단영역에서의 J-FET동작

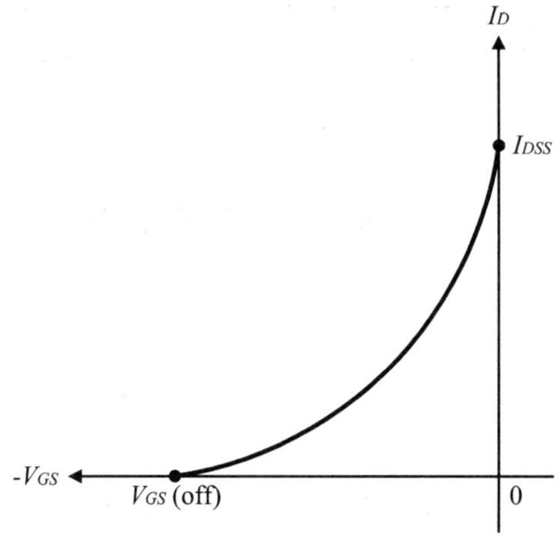

〈그림 20.8〉 J-FET의 전달 특성곡선

V_{GS}가 I_D를 제어하기 때문에 V_{GS}와 I_D의 관계가 대단히 중요하다. 〈그림 20.8〉은 V_{GS}와 I_D와의 관계를 그래프적으로 보여주는 전형적인 전달 특성곡선이다.

〈그림 20.8〉에서 특성곡선의 하단 V_{GS}끝이 축상에 있고 그 값이 V_{GS}(off)임에 유의하라. 그리고 특성곡선의 상단 끝이 I_D 축상에 있고 그 값은 I_{DSS}에 유의하라.

그러므로, 전달 특성상에서 V_{GS}=0 일 때 I_D=I_{DSS} 이고, I_D = 0 일 때 V_{GS}=V_P 임을 알 수 있다.

따라서 다음과 같은 수식으로 표현할 수 있다.

$$I_D = I_{DSS}\left[1 - \frac{V_{GS}}{V_{GS(OFF)}}\right]^2$$

여기서, V_{GS}(off)와 I_{DSS}를 알면 어떤 V_{GS}에 대해서도 I_D를 결정할 수 있다.

V_{GS}(off)와 I_{DSS}는 FET의 규격표에서 알 수 있다. 위의 식을 자승법칙이라 하며 J-FET를 흔히 자승법칙의 소자라고 한다.

J-FET의 유용한 파라미터는 다음과 같다.

(1) I_{DSS} : 드레인-소스 포화전류

(2) V_P = V_{GS}(off) : 핀치오프 또는 게이트-소스 오프전압

(3) BV_{GSS} : 드레인-소스가 단락 시 게이트-소스의 breakdown전압

(4) $g_m = g_{fs}$: 소자의 상호 컨덕턴스

(5) r_{ds}(ON) : 소자가 ON 상태일 때 드레인-소스저항

순방향 전달 콘덕턴스 g_m은 드레인-소스전압이 일정할 때 게이트-소스전압의 변화분에 대한 드레인전류의 변화분으로 표시된다.

$$g_m = \frac{\Delta I_D}{\Delta V_{GS}}$$

이 정수 대신에 다른 기호 g_{fs}와 y_{fs}(순방향 전달 어드미턴스)가 사용되기도 한다.J-FET에 대한 전달특성(전달 컨덕턴스) 곡선이 비선형이기 때문에 g_m은 V_{GS}값에 따른 곡선상의 위치에 종속되어 변동된다. 규격표에는 보통 V_{GS} = 0[V]에서의 g_m값(g_{mo})이 명시되어 있다. 예를 들면, 2N3823 J-FET의 규격표에는 V_{DS} = 15[V]에서 최소 g_{mo}가 3500[μA/v]임을 명시하고 있다.

g_{mo}가 주어지면 다음 공식을 이용하여 전달 특성곡선상의 어떤 점에서 개략적인 g_m값을 계산할 수 있다.

$$g_m = g_{mo}\left[1 - \frac{V_{GS}}{V_{GS(off)}}\right]$$

3. 사용기기 및 부품

(1) 전원공급장치
(2) 회로시험기
(3) 직류전류계 : FS 10[mA]
(4) 2SK 30A (n채널 J-FET, GR등급)

4. 실험순서

1) 게이트와 소스가 단락 (V_{GS} = 0) 되었을 때

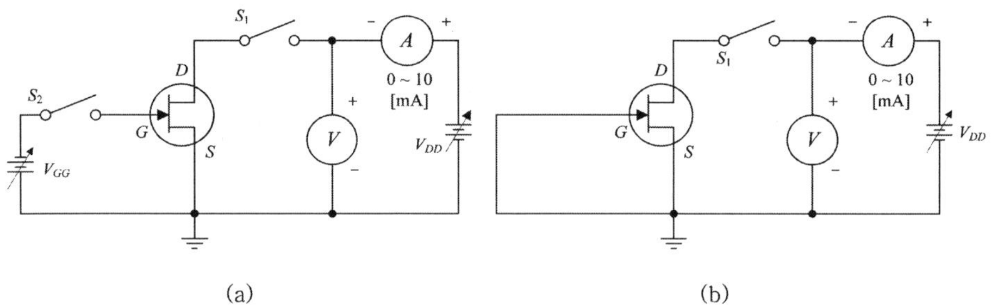

〈그림 20.9〉

(1) 〈그림 20.9 (b)〉의 회로를 결선하여라. 이 때 S_1은 OFF로 한다.
(2) V_{DD}를 0[V]로 놓고, S_1을 닫아 전원을 넣어라. V_{DS} = 0, V_{GS} = 0에 대한 드레인 전류 I_D를 측정하여 [표 20.1]에 기입하여라.
(3) V_{DS} = 0.5[V]가 되도록 V_{DD}를 증가시키고, V_{DS} = 0.5[V], V_{GS} = 0[V]에 대한 드레인 전류 I_D를 측정하여 [표 20.1]에 기록하여라.
(4) [표 20.1]에 지시된 V_{DS}값이 되도록 V_{DD}를 조정하고, 그에 대응하는 드레인 전류 I_D를 측정하여 [표 20.1]에 기록하여라.
(5) 스위치 S_1을 개방하여 전원을 제거하라.

2) 게이트가 역 bias일 때

(1) 〈그림 20.9 (b)〉의 게이트회로를 〈그림 20.9 (a)〉의 회로로 바꾸어라. 이때 S_1, S_2는 개방되어 있다.

(2) V_{DD}와 V_{GG}를 0[V]로 맞추고, S_1과 S_2를 닫아 전원을 넣는다.

(3) V_{GS} = −0.25[V]가 되도록 V_{GG}를 조정하여라. 실험순서 (4)와 (5)에서도 이 전압치를 유지하여라.

(4) V_{DS} = 0[V] 일 때 I_D를 측정하여 [표 20.1]에 기록하여라.

(5) [표 20.1]에 지시된 V_{DS}값이 되도록 V_{DD}를 조정하고, V_{DS}의 각 값에 대한 I_D를 측정하여 [표 20.1]에 기록하여라.

(6) V_{DD}를 조정하여 V_{DS}를 0[V]로 낮추고, V_{GG}를 조정하여 V_{GS}=−0.5[V]로 조정하여라. 실험순서 (7)에서도 이 전압치를 유지하여라.

(7) [표 20.1]에 지시된 V_{DS}의 각 값에 대해 실험순서 (4)와 실험순서 (5)를 반복하여라.

(8) [표 20.1]에 지시된 V_{GS}와 V_{DS}의 각 값에 대하여 실험순서 (6)과 (7)을 반복하여라. 드레인전류가 차단될 때까지 시행하여라.

(9) 전원을 제거하라.

3) 전달특성

(1) 〈그림 20.9(a)〉 회로에서 S_1과 S_2를 개방하고, V_{DD} = 15[V], V_{GG} = −2.5[V]로 맞추어라.

(2) S_1과 S_2를 닫고, V_{DS}는 15[V]로 유지하면서 [표 20.2]에 열거된 V_{GS}의 각 값에 대한 I_D를 측정하여 [표 20.2]에 기록하여라. 전원을 제거하라.

(3) [표 20.1]에 기록된 데이터를 사용하여 그래프용지에 드레인 특성곡선을 그려라. 단, 이때 V_{DS}는 수평축, I_D는 수직축으로 한다. 각각의 특성곡선을 V_{GS} 값으로 구분하고, V_P를 확인하여라.

(4) [표 20.2]에 있는 데이터를 사용하여 그래프용지에 전달특성을 그려라. 단, V_{GS}는 수평축, I_D는 수직축으로 한다.

5. 실험결과

평 가	월	일
	㊞	

실 험 일 자	년 월 일 교시
학 과	
학 번	
공동 실험자	
이 름	

1) 브레드보드 결선

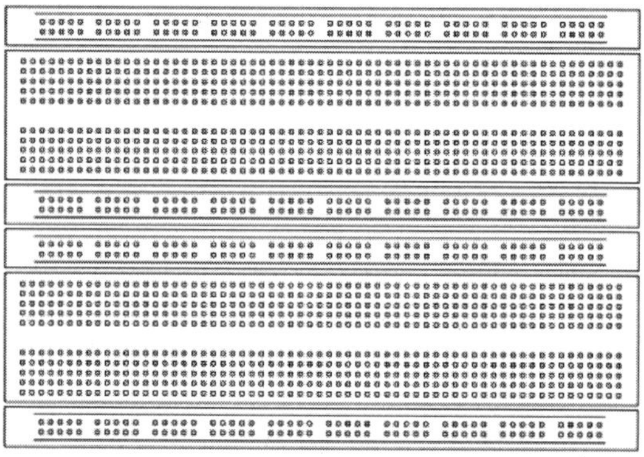

2)

[표 20.1] 드레인 특성에 대한 데이터

	I_D [mA]									
	V_{GS} [V]									
V_{DS} [V]	0	−0.25	−0.5	−0.75	−1.0	−1.25	−1.5	−1.75	−2.0	−2.5
0										
0.5										
1.0										
1.5										
2.0										
2.5										
3.0										
3.5										
4.0										
4.5										
5.0										
7.0										
9.0										
11.0										
13.0										
15.0										

[표 20.2] 전달특성에 대한 데이터

V_{GS} [V]	−2.5	−2.0	−1.75	−1.50	−1.25	−1.0	−0.75	−0.50	−0.25	0
I_D [mA]										

6. 검 토

(1) J-FET의 Bias 방법에 대하여 간단히 기술하여라.

(2) [표 20.1]을 이용한 그래프로부터 V_P의 값은 얼마인가 ?

(3) J-FET의 Pinch off에 대해서 설명하여라.

(4) V_{GS}에 가해주는 Bias에 따라 출력 특성이 어떻게 변화하는가?

실험 21 BJT의 특성 및 Bias

1. 목 적

(1) 트랜지스터의 단자 구별 방법을 익힌다.
(2) 트랜지스터의 바이어스 방법을 숙지한다.
(3) 트랜지스터의 동작원리를 이해한다.
(4) 에미터-베이스 회로에서 순방향 및 역방향 bias가 에미터-베이스 전류에 미치는 영향을 측정한다.
(5) 에미터-베이스 회로에서 순방향 및 역방향 bias가 콜렉터전류에 미치는 영향을 측정한다.
(6) ICBO를 측정한다.

2. 관련이론

바이폴라 접합 트랜지스터(BJT)는 〈그림 21.1〉과 같이 하나의 반도체 결정 속에 두 개의 PN접합을 만들어 놓은 것이다.

NPN 트랜지스터는 에미터가 N형, 베이스가 P형, 콜렉터가 N형으로 되어 있고, PNP 트랜지스터는 P-N-P의 순서로 에미터, 베이스, 콜렉터가 배열되어 있다.

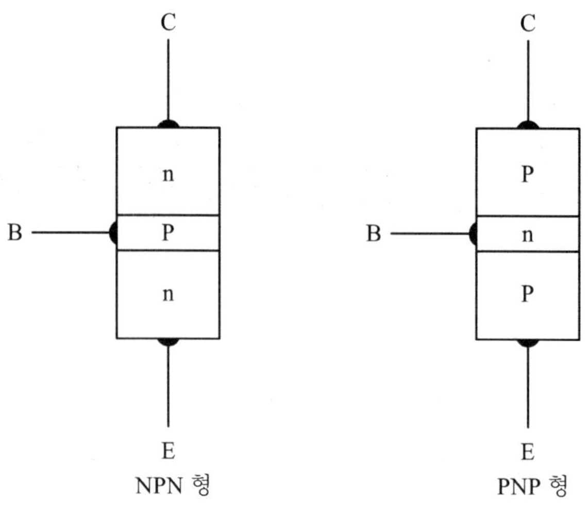

〈그림 21.1〉 BJT의 구조

트랜지스터 기호를 〈그림 21.2〉와 같이 나타낸다. 전극의 콜렉터와 에미터를 구별하기 위하여 에미터에는 화살표를 붙이는데, 이 화살표는 전류가 흐르는 방향을 나타낸다.

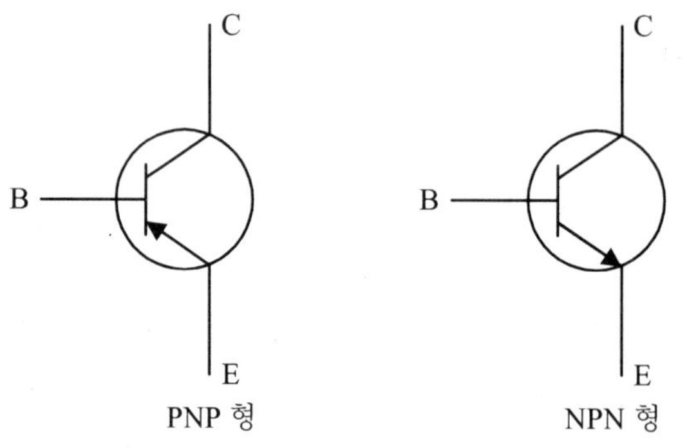

〈그림 21.2〉

트랜지스터는 어느 형이든 에미터-베이스 사이에는 순방향 전압이 걸리게 바이어스 시키고, 베이스-콜렉터 사이에는 역방향 전압이 걸리게 바이어스 시켜 동작시킨다.

여기서는 PNP트랜지스터에 대하여 설명하기로 한다.

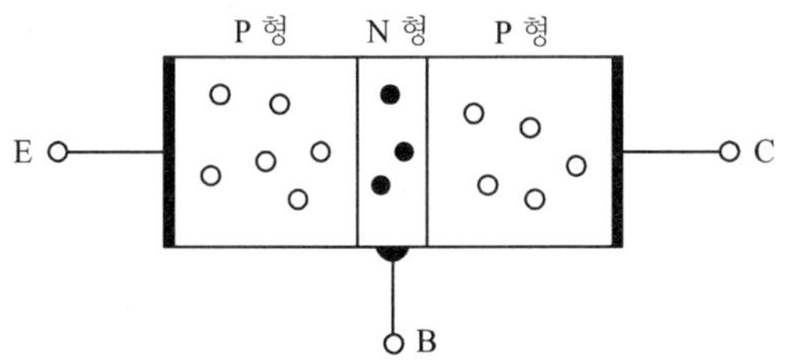

(a) 전압을 걸지 않은 상태

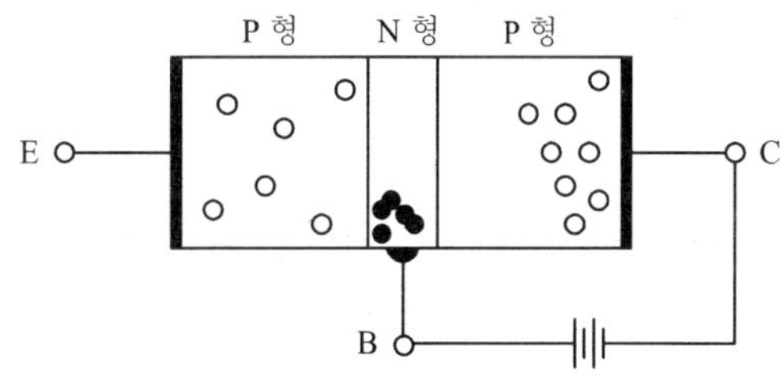

(b) B-C간에 역 방향전압이 걸린 상태

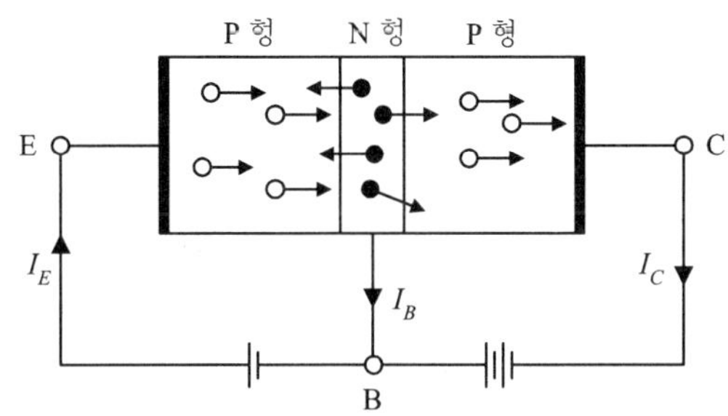

(c) E-B간에 순방향전압, B-C간에 역방향전압이 걸린 상태

〈그림 21.3〉 PNP 베이스 접지

〈그림 21.3(a)〉는 전압을 가하지 않은 상태이다. 〈그림 21.3(b)〉는 베이스 B에 정(+), 콜렉터 C에 부(-)의 전압을 가한 상태이다. 이것은 PN접합부에 역방향 전압이 걸리는 상태로서 B와 C사이에는 전류가 흐르지 않는다.

〈그림 21.3(c)〉에서는 베이스 B에 대하여 에미터 E가 정(+)이 되는 전압을 걸어준다. 이것은 에미터-베이스 PN접합부에 대하여 순방향 전압이므로 에미터의 정공은 베이스에 확산해 들어간다. 베이스의 폭은 구조적으로 얇게 만들어져 있으므로 대부분의 정공은 콜렉터의 경계면까지 확산해 간다. 그런데 콜렉터에 가해지고 있는 (-)의 전압 때문에 급속하게 콜렉터에 흡수되어 버린다. 베이스 영역을 통과할 때 정공의 일부는 베이스 영역 내에 있는 전자와 중화되어 베이스 전류 I_B가 되는 것도 있다. 콜렉터로 흘러들어가는 대부분의 정공은 에미터 전류 I_E의 95~99(%)로서 콜렉터 전류 I_C를 형성하며, I_E, I_B 및 I_C 사이에는 다음과 같은 관계가 성립한다.

$$I_E = I_B + I_C \qquad \text{식(21.1)}$$

NPN 트랜지스터는 PNP 트랜지스터와 바이어스 극성을 반대로 하면 동일하게 동작하게 된다.

1) 트랜지스터 사용상의 주의점

(1) 트랜지스터는 부주의하게 취급하면 쉽게 파손된다. 그리고 저전력 트랜지스터의 리드선은 끊어지기 쉽다.

(2) 상당한 시간동안 과부하를 견딜 수 있는 진공관과는 달리 트랜지스터는 순간적으로 파손된다. 베이스와 콜렉터를 단락시키는 경우에는 거의 예외 없이 트랜지스터는 파괴된다. 그러므로 전압계 또는 전류계의 프로브(Probe)나 공구에 의한 이들 두 단자의 단락에 주의하여야 한다.

(3) 직류전원을 넣어둔 채 트랜지스터를 회로에 붙이거나 회로에서 떼지 말아야한다.

(4) 콜렉터 바이어스 전압의 극성이 올바른가를 확인하고 전원을 넣어야 한다. 즉, 콜렉터는 역방향 바이어스가 되어야 한다. 또한 콜렉터와 에미터의 바이어스 전압이 정격치를 초과하지 않아야 한다.

(5) 트랜지스터는 그 내부저항을 측정할 때 파괴될 수도 있다. 특히 저항계를 저저항 범위에서 사용하면 트랜지스터에 과도한 전류가 흐르게 될 우려가 있으므로 저항계를 사용하여 트랜지스터 극성을 조사할 때는 저항계의 높은 범위(R×100)를 사용해야 한다.

(6) 트랜지스터를 회로에 연결할 때는 반드시 전류를 제한하는 적당한 값의 보호 저항을 연결하여야 한다.

(7) 신호발생기의 큰 출력이 트랜지스터를 파괴할 수도 있다. 그러므로 신호발생기 출력은 낮은 값에서 시작하여 점차로 적당한 값으로 높이도록 주의해야 한다.

2) 트랜지스터의 극성과 NPN, PNP를 쉽게 식별하는 방법

트랜지스터의 극성은 회로시험기의 저항계로 쉽게 식별할 수 있다.

우선, 회로시험기의 저항계를 R×100 Range에 놓고 트랜지스터의 임의의 두 단자에 회로시험기의 적색봉과 흑색봉을 교대로 접속하여 본다. 이때에 저항이 ∞이면 다른 한 단자가 베이스(Base)이고, 에미터(Emitter)와 콜렉터(Collector)는 일반적으로 글씨가 보이는 앞면에서 볼 때 E-B-C, E-C-B 또는 B-C-E 순서이다. 또한, 베이스에 흑색봉을, 에미터에 적색봉을 접속하여 저항이 0[Ω]부근의 작은 저항값을 지시할 때 npn 트랜지스터이고, 그 반대가 PNP 트랜지스터이다.

3. 사용기기 및 부품

(1) 장치 : 1.5[V], 6[V]
(2) 회로시험기
(3) 직류전류계 : F.S 1[mA], F.S 10[mA]
(4) 저항 : 220[Ω], 1[kΩ], $\frac{1}{4}$[W]
(5) 가변저항 : 5[kΩ]
(6) 트랜지스터 : 2SC1815(npn형), 2SA1015(pnp형)
(7) SW

4. 실험순서

(1) 주어진 트랜지스터의 에미터, 베이스, 콜렉터 리이드를 회로시험기로 구별하고, PNP 형인지 NPN 형인지를 식별하라.

(2) 〈그림 21.4〉의 회로를 구성하고, 전원스위치 S_1은 개방하여 가변저항 R_2의 저항치를 최대로 놓아라. 이때 R_1은 에미터회로에서 전류제한용 저항이고, R_3는 콜렉터회로에서 전류제한용 저항이다.
전류계 M_1과 M_2는 높은 전류범위(range)에 놓고, 전원을 가한 다음에 전류치를 읽기에 적당하도록 전류계의 range를 감소시킨다.

(3) S_1을 닫고 에미터 전류와 콜렉터 전류를 측정하여 [표 21.1]에 기록하여라.
이 때 전류계의 움직임이 너무 적으면 전류범위 선택스위치를 다시 맞추어서 전류계가 적당한 크기를 가리키도록 하여라. 회로시험기로 에미터-베이스간 및 콜렉터-베이스간의 전압을 측정하여 [표 21.1]에 기록하여라. 이들 전압극성도 나타내어라.

(4) S_1을 개방하고 〈그림 21.4〉의 회로에 V_{CC}와 S_2를 추가하여 〈그림 21.5〉와 같이 회로를 구성하여라.

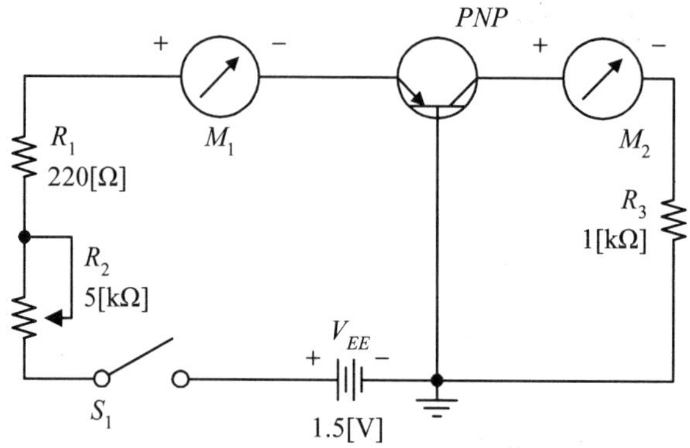

〈그림 21.4〉 에미터-베이스회로에서 전류-전압 측정회로

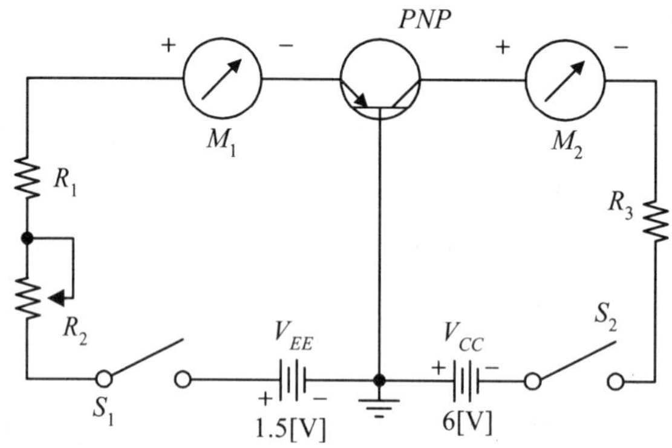

〈그림 21.5〉 에미터 및 콜렉터회로에서 전류-전압 측정회로

(5) R_2의 값을 최대로 유지한 상태에서 S_1 및 S_2를 닫고 에미터 전류, 콜렉터전류 및 에미터-베이스간 전압과 콜렉터-베이스간 전압을 측정하여 [표 21.1]에 기록하여라.

(6) 가변저항 R_2를 최소로 하고 (에미터 Bias 최대) 실험순서 (5)를 반복하여 그 측정결과를 [표 21.1]에 기록하여라.

(7) S_1, S_2를 개방하고, 에미터전지 V_{EE}의 극성과 전류계 M_1 접속을 〈그림 21.6〉과 같이 바꾸어라. 이 때에 가변저항 R_2를 최소치로 놓는다.

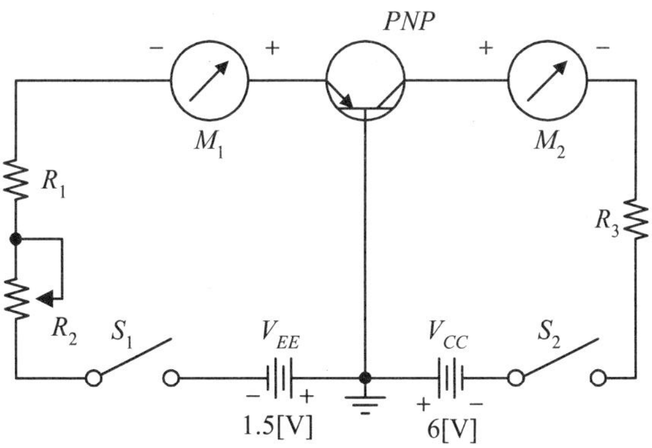

〈그림 21.6〉 역방향 에미터 bias의 효과

(8) S_1, S_2를 닫고, 에미터 및 콜렉터 회로에서의 전류를 관찰하고, 측정하여 [표 21.1]에 기록하여라. 에미터-베이스 전압 및 콜렉터-베이스 전압을 측정하여 기록하여라. 전압극성도 표시하여라.

(9) S_1, S_2 를 개방하여 에미터-베이스회로를 개방시킨다.

(10) S_2는 닫고, 이 때의 콜렉터전류를 측정하여 [표 21.1]에 기록하여라. 이것이 이 회로조건에서 ICBO의 전류치이다. 콜렉터-베이스 전압을 측정하여 [표 21.1]에 기록하여라. 전압의 극성을 표시하여라.

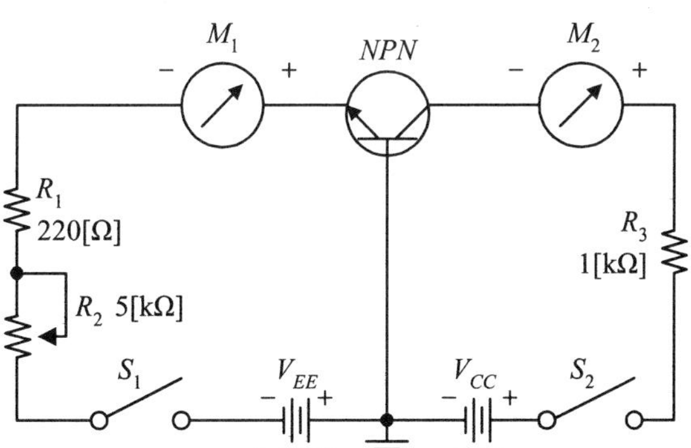

〈그림 21.7〉

(11) S_1, S_2를 개방하고, 〈그림 21.7〉과 같이 pnp형 트랜지스터를 npn형 트랜지스터로 바꾸며 V_{CC}의 극성도 바꾸어라.

(12) S_1, S_2를 닫고, 가변저항 R_2를 최대치로 놓아라. 이때의 에미터 및 콜렉터 전류를 관찰하고 측정하여 [표 21.1]에 기록하여라. 또한, 에미터-베이스전압 및 콜렉터-베이스 전압을 측정하여 [표 21.1]에 기록하여라. 전압의 극성을 나타내어라.

(13) 가변저항 R_2를 최소치로 놓고 이 때의 에미터 및 콜렉터전류와 에미터-베이스 및 콜렉터-베이스 전압을 측정하여 [표 21.1]에 기록하여라. 전압의 극성도 표시하여라.

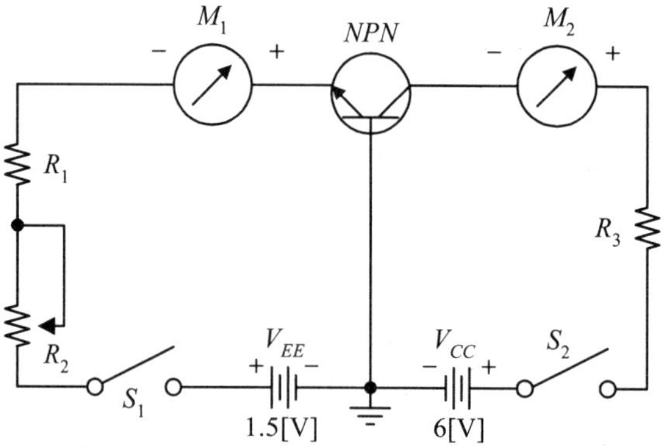

〈그림 21.8〉

(14) S_1, S_2를 개방하고 V_{EE}의 극성과 전류계의 접속을 〈그림 21.8〉과 같이 바꾸어라. 이 때에 가변저항 R_2는 최소치로 놓아라.

(15) S_1, S_2를 닫고, 전류 및 전압을 측정하여 [표 21.1]에 기록하여라.

(16) S_1, S_2를 개방하여 에미터-베이스 회로를 개방한다.

(17) S_2는 닫고, 이 때의 콜렉터전류를 측정하여 [표 21.1]에 기록하여라. 또한, 콜렉터-베이스 전압도 측정하여 기록하여라.

5. 실험결과

평 가	월	일
		㉧

실 험 일 자	년 월 일 교시
학 과	
학 번	
공동 실험자	
이 름	

1) 브레드보드 결선

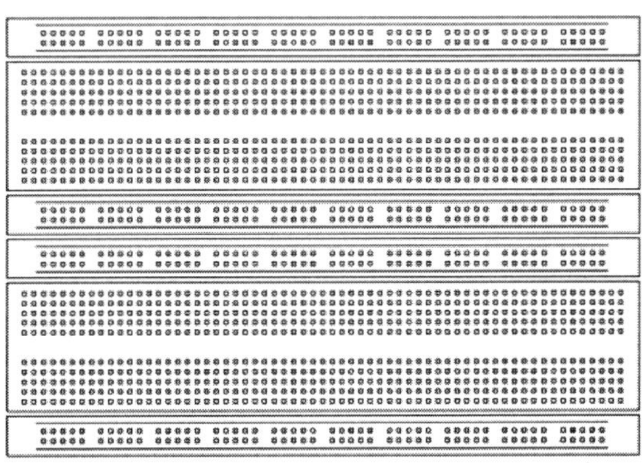

2) 실험순서에 따라 다음의 해당표에 실험결과를 기재하여라.

[표 21.1]

pnp					npn				
트랜지스터의 형명 :					트랜지스터의 형명 :				
순서	에미터 전류 [A]	에미터 베이스간 전압 [V]	콜렉터 전류 [A]	콜렉터 베이스 간 전압 [V]	순서	에미터 전류 [A]	에미터 베이스 간 전압 [V]	콜렉터 전류 [A]	콜렉터 베이스 간 전압 [V]
3					12				
5					13				
6					15				
8					17	×	×		
10	×	×							

6. 검 토

(1) PNP 트랜지스터와 NPN 트랜지스터의 올바른 Bias 방법을 설명하시오.

(2) 에미터 바이어스를 증가시키면 콜렉터 전류치는 어떻게 되는가? 실험 데이터를 참고하여 답하여라.

(3) ICBO는 무엇인가? 실험에서 측정방법을 설명하여라.

(4) 에미터-베이스 회로에서 역방향 Bias는 콜렉터 전류에 어떠한 영향을 주는가? 실험 데이터를 참고하여 답하여라.

실험 22 CE구성의 특성곡선 및 β측정

1. 목 적

(1) IB의 변화가 IC에 미치는 영향을 측정한다.

(2) β 값을 결정한다.

(3) CE구성에 대하여 콜렉터 특성($V_{CE}-I_C$) 곡선을 실험적으로 결정하고 그래프로 그린다.

2. 관련이론

트랜지스터는 사용법에 따라서 에미터 접지 또는 에미터 공통, 베이스 접지 또는 베이스 공통, 콜렉터 접지 또는 콜렉터 공통의 3가지 구성 방법이 있으며, 에미터 접지 방식은 전압증폭, 전류증폭, 전력증폭을 하기 때문에 가장 널리 사용된다.

1) 베이스 공통 회로

트랜지스터의 베이스 단자를 공통(접지) 단자로 하는 회로방식을 베이스 공통(common base) 회로라고 부른다. 이 방식은 트랜지스터의 NPN과 PNP에서 관습적인 전류방향을 〈그림 22.1〉과 같이 표시한다.

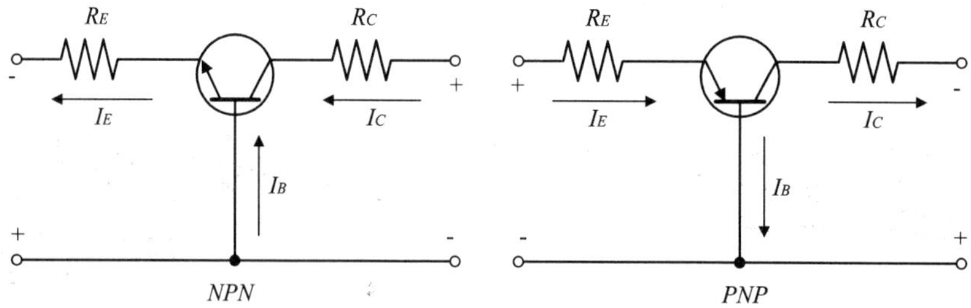

〈그림 22.1〉 베이스 공통 회로

이 접속에서 I_E는 입력전류이고 I_C는 출력전류이므로 전류이득은 I_C/I_E이다. 이 비를 공통베이스에 대한 **정적 순방향 전류전달비**(Static forward current transfer ratio)라고 한다. 기호는 α_{dc}로 표기되며 트랜지스터의 규격표에는 h_{FB}로 표시된다.

$$\alpha_{dc} = \frac{I_C}{I_E} \qquad 식(22.1)$$

I_C = I_E이므로 α_{dc}는 거의 1이다. 실제값은 약 0.95에서 0.99 범위에 있다.

2) 에미터 공통 회로

기본적으로 트랜지스터의 동작은 공통 베이스 접속과 동일하다. V_{BB}는 베이스-에미터 접합에 순방향 바이어스 전압을 인가하고 접지를 기준으로 입력전압은 베이스에서, 출력전압은 콜렉터에서 취한다.

β_{dc}는 트랜지스터의 직류전류이득으로 전형적인 값은 20에서 200까지의 범위에 있다.

$$\beta_{dc} = \frac{I_C}{I_B} \qquad 식(22.2)$$

β_{dc}는 공통 에미터의 정적 순방향 전류전달비로서 트랜지스터의 규격표에는 h_{FB}로 적혀 있다.

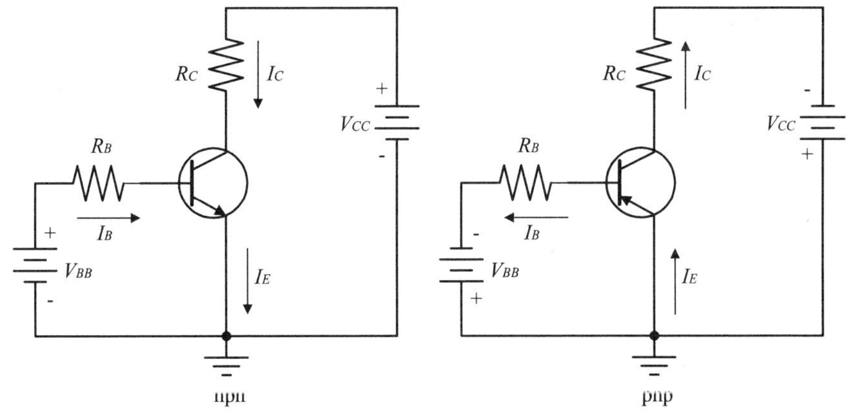

〈그림 22.2〉 에미터 공통 회로

α_{dc}와 β_{dc}의 관계식은 $I_E = I_C + I_B$로부터 양변을 I_C로 나누면

$$\frac{I_E}{I_C} = \frac{I_C}{I_C} + \frac{I_B}{I_C} = 1 + \frac{I_B}{I_C}$$

위에서 $\beta_{dc} = I_B / I_C$, $\alpha_{dc} = I_C / I_E$이므로

$$\frac{1}{\alpha_{dc}} = 1 + \frac{1}{\beta_{dc}}$$

이며

$$\frac{1}{\alpha_{dc}} = \frac{\beta_{dc} + 1}{\beta_{dc}}$$

이므로

$$\alpha_{dc} = \frac{\beta_{dc}}{\beta_{dc} + 1} \qquad \text{식(22.3)}$$

이다.

위의 식으로부터 β_{dc}에 대한 공식이 유도된다.

$$\alpha\,dc\,(\beta\,dc + 1) = \beta\,dc$$

$$\alpha\,dc\,\beta\,dc + \alpha\,dc = \beta\,dc\alpha$$

$$\alpha\,dc = \beta\,dc - \alpha\,dc\,\beta\,dc$$

$$\beta\,dc(1 - \alpha\,dc) = \alpha\,dc$$

$$\beta_{dc} = \frac{\alpha_{dc}}{1 - \alpha_{dc}} \qquad \text{식}(22.4)$$

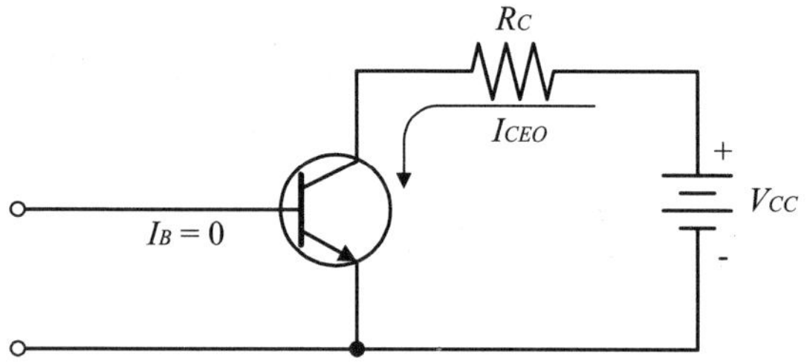

〈그림 22.3〉 차단상태에서 콜렉터 누설전류

〈그림 22.3〉에서 I_B = 0 인 경우 트랜지스터는 차단상태에 있다고 생각할 수 있다. 이때 열에 의해 생성된 캐리어에 의하여 매우 적은 양의 콜렉터누설전류 ICBO가 흐른다. (主, 실제 실험상으로는 측정이 곤란함)

3) 콜렉터 공통 회로

트랜지스터의 콜렉터 단자를 공통으로 하는 회로방식이며 콜렉터 공통 혹은 에미터 폴로워(Emitter follower)라 부른다. 여기서 콜렉터는 직류접지에 연결되어 있지 않고 V_{CC} 전원이 교류신호에 대하여 저항이 0이기 때문에 교류접지에 연결되었다고 볼 수 있다. 〈그림 22.4〉의 회로에서 V_{CC}는 콜렉터에 직접 연결되어 있고 외부저항 R_E는 에미터와 접지 사이에 연결되어 있다. 출력전압은 접지를 기준으로 에미터의 R_E양단에서 취하고 있다.

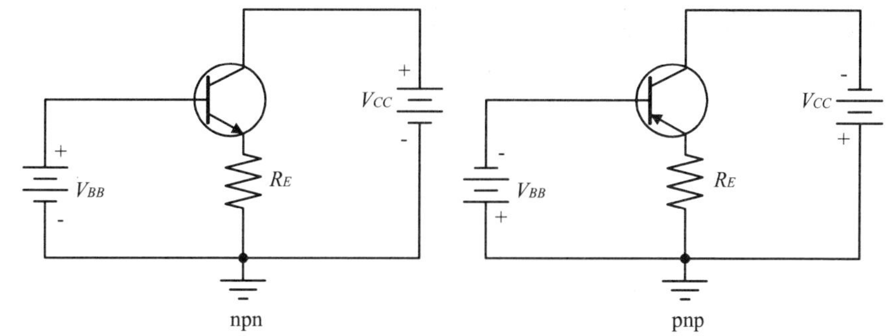

〈그림 22.4〉 콜렉터 공통 회로

에미터공통회로에 대한 출력특성 곡선과 입력특성곡선을 〈그림 22.5〉에 나타내었다. 출력특성은 콜렉터특성($V_{CE} - I_C$)을 말하고, 입력특성은 베이스특성($V_{BE} - I_B$)을 나타낸다.

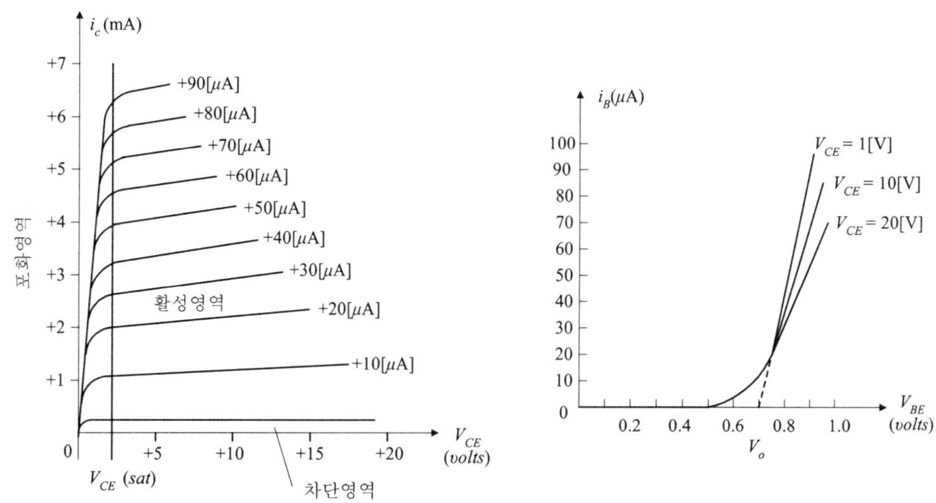

(a) 콜렉터 특성 (b) 베이스 특성

〈그림 22.5〉

트랜지스터는 각 응용에서 요구하는 조건을 만족하도록 독특한 특성을 가지도록 제조되어 있다.

그러므로 트랜지스터회로를 설계할 때에는 그 회로에 사용할 트랜지스터의 특성을 정확히 알고 있어야 하며 트랜지스터의 특성곡선은 파라미터 변화에 의한 영향을 그래프로 나타낸 것으로 회로 설계자나 기술자에게는 중요한 정보원이 된다.

4) 에미터 공통 방식의 평균 콜렉터 특성

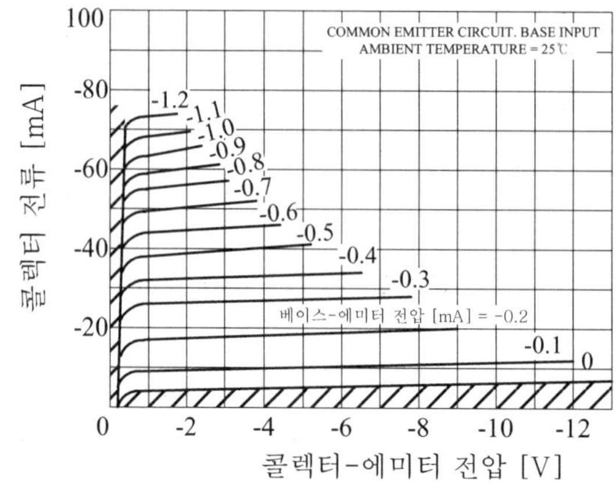

〈그림 22.6〉 에미터 공통회로의 평균 콜렉터 특성

〈그림 22.6〉은 트랜지스터(2N217)의 에미터 공통 접속에 대한 평균 콜렉터 특성($V_{CE}-I_C$)곡선을 보여준다.

이 곡선군의 각각의 곡선은 베이스 전류값을 일정하게 유지한 상태에서, V_{CE}의 변화에 따른 I_C의 변화를 도시한 것이며, 입력 베이스 전류값을 일정한 간격으로 증가시킬 때 이에 따른 콜렉터 전류값의 증가를 나타낸 것이다. V_{CE} = −1[V]의 세로좌표측 오른편에서 콜렉터전류는 콜렉터전압에 거의 무관하게 일정하며, 주로 베이스전류에 관련되어 있음을 알 수 있다.

또 한가지 주목할 사실은 각각의 곡선이 끝나는 점으로서, 0.1[mA]의 베이스 bias 전류에 대한 특성곡선은 V_{CE}=-12[V]에서 끝난다. 이 점에서의 콜렉터전류는 대략 −12 [mA]이다. 이 곡선의 끝점에서 V_{CE}와 I_C의 곱은 144[mW]이다. 이 값은 트랜지스터의 정격 소비 전력 150[mW]에 매우 가깝다.

각 곡선의 종점에서도 유사한 결과가 얻어지는데, 트랜지스터는 정격 소비 전력범위 내에서 동작해야 한다. 곡선 좌측의 빗금 친 부분은 트랜지스터의 포화 영역을 나타내고 V_{CE}의 미소변화가 I_C의 큰 변화를 일으킨다. I_B = 0 아래의 빗금 친 영역은 차단 영역(cutoff region)으로서, V_{CE}가 크게 변화하더라도 콜렉터 회로의 전류는 거의 흐르지 않는다. 이 때 흐르는 미소 전류는 누설 전류로서 ICEO(I_B = 0일 때 콜렉터에서 에미터로 흐르는 전류)로 나타내며, 실제로 측정하기에는 곤란할 정도로 상당히 작다.

〈그림 22.6〉의 곡선은 트랜지스터의 주위 온도가 25[℃]일 때 실험적으로 결정한

곡선들이다. 만약 온도가 증가하면, 콜렉터 전류는 더욱 증가할 것이다.

〈그림 22.6〉으로부터 β 의 계산이 가능하다.

$$\beta = \left.\frac{\Delta I_C}{\Delta I_B}\right|_{V_{CE}=\text{ 일정}}$$

그래프에서 V_{CE}를 고정시키고 두 개의 I_B에 대해서 I_C값을 구한 다음, 그 값을 위의 식에 대입하고 β 를 계산한다.

예를 들어, V_{CE} = −4[V] 및 I_B = 0.1[mA]이면 I_C = 10[mA]이고, V_{CE} = −4[V] 및 I_B = 0.2[mA] 이면 I_C = 18[mA]이다. 이들을 위의 식에 대입하면 β 는 다음과 같다.

$$\beta = \frac{18 - 10}{0.2 - 0.1} = \frac{8}{0.1} = 80$$

5) 콜렉터 특성($V_{CE} - I_C$) 을 결정하기 위한 시험회로

[점 대 점 방법]

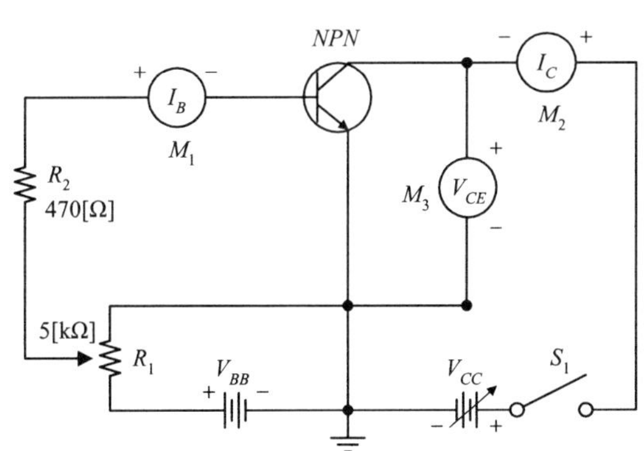

〈그림 22.7〉 NPN 트랜지스터의 에미터 접지 회로에서 $V_{CE} - I_C$ 특성을 결정하기 위한 시험 회로

〈그림 22.7〉은 점 대 점 방법(point-by-point method)을 사용하여 CE구성된 NPN 트랜지스터의 특성 곡선을 그리기 위한 시험 회로이다. 이 회로에서 베이스 전류는 가변저항 R_1을 조정하여 특정치로 설정하는데, 그 과정은 다음과 같다.

곡선을 그리는데 필요한 I_B값이 되도록 R_1을 조정하고, 전류계 M_1으로 베이스 전류를 측정한다. R_1은 I_B를 일정 레벨로 유지하기 위해 사용된다.

M_2는 콜렉터 전류를 측정하고, 전압계 M_3로 콜렉터 전압을 측정한다. 미리 결정된 콜렉터 전압 값이 차례로 선택되고, 그에 대응되는 콜렉터 전류를 측정 기록한다. 그 다음, 얻어진 결과를 그래프로 나타낸다.

여러 베이스 전류에 대해 위와 같은 과정을 반복하면 특성 곡선군이 얻어진다.

3. 사용기기 및 부품

(1) 양 전원 공급장치
(2) 회로 시험기
(3) 직류 전류계([μA], [mA])
(4) 저항 : 100[Ω], 470[Ω], 4.7[kΩ], $\frac{1}{2}$[W]
(5) 가변저항 : 5[kΩ]×2
(6) 트랜지스터 : 2SC 1815(npn)
(7) 스위치 : 2개

4. 실험순서

1) β (h_{fe}) 측정

(1) 〈그림 22.8〉과 같이 회로를 구성하여라. (단, M_1은 [μA]전류계, M_2는 [mA] 전류계를 사용하고, R_4는 전원을 공급하기 전에 최대 저항치로 놓아라.)

(2) S_1과 S_2를 닫고 베이스 전류 I_B가 10[μA]가 되도록 R_2를 조정하고, V_{CE}= 6[V]가 되도록 R_4를 조정하여, I_C를 측정해서 [표 22.1]에 기록하여라.

(3) I_B가 30[μA]가 되도록 R_2를 조정하고, V_{CE} = 6[V]를 유지하도록 R_4를 조정하여, I_C를 측정해서 [표 22.1]에 기록하여라.

(4) I_B가 40[μA]가 되도록 R_2를 조정하고, V_{CE}가 6[V]를 유지하도록 R_4를 조정한 후, I_C를 측정해서 [표 22.1]에 기록하여라.

(5) I_B = 50[μA]와 V_{CE} = 6[V]가 되도록 R_2, R_4를 다시 한번 조정하여, I_C를 측정해서 [표 22.1]에 기록하여라.

(6) S_1, S_2를 개방하고, [표 22.1]의 측정치를 사용해서 β 를 계산하고 기록하라.

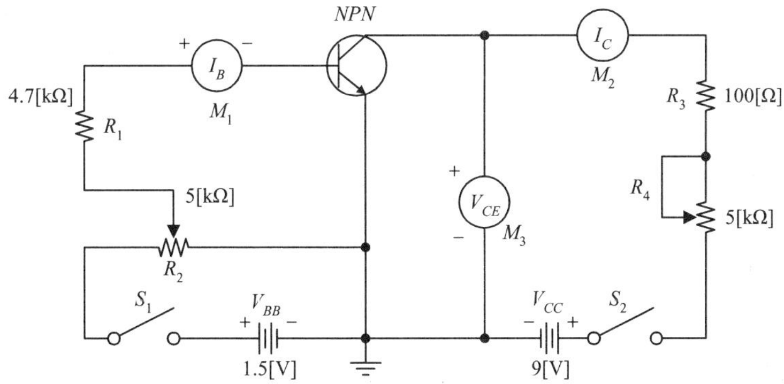

〈그림 22.8〉 NPN트랜지스터의 β를 측정하기 위한 시험 회로

2) 출력 특성($V_{CE} - I_C$)

(7) 〈그림 22.7〉의 회로를 결선하고, V_{BB} = 1.5[V], V_{CC} = 3[V]로 맞추어라. 스위치 S_1을 개방하고, 가변저항 R1을 최소값으로 놓아라.

(8) 전원을 넣고, 회로 동작을 점검하기 위해 $I_B(M_1)$와 $I_C(M_2)$가 조금 흐르도록 R_1을 조절하여라.

(9) 베이스전류 I_B가 10[μA]가 되도록 가변저항 R_1을 조정하여라. 실험순서 ⑽, ⑾에서도 I_B = 10[μA]가 유지되도록 R_1을 재조정한다.

⑽ V_{CC}를 0[V]로 조정하면, 전압계 M_3는 0[V]를 가리킨다. 즉, V_{CE} = 0[V]이다. 이때의 I_C를 측정하고, [표 22.2]에 기록하여라.

⑾ [표 22.2]에 지시된 V_{CE}의 모든 값이 되도록 차례로 V_{CC}를 조정한다. 각각의 V_{CE}값에 대한 I_C의 값을 측정하여 [표 22.2]에 기록하여라.

⑿ V_{CEE} = 0[V]가 되도록 V_{CC}를 조정하고, I_B = 20[μA]가 되도록 R_1을 조정한 다음 I_C값을 측정하여 [표 22.2]에 기록하여라.

⒀ V_{CE}의 값이 [표 22.2]에서 지시된 값들이 되도록 차례로 V_{CC}를 조정하고, 각각 V_{CE}값에 대한 I_C값을 측정하여 기록하여라.

⒁ [표 22.2]에 지시된 I_B의 모든 값에 대해 실험순서 ⑿~⒀을 반복하여라.

⒂ 전원을 끄고, [표 22.2]의 데이터로부터 콜렉터특성곡선을 V_{CE}는 수평축, I_C는 수직축으로 하여 그래프용지에 그려라.

5. 실험결과

평 가	월	일
		㉷

실 험 일 자	년 월 일 교시
학 과	
학 번	
공동 실험자	
이 름	

1) 브레드보드 결선

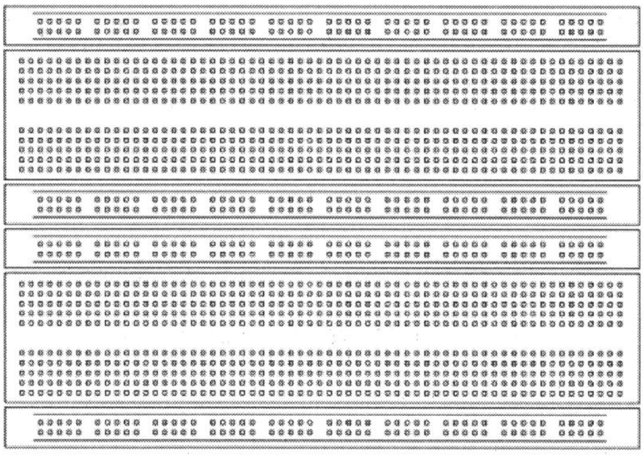

2)

[표 22.1] β측정

실험순서	I_B [μA]	I_C [mA]	ΔI_C	β
(2)	10		×	×
(3)	30		순서 (3) - 순서 (2)	
(4)	40		순서 (4) - 순서 (2)	
			순서 (4) - 순서 (3)	
(5)	50		순서 (5) - 순서 (2)	
			순서 (5) - 순서 (3)	
			순서 (5) - 순서 (4)	

[표 22.2] 출력특성 (V_{CE} - I_C)

I_B [μA]	I_C [mA]								
	V_{CE} [V]								
	0	2.5	5	7.5	10	15	20	25	30
10									
20									
30									
40									
50									
60									

6. 검 토

(1) 이 실험에서 결정된 β 를 이용해서 α 값을 구하라.

(2) [표 22.2]에서 얻어진 평균 콜렉터 특성 곡선군으로부터, V_{CE} = 10[V]일 때 I_B = 30[μA]와 40[μA] 사이에서 β 값을 구하라.

(3) 다음에 주어진 I_B와 V_{CE}값에 대해 [표 22.2]를 사용해서 2SC 1815의 콜렉터 전력손실을 계산하라.

$$I_B \quad \begin{cases} 30[\mu A] & 60[\mu A] \\ 30[\mu A] & 60[\mu A] \end{cases} \qquad V_{CE} \quad \begin{cases} 10[V] & 10[V] \\ 30[V] & 25[V] \end{cases}$$

실험 23 트랜지스터 증폭기의 부하선 해석

1. 목 적

(1) 최대 전력 손실 곡선을 그리는 방법을 익힌다.

(2) 에미터 접지 증폭기의 부하선과 동작 전류로부터 동작점을 구한다.

(3) 동작점에 따른 증폭기의 선형 동작 범위를 조사한다.

2. 관련이론

트랜지스터 증폭기에서 일그러짐이 없는 출력파형을 얻기 위해서는 특성곡선의 선형적인 범위에서 동작시켜야 하며 그러기 위하여 적당한 동작점을 선택할 필요가 있다.

트랜지스터에서는 동작점이 콜렉터, 에미터, 베이스에 인가된 직류전압에 의해 정해지므로 증폭기를 설계하는데는 트랜지스터 특성 곡선과 규격을 참조하여야 한다.

〈그림 23.1〉은 주위 온도 25[℃]일 때 트랜지스터 2N 649의 에미터 접지 출력특성곡선(output characteristic curve)이다. 2N 649는 주위 온도 25[℃]에서 콜렉터 전력손실이 100[mW]로 제한되어 있다. 즉,

$$V_{CE} \times I_C = 100[\mathrm{mW}] \qquad \text{식(23.1)}$$

를 만족시키는 곡선(그림 23.1참조)으로 경계가 그려지는 영역의 좌측에서 동작시켜야 하며 그렇게 함으로써 트랜지스터의 손상을 막을 수 있다.

예를 들면, 점 10[V] 10[mA]와 2[V] 50[mA]는 이 조건을 만족한다.

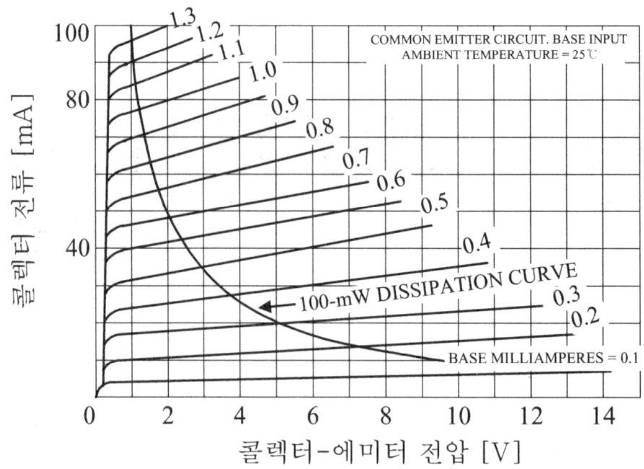

〈그림 23.1〉 트랜지스터 2N 649의 평균 콜렉터 특성

1) 직류 부하선

트랜지스터 증폭기의 성능은 부하선을 사용해서 그래프적으로 예측할 수 있다. 그러므로 특정동작 조건하에서 입력신호가 출력신호에 미치는 영향은 부하선으로부터 결정된다.

〈그림 23.2〉는 에미터 접지 증폭기의 출력회로를 나타내며, 출력회로에 Kirchhoff의 전압법칙으로부터

$$V_{CC} = I_C R_L + V_{CE} \qquad 식(23.2)$$

가 된다.

여기서 V_{CC}와 R_L이 정해지면 부하선은 최대포화점 $\left(V_{CE} = 0,\ I_C = \frac{V_{CC}}{R_L}\right)$과 절대차단점($V_{CE} = V_{CC},\ I_C = 0$)을 연결하여 얻을 수 있다.

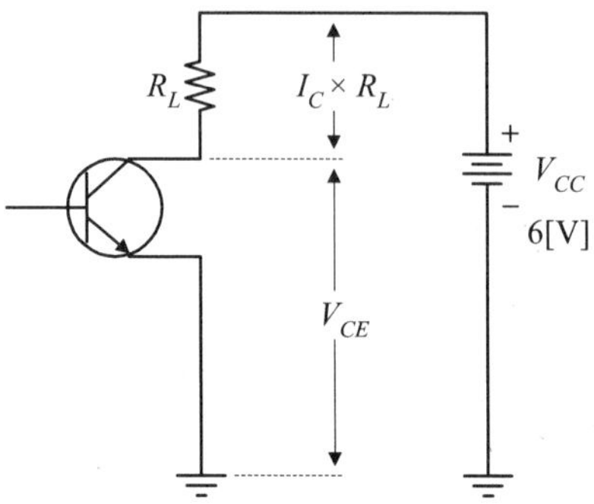

〈그림 23.2〉 에미터 접지 증폭기의 출력에서 직류 전압

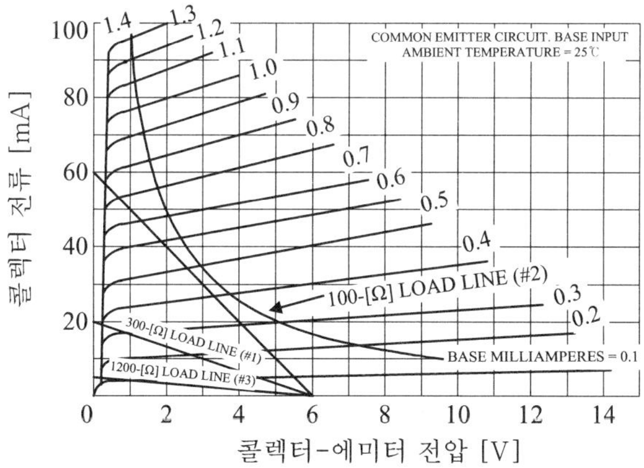

〈그림 23.3〉 R_L과 V_{CC}값에 따른 부하선

두 극한점의 좌표를 찾아내는 방법을 예를 들어 설명하면 다음과 같다. 〈그림 23.2〉에서 V_{CC} = 6[V], R_L = 300[Ω]이고, V_{CE} = 0일 때 I_C = 6/300 = 20[mA]이다. 또한 I_C = 0이면, V_{CE} = 6[V]이다. 이들 두 점을 통과하는 직선이 〈그림 23.3〉에 부하선 (#1)로 그려져 있다.

다른 모든 조건들이 일정하게 유지된 상태에서 R_L값의 증감이 부하선에 미치는 영향은 무엇인가? 다시 수치 예를 들어보자. 먼저 R_L이 100[Ω]으로 감소되었다면, 부하선 (#2)의 좌표는 다음과 같이 계산된다.

$$V_{CE} = 0,\ I_C = \frac{6}{100} = 60[\mathrm{mA}]$$

$$I_C = 0,\ V_{CE} = 6[\mathrm{V}]$$

이 부하선 (#2)는 부하선 (#1)과 공통점 V_{CC} = 6[V], I_C = 0을 가지나 부하선(#1) 위에 놓인다. 만약 R_L의 값이 1200[Ω]으로 증가하면, 부하선 (#3)의 좌표는

$$V_{CE} = 0,\ I_C = \frac{6}{1200} = 5[\mathrm{mA}]$$

$$I_C = 0,\ V_{CE} = 6[\mathrm{V}]$$

로 되어, 부하선 (#3)은 부하선 (#1) 및 (#2)와 공통점 V_{CC} = 6[V], I_C = 0을 가 지나, 부하선 (#1) 아래에 위치한다. 지금까지의 예로부터 3가지 경우에 있어서, 부하선은 모두 최대 손실 곡선(100[mA])의 좌측에 위치함을 알 수 있다.

부하선을 그리는 일반적인 방법은 R_L과 V_{CC}의 값을 알면 쉽게 그릴 수 있다. R_L의 값은 모르지만, 트랜지스터 증폭기의 동작점이 알려진 경우를 가정해 보자.

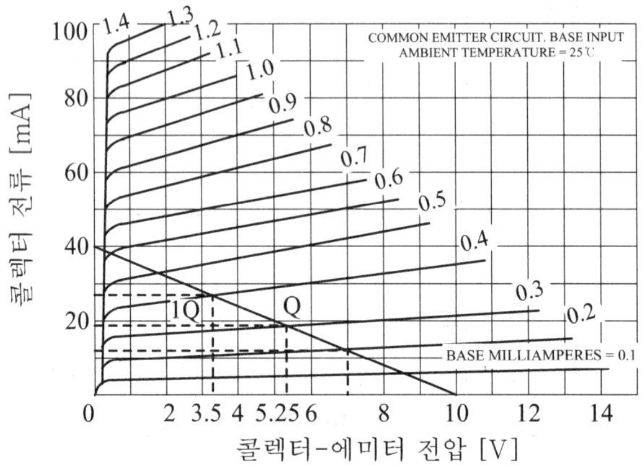

(동작점 Q와 전원 전압 V_{CC}를 알면 부하선을 그릴 수 있다.)

〈그림 23.4〉

만약 동작점 Q가 V_{CE} = 5.25[V], I_C = 19[mA]이고 전원전압이 V_{CC} = 10[V]라면, 부하선은 〈그림 23.4〉와 같이 점 I_C = 0, V_{CE} = 10으로부터 Q를 통과하는 직선으로 된다. 여기서 부하선은 콜렉터 전류축과 점 V_{CE} = 0, I_C = 40[mA]에서 교차하고, R_L의 값은 V_{CE} = 0일 때 I_C = V_{CC}/R_L의 관계로부터 쉽게 얻어진다. 즉,

$$R_L = \frac{V_{CC}}{I_C} \qquad \text{식(23.3)}$$

식(23.3)에 V_{CC} = 10[V], I_C = 40[mA]를 대입하면 부하 저항 R_L은

$$R_L = \frac{10}{40 \times 10^{-3}} = 250[\Omega]$$

이 된다.

2) 부하선으로부터 증폭기 동작의 예측

부하선으로부터 베이스 전류의 변화에 따라 콜렉터 전류가 어떻게 변화할 것인가를 예측할 수 있다. 부하선과 콜렉터 곡선 중 하나의 교차점은 하나의 동작점으로 된다. 최적의 동작점은 회로의 요구 조건에 의해서 결정되며, 앞의 예에서 선택된 동작점 V_{CE} = 5.25[V], I_C = 19[mA]는 부하선과 I_B = 0.3[mA] 특성 곡선과의 교차점에 위치한다. 이것은 0.3[mA]의 베이스 전류가 2N 649 트랜지스터의 콜렉터 회로에 19[mA]의 전류가 흐르도록 한다는 것을 의미한다. 트랜지스터는 〈그림 23.2〉의 에미터 접지방식으로 접속되어 있고, 250[Ω]의 부하 저항을 가지며 10[V] 전원으로부터 동작한다. 이 회로에서 베이스 전류의 증가(예로 0.4 [mA]로 증가)는 콜렉터 전류에 어떤 영향을 미치는가?

이것에 대한 해답은 부하선이 0.4[mA] 특성 곡선과 교차하는 점으로부터 얻어진다. 이 경우 I_C = 26[mA]로 되어, 콜렉터 전류는 7[mA]만큼 증가하므로 V_{CE} = 3.5[V]이다. 만약 I_B가 0.2[mA]로 감소하면, 콜렉터 전류는 12[mA]로 되어 7[mA]의 감소를 가져오고, V_{CE} = 7.0[V]로 된다. 선택된 회로와 동작점에 대해서 콜렉터 전류의 변화는 베이스 전류의 변화(0.1~0.3[mA])와 선형적인 관계가 있음을 알 수 있다.

3. 사용기기 및 부품

(1) 전원 공급 장치
(2) 회로시험기
(3) 직류전류계 : F.S 50[μA], F.S 10[mA]
(4) 저항 : 1[kΩ], 68[kΩ]
(5) 가변저항 : 10[kΩ]
(6) 트랜지스터 : 2SC 1815 (npn)
(7) 스위치

4. 실험순서

(1) 〈그림 23.5〉의 에미터 접지 증폭기에 대하여 실험 22의 [표 22.2]에서 얻은 콜렉터 특성곡선군(V_{CE} - I_C)에 부하선을 그려라. (부하선의 두 극점을 계산할 것)

(2) 부하선과 I_B = 15[μA]곡선과의 교차점을 구하고, 부하선상의 이점을 동작점 Q_1으로 하여 이 때의 좌표 (I_C, V_{CE})를 [표 23.1]에 기록하여라.

(3) 부하선으로부터 다음 경우에 대한 I_C 및 V_{CE} 값을 계산한 후 기록하여라.

(a) IB = 10[μA] 일 때

(b) IB = 20[μA] 일 때

(c) IB = 25[μA] 일 때

(d) IB = 30[μA] 일 때

이 때, 부하선과 I_B = 25[μA]곡선과의 교차점을 Q_2로 삼는다.

(4) 〈그림 23.5〉의 회로를 구성하여라. 스위치 S_1을 개방하고, R_1을 최소 저항치로 조정하여라.

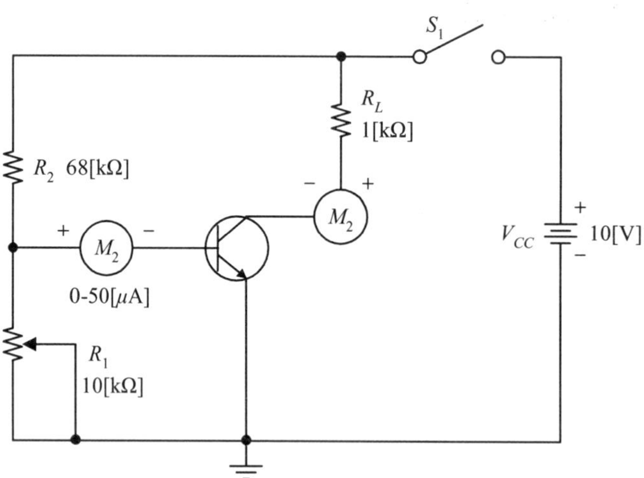

〈그림 23.5〉 트랜지스터 증폭기 실험회로

(5) S_1을 닫고, 베이스 전류가 10[μA]로 되도록 R_1을 조정하여 이때의 베이스 전류 값을 측정하여 [표 23.1]의 "부하선 값(측정치)" 항목 중 I_B에 기록하여라.

I_C, V_{CE} 및 V_{CB}를 측정하여, 그 결과를 "부하선 값(측정치)" 란에 기록하여라. [표 23.1]에 주어진 각 I_B값에 대해서 반복하여라.

(6) 측정치를 사용하여, Q_1에서 동작하는 트랜지스터의 콜렉터 전류 이득을 10[μA]의 총 베이스 전류 변화에 대해서 계산하고, 결과를 [표 23.2]에 기록하여라. 또한, 같은 조건에 대한 콜렉터에서의 전압 이득을 계산하고, 그 데이터를 [표 23.2]에 기록하여라.

(7) 동작점 Q_2에 대해서 실험순서 (6)을 반복하여, [표 23.2]에 기록하여라.

5. 실험결과

평 가	월	일
		㉧

실 험 일 자	년 월 일 교시
학 과	
학 번	
공동 실험자	
이 름	

1) 브레드보드 결선

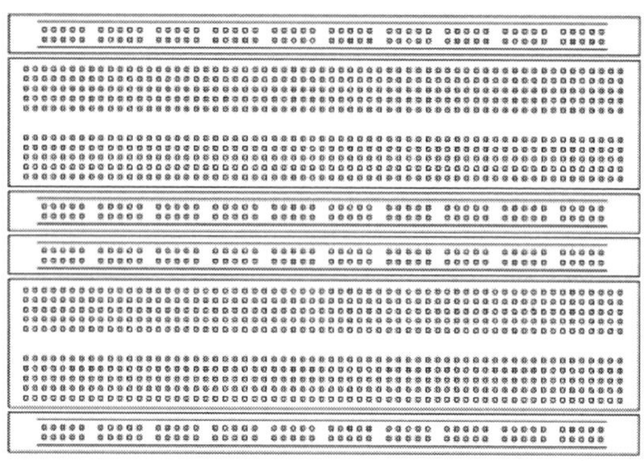

2)

[표 23.1] 부하선 측정

부하선 값 (계산치)			부하선 값 (측정치)			
I_B, [μA]	I_C, [mA]	V_{CE}, [V]	I_B, [μA]	I_C, [mA]	V_{CE}, [V]	V_{EB}, [V]
10						
15						
20						
25						
30						

[표 23.2] 부하선 이득 계산

동작점	콜렉터전류이득 = $\frac{\Delta I_C}{\Delta I_B}$	콜렉터전압이득 = $\frac{\Delta V_{CE}}{\Delta V_{EB}}$
Q_1 (15 [μA])		
Q_2 (25 [μA])		

6. 검 토

(1) 최대 전력 손실 곡선의 중요성에 대하여 말하시오.

(2) 직류 부하선의 목적은 무엇인가?

(3) 직류 부하선을 그리기 위해서는 어떠한 정보가 필요한가?

(4) 표 23.1에서 부하선 값을 측정치와 비교하여라.

(5) 〈그림 23.5〉에 주어진 실험 회로의 동작은 동작점 Q_1에서 10[μA] 입력 베이스 전류 범위에 대하여 선형인가? 동작점 Q_2에서는 어떠한가?

(6) Q_1과 Q_2에서 전류 이득이 같지 않다면, 그 이유는 무엇인가?

실험 24 비안정 멀티바이브레이터

1. 목 적

(1) 비안정 멀티바이브레이터의 콜렉터(collector)와 베이스(base) 파형을 관찰한다.
(2) 멀티바이브레이터의 발진주파수를 측정한다.
(3) 멀티바이브레이터의 동기에 대해 알아본다.

2. 관련이론

멀티바이브레이터는 RC 결합발진기의 한 형태로서, 구형파를 발생하는 회로이며, 펄스파를 만들어 내는데 사용되고, 일반적으로 외부로부터 자극이 없이 그 상태로 안정되어 있는 회로의 상태를 안정상태라고 한다. 이와 같은 안정상태가 2개 존재하고, 외부로부터의 트리거 펄스에 의하여 2개의 상태 중 어떤 한 상태로부터 다른 하나의 상태로 번갈아 바꿀 수 있는 회로를 **쌍안정(bi-stable)회로**라고 하며, 안정한 상태가 하나만 존재하고, 외부로부터의 트리거 펄스에 의하여 이 상태로부터 벗어났을 때는 회로정수에 의하여 정해지는 시간이 경과한 후 다시 처음의 안정상태로 복귀하는 회로를 **단안정(mono-stable)회로**라고 한다.

〈그림 24.1〉과 같이 **비안정 멀티바이브레이터**는 안정상태가 하나도 존재하지 않고, 외부로부터 트리거 펄스를 가하지 않아도 항상 어떤 한 상태로부터 다른 하나의 상태로 번갈아 바뀌는 것을 말한다.

1) 동작

(1) t = 0일 때 트랜지스터의 상태가 T_{r1}은 ON (v_{be1} 〉 0), T_{r2}는 OFF (Tv_{be2}〈 0) 라고 가정한다.

(2) v_{be2} 〈 0인 것은 C_1의 충전전압 때문이라고 생각되므로 시간의 경과에 따라 "0"에 접근하고, t = t_1에서 v_{be2} = 0으로 된다. t_1을 경과하면 R_{B1}에 의하여 v_{be2} 〉 0으로 되고 T_{r2}는 OFF에서 ON으로 된다.

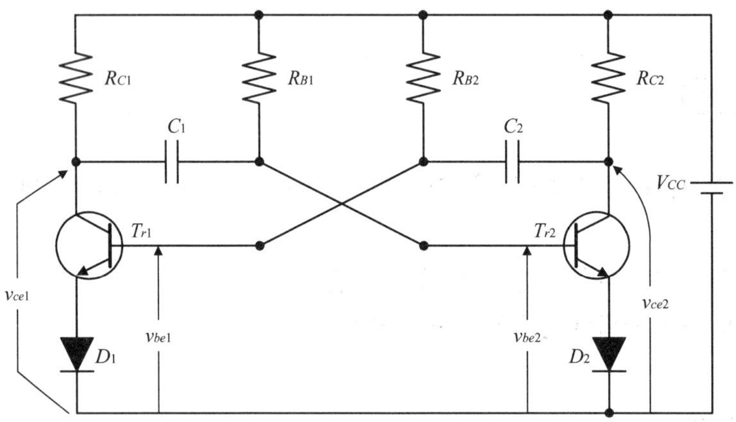

〈그림 24.1〉 비안정 멀티바이브레이터의 회로

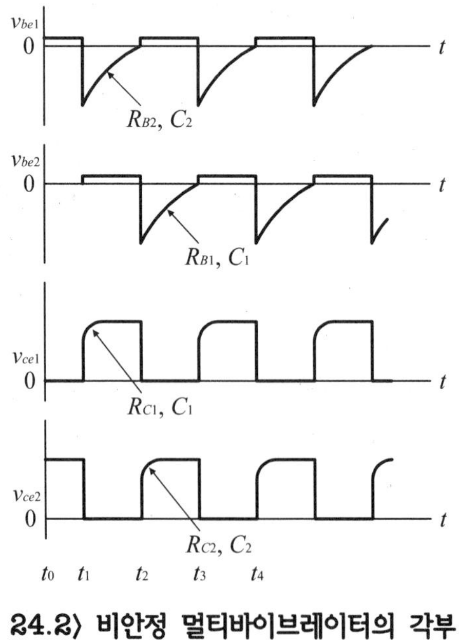

〈그림 24.2〉 비안정 멀티바이브레이터의 각부 파형

(3) T_{r2}가 ON으로 변하면 OFF기간 중에 C_2가 R_{C2}를 통해서 V_{CC}까지 충전되어 있으므로, 이 충전전압이 T_{r1}의 v_{be1}으로 되어 T_{r1}이 OFF로 된다.

(4) T_{r1}의 OFF 상태는 C_2의 충전전압에 의한 것이므로 R_{B2}를 통해서 방전이 진행되면 $t=t_2$에서 $v_{\text{be1}}=0$으로 되고 그 때 T_{r1}은 OFF로부터 ON으로 스위칭 된다.

(5) T_{r1}이 ON으로 변하면 OFF 기간 중에 I_C에 충전된 전압이 v_{be1}에 가해져서 T_{r2}를 OFF로 한다.

(6) 이상의 동작이 자동적으로 반복된다.

(7) 이 결과 T_{r1}, T_{r2}의 콜렉터, 에미터 사이에는 서로 역위상의 구형파 전압이 얻어진다.

(8) D_1, D_2는 트랜지스터가 OFF로 된 순간에 큰 역방향전압이 베이스와 에미터 사이에 가해지면 트랜지스터를 파괴할 염려가 있으므로 이것을 방지하기 위하여 삽입한 것이다.

2) 발진 주파수

T_{r1}이 OFF인 기간은 다음과 같이 구해지며, 이 기간의 등가회로는 〈그림 24.3〉과 같이 되고 v_{be1}은 다음 식으로 나타난다.

$$v_{be1} = V_{cc}(1-\epsilon^{-t/R_{B2}C_2}) - V_{cc}\epsilon^{-t/R_{B2}C_2}$$

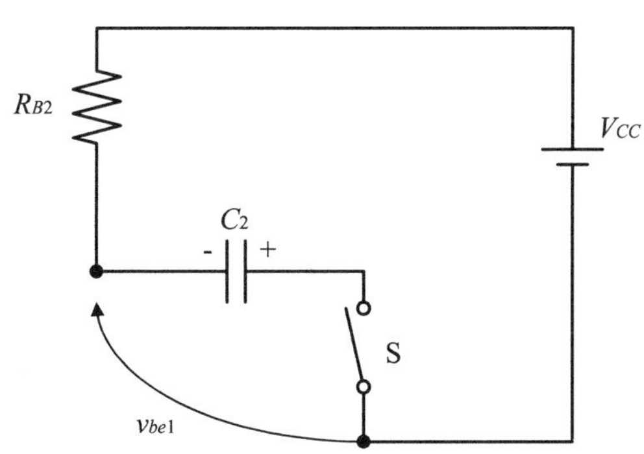

〈그림 24.3〉 T_{r1}이 OFF일 때의 등가회로

단, t = 0에서 S가 닫힌다. 위의 식에서 v_{be1} = 0으로 되는 시각(to_1)에 T_{r1}은 OFF로 되므로

$$0 = 1 - 2\epsilon^{-t_{o1}/R_{B2}C_2}$$

$$t_{o1} = -R_{B2}C_2 \log_e 0.5$$

$$t_{o1} \simeq 0.693 R_{B2} C_2$$

마찬가지로 해서 T_{r2}가 OFF의 시각(to_2)는

$$t_{o2} \simeq 0.693 R_{B1} C_1$$

따라서 구형파의 반복주기는

$$T = t_{o1} + t_{o2} \fallingdotseq 0.693(R_{B1}C_1 + R_{B2}C_2)$$

로 된다. 이 식으로부터 주기를 바꾸기 위해서는 R_{B1}, R_{B2}, C_1, C_2를 바꾸면 된다. 그러므로 발진주파수는

$$f = \frac{1}{T} \fallingdotseq \frac{1}{0.693(R_{B1}C_1 + R_{B2}C_2)}$$

이 된다.

3) MV의 동기

npn MV의 동기는 트랜지스터의 베이스에 (−) 시간펄스를 외부에서 인가해 줌으로써 가능하다.

동기펄스의 주파수는 MV의 주파수보다 약간 높고, 펄스의 진폭은 트랜지스터를 스위칭 시키기에 충분해야 한다.

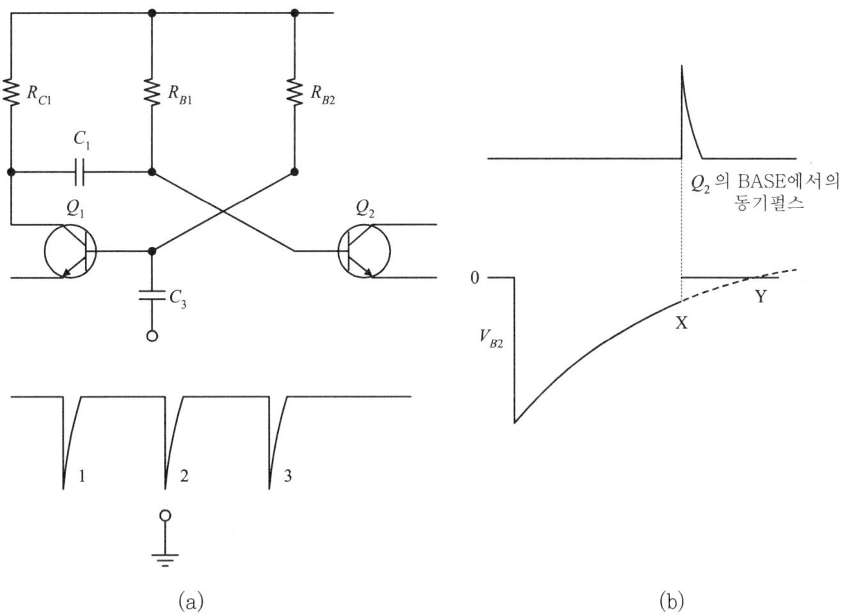

〈그림 24.4〉 MV의 동기

〈그림 24.4(a)〉를 보면 (−) 동기펄스가 C_3를 통하여 Q_1의 베이스에 인가되었다. Q_1이 도통되는 시점에 제1 펄스가 가해지면, 이 펄스는 Q_1에 의해 증폭되어 Q_1의 콜렉터에 (+)펄스로 반전될 것이다. 또한, 반전된 (+)펄스는 C_1에 의하여 Q_2의 베이스에 연결되어 C_1이 방전되는 파형 v_{be2}에 겹쳐진다.

〈그림 24.4(b)〉와 같이 X점에서 만약, (+) 펄스의 진폭이 충분히 크다면, Q_2는 X점에서 도통 상태로 되지만, 동기펄스가 없을 때에는 Y점에서 스위칭 된다.

3. 사용기기 및 부품

(1) 전원공급장치
(2) 회로시험기
(3) 오실로스코프
(4) 신호발생기
(5) 저항 : 8.2[kΩ]×2개, 22[kΩ], 30[kΩ], 33[kΩ], 100[kΩ]×2개, $\frac{1}{2}$[W]
(6) 가변저항 : 100[kΩ]
(7) 콘덴서 : 0.02[μF]×2개, 47[pF], 250[pF]

(8) 트랜지스터 : 2SC1815×2개

(9) 다이오드(스위칭용) : 1N4001

4. 실험순서

1) 대칭 멀티바이브레이터

(1) 〈그림 24.5〉와 같이 회로를 결선하고, S_1을 닫아라.

(2) 오실로스코프로 [표 26.1]의 각 점에서의 파형과 각 전압의 피크-피크치를 기록하여라.

(3) 멀티바이브레이터의 주파수를 계산하여 [표 24.1]에 기록하여라.

(4) Q_1이 도통 되었을 때의 t_1과 Q_2가 도통되었을 때의 t_2를 측정한 후, $T=t_1+t_2$를 이용한 주파수를 [표 26.1]에 기록하여라.

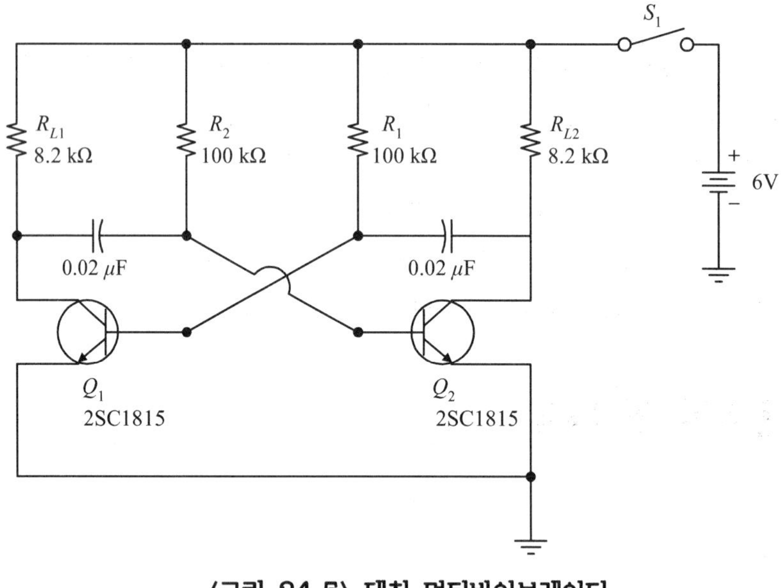

〈그림 24.5〉 대칭 멀티바이브레이터

2) 비대칭 멀티바이브레이터

(5) S_1을 열고, 〈그림 24.6〉과 같이 R_2 대신 30[kΩ]의 R_3와 100[kΩ]의 가변저항 R_4를 직렬로 접속하여라.

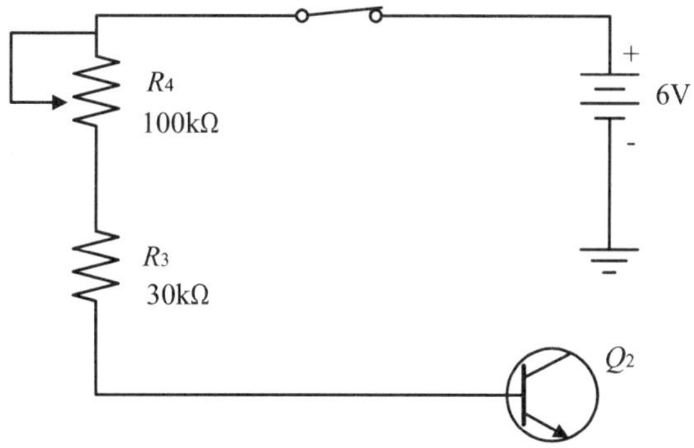

〈그림 24.6〉 비대칭 멀티바이브레이터를 위한 Q_2의 베이스 바이어스 회로

(6) S_1을 닫고, R_4가 최소가 되도록 조정하고, 각 점에서의 파형과 주파수를 측정하여 [표 24.2]에 기록하여라.

(7) R_4를 조정하여 대칭구형파가 되도록 하고, 이때의 주파수와 R_4값을 측정하여 [표 24.2]에 기록하여라.

3) 멀티바이브레이터의 동기

(8) 〈그림 24.7〉과 같이 회로를 결선하고, 그 출력을 Q_1의 베이스에 연결하여라. (단, 구형파 발진기의 주파수는 실험순서 (7)에서의 주파수보다 약 200[Hz] 높은 주파수를 선택하고, 출력은 6Vp-p가 되게 한다).

(9) Q_1의 베이스와 콜렉터, $Q_2$2의 베이스 파형을 관찰하여 [표 24.3]에 기록하여라.

(10) 구형파 발생기의 주파수를 천천히 낮추어 출력파형의 모양과 주파수에 미치는 영향을 관측하여라.

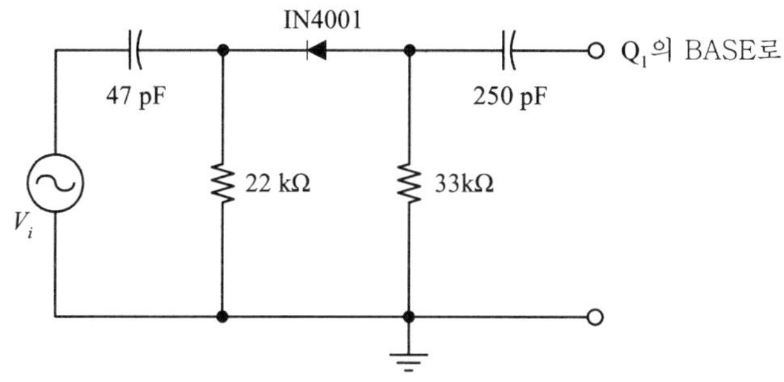

〈그림 24.7〉 멀티바이브레이터의 동기회로

5. 실험결과

평 가	월	일
		㊞

실 험 일 자	년 월 일 교시
학 과	
학 번	
공동 실험자	
이 름	

1) 브레드보드 결선

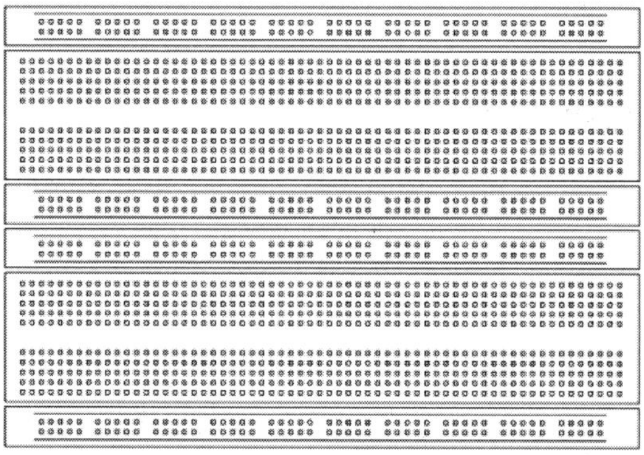

2) 실험순서에 따라 다음의 해당표에 실험결과를 기재하여라.

[표 24.1]

측 정 점	파 형	V_{p-p}
Q_1의 콜렉터	t	
Q_1의 베이스	t	
Q_2의 콜렉터	t	
Q_2의 베이스	t	

시 간 폭			주 파 수	
t_1	t_2	$T=t_1+t_2$	계 산 치	이 론 치

[표 24.2]

측 정 점	파　　　　형	Vp-p
Q_1의 콜렉터	t	
Q_1의 베이스	t	
Q_2의 콜렉터	t	
Q_2의 베이스	t	
주파수[Hz]		
실험순서 (7)에서의 주파수와 R_4값	f = , R_4 =	

[표 24.3]

측 정 점	f + 200[Hz]에 동기
Q_1의 베이스	t
Q_1의 콜렉터	t
Q_2의 베이스	t

6. 검 토

(1) [표 24.1]의 파형과 〈그림 24.2〉의 이론적 파형과 일치하는가를 관찰하고, 차이점이 있으면 그 원인을 밝혀라.

(2) 실험순서 (10)에 대하여 다음을 기술하여라.

i) 파형에 대한 영향 :

ii) 주파수에 대한 영향 :

실험 25 톱니파 발생기

1. 목 적

(1) 톱니파 발생기의 원리를 이해하고, 실험에 의하여 파형을 관찰한다.
(2) 주파수와 시정수가 톱니파 출력의 진폭과 직선성에 미치는 영향을 분석한다.

2. 관련이론

톱니파는 오실로스코프, 레이다 직시장치 등의 많은 분야에 시간축으로써 사용된다.

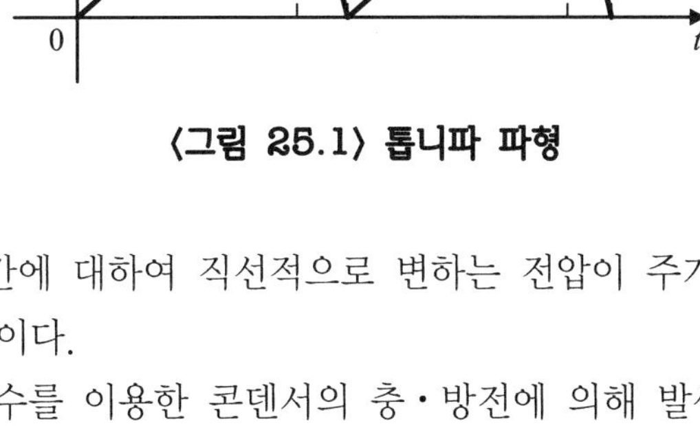

〈그림 25.1〉 톱니파 파형

〈그림 25.1〉은 시간에 대하여 직선적으로 변하는 전압이 주기적으로 나타나는 톱니파의 파형을 보인 것이다.

톱니파는 RC 시정수를 이용한 콘덴서의 충·방전에 의해 발생된다. 즉, t_1(s) 동안 전압은 0에서 V까지 증가하다가 t_2(s) 동안에 다시 V에서 0까지 감소한다.

이 주기는 계속 반복하며, t_1을 상승시간, t_2를 하강시간이라 한다.

〈그림 25.2(a)〉의 회로는 입력신호가 없을 때 거의 포화상태로 동작하는 npn 트랜지스터 증폭기이다. 〈그림 25.2(b)〉와 같은 구형파 펄스 v_{in}이 입력에 인가되면, 시정수 C_1R_1에 의하여 베이스에 구형파 펄스가 가해진다. 입력펄스가 (-) 반주기를 갖는 t_1 동안에 베이스는 에미터에 비하여 (-)로 구동되므로 트랜지스터 Q는 차단된다. 이 때, 출력전압 v_{out}은 R_2를 통한 C_2의 충전에 의하여 시정수에 따라 지수함수적으로 V_{CC}까지 증가하며, (+)반주기를 갖는 t_2 동안에는 베이스에 (+)의 전압이 걸리므로, Q는 다시 도통 상태로 되며, C_2에 충전된 전압이 Q의 콜렉터를 통하여 다시 방전되어 v_{out}은 처음의 v_{in}값으로 다시 떨어진다.

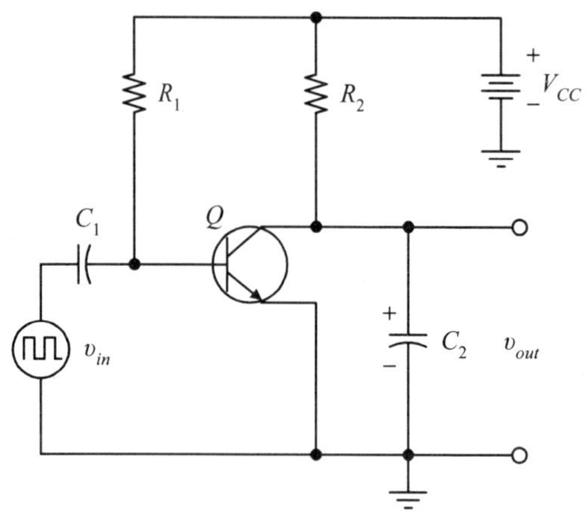

(a) 톱니파를 사용하는 데 사용된 증폭기

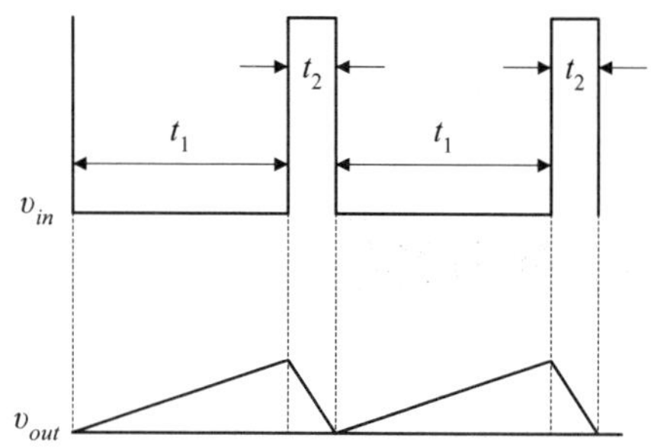

(b) 입력-출력파형

〈그림 25.2〉

C_2의 방전 시정수는 비교적 짧다. 왜냐하면, $C_2 \times R_{EC}$로 이루어져 있기 때문이다. 여기서 R_{EC}는 에미터와 콜렉터 사이의 낮은 저항이다. 따라서 시정수가 긴 C_2R_2와 짧은 C_2R_{EC}가 교대로 작용함으로써 톱니파가 만들어진다. 그러나, 출력파형의 상승부분은 완벽한 직선이 아니고, t_1 동안에 콘덴서는 지수함수적인 충전 특성을 보여야 할 것이다. 그러나 콘덴서가 t_1 동안의 파형을 충전하는 데 소요되는 시간은 시정수 C_2R_2의 1/5 정도 시간이면 되므로 C_2R_2 = 5_{t1}이면 충전특성은 상대적으로 직선에 가깝게 볼 수 있다.

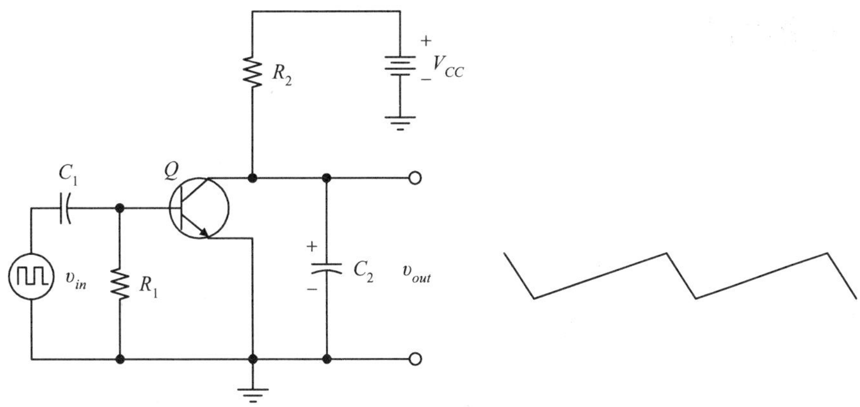

〈그림 25.3〉 다른 종류의 톱니파 발생회로

〈그림 25.3〉에 또 다른 톱니파 발생기[sawtooth(ramp function) generator]를 보였다. 여기서 Q는 입력신호가 없을 때 베이스와 에미터 사이에 순방향 바이어스가 없으므로 차단상태가 된다. v_{in}이 베이스에 인가되면, Q는 짧은 (+) 펄스시간 t_2동안에 전도되며, R_{EC}를 통하여 C_2는 방전된다. 펄스의 (-)시간 t_1이 오래 지속되면 Q는 다시 OFF되고, C_2는 R_2를 통하여 충전된다.

한편, 톱니파 출력파형의 진폭은 트랜지스터의 전원전압 V_{CC}에 의해 결정되므로 큰 진폭의 톱니파를 얻으려면 그만큼 높은 전압에도 견딜 수 있는 트랜지스터를 사용해야 한다.

3. 사용기기 및 부품

(1) 전원공급장치
(2) 회로시험기
(3) 오실로스코프
(4) 신호발생기
(5) 저항 : 6.8[kΩ]×2, 10[kΩ], 15[kΩ], 100[kΩ], 1[MΩ]
(6) 가변저항 : 50[kΩ]
(7) 콘덴서 : 0.01[μF]×2, 0.047[μF], 22[μF], 100[μF]
(8) 트랜지스터 : 2SC1815×2, 2SA1015

4. 실험순서

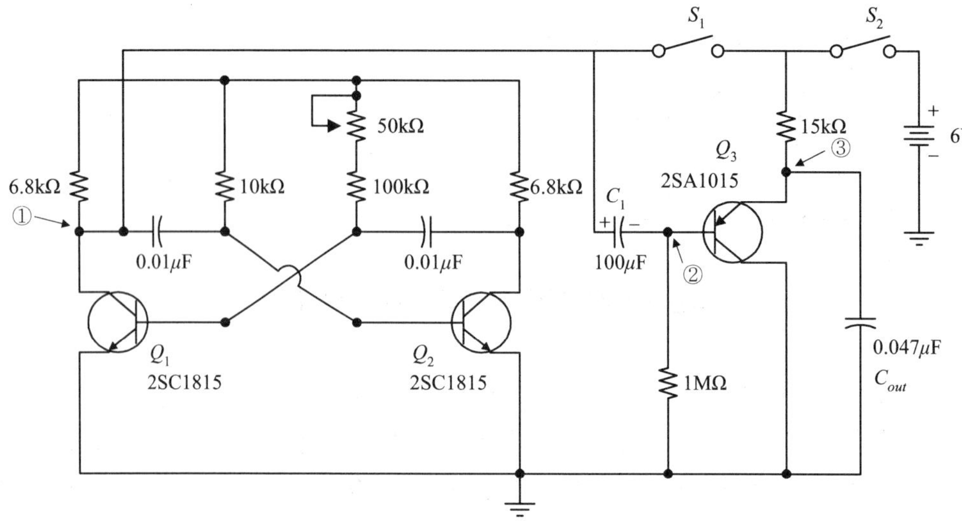

〈그림 25.4〉 실험회로

(1) 〈그림 25.4〉와 같이 회로를 결선하고, 가변저항 50[kΩ]을 최소로 놓은 다음, S_1, S_2를 닫고, 전원을 가하라.

(2) 오실로스코프로 ①, ②, ③ 지점에서의 파형을 관측하여 [표 25.1]에 그리고, 각 지점의 피크-피크치(Vp-p)와 주파수를 측정하여 기록하여라.

(3) 가변저항 50[kΩ]을 최대로 놓은 다음, ③ 지점에서의 출력파형을 관측하여 [표 25.1]에 그리고, Vp-p와 주파수를 측정하여 기록하고, 이 파형의 직선성에 대하여 간단히 기록하여라.

(4) C_{out}를 22[μF]의 콘덴서로 교체하고, 출력파형을 [표 25.2]에 그려라. 또한, Vp-p를 측정하여 기록하고, 직선성에 대하여 기록하여라.

(5) S_1을 개방하고, S_2를 닫은 상태에서 ①과 ③지점의 파형을 관측하여 [표 25.2]에 그려라.

5. 실험결과

평 가	월	일
		㉐

실 험 일 자	년 월 일 교시
학 과	
학 번	
공동 실험자	
이 름	

1) 브레드보드 결선

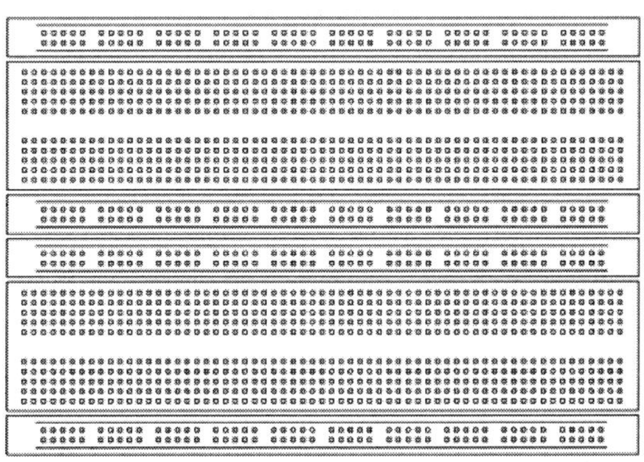

2) 실험순서에 따라 다음의 해당표에 실험결과를 기재하여라.

[표 25.1]

실험 순서	측정점	파 형	직선성	Vp-p	주파수 [Hz]
2)	①	t	×		
	②	t	×		
	③	t	×		
3)	③	t			

[표 25.2]

실험 순서	측정점	파 형	직선성	Vp-p	주파수 [HZ]
4)	③	t			×
5)	①	t	×		×
	③	t	×		

6. 검 토

(1) 실험순서 (2), (3)에서 ③지점 파형의 직선성이 어떻게 되는가?

(2) 실험순서 (4)에서 0.047[μF]를 22[μF]로 교체했을 때, 출력파형의 진폭과 직선성에 대한 효과에 대하여 기술하여라.

실험 26 이상발진기

1. 목 적

(1) 이상발진기의 동작원리를 이해한다.

(2) 발진기의 출력과 궤환 된 전압의 위상을 비교한다.

2. 관련이론

1) Barkhausen의 발진조건

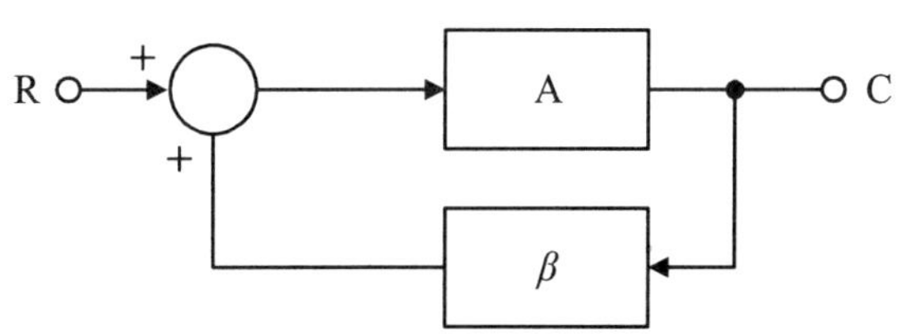

〈그림 26.1〉

$(R+C\beta)A = C$ 이므로 $AR+AC\beta = C$ 에서 $\frac{C}{R} = \frac{A}{1-\beta A}$ 로서, β A=1이면,

이득이 ∞가 되므로 외부로부터 입력이 없더라도 출력이 있게 되며, 이러한 현상을 발진이라고 한다. 또한 β A = 1을 궤환증폭기의 발진조건이라 하며, 출력의 위상이 그대로 입력으로 되돌아가야 된다. 즉, 위상차가 180˚이어야 하므로 허수부가 0이 되어야 한다. 이 때, β A의 부호는 (+)이므로 정궤환이라 한다.

2) 이상발진기

〈그림 26.2〉는 RC회로를 이용한 이상발진기이다.

(1) $V_4 = \frac{1}{j\omega C} I_1$

$$I_4 = I_1 + \frac{V_4}{R} = \left(1 + \frac{1}{j\omega CR}\right) I_1$$

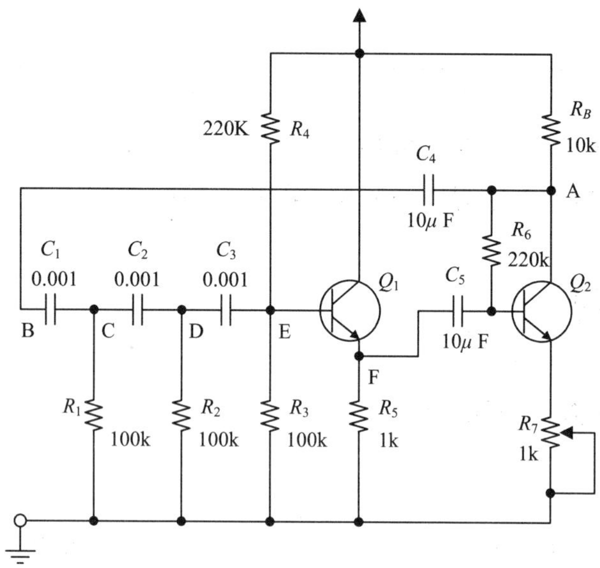

〈그림 26.2〉

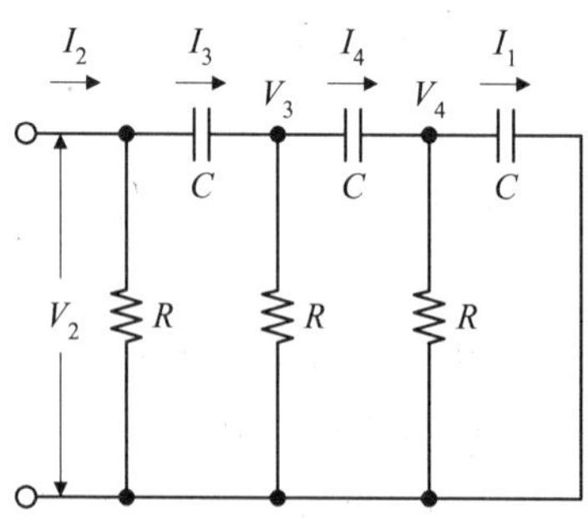

〈그림 26.3〉

$$V_3 = V_4 + \frac{1}{j\omega C}I_4 = \frac{1}{j\omega C}\left(2 + \frac{1}{j\omega CR}\right)I_1$$

$$I_3 = I_4 + \frac{V_3}{R} = \left(1 + \frac{3}{j\omega CR} - \frac{1}{\omega^2 C^2 R^2}\right)I_1$$

$$V_2 = V_3 + \frac{1}{j\omega C}I_3 = \left(\frac{3}{j\omega C} - \frac{4}{\omega^2 C^2 R} - \frac{1}{j\omega^3 C^3 R^2}\right)I_1$$

$$I_2 = I_3 + \frac{V_2}{R} = \left(1 + \frac{6}{j\omega CR} - \frac{5}{\omega^2 C^2 R^2} - \frac{1}{j\omega^3 C^3 R^3}\right.$$

(2) $\beta = \frac{I_1}{I_2} = \frac{1}{1 - \frac{5}{\omega^2 C^2 R^2} + j\left(\frac{1}{\omega^3 C^3 R^3} - \frac{6}{\omega CR}\right)}$

(3) 허수부가 "0" 이 될 때 I_1과 I_2의 위상은 180 ° 로 정궤환 되어 발진 안정.

$$\frac{1}{\omega^3 C^3 R^3} - \frac{6}{\omega CR} = 0$$

$$\therefore \quad \omega^2 C^2 R^2 - \frac{1}{6} = 0, \quad \omega CR = \frac{1}{\sqrt{6}}, \quad \therefore \quad f = \frac{1}{2\pi\sqrt{6}\,CR} \text{ [Hz]}$$

(4) $\beta = \frac{I_1}{I_2} = \frac{1}{1-5\times 6} = -\frac{1}{29}$이고, $\beta A = 1$이므로 $A = \frac{1}{\beta} = -29$ 가 된다.

즉, 증폭도 A가 -29 이상이 되어야 발진이 됨을 의미한다.

(5) $\theta = \tan^{-1}\left|\frac{I_3}{I_R}\right| = \tan^{-1}\omega CR$

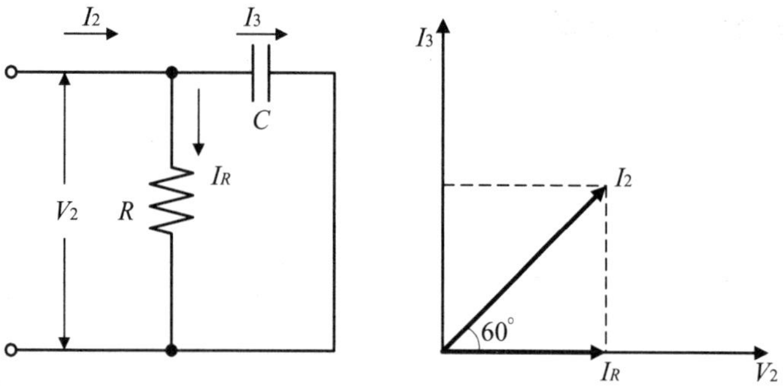

〈그림 26.4〉

즉, $\frac{1}{\omega C}$: $R = 1 : \sqrt{3}$ 으로 $\theta = 60°$ 로 3단 접속하여 궤환전류는 입력전류와 동위상이 되어 정궤환이 되며, 정현파의 출력파형이 얻어진다.

(6) 〈그림 26.5〉는 전류궤환 바이어스에 의한 에미터 폴로워(Emitter follower) 회로로서 입력단자에 정현파가 들어오면 출력단자에는 동위상의 출력이 된다.

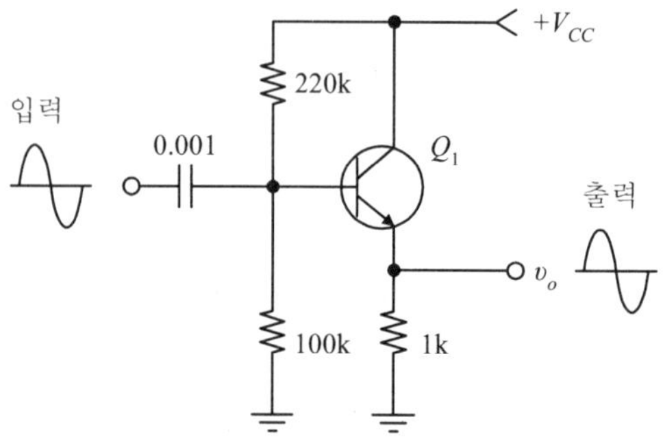

〈그림 26.5〉

3. 사용기기 및 부품

(1) 전원공급장치
(2) 오실로스코프
(3) 저항 : 1[kΩ], 10[kΩ], 100[kΩ]×3, 220[kΩ]×2
(4) 가변저항 : 1[kΩ]
(5) 콘덴서 : 0.001[μF]×3, 10[μF]×2
(6) 트랜지스터 : 2SC1815×2

4. 실험순서

(1) 〈그림 26.2〉와 같이 회로를 결선하고, +10[V]의 전원을 인가하여라.
(2) 가변저항 R_7을 조정하여 출력파형이 클리핑이 발생하지 않는 범위에서 발진이 일어나도록 고정시켜라.
(3) 시험단자(A~F)에서 2사이클 동안의 파형을 측정하여 [표 26.1]과 [표 26.2]에 기록하여라. 또한, 위상관계를 반드시 확인하여라.
(4) [표 26.3]에 주어진 V_{CC}의 변화에 따른 발진주파수와 출력진폭을 측정하여 [표 26.3]에 기록하여라.

5. 실험결과

평 가	월	일
		㉢

실 험 일 자	년 월 일 교시
학 과	
학 번	
공동 실험자	
이 름	

1) 브레드보드 결선

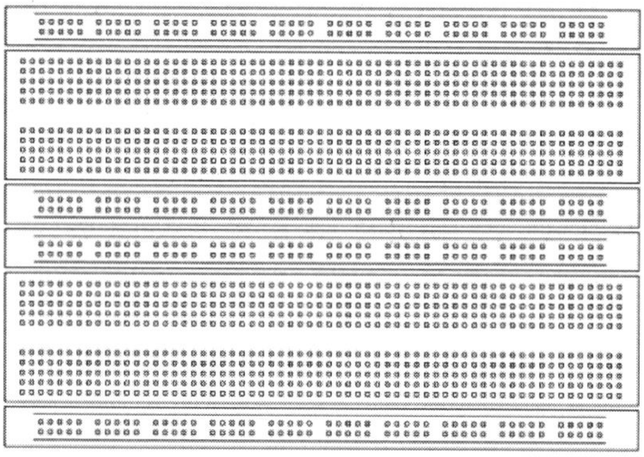

2) 실험순서에 따라 다음의 해당표에 실험결과를 기재하여라.

[표 26.1]

측정점	파형	Vp-p
A	t	
B	t	
C	t	

[표 26.2]

측정점	파 형	Vp-p
D	t	
E	t	
F	t	

[표 26.3]

V_{CC}	주 파 수	출 력 진 폭
10		
12		
15		
20		

6. 검 토

(1) V_D와 V_E 및 V_E와 V_F 사이의 위상관계는?

(2) 전원공급전압을 변화시킴에 따라 발진주파수는 어떻게 변화하는가?

실험 27 슈미트 트리거 회로

1. 목 적

(1) 슈미트 트리거 회로(Schmitt trigger circuit)의 동작에 대하여 조사한다.

2. 관련이론

슈미트 트리거 회로란, 어떠한 입력에 대해서도 출력이 구형파가 되는 회로이며, 〈그림 27.1〉의 회로에서 회로정수를 적당히 선택하면 〈그림 27.2〉와 같은 전달특성을 갖는 2개의 안정상태의 회로가 된다.

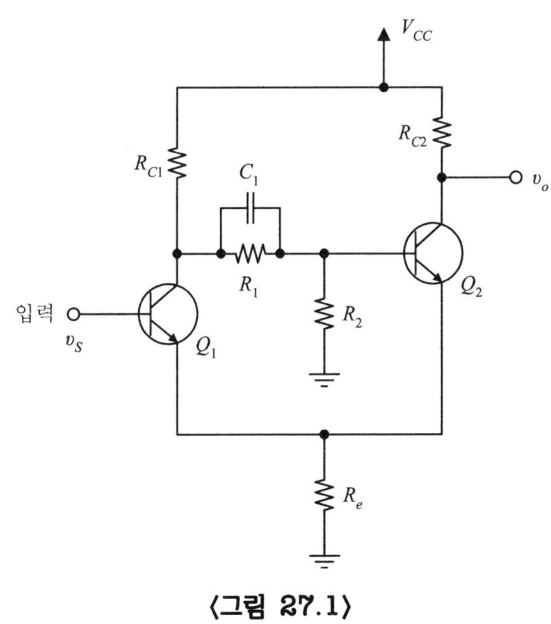

〈그림 27.1〉

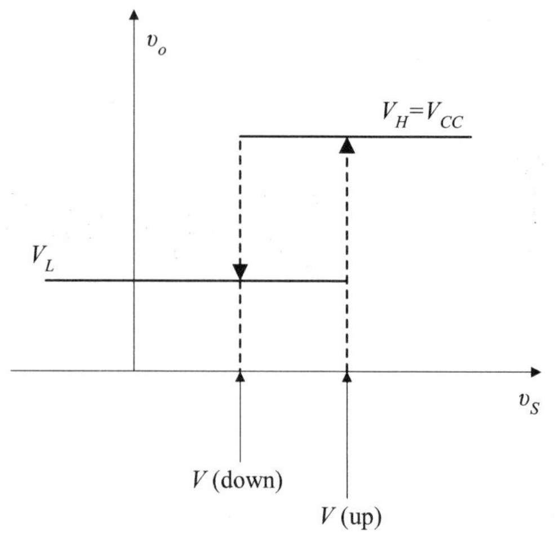

〈그림 27.2〉

1) v_s가 작은 상태에서 증가시킬 때

Q_1→OFF, Q_2→ON 상태로 되어 있으며, 출력전압은 R_{C2}에서의 전압 강하만큼 V_{CC} 보다 작아진다. v_s를 증가시키면서 어떠한 임계치 V_{up}에 도달하면, Q_1이 동작상태에 돌입하면서 순식간에 Q_1→ON, Q_2→OFF의 다른 안정상태로 되어, 이 때의 출력전압은 $V_H= V_{CC}$이다.

2) v_s를 낮추어 갈 때

Q_1의 베이스 및 콜렉터 전류가 감소하여, Q_2의 베이스 전압이 높아져서 어떠한 임계치 V_{down}에 이르면 순식간에 Q_1→OFF, Q_2→ON의 안정상태로 변한다. 이 전압을 스위치 다운(switch-down) 전압이라고 한다.

3) 히스테리시스 전압

〈그림 27.2〉에서와 같이 V_{up}과 V_{down}과의 차를 **히스테리시스(histerisis)** 전압이라고 하며 조정이 가능하다.

〈그림 27.3〉은 임의의 입력을 가했을 때 출력파형을 나타낸 것이다.

3. 사용기기 및 부품

(1) 전원공급장치

(2) 오실로스코프

(3) 신호 발생기

(4) 저항 : 270[Ω], 1[kΩ]×3, 2.7[kΩ], 3.3[kΩ], 18[kΩ], 33[kΩ]

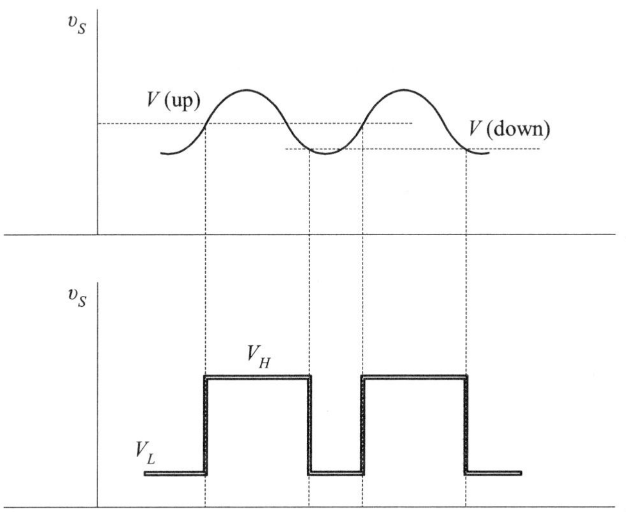

〈그림 27.3〉

(5) 콘덴서 : 100[pF]

(6) 트랜지스터 : 2SC1815×2

4. 실험순서

(1) 〈그림 27.4〉와 같이 회로를 결선하여라.

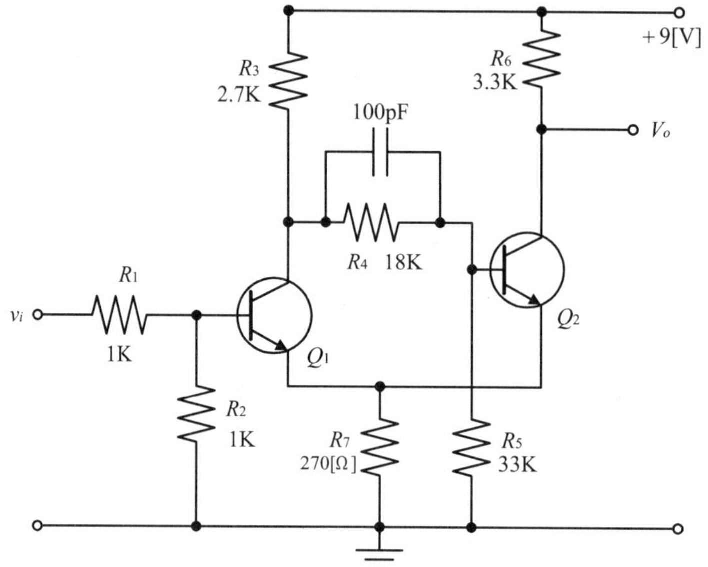

〈그림 27.4〉

(2) 결선을 재확인하기 전까지는 전원을 공급하지 마라.

(3) [표 27.1]에 기록된 사항을 측정하여 기록하여라. Q_1 트랜지스터는 ON상태인가? OFF 상태인가? 그 이유는?

(4) 입력단자에 1[kHz] 14Vp-p의 정현파 신호를 인가하여라.

(5) 오실로스코프로 v_1와 v_0의 파형을 측정하여 [표 27.2]에 기록하여라.

(6) 이때에 Q_2가 차단될 때의 전압 V_{up}과 Q_2가 도통될 때의 전압 V_{down}을 측정하여 [표 27.2]에 기록하여라. 또한, 이 때 히스테리시스 전압은 몇 [V]인가?

(7) 히스테리시스 전압을 제거하기 위하여 1[kΩ] 저항을 Q_1의 에미터에 직렬로 접속하고, 실험과정 (5)와 (6)을 반복하여 [표 27.3]에 기록하여라. 히스테리시스 전압이 증가하는가? 감소하는가?

5. 실험결과

평 가	월	일
		㉑

실 험 일 자	년 월 일 교시
학 과	
학 번	
공동 실험자	
이 름	

1) 브레드보드 결선

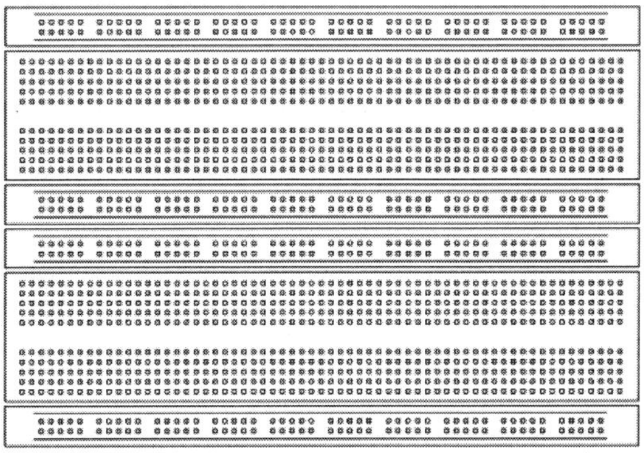

2) 실험순서에 따라 다음의 해당표에 실험결과를 기재하여라.

[표 27.1]

V_{C1}	V_{b1}	V_{b2}	V_{C2}

[표 27.2]

측정점	파 형	V_{up}	V_{down}	$V_{up} - V_{down}$
v_i	t			
v_o	t			

[표 27.3]

측정점	파 형	V_{up}	V_{down}	$V_{up} - V_{down}$
v_i	t			
v_o	t			

6. 검 토

(1) 실험과정 (7)의 결과를 설명하여라.

실험 28 SCR (Silicon Controlled Rectifier)

1. 목 적

(1) 게이트 전류가 어떻게 SCR을 ON/OFF 시키는 스위치로 사용되는지를 관찰한다.
(2) 게이트 전류가 콜렉터 부하전류를 제어하는가를 확인한다.

2. 관련이론

일반 다이오드는 정류작용만 할 뿐 그 자체로는 제어능력이 없고, 일반 다이오드의 애노드와 캐소드를 외부 게이트 신호에 의해 제어시킬 수 있는 제어 정류기 소자가 있다. 이 소자는 작은 게이트 전류로 큰 출력전류(애노드 전류)를 제어할 수 있고, 일반적으로 SCR(실리콘 제어 정류기)이라고 알려져 있다.

SCR은 다이리스터의 한 종류이며, 제어소자로 동작하는 3개의 전극(애노드, 캐소드, 게이트)를 가진 npnp의 4층 반도체 정류기로서 1방향성 소자(전류가 애노드에서 캐소드 방향으로만 흐른다)이고, 용도는 대전력 제어, 고속스위칭, 전동기, 전열기, 온도조절기 등에서 주로 제어용 소자로 쓰인다.

〈그림 28.1〉은 SCR의 기호와 4층 구조이고, 〈그림 28.2〉는 등가회로이다.

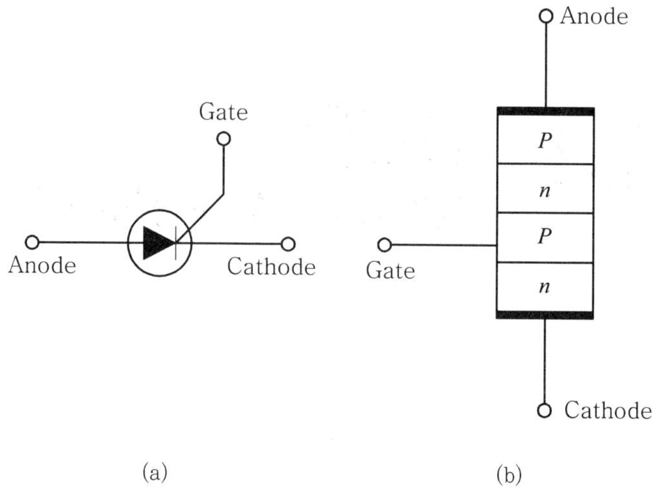

〈그림 28.1〉

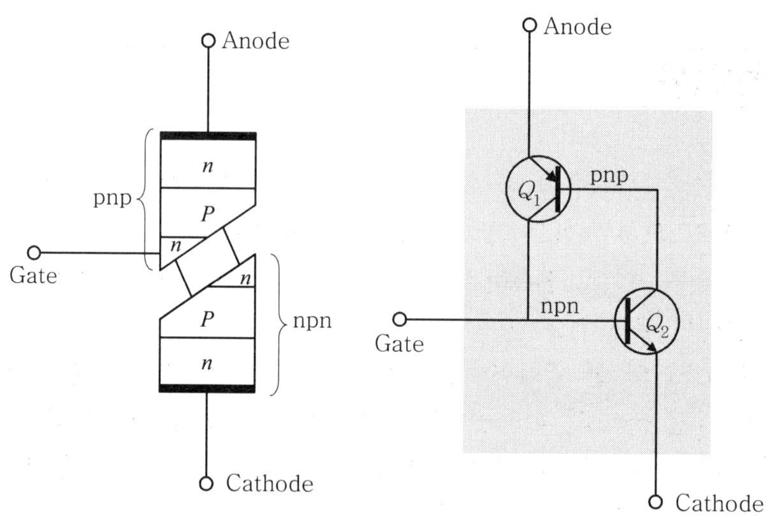

〈그림 28.2〉

1) 전압-전류특성

〈그림 28.3〉은 SCR의 게이트가 연결되지 않았을 때의 전압-전류특성이다.

애노드-캐소드 회로가 역방향 바이어스 될 때 역방향 누설전류인 블로킹 전류가 흐르고, 최대 역방향 전압을 초과할 때까지는 적은 값을 유지한다. 이 점에서 역방향 애벌런치 영역이 시작되며, 누설전류는 급격히 증가한다.

SCR이 순방향 바이어스일 때는 순방향 브레이크오버(breakover) 전압에 이르기 까지 순방향 블로킹 전류라 불리는 적은 누설전류가 흐른다. V_{BRF}에서 전류는 높은 전도 전류치로 급속히 증가하며, SCR의 애노드-캐소드간의 저항이 매우 작아져서 SCR은 단락스위치와 같은 동작을 한다. 이 높은 순방향 전도영역에서 SCR양단의 전압은 매우 낮은 값으로 떨어지고, 모든 전원전압은 정류기와 직렬로 연결된 부하 양단에 나타나게 되며, SCR을 지나는 전류를 제한한다.

SCR의 두 동작단은 ON/OFF 스위치의 두 상태와 대응된다. SCR에 가한 전압이 브레이크오버점 이하이면, SCR은 OFF 상태이고, 전압이 증가하여 브레이크오버 전압과 같거나 그 이상이면 ON 상태로 바뀐다. SCR은 유지(holding)전류라 불리는 어떤 전류치 이상으로 지속하는 한 ON 상태를 유지하고, 정류기 양단의 전압이 유지전류를 지속하기에 너무 낮은 전압치로 떨어지면 OFF 상태로 된다.

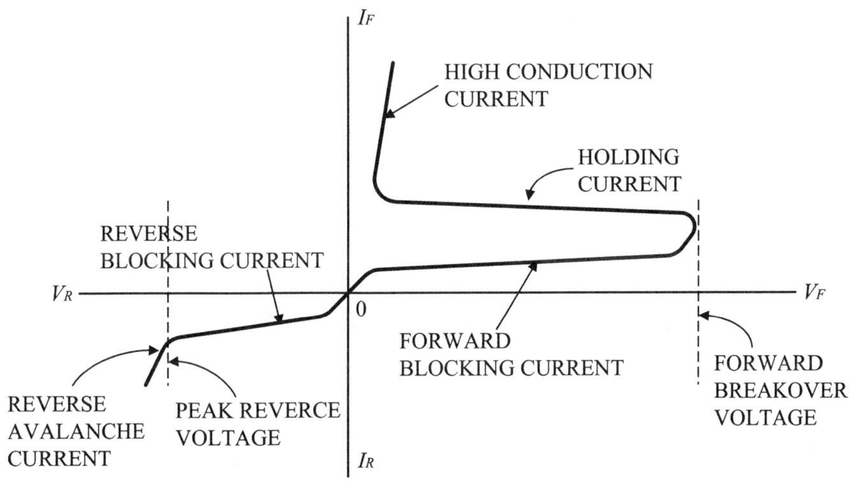

〈그림 28.3〉 게이트 개방 시 SCR의 전압-전류특성

2) 순방향 브레이크오버 전압의 게이트 제어

SCR은 게이트-캐소드의 접합부가 순방향 바이어스 되면, 게이트를 개방하였을 때의 애노드 전압보다 더 낮은 V_{BRF}에서 전도상태(ON)로 된다. 즉, 순방향 브레이크오버 전압 V_{BRF}는 순방향 바이어스에 의해 감소된다.

〈그림 28.4〉는 특성곡선이다.

최대 순방향 브레이크 전압은 게이트가 개방(I_{GO} = 0)되었을 때이다. 게이트 전류가 I_{G1}에 대한 V_{BRF1}은 V_{BRF0}보다 낮고, I_{G1}보다 큰 I_{G2}에 대한 V_{BRF2}는 V_{BRF1}보다

더 낮다. 또 V_{BRF3}는 V_{BRF2}보다 낮다. 즉, 게이트 전류가 증가함에 따라 SCR은 보통의 실리콘 정류기처럼 동작한다. SCR이 게이트 전류에 의하여 ON상태가 된 이후, 게이트는 더 이상 제어를 하지 못하며, 게이트 전류의 감소가 애노드 전류에 아무런 영향을 주지 못한다.

SCR은 애노드의 순방향 전압이 유지전류를 지속하기 위한 전압치 이하로 감소되기까지는 ON 상태를 유지한다. 애노드에 교류전원이 인가되면, 애노드-캐소드간에 역바이어스가 되는 (-)반주기 동안에는 SCR은 OFF 상태가 된다.

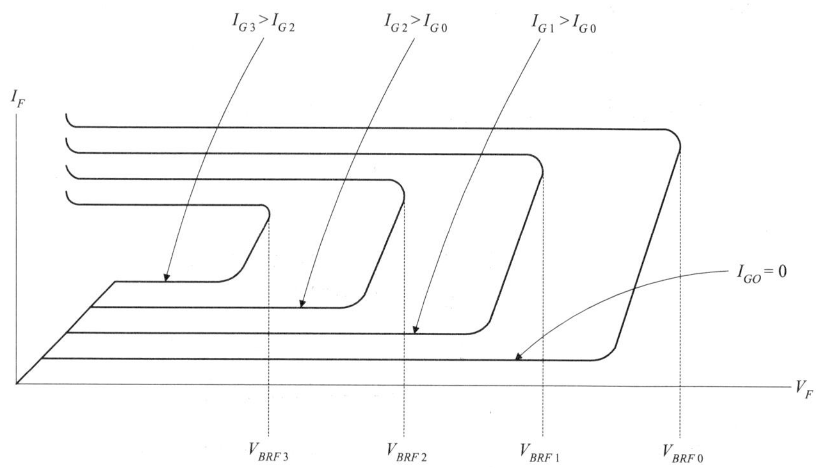

〈그림 28.4〉 V_{BRF} 값에 따른 게이트 전류의 효과

응용 예로 SCR을 이용해서 교류전원으로부터 직류모터 또는 직류부하를 동작시키고, 제어하는 것이다. 〈그림 28.4〉의 회로에서 SCR은 R_L에 전류를 공급하는 반파정류기로 쓰인다. 이때 게이트는 개방되어 있다. 애노드-캐소드간의 순방향 전압이 V_{BRF0}에 도달하면, SCR은 ON 상태로 전환되고, 애노드 전압이 유지전류를 지속하는데 요구되는 전압 V_X보다 낮은 값으로 떨어지면 SCR은 OFF 상태가 된다. 정현파의 (-)주기 동안은 SCR은 OFF 상태를 유지하며, 부하전류는 애노드 전압이 V_{BRF0}에서 V_X에 이르는 시간 동안만 흐른다.

〈그림 28.6〉은 각 부분의 파형관계를 보였다.

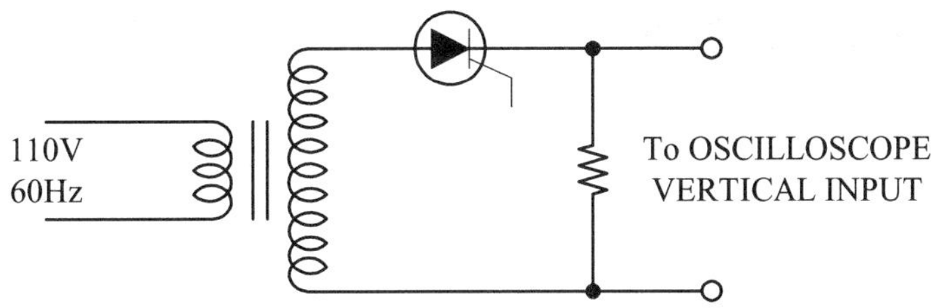
110V
60Hz
To OSCILLOSCOPE
VERTICAL INPUT

〈그림 28.5〉

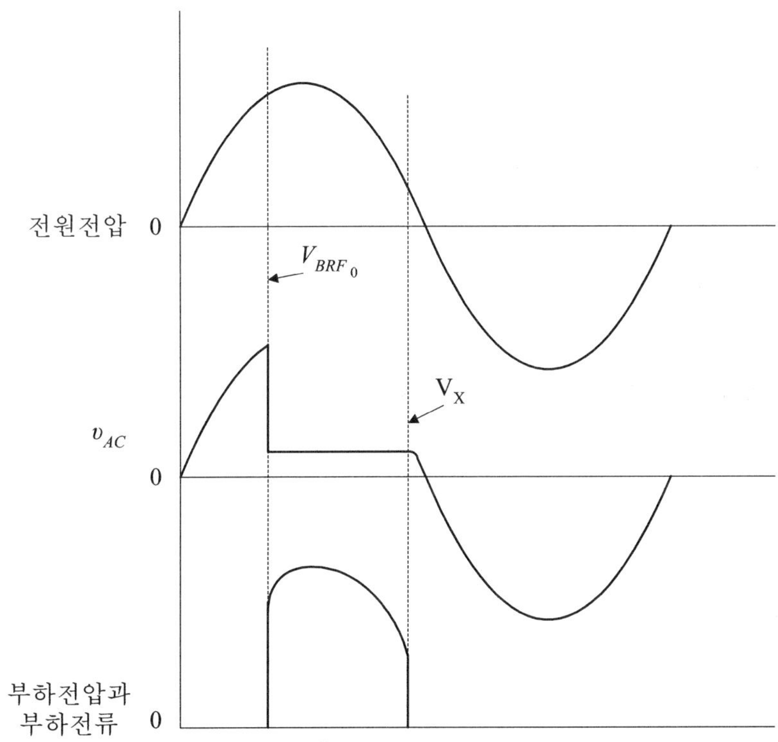
전원전압 0
V BRF 0
V X
v AC
0
부하전압과
부하전류 0

〈그림 28.6〉

3. 사용기기 및 부품

(1) 전원공급장치
(2) 회로시험기(DC 0~100[mA] 전류계로 사용)
(3) 오실로스코프
(4) 직류전류계 : FS 10[mA], FS 100[mA]
(5) 저항 : 220[Ω], 5W 500[Ω], 1[kΩ], 5.1[kΩ], $\frac{1}{2}$[W]
(6) 가변저항 : 5[kΩ]
(7) 다이오드 : 1N4001
(8) SCR : 2P2M 또는 2P4M (P gate SCR)
(9) 변압기 : 1차측 110[V], 2차측 25[V]

4. 실험순서

1) dc Anode 전압, dc Gate 전류

(1) 〈그림 28.7〉과 같이 회로를 결선하고, 스위치 S_1, S_2는 모두 개방하여라.

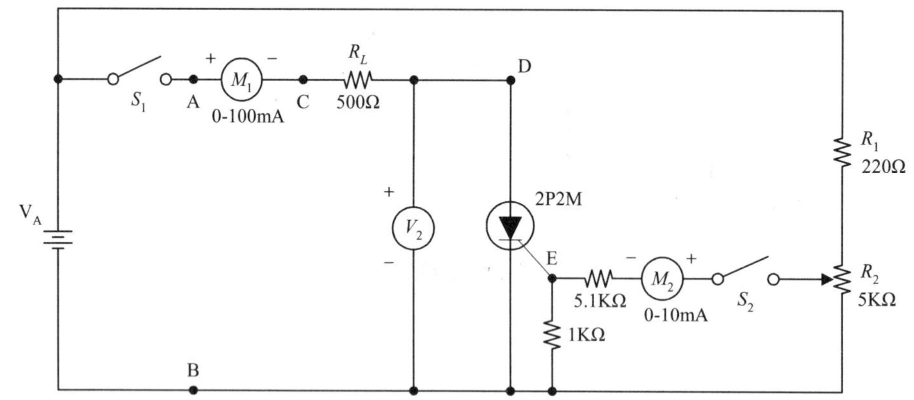

〈그림 28.7〉

(2) 스위치 S_1이 개방된 상태에서 V_A를 15[V]로 조정한다. 전류계 M_1은 애노드 전류, 전류계 M_2는 게이트 전류, 전압계 V_1은 애노드-캐소드 전압을 측정한다.

SCR이 도통되면, SCR 양단의 전압은 매우 낮은 전압(약 0.1~3[V])으로 떨어지고, 애노드 전류 I_A는 V_A와 R_L에 의해서 정해진다. 즉, SCR이 도통상태에서는 $I_A \cong V_A/R_L$이다.

(3) 게이트 전류제어용 가변저항 R_2의 출력전압이 0[V]가 되도록 조정하여라. 스위치 S_1과 S_2를 닫으면, SCR은 어떤 상태로 되는가?
(4) 가변저항 R_2를 천천히 변화시켜 SCR이 도통상태로 될 때까지 게이트 전류를 조사하여라.

【주의】 만약 SCR이 도통되지 않으면, 게이트 회로에 있는 5.1[kΩ] 저항치를 작게 하거나 제거하도록 한다.

SCR이 도통되는 데 요구되는 게이트 전류를 측정하고 SCR이 도통상태로 된 후의 SCR 양단의 전압 V_{DB}와 애노드 전류 I_A를 측정하여 [표 28.1]의 시도 1의 칸에 기입하여라.

(5) 스위치 S_1을 개방하고, 가변저항 R_2를 조정하여 게이트 전압이 다시 0[V]가 되도록 조정하고, S_1을 닫아라. 실험순서 (4)를 반복하고, 그 측정결과를 [표 28.1]의 시도 2의 칸에 기입하여라.
(6) 실험순서 (5)를 반복하고, 그 결과를 [표 30.1]의 시도 3의 칸에 기입하여라.
(7) 실험순서 (6)에서 SCR이 도통된 후에 스위치 S_2를 개방하여 게이트 전류를 차단하고, 게이트 스위치 S_2의 개방이 애노드 전류에 어떤 영향이 있는지 관찰하여 [표 30.1]에 기록하여라.
(8) 스위치 S_1, S_2를 개방하여라.
(9) 스위치 S_1이 개방된 상태에서, 전원전압 V_A가 25[V]가 되도록 조정하고, 게이트 전류 제어용 가변저항 R_2의 출력전압을 0[V]로 조정하여라. S_1과 S_2를 닫고, SCR이 도통되는 데 요구되는 게이트 전류를 실험순서 (4), (5), (6)에 따라 측정하여 그 결과를 [표 28.1]에 기입하여라.
(10) 세 번의 시행 후 실험순서 (7)을 반복하고, 그 결과를 [표 28.1]에 기입하여라.

2) dc 게이트 제어와 ac 애노드 전원

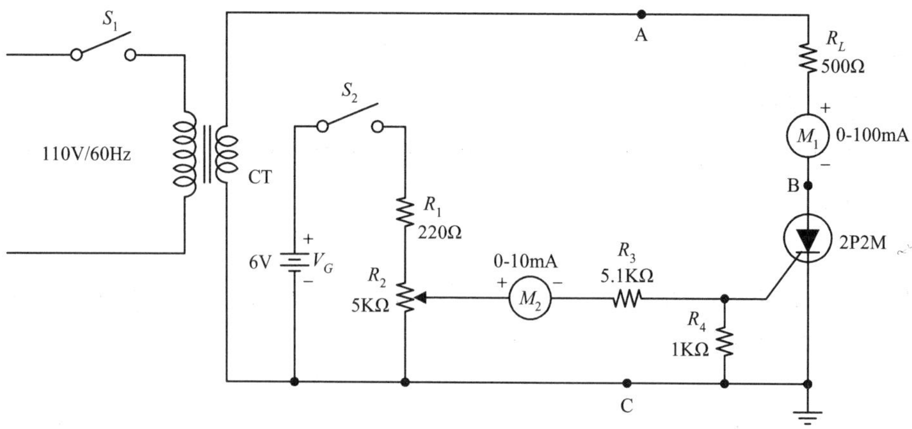

〈그림 28.8〉

(11) 〈그림 28.8〉과 같이 결선하고, 스위치 S_1과 S_2를 개방하여 dc 게이트 전원 V_G를 6[V]로 조정한 후, 스위치 S_1을 닫고, 오실로스코프로 점 A와 C 사이의 전압 파형을 관찰하여라. [표 28.2]에 있는 파형이 나타나도록 조정하고, v_{AC}의 피크치를 측정하여 [표 28.2]에 기록하여라. 또한 SCR 양단의 파형 즉, 점 B와 C 사이의 전압을 관찰하여라. 이 파형은 SCR이 OFF 상태로 있는 한 기준파형과 같다. SCR이 ON 상태가 되면 〈그림 28.6〉과 같은 애노드-캐소드간의 전압파형이 나타날 것이다.

(12) 스위치 S_2를 닫고, 게이트 전류제어용 가변저항 R_2를 서서히 변화시키면서 애노드-캐소드간의 전압파형(v_{BC})를 관찰하여라. 최대 도통과 최소 도통에 대한 전압파형을 기준파형과 비교하여 [표 28.2]에 그려라. 그리고, 두 가지 경우에 대하여 v_{BC}의 최대치, 부하전류 I_L, 게이트 전류 I_G, 도통각(한 주기 동안에 ON 상태 구간의 각도)을 측정하여 [표 30.2]에 기록하여라.

3) ac 게이트 제어와 ac 애노드 전원

(13) 전원을 끄고, 앞의 실험회로를 〈그림 28.9〉와 같이 결선하여라.

(14) 전원을 넣고, 가변저항 R_2를 최소에서 최대로 변화시키면서 부하저항 양단의 전압(v_{BC}) 파형을 오실로스코프로 관찰하여라. 최대 도통과 최소 도통에 대한 전

압 파형을 [표 28.3]에 그리고, 두 가지 경우에 대하여 v_{BC}의 최대치와 부하전류 I_L, 게이트전류 I_G 및 도통각을 측정하여 [표 28.3]에 기록하여라.

(15) 최소 및 최대 도통각에 대한 게이트 전류 I_G와 부하전류 I_L을 측정하여 [표 28.3]에 기록하여라.

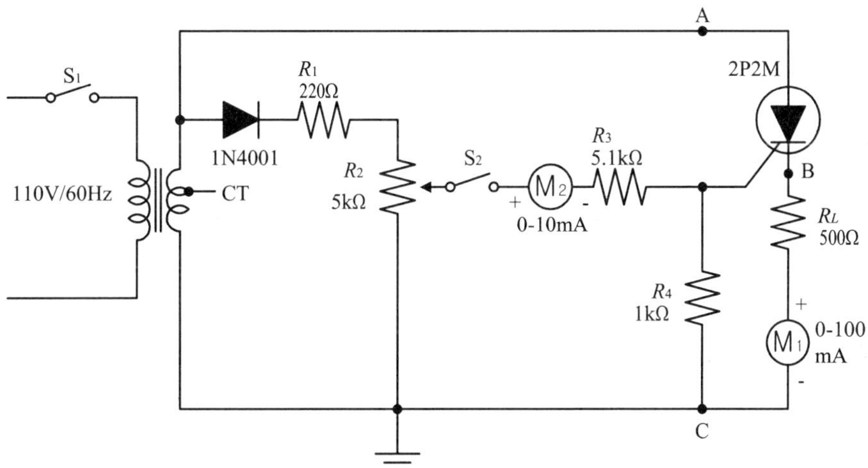

〈그림 28.9〉

5. 실험결과

평 가	월	일
		㉧

실 험 일 자	년 월 일 교시
학 과	
학 번	
공동 실험자	
이 름	

1) 브레드보드 결선

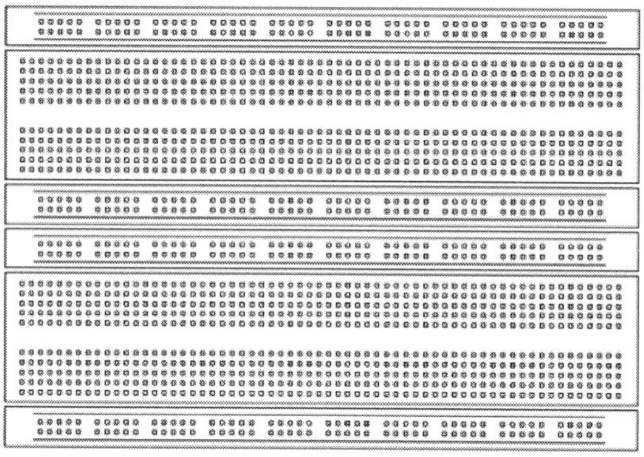

2) 실험순서에 따라 다음의 해당표에 실험결과를 기재하여라.

[표 28.1]

V_A [V]	I_G [mA]	V_{DB} [V]	I_A [mA]	시 도
15				1
				2
				3
25				1
				2
				3

SCR이 ON상태에 있을 때 게이트 스위치 S_2 개방에 따른 애노드 전류의 영향 : 실험순서 (7)________________________, (10)________________________

[표 28.2]

파형번호	파 형	(+) 피크 전 압	I_L [mA]	I_G [mA]	도통각 []°
기준파형 (v_{AC})	t		×	×	×
1 (최대)	t				
2 (최소)	t				

[표 28.3]

파형번호	파 형	V_{p-p}	I_L [mA]	I_G [mA]	도통각 [] °
기준파형 (v_{AC})	t		×	×	×
1 (최대)	t				
2 (최소)	t				

6. 검 토

(1) 보통의 실리콘 정류기와 SCR의 차이점은 무엇인가?

(2) SCR이 도통된 후 애노드 전원전압이 애노드 전류에 어떤 영향을 주는가?

(3) 게이트전류에 따라 순방향 브레이크오버 전압은 어떻게 변하는가?

실험 29 UJT

1. 목 적

(1) UJT의 에미터특성을 실험적으로 고찰한다.

(2) UJT 이장발진기를 구성하고, 출력파형을 관찰한다.

(3) UJT 이장발진기로 SCR을 트리거한다.

2. 관련이론

SCR을 트리거하는 데 많은 방법이 사용되고 있다. 트리거원을 설계하는 데 있어서, 저전력원은 SCR을 불규칙적으로 트리거할 수 있고, 대전력원은 SCR을 규칙적으로 트리거 할 수 있지만, 게이트가 과열되면 소자가 파괴될 수 있다. 그러므로 이상적인 해결책은 SCR 게이트의 전력용량을 초과하지 않는 뾰족한 대전력의 짧은 폭을 갖는 펄스로 SCR을 트리거해야 하기 때문에 이와 같은 요건의 펄스를 만들 수 있는 UJT를 트리거원으로 종종 사용한다.

1) UJT의 구조와 특성

다음의 〈그림 29.1〉은 UJT의 단면도이다.

그림으로부터 알 수 있는 바와 같이 n형 반도체인 베이스 단자의 중간에 p형 반도체인 에미터 단자가 pn접합되어 있다. 이때 베이스의 양단을 각각 B_1, B_2로 표시하고, 두 개의 단자를 갖는다고 하여 UJT를 2중 베이스 다이오드, 혹은 pn접합을 하나만 갖고 있으므로 **단일접합 트랜지스터(uni-junction transistor)**라 한다.

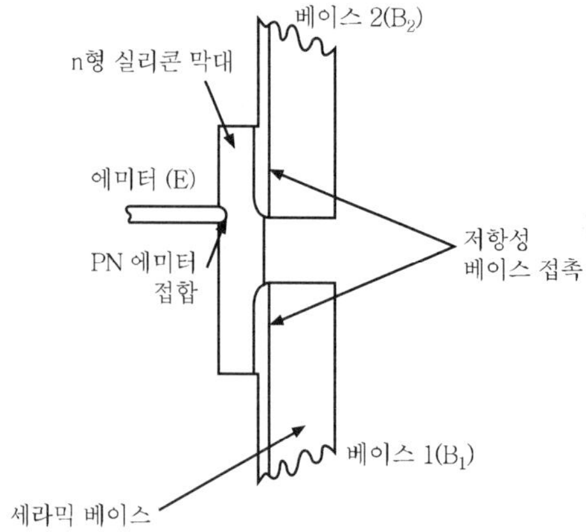

〈그림 29.1〉 UJT의 단면도

〈그림 29.2〉는 UJT의 심볼이며, 〈그림 29.3〉은 등가회로이다.

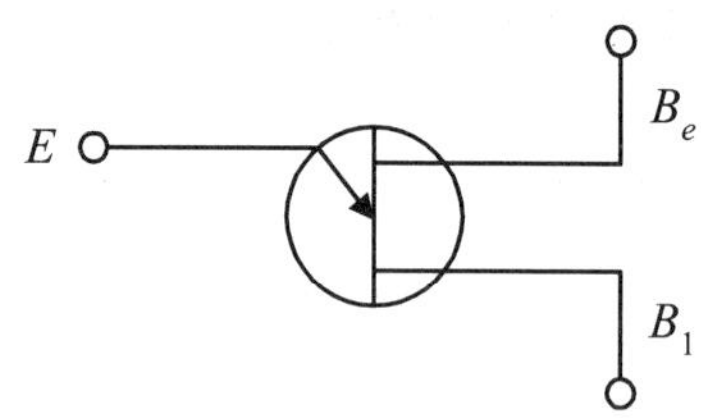

〈그림 29.2〉 UJT의 심볼

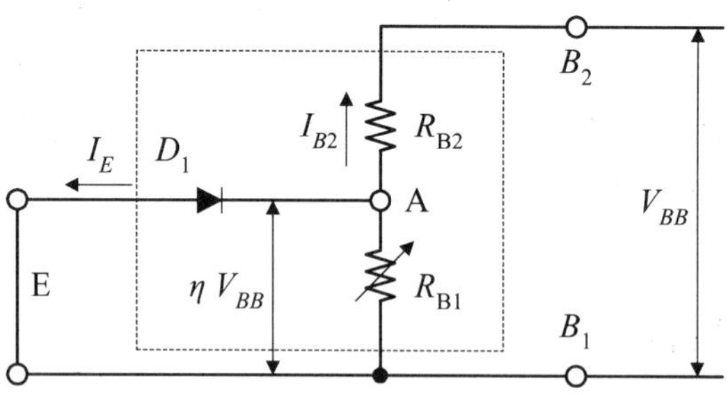

〈그림 29.3〉 UJT의 등가회로

에미터와 베이스의 pn접합은 다이오드 D_1으로 나타내고, 베이스 내부저항 R_{BB}는 두 개의 저항 R_{B1}, R_{B2}로 표시하고, R_{B1}과 R_{B2}의 합은 R_{BB}와 같다.

에미터 전류 I_E가 흐르지 않을 때 점 A에서 B_1까지의 전압 V_{AB1}은 다음 식으로 주어진다.

$$V_{AB1} = V_{BB} \times \frac{R_{B1}}{R_{B1} + R_{B2}} = V_{BB} \times \frac{R_{B1}}{R_{BB}}$$

여기서 V_{BB}는 베이스 내부전압이고, R_{B1}은 베이스 1의 저항이며, R_{BB}는 베이스 내부저항이다. R_{B1}/R_{BB}는 UJT의 진성 스탠드 오프 비(intrinsic standoff ratio)η 로 표시된다. 따라서

$$V_{AB1} = \eta \times V_{BB}$$

로 쓸 수 있다. η 는 UJT의 기하학적 구조에 의하여 결정되며 에미터 접합과 두 개의 베이스 접촉 사이의 간격에 의존한다. η 의 값은 대략 0.51~0.81 사이의 범위에 있다. 바이어스 전압 V_E가 $\eta \times V_{BB}$보다 작을 때 에미터와 B_1사이의 접합은 역바이어스이고, 에미터 역방향 누설전류를 제외하고는 에미터 전류 I_E는 흐르지 않는다. V_E가 $\eta \times V_{BB}$보다 클 때 에미터 전류는 흐르게 된다.

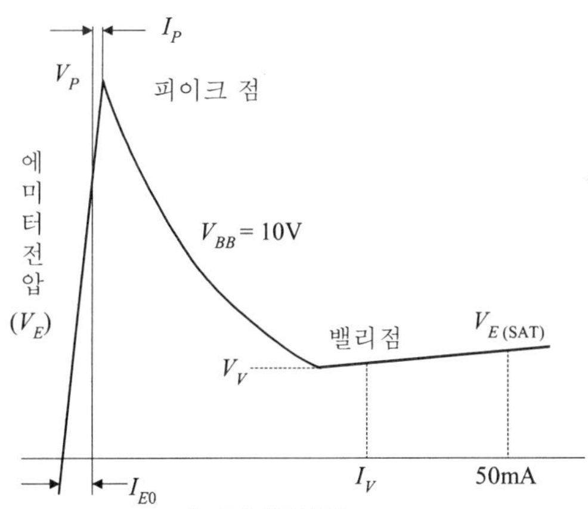

〈그림 29.4〉 에미터 특성곡선

I_E가 증가하면, 〈그림 29.4〉의 에미터 특성곡선과 같이 에미터와 베이스 1의 전압은 감소한다. 피크점 V_P와 밸리(valley)점 V_V에서 에미터 특성곡선의 기울기는

"0" 이다. V_P의 왼편에서 베이스 1과 에미터는 역바이어스 되어 있고, 에미터 전류는 흐르지 않는다. 이 영역을 **차단영역**이라 부른다. V_P의 오른편에 대해서 에미터와 베이스 1은 순바이어스 되어 있고, I_E가 흐른다. V_P와 V_V사이에서 I_E의 증가는 에미터 전압 V_E의 감소를 가져온다. 이 영역을 UJT의 **부성저항 영역**이라 한다. V_V의 오른편에서는 I_E의 증가에 따라 V_E가 증가하며, 이 영역을 **포화영역**이라 부른다. 피크점의 전압 V_P는 다음과 같다.

$$V_P = \eta V_{BB} + V_o$$

여기서 V_o는 cut-in 전압(≅0.6[V])이다.

V_P의 안정성은 〈그림 29.5〉에서와 같이 작은 저항 R_2를 베이스 2와 직렬로 연결함으로서 얻어진다.

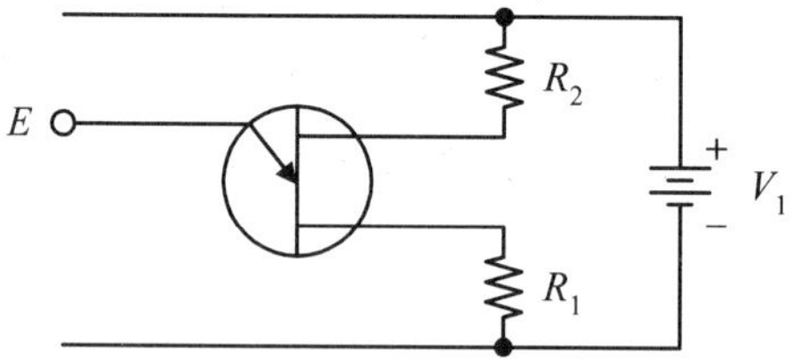

〈그림 29.5〉 UJT의 바이어스와 안정화 회로

이 회로에서 R_1, R_2, R_{BB}는 전압분할을 구성한다. 베이스 내부저항 R_{BB}는 UJT의 온도상승에 따라 증가하고, 전압 V_{BB}도 온도의 증가에 따라 증가한다. R_2의 값을 적절히 선택하면 베이스 내부전압의 증분은 V_o의 감소를 보상하게 된다.

안정을 위한 R_2의 적당한 값은 다음 근사식으로 표시된다.

$$R_2 = \frac{0.7 R_{BB}}{\eta V_1} + \frac{(1-\eta) R_1}{\eta}$$

〈그림 29.5〉는 전형적인 UJT의 바이어스 및 안정화 회로를 나타낸다. UJT를 도통시키기 위해서는 에미터에 인가되는 전압 V_E는 최소한 피크점 전압 V_P와 같아야 하고 에미터전류 I_E는 I_P보다 커야 한다.

2) UJT를 사용한 이장발진기

〈그림 29.6(a)〉에서 UJT를 사용한 이장발진기는 〈그림 29.6(b)〉와 같은 전압파형 V_{B1}을 발생하며, SCR을 도통시키는 게이트 트리거 신호로 사용된다. 회로의 동작은 다음과 같다.

스위치 S_1을 닫으면 회로에 전원이 공급되고, 콘덴서 C_T는 인가전압 V_1에 대하여 R_T를 통하여 지수함수적으로 충전된다. C_T의 양단 전압은 UJT의 에미터에 인가된 전압 V_E이다. C_T가 UJT의 피크점 전압 V_P까지 충전되면 UJT는 도통되고, 에미터와 베이스 1 사이의 실효저항 R_{B1}은 크게 감소한다. R_1에 의해서만 제한되는 펄스전류 I_E는 베이스 1에서 에미터로 흐르고, C_T는 방전된다. C_T에 걸리는 전압이 약 2[V]까지 떨어질 때 UJT는 차단되며, 이러한 주기는 반복된다. 〈그림 29.6(b)〉의 파형은 C_T의 충전에 의하여 만들어지는 톱니파 전압 V_E와 R_1양단의 출력펄스 V_{B1}을 보여준다. V_{B1}은 SCR을 트리거하기 위해 SCR의 게이트에 인가된다.

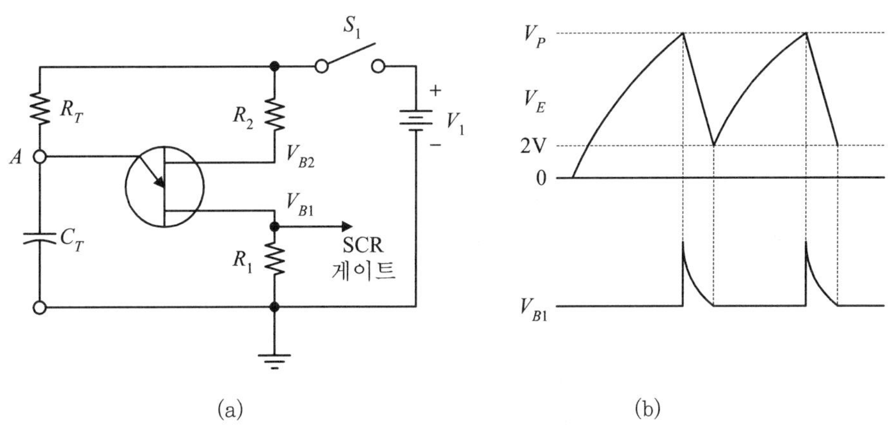

〈그림 29.6〉

이장발진기의 발진주파수 f는 시정수 $C_T \times R_T$와 UJT의 특성에 의존된다.

$R_1 \leq 100[\Omega]$인 경우의 발진주기 T는 다음과 같다.

$$T = \frac{1}{f} \approx R_T \cdot C_T \ln \frac{1}{1-\eta}$$

R_T의 값은 3[kΩ]～3[MΩ] 범위로 제한되고, 인가전압 V_1은 10～35[V]에서 사용된다.

3) UJT 이장발진기에 의한 SCR 트리거

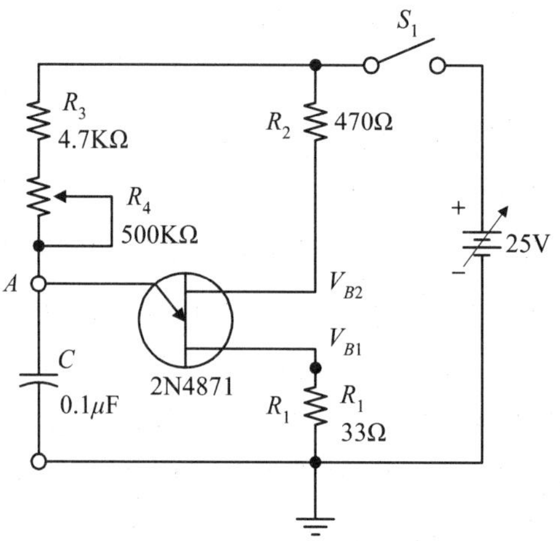

〈그림 29.7〉 실험적인 이장발진기

〈그림 29.7〉의 실험회로에서 UJT의 베이스 1에서 R_1을 통하여 나온 펄스는 〈그림 29.8〉의 회로에서 보는 바와 같이 SCR을 트리거하는 데 사용되며, UJT는 이장 발진기로 사용된다.

C양단에 나타나는 톱니파 전압의 주파수는 시정수 C×R_4에 의해서 결정되며, SCR이 (−)주기 동안은 차단되어 있으므로 (−)주기가 필요하지 않으므로 전파정류된 교류(맥동 직류)를 SCR의 전원으로 사용한다.

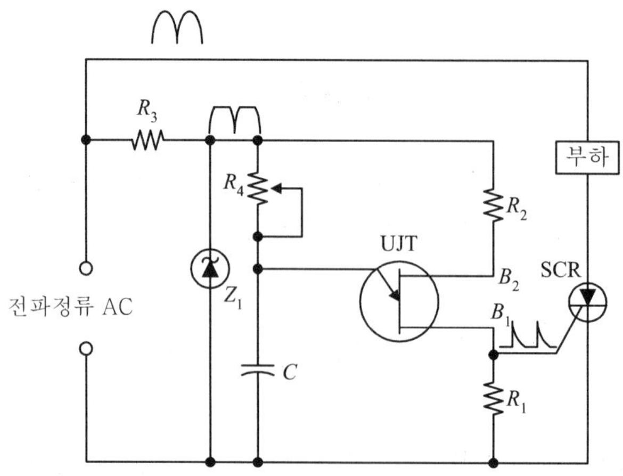

〈그림 29.8〉 UJT에 의해 트리거되는 SCR

제너 다이오드는 교류의 (+)영역을 잘라서 저항 R_4를 통하여 C를 충전시킬 수 있는 비교적 안정된 전압레벨을 제공한다. 직류는 UJT의 펄스출력의 주파수가 SCR에 인가된 맥동직류의 주파수에 동기 되지 않으므로 이장발진기의 콘덴서 C에 대한 충전레벨로 사용할 수 없다. C를 통하여 발생된 톱니파는 전파정류 된 AC전원이 주파수와 같은 순환(recurrent) 주파수에서 발생되므로 제너 다이오드에 의해 C를 충전시키는 잘린 부분의 전압은 동기 된 효과를 보이며, 펄스 순환 주파수는 전원에 의해 고정된다.

이러한 방법으로 적당한 정류전원으로부터 얻어진 전파정류 신호는 SCR의 전원 및 트리거 회로의 동기원으로 공급된다.

3. 사용기기 및 부품

(1) 전원공급장치
(2) 오실로스코프
(3) 회로시험기
(4) 직류전류계(0~100[mA])
(5) 저항 : 33[Ω], 100[Ω], 220[Ω], 470[Ω], 1[kΩ], 1.2[kΩ], 4.7[kΩ]
5[W] 250[Ω], 5[W] 5[kΩ]
(6) 가변저항 : 500[kΩ]
(7) 콘덴서 : 400[V] 0.1[μF]
(8) 다이오드 : 1N4001×4
(9) 제너 다이오드 : 18[V]
(10) SCR : 2P2M 또는 2P4M (P gate SCR)
(11) UJT : 2N4871
(12) 변압기 : 1차측 110[V], 2차측 25[V]

4. 실험순서

1) 에미터 특성(V_E : I_E)

(1) 〈그림 29.9〉와 같이 회로를 결선하여라.

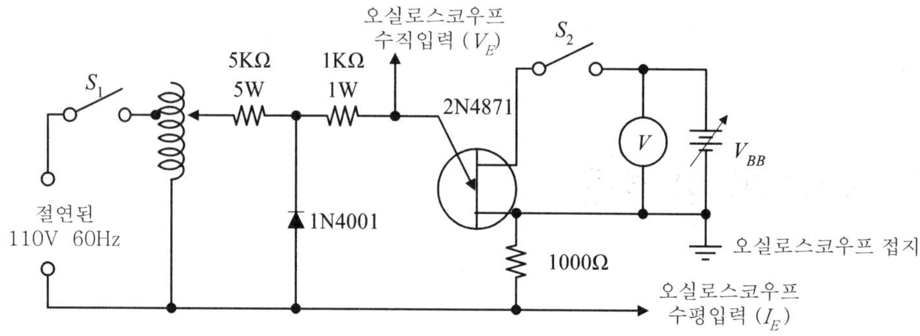

〈그림 29.416〉 UJT의 특성실험

(2) 오실로스코프의 수평 스위프 스위치를 "EXT" 위치에 놓고, 오실로스코프의 수직이득은 2[V]/Div, 수평이득은 0.1[V]/Div에 맞춘다. 계수선의 최저 수평선에 수평 트레이스를 맞추어라. (단, 2 CH 오실로스코프인 경우는 X-Y단자에 놓을 것)

(3) V_{BB}를 5[V]로 조정한 후, S_1, S_2를 닫고, 오실로스코프의 수평편향이 10Div이 될 때까지 변압기의 출력을 조정하고, 특성곡선을 관찰하여 [표 29.1]에 기록하여라. 또한 V_P를 확인하고, 특성곡선을 〈그림 29.4〉와 비교하여 보시오. (이때 I_E는 10[mA]로 제한된다. 수평편향의 1Div이 1[mA]의 에미터 전류에 대응되기 때문이다).

(4) (a) V_{BB} = 10[V], (b) V_{BB} = 15[V], (c) V_{BB} = 20[V]에 대하여 실험순서 (3)을 반복하여 그 결과를 [표 29.1]에 기록하여라.

2) 이장발진기

(5) 〈그림 29.7〉과 같이 회로를 결선하여라. (단, 오실로스코프의 수직이득 5[V]/Div로 맞추고, 트레이스를 계수선의 최저 수평선에 맞춘다.)

(6) 스위치 S_1을 닫고, 회로에 전원을 인가하고, C 양단에 오실로스코프의 수직입력

리드를 연결하여 적어도 2개 또는 3개의 완전한 파형이 나오도록 오실로스코프의 스위프 조절기를 조정하여 C 양단전압(V_E) 파형을 [표 29.2]에 그리고, 이 파형의 V_{P-P}와 주파수를 측정하여 기록하여라.

(7) 베이스 1에서의 파형 V_{B1}을 관찰하여 V_E 파형의 위상에 맞춰 [표 29.2]에 그리고, 이 파형의 V_{P-P}를 측정하여 기록하여라.

(8) 가변저항 R_4를 최소 저항치로 조정하여라. 이때의 V_E와 V_{B1}의 파형을 관찰하여 [표 29.2]에 그리고, 이들 파형의 V_{P-P}와 주파수를 측정하여 기록하여라.

(9) 가변저항 R_4를 전체저항의 절반치로 조정하고, 실험순서 (7)을 반복하여 그 측정결과를 [표 29.3]에 기록하시오.

3) UJT에 의해 트리거되는 SCR

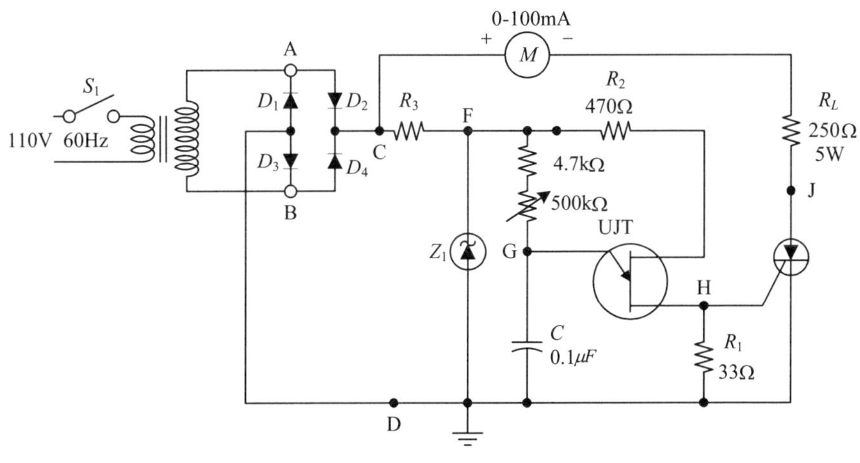

〈그림 29.417〉

(10) 〈그림 29.10〉과 같이 회로를 결선하고, 스위치 S_1을 닫고, 전원을 인가하여라.

(11) 오실로스코프의 수직이득을 5[V]/Div에 맞추고, 오실로스코프의 수직리드를 A점에, 접지리드를 B점에 접속하고, 변압기 2차측의 v_{AB}파형을 관찰하여 [표 29.4]에 기준파형을 그리고, 이 파형의 V_{P-P} 전압을 측정하여 [표 29.4]에 기록하여라.

(12) V_{CD}와 V_{FD}의 파형을 관찰하고, 기준파형의 위상에 맞춰 [표 29.4]에 그리고, V_{P-P}를 측정하여 기록하여라.

⒀ 가변저항 R_4를 최소로 하고, VJD 파형을 관찰하여, 기준파형의 위상에 맞춰 [표 29.4]에 그리고, 부하전류 I_L을 전류계 M_1으로 측정하여 기록하여라.

⒁ 가변저항 R_4를 전 레인지에 걸쳐 변화시킨다. 이에 따른 부하전류 및 전압파형의 변화를 관찰하여라.

⒂ 가변저항 R_4를 최대치로 놓고, VJD 파형과 부하전류를 관찰 측정하여 [표 29.4]에 기록하여라.

5. 실험결과

평 가	월	일
		㉵

실 험 일 자	년 월 일 교시
학 과	
학 번	
공동 실험자	
이 름	

1) 브레드보드 결선

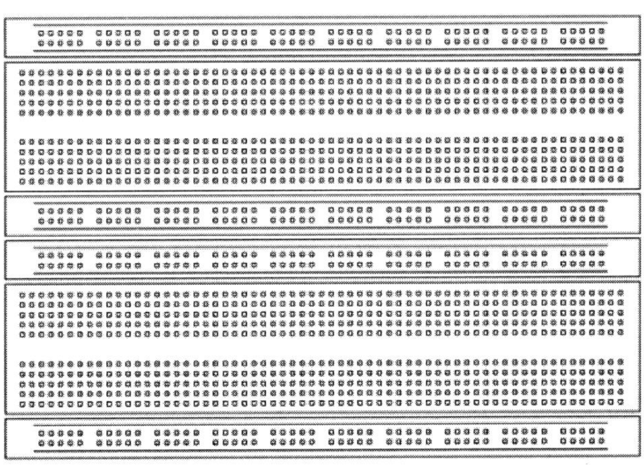

2) 실험순서에 따라 다음의 해당표에 실험결과를 기재하여라.

[표 29.1]

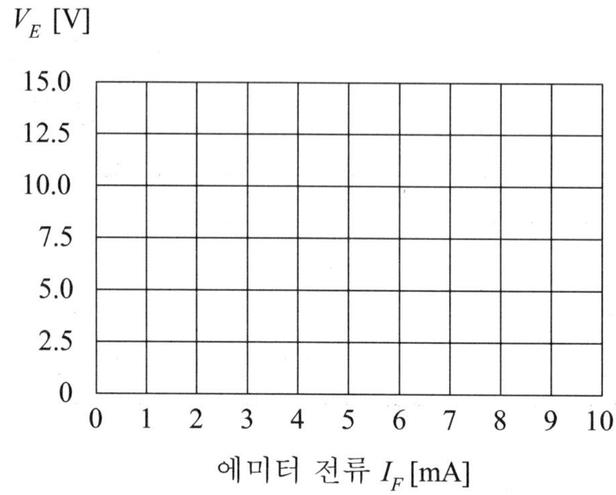

[표 29.2]

실험 순서		파 형	V_{P-P}	주파수 [Hz]
(6)	V_E	t		
(7)	V_{B1}	t		
(8)	V_E	t		
	V_{B1}	t		

[표 29.3]

실험 순서		파 형	V_{P-P}	주파수 [Hz]
(9)	V_E	t		
	V_{B1}	t		

[표 29.4]

실험 순서	조 건	측정점	파 형	V_{P-P}	부하전류 [mA]
(11)	×	AB	t		×
(12)	×	CD	t		×
		FD	t		
(13)	R_4 = 0	JD	t		
(15)	R_4 = 500[kΩ]	JD	t		

6. 검 토

(1) SCR의 게이트 트리거원으로 바람직한 특성은?

(2) UJT 트리거회로를 사용함으로써 SCR에서 180°의 위상변화를 얻을 수 있는가? 있으면 그 이유를 설명하여라.

실험 30 단상 및 3장 전력측정

1. 목 적

(1) 전력의 기본 개념을 기본 이론의 고찰을 통해 이해한다.
(2) 3전압계에 의한 전력을 측정한다.
(3) 3전류계법에 의한 전력을 측정한다.
(4) 2전력계를 이용한 전력 측정 실험을 통해 전력의 개념을 확실히 이해한다.

2. 관련이론

1) 전력의 측정

(1) 전력이란 무엇인가?

전기, 전자 기기에 전원을 인가하여 전류를 흘리면 기기는 일을 하게 되며 이때 기기가 하는 일은 전압과 전류의 곱에 비례한다. 여기서 전기가 단위 시간에 하는 일의 양을 전력이라 하며 단위로는 와트(Watt,[W])가 쓰인다.
여기서 1[W]라고 하는 것은 매 초당 변환되는 에너지가 1[J]일 때의 전력을 말하며 따라서 변환되는 에너지 W[J]이 시간적으로 일정할 때 전력 P는 다음과 같이 나타낼수 있다.

$$P = \frac{W}{t}$$

한편 1[W]는 1초 동안에 1[V] 전압으로 1[A]의 전류가 흐를 때의 전력으로도 정의되며 따라서 전압을 V[V] 전류를 I[A]할 때 전력 P[W]는 다음과 같이 나타낼 수 있다.

$$P = V \times I = V \times \frac{V}{R} = I^2 R[W]$$

2) 단상전력의 측정

(1) 전력계에 의한 측정

전력을 나타낼 때 직류전력은 전압과 전류의 곱(P=VI)으로 나타내며 교류전력은 전압 × 전류×역률 (P=VIcosϕ)로 나타낸다. 따라서 전력계는 전압과 전류라는 두 가지 측정 요소에 의해 동작하도록 되어있는 계기이다. 이러한 전력계로는 전압과 전류에 의해 생기는 구동 토크를 이용하는 전류전력계형 전력계가 주로 사용되고 있다.

(2) 전류계 • 전압계에 의한 측정 (전류계•전압계법)

〈그림 30.1〉은 전압계와 전류계를 이용하여 단상전력을 측정하는 회로를 나타낸 것으로 전압계는 측정하고자 하는 부하와 병렬로 연력하고 전류계는 측정하고자 하는 부하와 직렬로 연결하여 전원을 인가한 후 전압계 전류계의 지시값을 서로 곱한 결과가 부하에서 소비되는 전력의 크기를 나타내게 된다. 〈그림 30.1〉을 이용한 전력값은 R_1, R_2 를 각각 전류계와 전압계의 내부 저항이라 하면 전력 P는 다음과 같이 나타낼 수 있다.

〈그림 30.1(a)〉 회로 ; $P = vi = v'i - i^2 R_1$

〈그림 30.1(b)〉 회로 ; $P = vi = vi' - \dfrac{v^2}{R_2}$

여기서 $i^2 R_1$, v^2/R_2 값은 일반적으로 작기 때문에 전압계와 전류계 지시값의 곱으로 전력이 근사적으로 구해지고 교류전력의 경우는 역률을 곱해서 교류전력을 지시하게 된다.

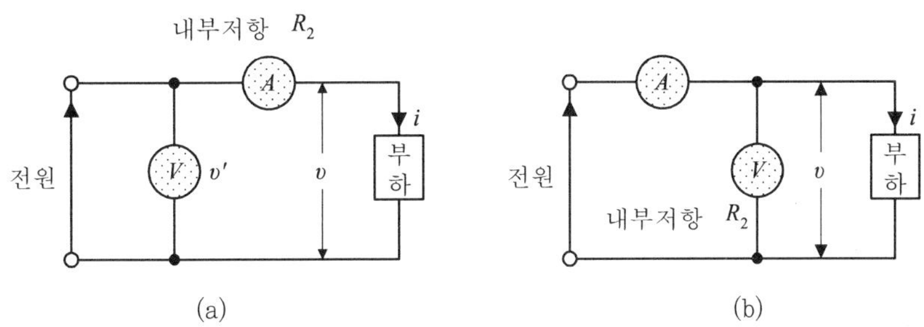

〈그림 30.1〉 전류계·전압계에 의한 단상전력의 측정

3) 3전압계법 및 3전류계법에 의한 단상 전력 측정

① 3전압계법

전압계 3개와 무유도 저항을 이용해 단상 전력을 측정하는 방법으로 공급전압을 v_3, 저항의 전압 강하를 v_2, 부하의 단자 전압을 v_1 이라하면

$$V_3^{\,2} = V_2^{\,2} + V_1^{\,2} + 2V_1V_2\cos\theta$$

이 되고 부하역률은

$$\cos\theta = \frac{(V_3^{\,2} - V_2^{\,2} - V_1^{\,2})}{2V_1V_2}$$

과 같이 된다. 또한, 부하전력은

$$P = \frac{1}{2R}(V_3^{\,2} - V_2^{\,2} - V_1^{\,2})$$ 이 된다.

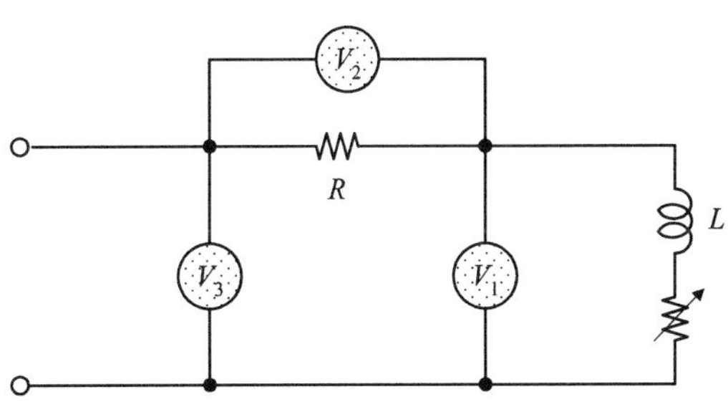

〈그림 30.2〉 3전압계법에 의한 단상전력 측정

② 3전류계법

〈그림 30.3〉과 같이 단상 전력을 전류계 3개와 무유도 저항을 이용해 측정하는 방법으로 〈그림 30.3〉에 표시된 3개의 전류는 다음과 같은 관계를 가진다.

$$i_1 = i_2 + i_3$$

이것을 양변을 제곱해서 $i_2 i_3$에 대해 정리하면

$$i_2 i_3 = \frac{{i_1}^2 - {i_2}^2 - {i_3}^2}{2}$$

와 같이 되고, 〈그림 30.3〉의 A-B단자 간 전압을 V라 하면 그림에서 $V = i_3 R$이 된다. 따라서, 부하전력 P는

$$P = V \cdot i_2 = (i_3 R) \cdot i_2 = \frac{({i_1}^2 - {i_2}^2 - {i_3}^2) \times R}{2}$$

이 된다. 한편, 부하에서의 역률은 3개의 전류간에 벡터적으로 다음과 같은 관계가 있으므로

$$i_1^2 = i_2^2 + i_3^2 + 2 i_2 i_3 \cos\theta$$

결국, 역률 $\cos\theta$는

$$\cos\theta = \frac{{i_1}^2 - {i_2}^2 - {i_3}^2}{2 i_2 i_3}$$

과 같이 나타낼 수 있다.

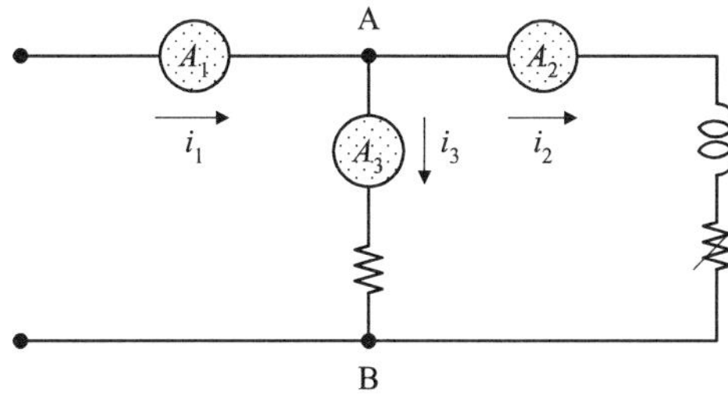

〈그림 30.3〉 3전류계법에 의한 단상 전력 측정

4) 3상 전력의 측정

3상 전력 측정에는 2전력계법, 1전력계법, 3전력계법 등의 방법이 있다.

① 2전력계법

일반적으로 N상 N선식의 전력은 (N-1)개의 단상 전력계를 이용하여 구할 수 있으므로 전력 시스템이 3상 3선식인 경우는 2개의 단상 전력계 를 이용하여 3상 전력을 측정할 수 있다.

〈그림 30.4〉는 2개의 단상전력계를 이용하여 3상 전력을 구하는 일반적인 방법으로서 각 전력계의 전압 코일을 공통점 N에 접속하고 2개의 전력계 W_1, W_2의 지시값의 합을 구해 3상 전력을 측정하는 방법이다.

지금 2개의 전력계(W_1, W_2)에 작용하는 순간 전력을 P_1, P_2라 하고, 부하가 Y 결선인 경우 각 상전압의 순시치를 v_a, v_b, v_c 라 하고, 선 전류의 순시치를 i_a, i_b, i_c라 하면

$$P_1 = (v_a - v_b)i_a \text{ , } P_2 = (v_c - v_b)i_b$$

이고, 따라서

$$P = P_1 + P_2 = v_a i_a - v_b(i_a + i_c) + v_c i_b$$

가 된다. 또한 N 점에서 전류는 $i_1 + i_2 + i_3 = 0$ 의 관계를 가지므로

$$i_a + i_c = - i_b$$

가되어

$$P = P_1 + P_2 = v_a i_a + v_b i_b + v_c i_c$$

가 된다.

여기서, W_1, W_2 전력계는 각각 P_1, P_2의 평균전력을 지시하므로

$$P = \frac{1}{T}\int_0^T P dt = (W_1 \text{전력계의 지시값}) + (W_2 \text{전력계의 지시값})$$

이된다.

또한, 3상 평형 부하에서 선간전압과 선전류의 실효값을 V,I 부하의 역률을 $\cos\theta$ 라 하면

$$P_1 = VIcos(30° + \theta)$$

$$P_2 = VIcos(30° - \theta)$$

가 되어 결국,

$$\begin{aligned} P_3 = P_1 + P_2 &= VI\cos(30° + \theta) + VI\cos(30° - \theta) \\ &= VI \times [\cos(30° + \theta) + \cos(30° - \theta)] \\ &= VI \times [(\cos 30° \cdot \cos\theta + \sin 30° \cdot \sin\theta) + (\cos 30° \cdot \cos\theta - \sin 30° \cdot \sin\theta) \\ &= \sqrt{3}\, VI\cos\theta \end{aligned}$$

가 되어, W_1, 전력계와 W_2 전력계 지시치의 대수합이 3상 전력을 나타내게 된다.

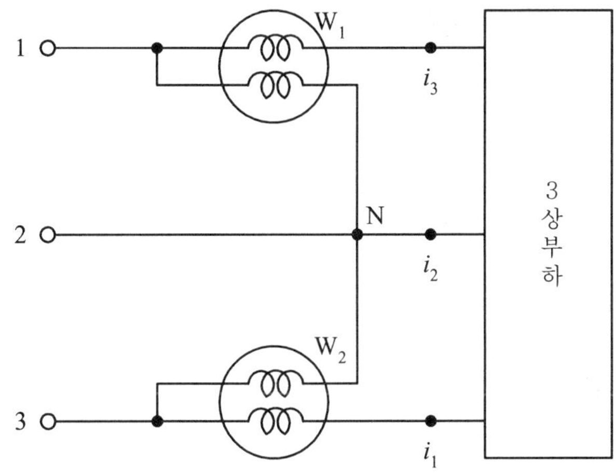

〈그림 30.4〉 2전력계법에 의한 3상전력의 측정

② 1전력계법

〈그림 30.5〉와 같이 전력계를 접속하고 스위치 S를 1과 3에 교대로 놓았을 때의 지시치를 각각 P_1, P_2라 하면, $P=P_1+P_2$가 된다.

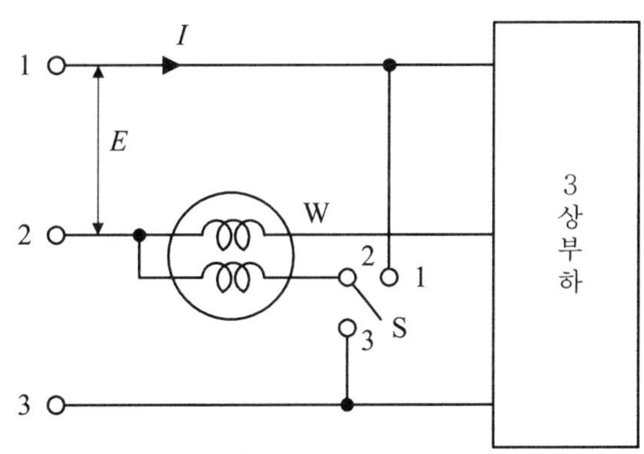

〈그림 30.5〉 1전력계법에 의한 3상전력의 측정

3. 사용기기 및 부품

(1) 슬라이닥스 (단상)1대, 단상전력계 2대, 교류전압계 3대
(2) 교류전류계 3대, 임피던스 부하(전등 전열기 등)
(3) 단상전력계 1대, 회로시험기, 무유도 저항기
(4) 스위치, 리드선

4. 실험순서

1) 3전압계법

〈그림 30.6〉과 같이 접속한 후 테스터기로 가변저항값을 측정하고 SW를 넣는다. 부하를 단계적으로 변화시키면서 각 계기의 지시를 읽고 R을 변화시켜 놓고 위의 방법으로 수회 반복 측정하여 [표 30.1]에 기록하고 평균값을 구한다.

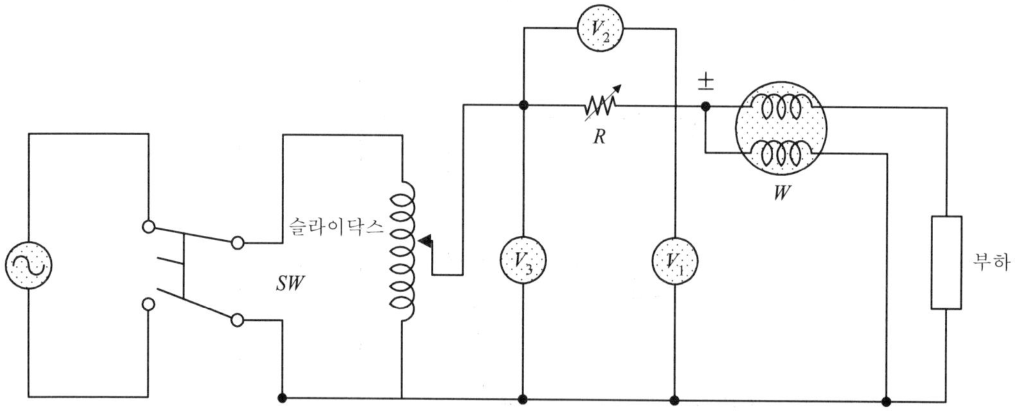

〈그림 30.6〉

2) 3전류계법

〈그림 30.7〉과 같이 결선하고 부하를 변화시키면서 각 계기의 지시값을 읽고 전력과 역률을 계산한다. 이때 R을 변화시킬 수 있으면 수회 변화시켜 놓고 측정하여 [표 30.2]에 기록하고 평균값을 구한다.

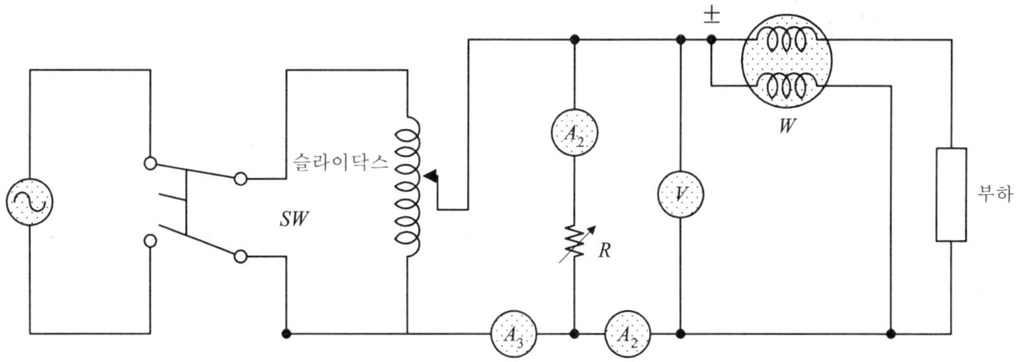

〈그림 30.7〉

5. 실험결과

평 가	월	일
		㉂

실 험 일 자	년 월 일 교시
학 과	
학 번	
공동 실험자	
이 름	

1) 브레드보드 결선

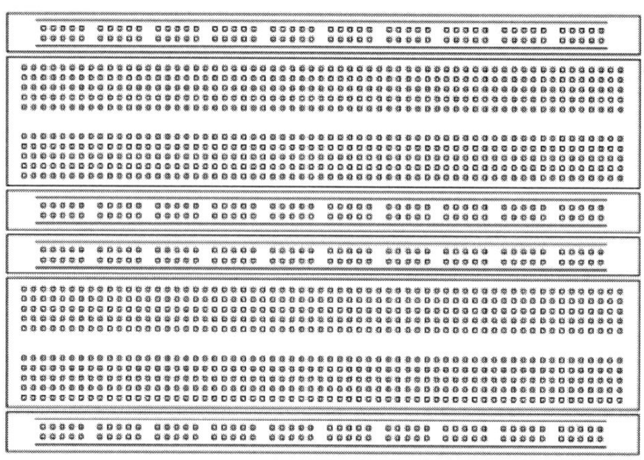

2) 실험 결과

[표 30.1]

전압계의 지시값			전력계 P[W]	계산전류 $I=\frac{V_2}{R}$	계산전력 $P=\frac{1}{2R}(V_3^2-V_2^2-V_1^2)$	계산역률 $\cos\theta=\frac{V_3^2-V_2^2-V_1^2}{2V_2V_1}$
V1	V2	V3				

[표 30.2]

단자 전압 V[V]	전류계의 지시값			전력계	계산전압 $V=I_2R$	계산전력 $P=VI_1\cos\theta$	계산역률 $\cos\theta=\frac{I_3^2-I_1^2-I_2^2}{2I_1I_2}$
	I_1	I_2	I_3				

실험 31 OP AMP (Ⅰ)

1. 목 적

(1) 기본 선형 증폭기 회로의 기본동작을 이해하고, 설계능력을 배양한다.
(2) 수학적으로 서로 역관계를 갖는 미분기와 적분기의 동작을 이해한다.

2. 관련이론

1) 이상적인 OP AMP

OP AMP(Operational Amplifier)는 아날로그 계산기의 기본적인 연산소자로서 아날로그량의 가감산, 적분, 미분 등, 각종 연산을 하기 위한 고급 증폭기이며, 이상적인 OP AMP는 다음의 특성을 가져야 한다.

(1) 전압이득 AV : ∞
(2) 입력 임피던스 : ∞
(3) 출력 임피던스 : 0
(4) 대역폭 : 0∼∞
(5) offset 전압(입력전압이 "0" 일 때 출력전압이 "0" 인 것) : 0

OP AMP는 〈그림 31.1〉과 같이 표시한다.

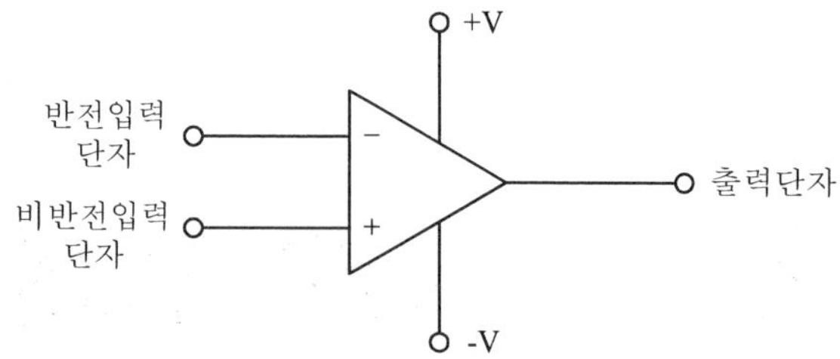

〈그림 31.1〉 OP AMP의 기호

2) 전원 접속법

전원접속에는 단일전원 방식과 2전원 방식이 있으며, 〈그림 31.2〉는 단일전원 방식으로, −V 단자를 어스시키면 출력전압은 "+" 전압이 나오며, 전원전압 +E에서 흡수전압을 뺀 전압이 나타나고, 교류출력만 필요로 할 때 결합 콘덴서로 직류분을 차단하는데 사용한다.

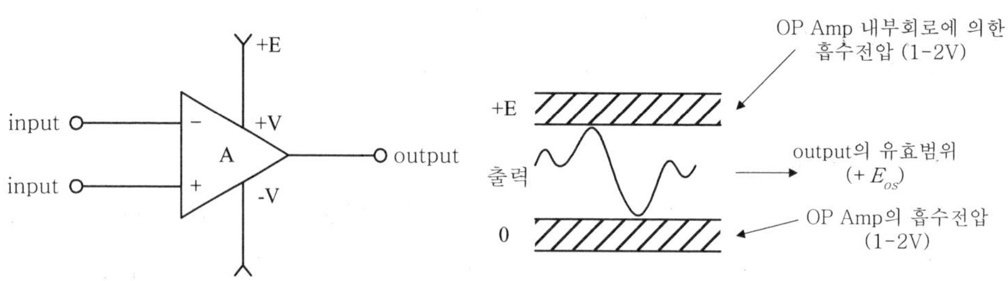

〈그림 31.2〉 단일전원 방식

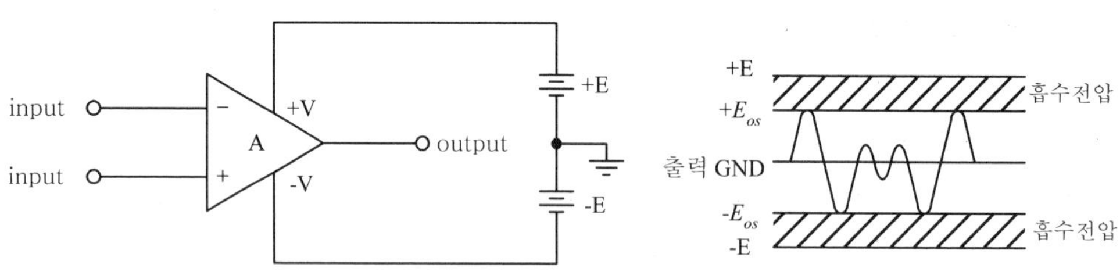

〈그림 31.3〉 2전원 방식

〈그림 31.3〉은 2전원 방식으로, +V 단자에 +E와 −V 단자에 −E의 전원을 공급하면, 출력전압은 흡수전압을 뺀 $\pm E_{os}$가 출력되고, 직류회로에서 고주파회로 등 응용범위가 넓으며, $\pm E$의 전원전압이 달라도 된다.

3) 부궤환에 의한 증폭기

OP AMP는 궤환방법에 따라 크게 3가지로 분류할 수 있으며, 부궤환인 경우는 증폭기, 정궤환인 경우는 발진기, 무궤환인 경우는 비교기로서, 이 장에서는 부궤환에 의한 증폭기에 대하여 고찰하여 보기로 하자.

(1) 반전 증폭기

〈그림 31.4〉는 반전 증폭기이며, 차동입력의 차이는 있으나, Z_{in}이 수[kΩ]~10^{10}[Ω]이고, 차동전류는 10-12[A]의 미소전류가 흐르므로 "−" 입력단자(2번)은 어스에 대하여 전위가 낮아 **가상 접지점**이라 한다.

A점이 가상접지이므로 입력전류는 $i_1 = \dfrac{e_i}{R_1}$로 궤환저항 R_2에 흐르는 전류를 i_2라 하면 $i_1 = -i_2$가 되어 출력전압 e_o는

$$e_o = i_2 R_2 = -i_1 R_2 = -\frac{e_i}{R_1} R_2 = -\frac{R_2}{R_1} e_i$$

가 되며, 증폭도 G는 다음과 같다.

$$G = \frac{e_o}{e_i} = -\frac{R_2}{R_1}$$

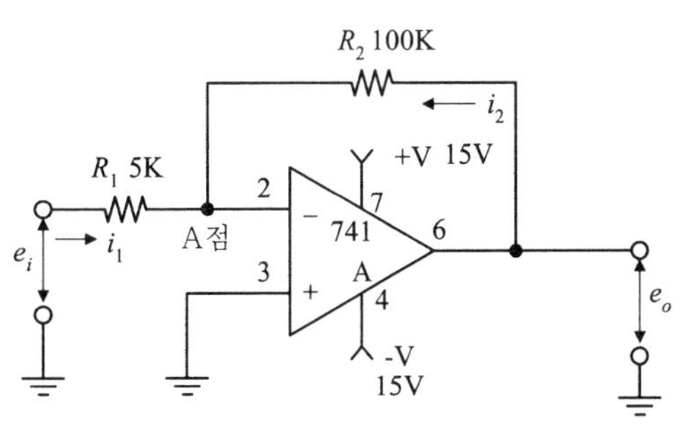

〈그림 31.4〉 반전증폭기

(2) 비반전 증폭기

〈그림 31.5〉는 비반전 증폭기이며, Z_{in}이 크기 때문에 i_1과 i_2의 전류는 "0" 이다. 그러므로 e_o에 의하여 R_1에 전압강하가 생기고, 전압강하 V_{R1}은

$$V_{R1} = iR_1, \quad \therefore i = \frac{V_{R1}}{R_1}$$

이며, $V_{R1} = e_i$ 이므로 출력전압 e_o는 $e_o = i(R_1 + R_2)$이므로, 이득은

$$A_v = \frac{e_o}{e_i} = \frac{i(R_1 + R_2)}{iR_1} = \frac{R_1 + R_2}{R_1} = \left(1 + \frac{R_2}{R_1}\right)$$

$$\therefore e_o = \left(1 + \frac{R_2}{R_1}\right)e_i$$

이다.

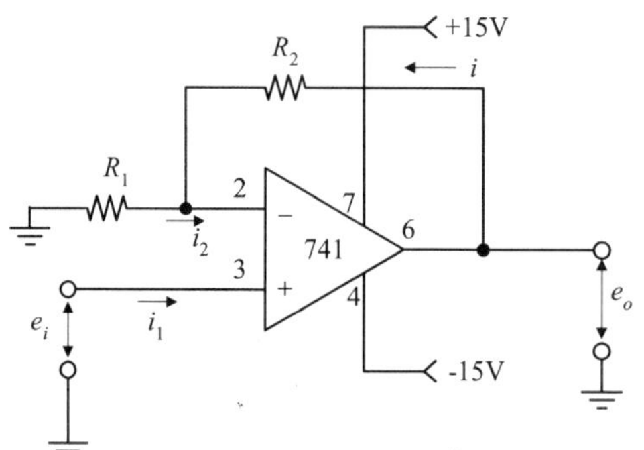

〈그림 31.5〉

(3) 전압 폴로워

〈그림 31.6〉은 전압 폴로워의 회로이며, G = 1로 e_o와 e_i의 크기가 같으므로, e_i = e_o이며, 입력 임피던스가 ∞로 전원전압의 영향을 받지 않고, 출력 임피던스가 매우 낮아 출력에 큰 전류를 흘려도 e_o의 변화는 없다. 이 회로는 전압으로 전류를 흘리고 싶을 때 버퍼(buffer)회로에 적합하다.

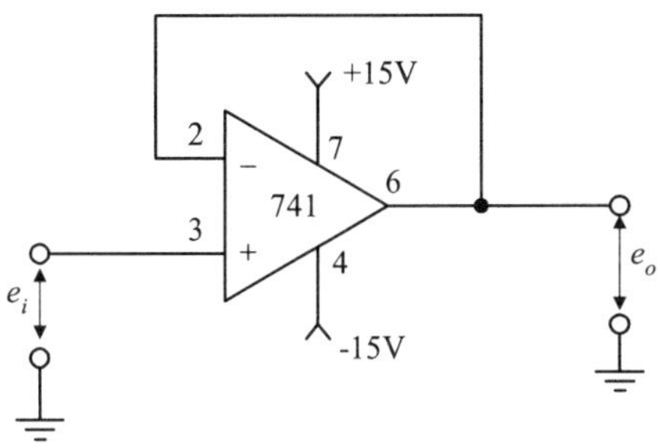

〈그림 31.6〉 전압 폴로워

(4) 반전 가산회로

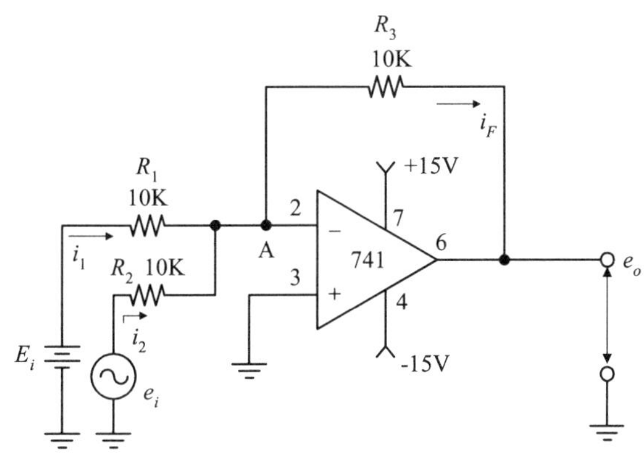

〈그림 31.7〉 반전 가산회로

〈그림 31.7〉은 반전 가산회로이며, A점은 가상 접지점으로 전위는 0[V]이고, $i_1 + i_2 = i_f$ 이므로 R_3에 의하여 부궤환이 되고 $e_o = -i_f R_3$가 되어

$$e_o = -(i_1 + i_2)R_3 = -\left(\frac{R_3}{R_1}E_i + \frac{R_3}{R_2}e_i\right)$$

이며, $R_1 = R_2 = R_3$이면 $e_o = -(E_i + e_i)$가 되어 가산기로 동작한다.

(5) 비반전 가산회로

〈그림 31.8〉은 비반전 가산회로이며, 전원이 2개이므로 중첩의 원리를 이용하면

$e_{i1} = 0$일 때 비반전 단자의 전위는 $\dfrac{R_1}{R_1 + R_2}e_{i2}$이고, $e_{i2} = 0$일 때 비반전 단자의 전위는 $\dfrac{R_2}{R_1 + R_2}e_{i1}$이므로,

$$e_o = \left(1 + \frac{R_4}{R_3}\right)\left(\frac{R_2}{R_1 + R_2}e_{i1} + \frac{R_1}{R_1 + R_2}e_{i2}\right)$$

가 된다. 만약 $R_1 = R_2 = R_3 = R_4$이면, $e_o = e_{i1} + e_{i2}$가 된다.

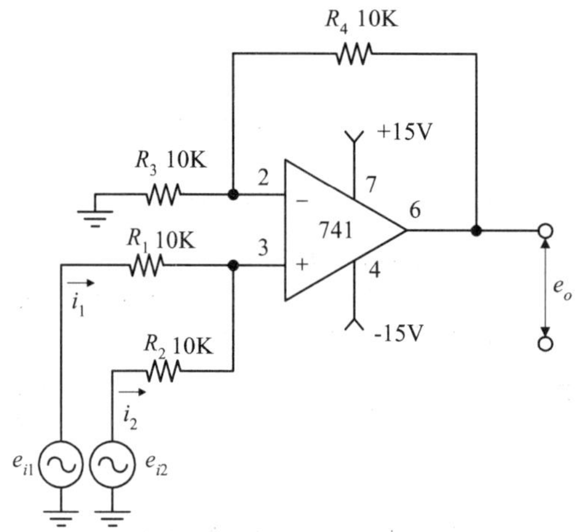

〈그림 31.8〉 비반전 가산회로

(6) 미분회로

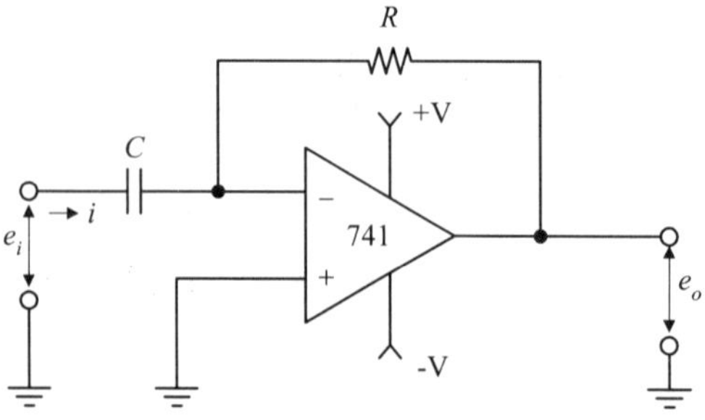

〈그림 31.9〉 미분회로

〈그림 31.9〉는 미분회로이며, 이 회로는 좁은 트리거 펄스를 얻는 데 사용한다. 출력전압 e_o는 과도특성으로부터 $i = C\frac{d(e_i)}{dt}$ 이므로

$$e_o = -Ri = -RC\frac{d(e_i)}{dt}$$

이다.

(7) 적분회로

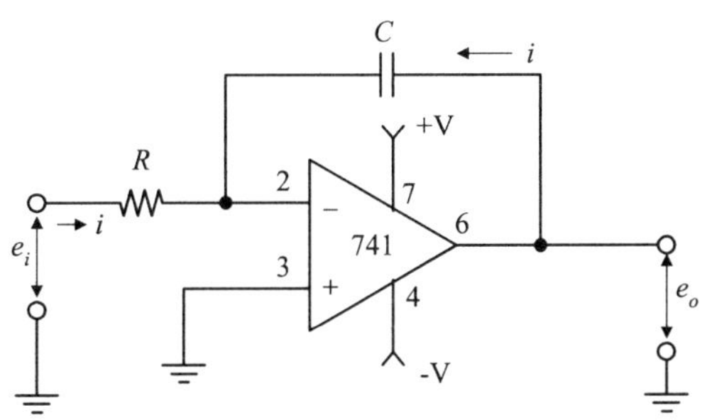

〈그림 31.10〉 적분회로

〈그림 31.10〉은 적분회로로서 시간에 비례하는 전압, 전류파형 즉, 톱니파 신호발생 및 신호를 지연하는 데 사용된다.

출력전압 e_o는 과도특성으로부터 $V_C = \frac{1}{C}\int idt$, $i = \frac{e_i}{R}$, $e_o = -V_o$ 이므로

$$e_o = -\frac{1}{C}\int\frac{e_i}{R}dt = -\frac{1}{RC}\int e_i dt$$

이다.

3. 사용기기 및 부품

(1) 양전원공급장치

(2) 오실로스코프

(3) 신호발생기

(4) 저항 : 1[kΩ], 10[kΩ]×3, 20[kΩ]×2, 30[kΩ], 100[kΩ], 820[kΩ]

(5) 콘덴서 : 0.0022[μF], 0.0047[μF]

(6) OP AMP : μA741×2

4. 실험순서

1) 전압 폴로워

(1) 〈그림 31.11〉과 같이 회로를 결선하고, 전원을 인가하여라.

(2) 신호발생기의 출력을 $1V_{P-P}$ 1[kHz]가 되도록 조정하고, 이때의 출력파형을 관찰하여 [표 31.1]에 기록하여라.

(3) 입력을 변화시키면서 $v_i = v_o$ 가 되는지 확인하여라.

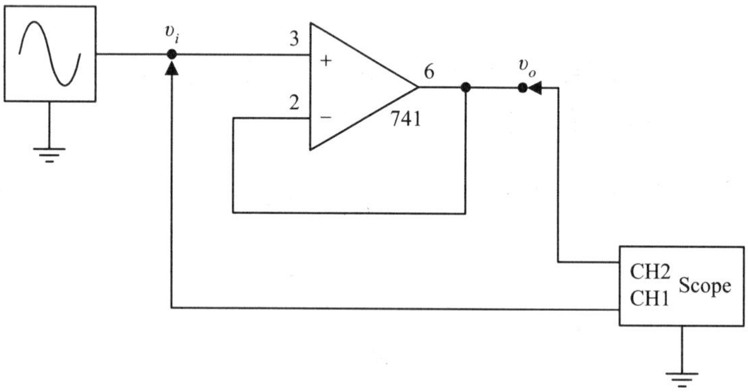

〈그림 31.11〉

2) 반전 증폭기

(1) 〈그림 31.12〉와 같이 회로를 결선하고, 전원을 인가하여라.

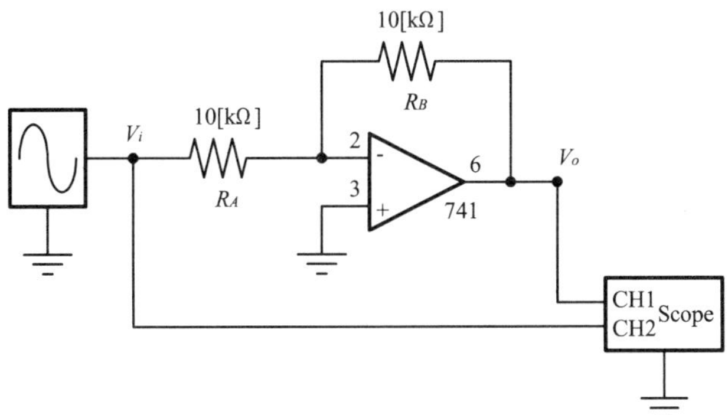

〈그림 31.12〉

(2) 신호발생기 출력을 $1V_{P-P}$ 1[kHz]로 하고, 이때의 출력파형을 관찰하여 [표 31.2]에 기록하여라.

(3) 저항 R_B를 20[kΩ], 30[kΩ]으로 교환하여 실험순서 (2)를 반복하여라.

(4) 이때의 출력파형을 비교하여 전압이득이 $-R_B/R_A$로 위상이 반전되는지 확인하여라.

3) 비반전 증폭기

(1) 〈그림 31.13〉과 같이 회로를 결선하고, 전원을 인가하여라.

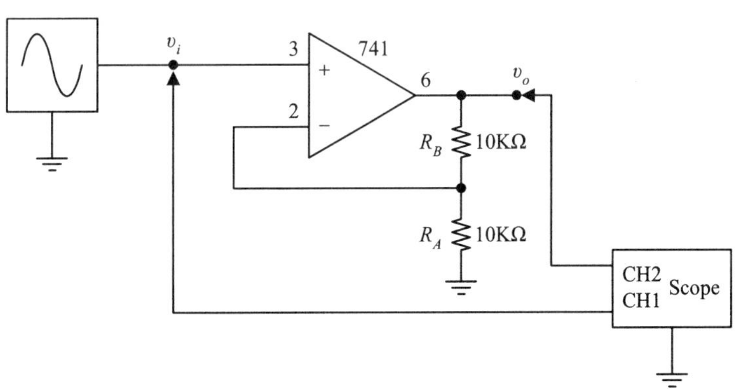

〈그림 31.13〉

(2) 신호발생기 출력을 $1V_{P-P}$ 1[kHz]로 하고, 이때의 출력파형을 관찰하여 [표 31.3]에 기록하여라.

(3) 저항 R_B를 20[kΩ], 30[kΩ]으로 교환하여 실험순서 (2)를 반복하여라.

(4) 이때의 출력파형을 비교하여 전압이득이 $1 + \frac{R_B}{R_A}$로 위상이 동위상이 되는지 확인하여라.

4) 가산 증폭기

(1) 〈그림 31.14〉와 같이 회로를 결선하고, 전원을 인가하여라.

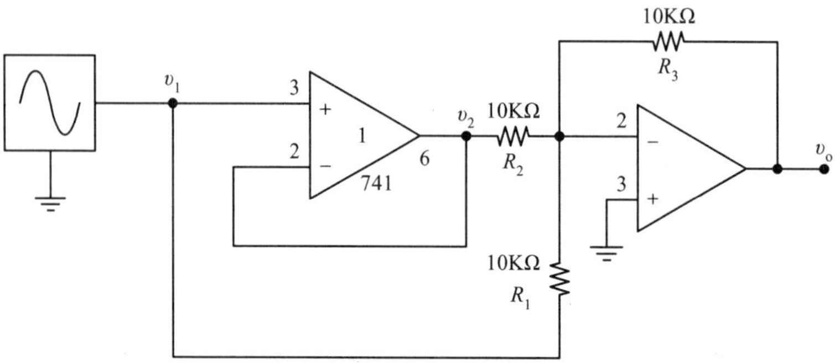

〈그림 31.14〉

(2) 신호발생기 출력을 $1V_{P-P}$ 1[kHz]로 하고, 이때의 v_1, v_2, v_o 파형을 관찰하여 [표 31.4]에 기록하여라.

(3) 첫 번째 단의 OP AMP를 〈그림 33.15〉와 같이 비반전 증폭기로 치환한 후, v_1, v_2, v_o 파형을 관찰하여 [표 31.5]에 기록하고, 전압이득을 확인하여라.

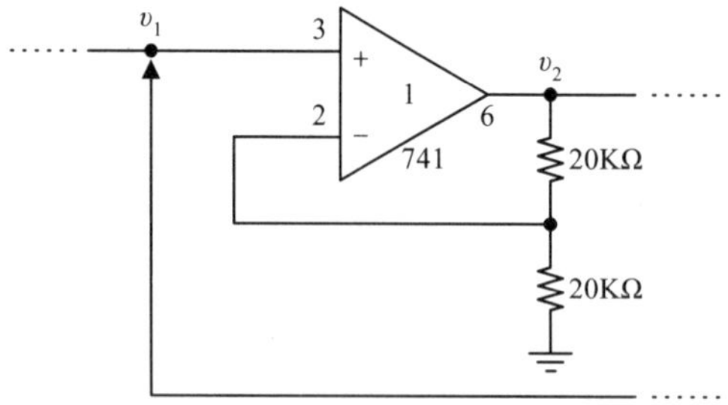

〈그림 31.15〉

(4) 실험순서 (3)과 같이, 첫 번째 단의 OP AMP를 〈그림 31.16〉과 같은 반전 증폭기로 치환한 후 v_1, v_2, v_o파형을 관찰하여 [표 31.6]에 기록하고, 전압이득을 확인하여라.

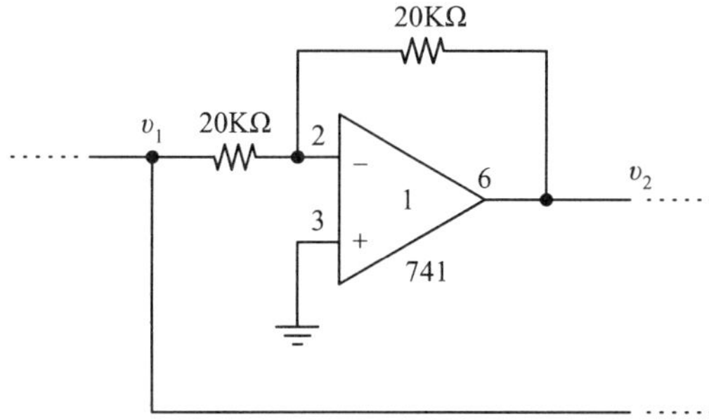

〈그림 31.16〉

5) 미분기(differentiator)

저주파응답 : $f_C = \dfrac{1}{2\pi R_S C}$

$f < f_C$: 회로는 미분기로 동작

$f > f_C$: 회로는 전압이득 -RF/RS인 반전 증폭기로 동작

(1) 〈그림 31.17〉과 같이 회로를 결선하고, 전원을 인가하여라.

(2) 신호발생기 출력을 $1V_{P-P}$ 1[kHz] 구형파로 하고, 이때의 출력파형을 관찰하여 [표 31.7]에 기록하여라.

(3) R_F를 820[kΩ]으로 교환하여 반전 증폭기로 동작하는지 확인하여라.

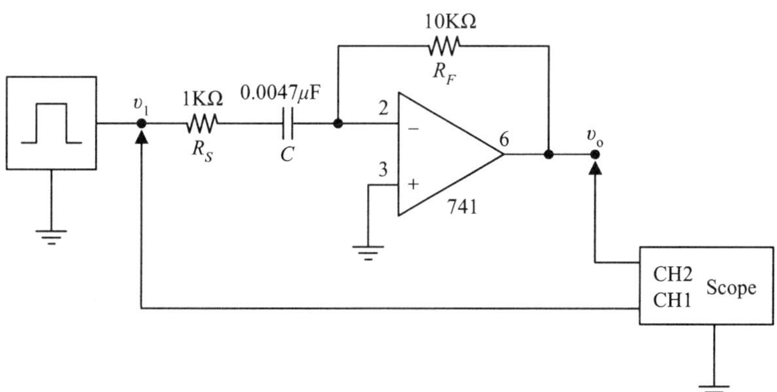

〈그림 31.17〉

6) 적분기(integrator)

저주파응답 : $f_C = \dfrac{1}{2\pi R_S C}$

$f > f_C$: 회로는 적분기로 동작
$f < f_C$: 회로는 전압이득 -RS/R1인 반전 증폭기로 동작

입력 바이어스 전류에 의한 출력 옵셋을 최소로 하기 위하여 다음과 같은 R_2저항을 연결한다.

$$R_2 = \frac{R_1 R_S}{R_1 + R_S}$$

(1) 〈그림 31.18〉과 같이 회로를 결선하고, 전원을 인가하여라.
(2) 신호발생기 출력을 $1V_{P-P}$ 1[kHz] 구형파로 하고, 이때의 출력파형을 관찰하여 [표 31.8]에 기록하여라.

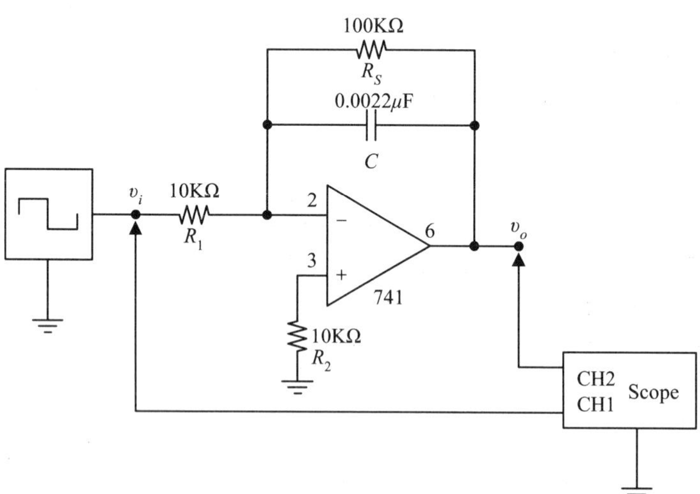

〈그림 31.18〉

5. 실험결과

평 가	월	일
		㉧

실 험 일 자	년 월 일 교시
학 과	
학 번	
공동 실험자	
이 름	

1) 브레드보드 결선

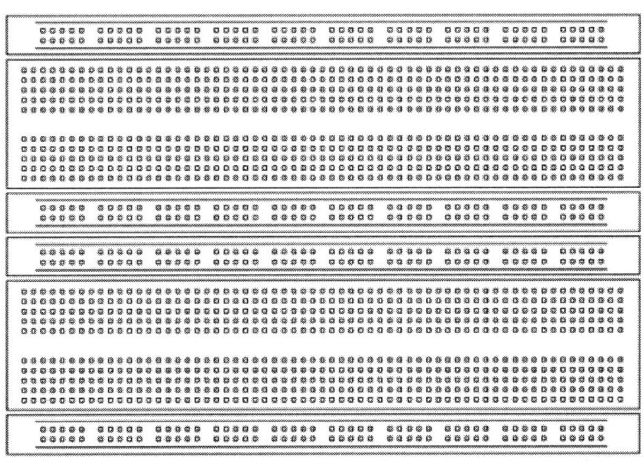

2) 실험순서에 따라 다음의 해당표에 실험결과를 기재하여라.

[표 31.1]

V_i	V_o	전압이득
V_i t	V_o t	

[표 31.2]

R_B	V_i	V_o	전압이득
10 [kΩ]	V_i t	V_o t	
20 [kΩ]	V_i t	V_o t	
30 [kΩ]	V_i t	V_o t	

[표 31.3]

R_B	V_i	V_o	전압이득
10 [kΩ]	V_i t	V_o t	
20 [kΩ]	V_i t	V_o t	
30 [kΩ]	V_i t	V_o t	

[표 31.4]

측정점	파형	전압이득
V_1	t	×
V_2	t	
V_o	t	

[표 31.5]

측정점	파형	전압이득
V_1	t	×
V_2	t	
V_o	t	

[표 31.6]

측정점	파형	전압이득
V_1	t	×
V_2	t	
V_o	t	

[표 31.7]

측정점	파 형
V_i	t
V_o	t

[표 31.8]

측정점	파 형
V_i	t
V_o	t

6. 검 토

(1) 회로의 고주파 이득을 10으로 제한하고, 1[kHz]의 입력신호를 미분하기 위한 미분 회로를 설계하라.

(2) 미・적분회로에서 반전증폭기로 동작하기 위해선 어떻게 해야 하는가?

실험 32 OP AMP (Ⅱ)

1. 목 적

(1) 비선형 신호처리 회로의 동작을 이해한다.

2. 관련이론

1) 비교기(comparator)

〈그림 32.1〉은 비교기 회로이며, 반전단자(−)와 비반전단자(+)의 전압을 비교하여, 반전단자의 전압이 비반전단자의 전압보다 조금이라도 높으면, 출력전압은 OP AMP의 전원전압(±V)에서 흡수전압을 뺀 전압 $-E_{os}$가 되고, 조금이라도 낮으면 $+E_{os}$가 된다.

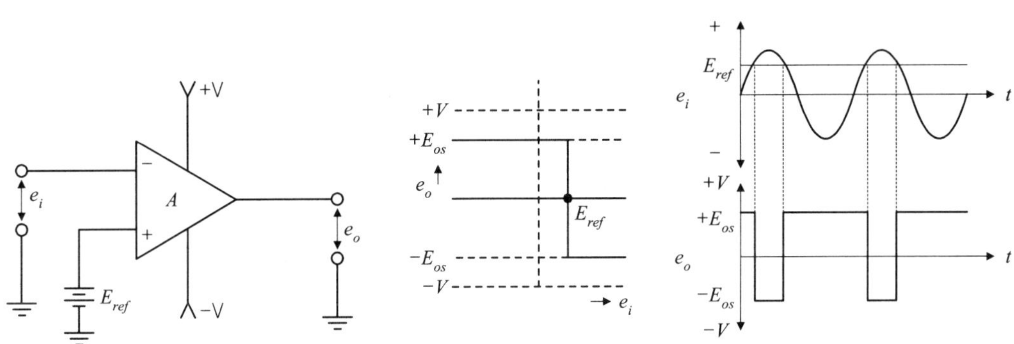

〈그림 32.1〉 비교기 회로

$e_o > E_{ref}$이면 e_o는 $-E_{os}$가 되고, $e_i < E_{ref}$이면 e_o는 $+E_{os}$가 된다. 즉, E_{ref}를 $+E_{os}$와 $-E_{os}$로 변하는 경계 레벨이라 하고, $e_i = E_{ref}$이면 출력은 "0" 이다.

2) 정밀급 반파 · 전파 정류회로

〈그림 32.2〉는 반파·전파 정류회로이며, e_i가 (+)반파라면 A_1의 출력은 D_1의 순방향으로 부궤환이 걸려 6번에서는 -0.6[V]의 전압으로, A점은 D_2가 역방향으로 되어 0[V]가 된다.

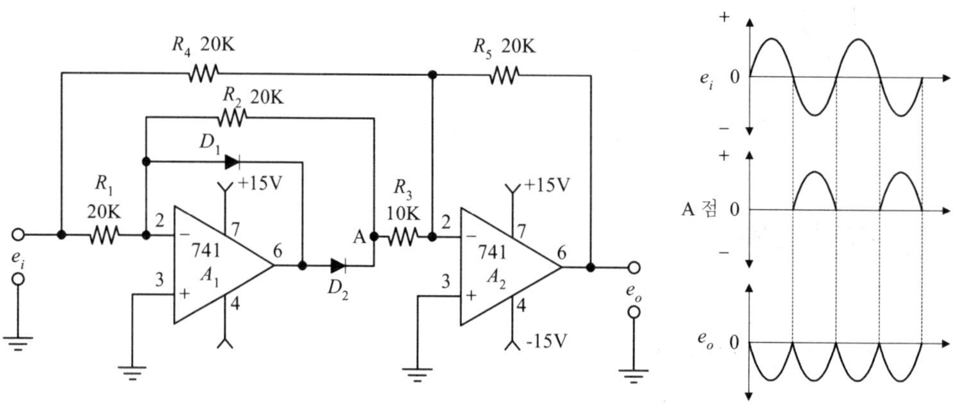

〈그림 32.2〉

즉, A점이 "0" 이면, R_4를 경유하여 $e_o = -\dfrac{R_5}{R_4}e_i$로 G가 -1배로 증폭하여 e_o는 (-)로 반전되어 나온다.

e_i가 (-)반파라면 D_1의 역방향으로 A_1의 6번에서는 +0.6[V]가 되어 e_i가 D_2의 순방향 전압강하분 +0.6[V] 이상에서 D_2가 도통하여 R_2 경유 (-)입력 단자(2번)에 부궤환이 되어서 A출력은 $e_o = -\dfrac{R_2}{R_1}e_i$로 A_1의 증폭도 G = -1배로 입력 e_i를 반전시킨 파형이 되고, 출력 e_o는 e_a를 $-\dfrac{R_5}{R_4}$배한 파형가 A점의 전압을 $-\dfrac{R_5}{R_4}$배한 파형을 더한 파형이 된다.

3. 사용기기 및 부품

(1) 양전원공급장치
(2) 오실로스코프
(3) 신호발생기
(4) 저항 : 270[Ω], 1[kΩ]×2, 1.2[kΩ], 2[kΩ], 3.3[kΩ], 10[kΩ]×3, 20[kΩ]×2, 100[kΩ]
(5) 가변저항 : 50[kΩ]
(6) 트랜지스터 : 2SC 1815
(7) 다이오드 : 1N60×2, 1N4001×2, LED
(8) OP AMP : μA 741×2

4. 실험순서

1) 비반전 비교기

(1) 〈그림 32.3〉과 같이 회로를 결선하여라. 단, 이때 OP AMP의 전원을 ±9[V]를 사용할 것.

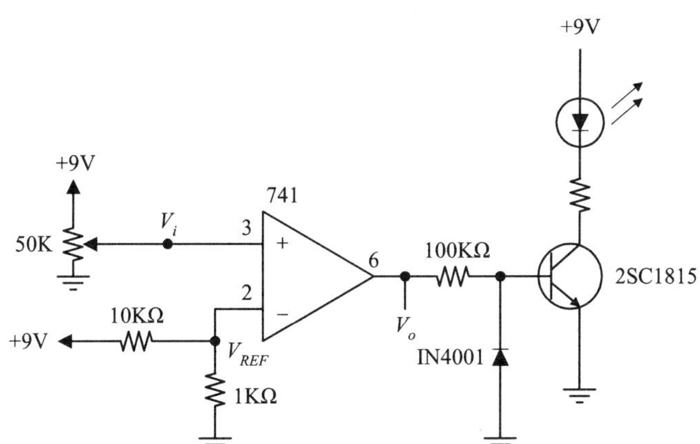

〈그림 32.3〉

(2) 가변저항을 조절하여 LED가 off되도록 조절하고, 오실로스코프로 V_{ref}와 V_i 및 V_o를 측정하여 [표 32.1]에 기록하여라.

(3) 가변저항을 조절하여 LED가 ON되도록 조절하고, 오실로스코프로 V_{ref}와 V_i 및 V_o를 측정하여 [표 32.1]에 기록하여라.

2) 윈도우 비교기(Window comparator)

(4) 〈그림 32.4〉와 같이 회로를 결선하여라. 단 이때 OP AMP의 전원은 ±9[V]이고, 입력신호 V_i는 1[kHz] 18 V_{P-P}의 정현파 신호를 인가할 것.

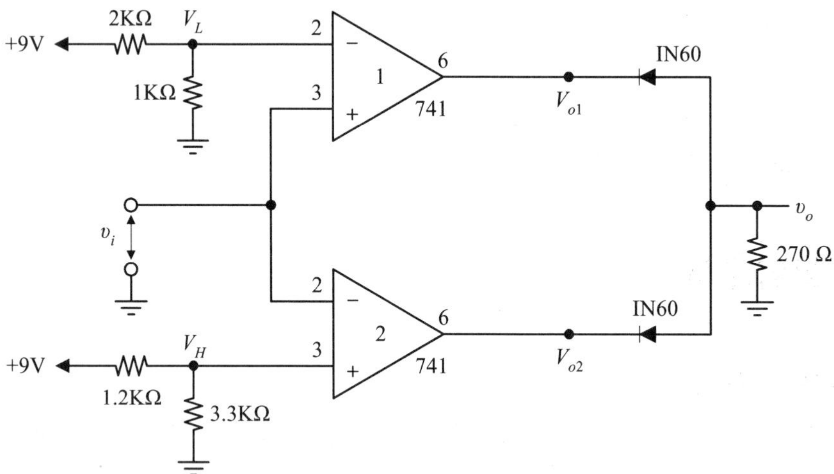

〈그림 32.4〉

(5) 오실로스코프로 v_i와 V_{o1}, V_{o2} 및 V_o의 파형을 측정하여 [표 32.2]에 기록하여라. 또한, V_L, V_H는 얼마인가?

(6) 실험순서 (5)로부터 $v_i > V_H > V_L$일 때 $V_{o1} = +E_{os}$, $V_{o2} = -E_{os}$, $V_o = -E_{os}$이고, $V_H > v_i > V_L$일 때 $V_{o1} = +E_{os}$, $V_{o2} = +E_{os}$, $V_o = 0$이며, $V_H > V_L > v_i$일 때 $V_{o1} = -E_{os}$, $V_{o2} = +E_{os}$, $V_o = -E_{os}$가 됨을 확인하여라.

3) 정밀급 반파·전파 정류회로

(7) 〈그림 32.5〉와 같이 회로를 결선하여라.

(8) 신호발생기의 출력을 1 V_{P-P} 1[kHz]로 하고, 이때의 v_1, v_2, v_3를 측정하여 [표 32.3]에 기록하여라.

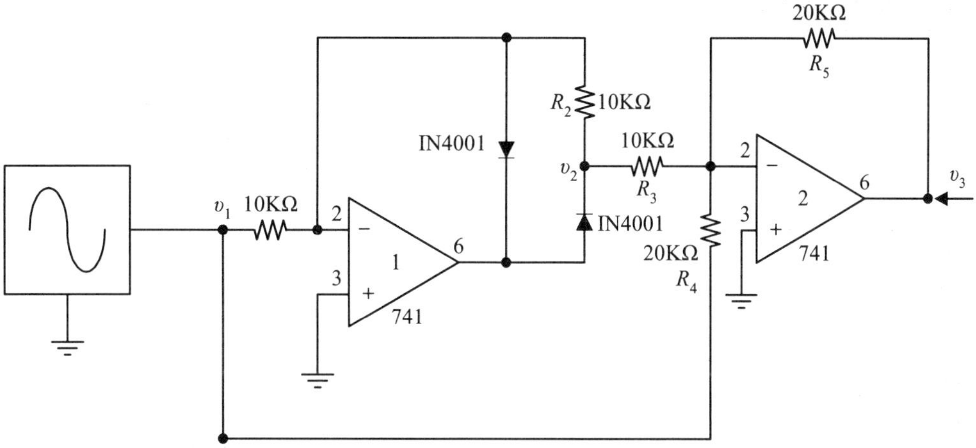
20KΩ
R_5
R_2 10KΩ
IN4001
10KΩ
v_2
R_3
2
6
v_3
v_1 10KΩ
2
IN4001
20KΩ
R_4
3
+
2
741
6
1
3
+
741

〈그림 32.5〉

5. 실험결과

평 가	월	일
		㉿

실 험 일 자	년 월 일 교시
학 과	
학 번	
공동 실험자	
이 름	

1) 브레드보드 결선

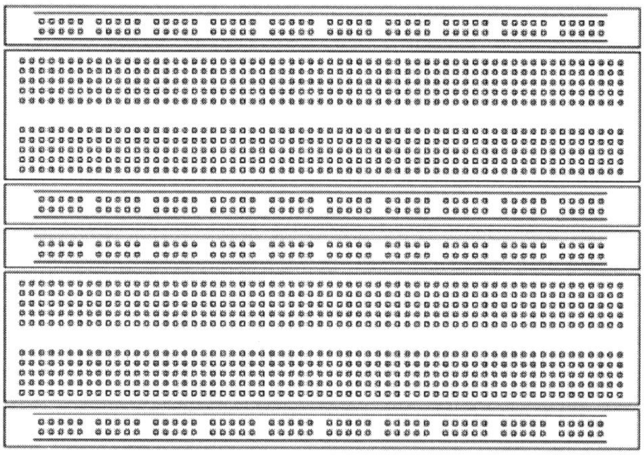

2) 실험순서에 따라 다음의 해당표에 실험결과를 기재하여라.

[표 32.1]

LED 상태	V_{ref}	V_i	V_o
ON			
OFF			

[표 32.2]

측정점	파 형
V_i	t
V_{o1}	t
V_{o2}	t
V_o	t
V_L : [V], V_H : [V]	

[표 32.3]

측정점	파 형
V_1	t
V_2	t
V_3	t

6. 검 토

(1) 〈그림 32.4〉의 출력파형 V_o를 분석하여라.

(2) 실험순서 (4)에서 입력신호 v_i의 진폭을 $14\,V_{P-P}$ 이하로 하면, V_{o1}, V_{o2}, V_o는 어떻게 되겠는가?

(3) 윈도우 비교기의 동작을 설명하여라.

실험 33 OP AMP (Ⅲ)

1. 목 적

(1) 정궤환에 의한 발진기의 동작을 익힌다.

2. 관련이론

1) 윈브리지형 발진기

〈그림 33.1(a)〉는 윈브리지 발진기의 기본회로이며, 그림 (b)에서 궤환인자 β 는

$$\beta = \frac{v_i}{v_o} = \frac{\dfrac{\dfrac{R_3}{j\omega C}}{R_3 + \dfrac{1}{j\omega C_1}}}{R_4 + \dfrac{1}{j\omega C_2} + \dfrac{\dfrac{R_3}{j\omega C_1}}{R_3 + \dfrac{1}{j\omega C_1}}}$$

$$= \frac{1}{\left(1 + \dfrac{R_4}{R_3} + \dfrac{C_1}{C_2}\right) + j\left(\omega R_4 C_1 - \dfrac{1}{\omega R_3 C_2}\right)}$$

이 되고, 위상편이가 180°의 요건을 만족시키기 위해서는 허수항이 "0"이어야 하므로, 공진주파수 f_o는

$$f_o = \frac{1}{2\pi\sqrt{R_3 R_4 C_1 C_2}}$$

이며, 발진주파수가 만족될 때 전압증폭도 A_V는

$$A_v = \frac{V_o}{V_i} = 1 + \frac{R_4}{R_3} + \frac{C_1}{C_2}$$

가 되므로, $R_3 = R_4 = R$, $C_1 = C_2 = C$라면, A_V = 3에서 발진이 계속된다.

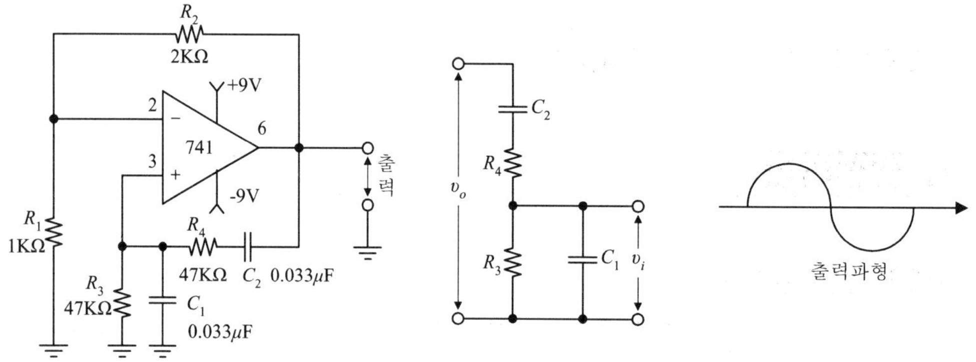

(a) (b)

〈그림 33.1〉

그림 (a)에서 OP AMP의 (+) 입력단자에 C・R에 의한 브리지를 경유하여 출력이 가해져 C_1 = C_2, R_3 = R_4로 하면 f_o에 대해 출력은 1/3의 전압이 (+) 입력단자에 가해지고, (-) 입력 단자측의 R_1과 R_2의 조합을 G = 3이 되게 하면, (+) 입력단자의 3배로 동작하는 비반전 증폭기로 동작한다. 즉, 전체 증폭도 G' = 1일 때 안정된 발진 이되므로, 발진조건은 $\frac{R_1 + R_2}{R_1}$ = 3이 되기 때문에 R_2 = $2R_1$이 된다.

2) 슈미트 트리거(Schumitt trigger) 회로

〈그림 33.2〉는 슈미트 트리거 회로이며, 비교기의 일종으로 (-) 입력단자의 전압과 (+) 입력단자의 전압을 비교하여 출력 e_o는 $+E_{os}$ 또는 $-E_{os}$가 되고, 출력단자가 R_1

과 R_2를 경유하여 분할된 전압 E_{R2}는

$$E_{R2} = \pm \frac{R_2}{R_1 + R_2} \times E_{os}$$

이다.

만약, (−)단자가 (+)에 비하여 낮으면 출력 e_o는 $+E_{os}$[V]이므로 (+) 입력단자의 전압은 $+E_{R2}$가 되고, e_i가 점차 증가하여 E_{R2}보다 약간 넘으면, e_o는 곧 $-E_{os}$[V]로 반전되므로, (+) 입력단자의 전압이 $-E_{R2}$가 되어 e_i가 증가하여도 e_o는 변하지 않고, e_i가 점차 감소하여 e_o가 $-E_{R2}$보다 낮게 되면 e_o는 다시 $+E_{os}$[V]로 반전된다.

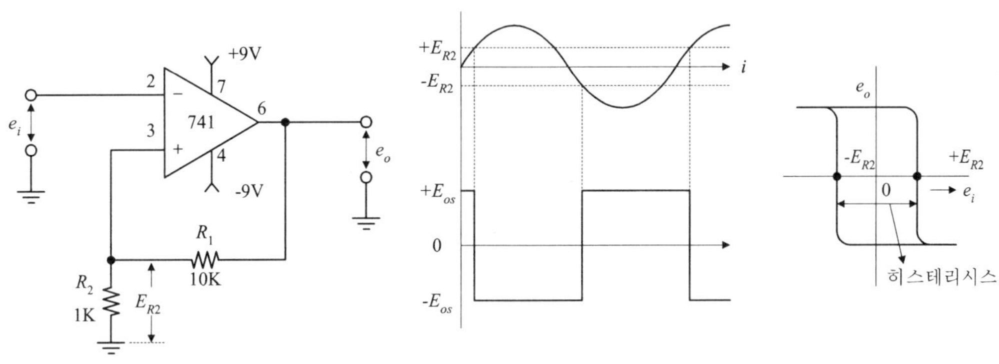

(a) (b)

〈그림 33.2〉

3) 비안정 멀티바이브레이터 회로(astable multivibrator)

〈그림 33.3〉은 비안정 멀티바이브레이터 회로이며, e_o는 R_2와 R_3를 경유하여 (+) 입력단자에 궤환되므로 슈미트 트리거 회로의 변형으로 C에 전압이 걸리지 않았으면 e_c의 전압은 "0" 이고, 출력이 $+E_{os}$라면 E_{R3}는

$$E_{R3} = \frac{R_3}{R_2 + R_3} \times E_{os}$$

이다.

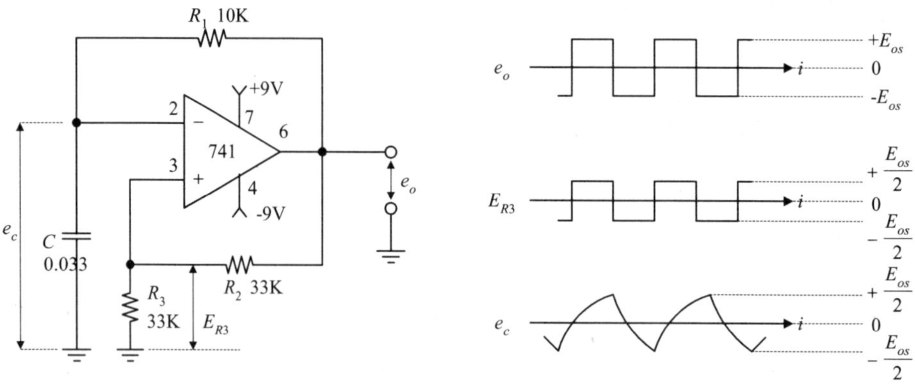

(a) (b)

〈그림 33.3〉

e_c는 "0" 이므로 $e_c \langle E_{R3}$인 경우, 출력 e_o는 $+E_{os}$[V]이고, $+E_{os}$[V]는 R_1을 경유하여 e_c를 충전하여 점차 (+)측으로 상승하고, 충전이 진행되어 $e_c \rangle E_{R3}$로 되는 순간 e_c는 $-E_{os}$[V]로 반전하여 (+)단자의 전압은 $-E_{R3}$로 되고, $e_c \rangle -E_{R3}$인 경우, e_o는 $-E_{os}$로 안정되나 C가 R_1을 경유 (-)방향으로 충전(방전상태)을 시작하여 $+E_{os}$와 거의 같은 전압이었던 e_c가 점차 감소하여 $-E_{R3}$보다 작게 되면 e_o는 다시 $+E_{R3}$로 되어, C가 다시 (+)방향으로 충전하여 $-e_c \rightarrow 0 \rightarrow +e_c$로 e_c가 점차 상승하여 최초로 돌아가 E_o는 정기적으로 왕복하는 구형파를 얻는다.

R_2와 R_3를 고정하고 R_1이나 C를 변화시켜 듀티비(duty ratio)를 바꿀 수 있다. 즉, R_1이나 C값을 크게 하면 주기는 길어진다. 또한 R_1, C, R_3를 일정히 하고 R_2를 크게 하면 주기는 짧아지고, R_1, C, R_2를 일정히 하고 R_3를 크게 하면 주기는 길어진다.

4) 구형파, 삼각파 발진회로

〈그림 33.4〉는 슈미트 트리거 회로와 밀러의 적분회로를 조합시켜서 구형파와 삼각파를 동시에 얻을 수 있는 발진회로이다.

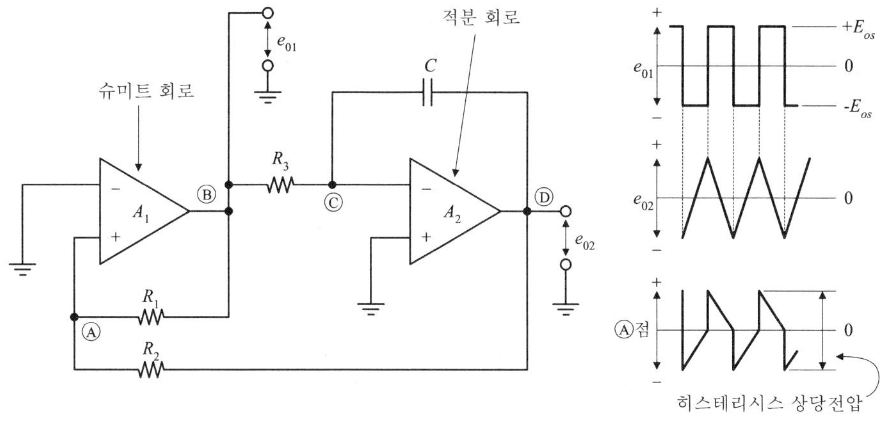

(a) (b)

〈그림 33.4〉

3. 사용기기 및 부품

(1) 전원공급장치
(2) 오실로스코프
(3) 신호 발생기
(4) 저항 : 1[kΩ], 20[kΩ], 10[kΩ]×2, 33[kΩ]×2, 47[kΩ]×2
(5) 가변저항 : 10[kΩ]
(6) 콘덴서 : 0.1[μF], 0.033[μF]×2
(7) 다이오드 : 1N60×2
(8) OP AMP : μA 741×2

4. 실험순서

1) 윈 브리지형 발진기

(1) 〈그림 33.5〉와 같이 회로를 결선하고, 가변저항 R_2를 조절하여 발진을 시키고, 출력파형 v_o를 관찰하여 [표 33.1]에 기록하여라.

(2) 발진주파수를 측정하여 이론치와 비교하여 [표 33.1]에 기록하여라.

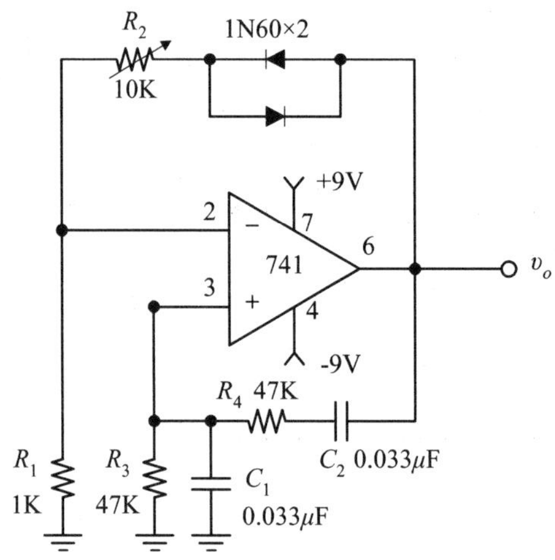

〈그림 33.5〉

2) 슈미트 트리거 회로

(3) 〈그림 33.2 (a)〉와 같이 회로를 결선하고, 입력 신호발생기를 1[kHz] 4 V_{P-P} 정현파로 맞추어라.

(4) e_i와 e_o를 비교 관찰하여 [표 33.2]에 기록하고, 이때의 히스테리시스 전압은 얼마인가?

3) 비안정 멀티 바이브레이터

(5) 〈그림 33.3(a)〉와 같이 회로를 결선하고, e_c, E_{R3}, e_o를 관찰하여 [표 33.3]에 기록하고, 이때의 발진주파수는 얼마인가?

(6) R_1을 가변저항 10[kΩ]으로 바꾸고, 가변저항을 조절하여 듀티비(duty ra tio)가 변하는지 확인하여라.

4) 구형파, 삼각파 발진회로

(7) 〈그림 33.6〉과 같이 회로를 결선하고, v_{o1}과 v_{o2}를 관찰하여 [표 33.4]에 기록하여라.

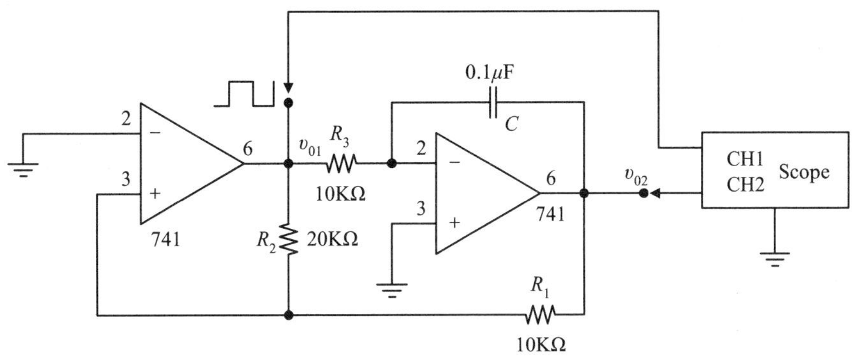
0.1μF
C
2
6
3
741
v_{01}
R_3
10KΩ
R_2
20KΩ
2
3
6
741
v_{02}
R_1
10KΩ
CH1
CH2
Scope

〈그림 33.6〉

5. 실험결과

평 가	월	일
		㉑

실 험 일 자	년 월 일 교시
학 과	
학 번	
공동 실험자	
이 름	

1) 브레드보드 결선

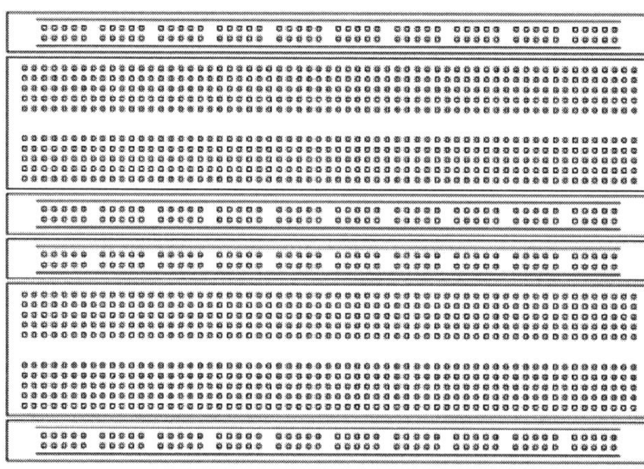

2) 실험순서에 따라 다음의 해당표에 실험결과를 기재하여라.

[표 33.1]

출 력 파 형	발진 주파수		V_{P-P}
	측정치	이론치	
t			

[표 33.2]

측정점	파 형	히스테리시스 전 압
e_i	t	
e_o	t	

[표 33.3]

측정점	파 형	발진 주파수
e_o	t	
E_{R3}	t	
e_c	t	

[표 33.4]

측정점	파 형
V_{o1}	t
V_{o2}	t

6. 검 토

(1) 〈그림 33.5〉 회로에서 1N60을 정류형 다이오드로 교환하였을 때의 파형은 어떻게 되는가?

(2) 〈그림 33.5〉 회로에서 발진하려면 R_1과 R_2의 관계는?

(3) 〈그림 33.6〉의 회로를 분석하여라.

실험 34 전압 레귤레이터

1. 목 적

(1) 3단자 IC전압조정기인 LM7800과 LM340 시리즈를 실험을 통해 이해한다.
(2) LM7900과 LM320 시리즈를 실험을 통해 이해한다.
(3) 전류제한을 갖는 723 가변전압조정기의 기능에 대해서 살펴본다.

2. 관련이론

1) 리플 제거(ripple rejection)

전압안정기는 입력전압의 변화에 대해서 출력전압을 안정화시킨다. 리플은 입력전압으로부터 발생되므로 전압안정기는 입력전압과 더불어서 유래되는 리플을 줄인다. 리플 제거(RR)는 주로 데시벨 단위로 나타내어지는데, 예를 들면 80[dB]의 RR은 입력리플보다 80[dB]만큼 적은 출력리플을 의미한다. 통상적인 숫자로서는 이것은 입력리플보다 10,000배 적은 출력 리플을 말한다.

2) 3단자 집적회로 전압안정기

1960년대 후반에 IC 제조자들은 칩 위에서 전압안정기를 설계하였다. 초기의 IC안정기는 최적수행을 위해서 많은 외부성분을 필요로 하기 때문에 8개 또는 그 이상의 핀을 필요로 하였다.

그러나, 최근에는 단지 3개 핀을 지닌 소자로서 하나는 비안정 입력전압에 대한 것이고, 또 하나는 안정된 출력전압에 대한 것이며, 나머지 하나는 접지에 대한 것이며, 이 3단자 레귤레이터는 100[mA]에서 3[A] 이상의 부하전류를 공급할 수 있다. 또한,

3단자 레귤레이터는 플라스틱 또는 금속 패킷에서 유용하므로 저렴하고 사용이 용이하므로 급격히 일반화 되었다.

측로통과 커패시터결합을 제외하고는 새로운 3단자 IC전압안정기는 다른 외부 성분을 필요로 하지 않는다.

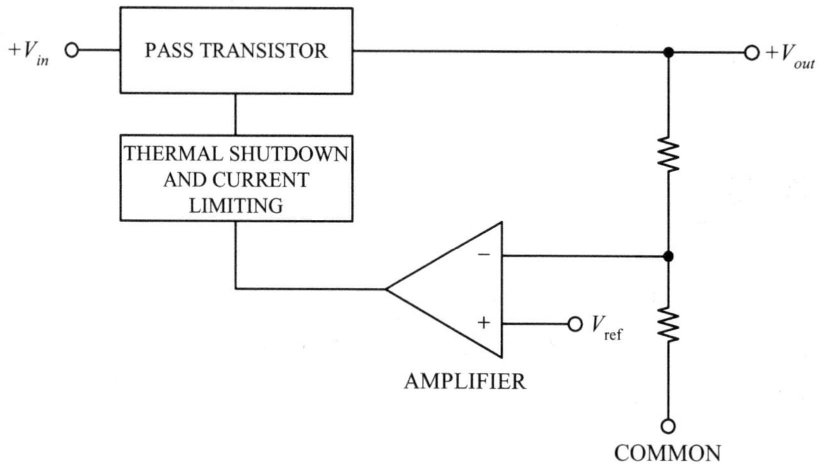

〈그림 34.1〉 3단자 레귤레이터의 내부 블록 다이어그램

3) LM340시리즈, LM7800시리즈

LM340시리즈와 LM7800시리즈는 대표적인 3단자 전압안정기로 내부 블록 다이어그램을 〈그림 34.1〉에 나타내었다. IC 내부에 형성된 기준전압이 증폭기의 비반전 입력단자를 구동하며 귀환전압은 출력전압 5[V], 6[V], 8[V], 10[V], 12[V], 15[V], 18[V], 24[V]를 발생시키기 위하여 이미 고정된 내부 분압기로부터 발생된다. 예를 들면 LM340-5(7800시리즈에서는 LM7805)는 5[V]의 안정된 출력전압을 생성하며, LM340-18은 18[V]의 출력전압을 생성한다.

칩 내부에는 적당한 방열판(heat sinking)을 사용하면 1.5[A] 이상의 부하전류를 조정할 수 있는 통과 트랜지스터와 전류 제한회로 및 열차단회로 등이 포함되어 있다. 열차단회로는 내부 온도가 거의 175℃에 이르게 되면 동작하며 이 온도에서 전압안정기는 동작을 멈추고 칩의 온도는 더 이상 증가하지 못한다.

열차단회로는 주위의 온도, 방열판, 다른 변수 요인에 따라 변화하는 초과전력소비에 대한 방지회로이며, LM340 시리즈는 열차단회로와 전류 제한회로가 존재하므로 거의 파손될 염려가 없다.

4) 고정된 전압안정기

〈그림 34.2(a)〉는 고정된 전압안정기인 LM340-5를 나타낸 것으로 핀1은 입력이고, 핀2는 출력점이고, 핀3은 접지점이다. 이것은 7805인 경우와 리드선의 배치가 같으며 78L05인 경우에는 입력과 출력 리드선의 배치가 7805와 반대이므로 주의할 필요가 있다.

LM340-5는 +5[V]±2%의 출력전압을 가지며, 최대 부하전류는 1.5[A], 리플제거는 80[dB]이다.

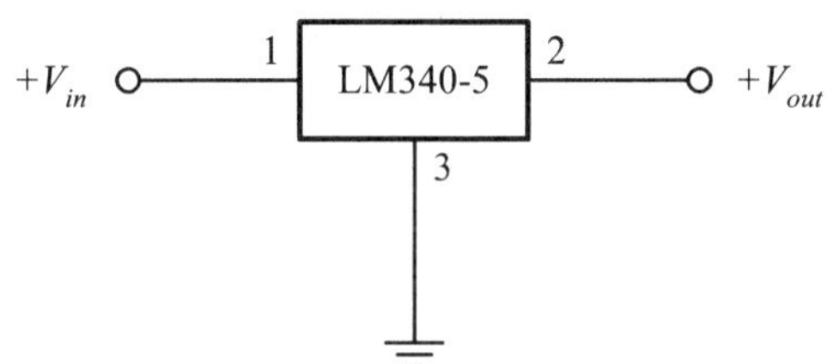

〈그림 34.2〉 전압안정기로써 연결된 LM340

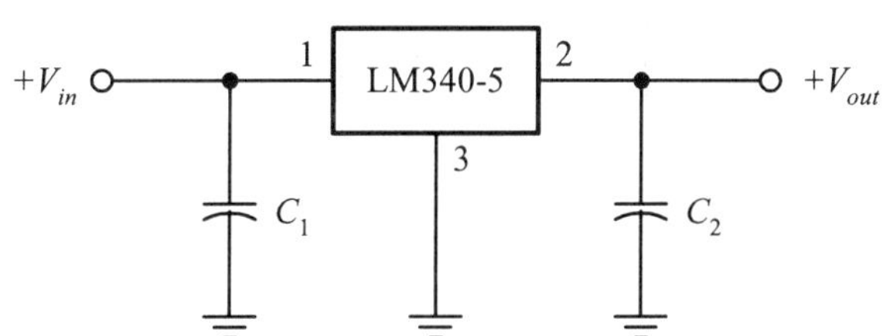

〈그림 34.3〉 입력과 출력에 측로통과 커패시터를 연결한 LM340

IC가 비안정 전압원의 여파기 커패시터와 수인치 떨어져 있을 경우, 리드 인덕턴스가 IC내에서 발진을 발생시키므로 〈그림 34.2(b)〉와 같이 핀1에 측로통과 커패시터 C_1을 부착시키며, 안정된 출력전압의 과도응답을 개선하기 위하여 출력 측로통과 커패시터 C_2를 종종 사용하는데 전형적인 출력통과 커패시터의 값은 0.1[μF]에서 1[μF]의 값이다. (예를들면, LM340 시리즈는 입력 커패시터가 0.02[μF]이며, 출력 커패시터가 0.1[μF]이다).

일반적으로 LM340 시리즈의 소자들의 입력전압은 안정화된 출력전압보다 적어도 2[V]~3[V] 정도 커야하며, 그렇지 않으면 LM340시리즈의 소자들은 정확한 전압 안정화 동작을 할 수 없다. 더욱이 초과 전력소비 때문에 입력전압의 제한이 요구된다.

예로서, LM340-5는 7[V]~20[V] 범위 사이의 입력전압을 안정화시키며 LM340-24는 극단적인 경우에서 거의 27[V]~38[V] 범위의 입력에서 24[V]의 안정화된 출력전압을 발생시킨다.

5) LM320시리즈, LM7900시리즈

LM320시리즈는 -5[V], -6[V], -8[V], -12[V], -15[V], -18[V], -24[V]의 미리 정해진 출력전압을 발생시키는 부(-)전압안정기의 일종이다(7900계열과 유사). 예를 들면 LM320-5는 -5[V]의 안정된 출력전압을 생성하며, LM320-24는 -24[V]의 출력을 생성한다.

〈그림 34.3〉과 같이 LM320과 LM340을 연결함으로써 분리전압원의 출력전압을 안정화 할 수 있으며, LM340은 정(+)의 전압을 출력시키며, LM320은 부(-)의 전압을 출력시킨다. 더욱이, 입력 커패시터는 발진을 방지하며 출력 커패시터는 순간적인 응답특성을 개선한다. 또한, 두 개의 다이오드를 첨가하면 모든 동작조건에서 동작하게 된다.

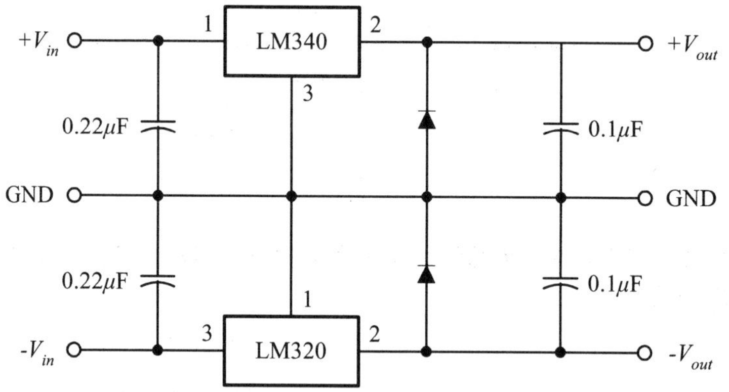

〈그림 34.4〉 LM340과 LM320을 사용한 분리전원회로

6) 조정가능 한 레귤레이터(317시리즈 및 723시리즈)

IC전원 안정기의 일종으로 LM317, LM388, LM350이 조정가능한데 이것은 1.5[A]~5[A]의 최대 부하전류를 갖는다. 예로써 LM317은 거의 1.5[A]의 전류를 공급할 수 있는 3단자 정(+)전압안정기이며, 이 안정기의 부하전류로 1.25[V]~37[V]범위 사이의 출력전압을 가변시킬 수 있다. (723시리즈도 317시리즈와 유사한 성능을 갖는다).

<그림 34.5>에서는 비안정화 된 전원으로 구동되는 전형적인 LM317회로를 나타낸 것이다.

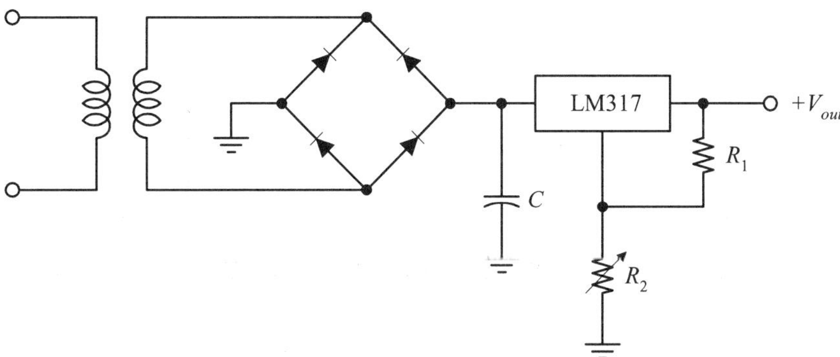

<그림 34.5> LM317 회로를 사용한 가변전압 레귤레이터

3. 사용기기 및 부품

(1) 직류전원장치(0~30V) 1대, DMM 1대, 7805, 723
(2) 저항 (1[kΩ], 470[Ω] 2개, 47[Ω], 22[[Ω] $\frac{1}{4}$[W])
(3) 저항 (100[Ω], 47[Ω], 22[Ω], 10Ω 1W)
(4) 커패시터 100[pF], 가변저항 10[kΩ],1[kΩ] 2개
(5) 브레드보드

4. 실험순서

(1) 7805 IC 고정 전압조정기

① 3단자 7805 IC를 이용하여 <그림 34.6>과 같은 회로를 구성한다.

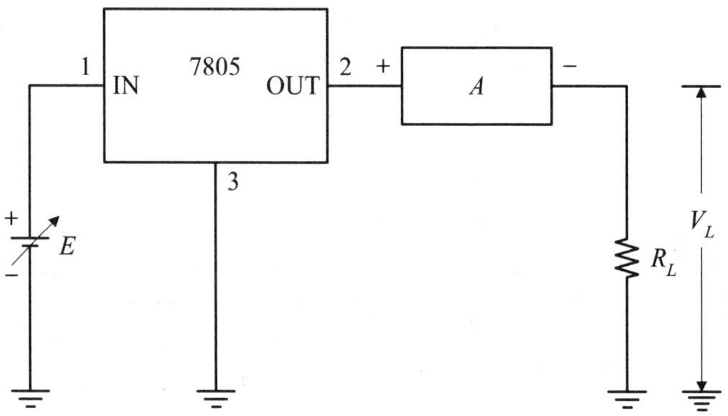

〈그림 34.6〉 7805를 사용한 고정 전압조정기 회로

② 직류전원장치로 DC 10[V]를 인가하고, [표 34.1]에 나열되어 있는 부하저항에 대해 부하전압과 전류를 측정하여 [표 34.1]에 기록한다. 전압측정에 사용되는 DMM은 수 [mV]의 분해능을 갖는 것을 사용하도록 한다.

③ 직류전원장치를 조절하여 [표 34.2]에 나열되어 있는 각각의 입력전압 E에 대해 7805의 부하저항 R_L(100[Ω], 1W) 양단의 전압과 전류를 측정하여 [표 34.2]에 기록한다.

(2) 723 IC 가변 전압조정기

④ 723 IC를 이용하여 〈그림 34.7〉과 같은 회로를 구성한다.

⑤ 직류전원장치를 조절하여 전원전압 E를 10[V]로 맞춘다. 723 IC의 6번 핀과 접지간의 전압 V_{ref}를 측정하여 [표 34.3]에 기록한다.

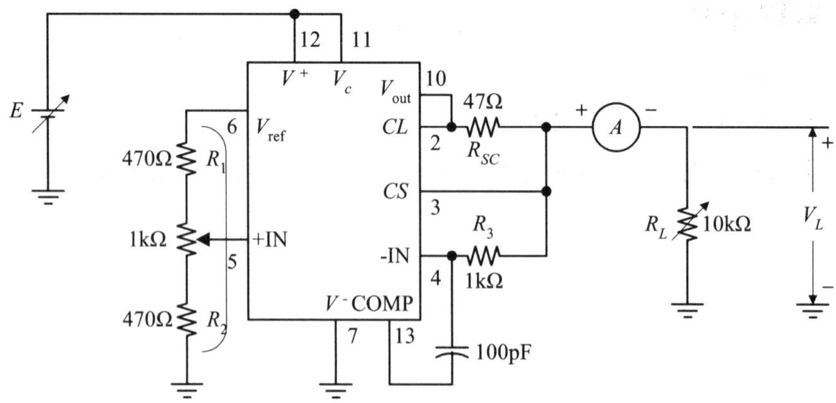

〈그림 34.7〉 가변전압조정기 회로

⑥ 10[kΩ]의 가변 저항기 R_L을 떼어내고 1[kΩ]의 가변 저항기를 바꾸어 연결한다. 1[kΩ]의 가변 저항기를 전 범위에 걸쳐 조절함으로써 출력전압 V_L의 최대값과 최소값을 측정하고 [표 34.3]에 기록한다.

⑦ 〈그림 34.7〉의 회로에서 1[kΩ]의 가변 저항기 R_L을 떼어내고 10[kΩ]으로 대체한다. 10[kΩ]의 가변 저항기를 조정하여 전류가 5[mA]가 되도록 하고, 그 때의 출력전압 V_L을 측정하여 [표 34.3]에 기록한다.

⑧ 부하출력전압이 급격하게 감소할 때까지 가변 저항기 R_L을 천천히 감소시키고 이때의 전류 I_L을 측정하여 [표34.3]에 기록한다.

⑨ 47[Ω](1W)의 전류제한저항 R_{SC}를 22Ω(1W)으로 바꾸어 실험순서 5~8을 반복한다.

⑩ 최대 단락출력전류를 측정하기 위해서 R_{SC}를 떼어내고 그 자리를 단락시키고, 10[kΩ]의 가변 저항기를 1[kΩ]의 가변 저항기로 바꾸고 실험 순서 5~8을 반복하여, 최대와 최소의 V_L과 I_L을 측정하여 [표 34.4]에 기록한다.

5. 실험결과

평 가	월	일
		㊞

실 험 일 자	년 월 일 교시
학 과	
학 번	
공동 실험자	
이 름	

1) 브레드보드 결선

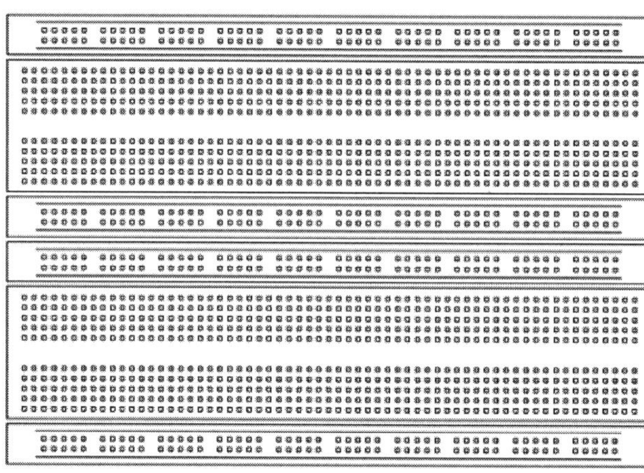

2)

[표 34.1] E=10[V]

실험순서	부하저항 $R_L[\Omega]$	출력전압 V_L[V]	출력전류 I_L[A]
2	10		
	22		
	47		
	100		

[표 34.2] R_L=100[Ω]

실험순서	입력전압 E[V]	출력전압 V_L[V]	출력전류 I_L[A]
3	1		
	2		
	3		
	4		
	5		

[표 34.3]

실험 순서	E[V]	V_{ref} [V]	실험 순서	R_L [KΩ]	V_L[V]		실험 순서	R_L [KΩ]	V_L[V] (I_L=5 mA)	I_L= [mA]
					최대	최소				
5	10		6	1			7,8	10		
9			9	1			9	10		

[표 34.4]

실험 순서	R_{SC} [Ω]	V_L [V]		I_L = [mA]
		최대	최소	
10	단락			

6. 검 토

(1) [표 34.1]의 실험 결과로부터, 7805 IC의 출력저항 R_O를 계산에 의해서 구하고 데이터 시트에 있는 사양과 서로 비교하여라. 단, ΔI_L과 ΔV_L의 산출은 R_L을 100[Ω]과 47[Ω]의 것을 대상으로 한다.

(2) [표 34.3]의 R_{SC}=47[Ω]과 R_{SC}=22[Ω] 각각에 대해 723 IC의 단락회로전류를 계산에 의해서 각각 구하고, 이 계산값과 실험순서 ⑧의 측정값과 비교하여라.

실험 35 혼합기, 변조기, 복조기

1. 목 적

(1) 혼합기의 원리를 이해하고, 실험에 의하여 파형을 관찰한다.
(2) 진폭 변조기의 원리를 이해하고, 실험에 의하여 파형을 관찰한다.
(3) 혼합기와 변조기의 차이점을 이해한다.
(4) 포락선 검파기의 원리를 이해하고, 실험에 의하여 파형을 관찰한다.

2. 관련이론

신호 모양의 변화를 비선형 왜곡이라고 한다.

비선형 왜곡은 기본파 주파수 f에 대하여 $2f$, $3f$,…, nf 등의 고조파 성분을 만들어낸다.

1) 혼합기

혼합기는 2개의 입력 신호와 1개의 출력 신호를 갖는 비선형 회로이다.

2개의 입력 신호를 f_x, f_y라 할 때, 혼합기의 출력은 f_x, f_y, $2f_x$, $2f_y$, $3f_x$, $3f_y$, …, nf_x, nf_y, f_x+f_y, f_x-f_y인 주파수들을 포함하지만, 일반적으로 두 신호의 차 주파수인 f_x-f_y만 최종적으로 출력되도록 여파된다.

〈그림 32.1〉은 트랜지스터 혼합기의 한 예를 보인 것이다.

한 신호는 베이스에 인가하고, 또 다른 신호는 에미터에 인가한다. 비선형 동작을 하기 위해, 입력신호 중의 하나는 진폭이 크고, 또 다른 하나는 작은 신호를 인가하는데 이것은 안테나로부터 들어오는 신호는 원래의 신호보다 감쇄되기 때문이다.

콜렉터에서의 탱크회로(L-C 동조회로)는 혼합기의 여러 가지 출력 주파수 중에서,

단지 차의 주파수인 $f_x - f_y$에서 동조되므로, 다른 여러 가지 주파수 성분은 출력단에서 여파되고, 최종 출력단에는 차 주파수만 생성된다.

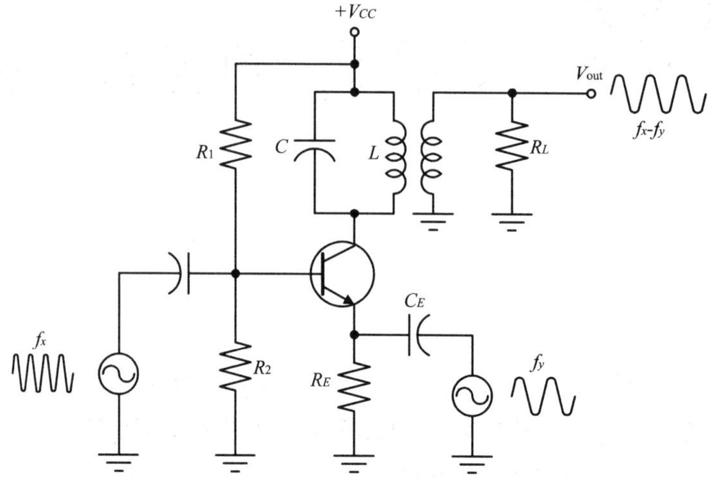

〈그림 35.1〉 트랜지스터 혼합기

2) 진폭변조

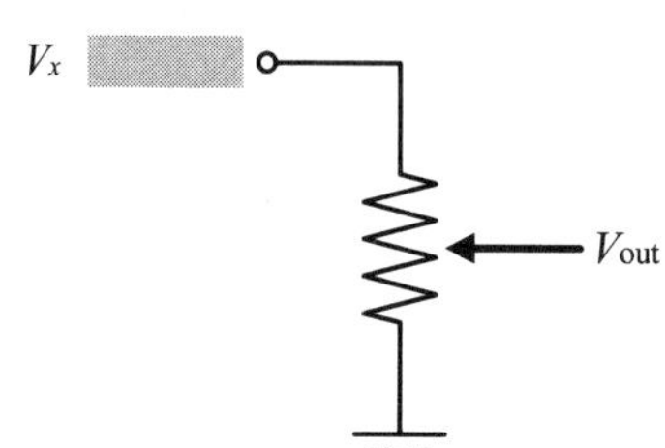

(a) 간단한 진폭 변조기

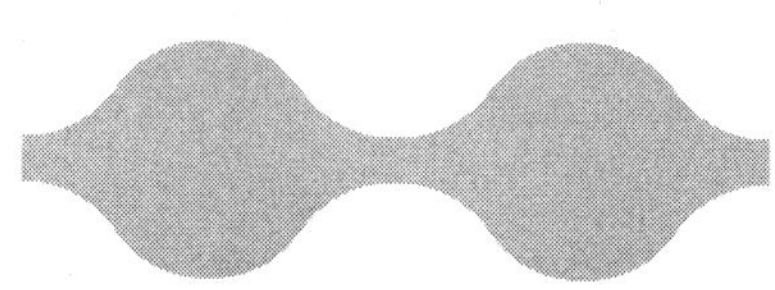

(b) 신호

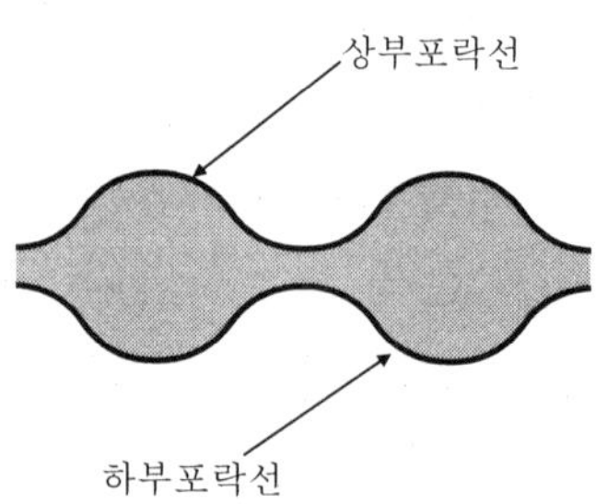

(c) AM 포락선

〈그림 35.2〉

변조란 고주파 신호의 진폭, 주파수, 위상을 저주파 신호에 의하여 제어하는 것이다.

고주파신호를 반송파 신호라고 하며, 저주파신호는 변조신호라고 한다.

수많은 전자적인 시스템은 변조없이 불가능하며, 저주파신호가 고주파신호의 진폭을 제어할 때 진폭변조(AM)라고 한다.

(1) 〈그림 35.2(a)〉는 간단한 진폭 변조기를 보인 것이고, 〈그림 35.2(b)〉는 가변저항의 크기를 정현파와 같이 변화시켰을 때, 고주파의 신호의 진폭이 저주파 비율로 변화되는 AM 신호를 나타낸 것이며, 〈그림 35.2(c)〉는 오실로스코프로 AM 파형을 관측했을 때, 상측파와 하측파가 나타나는 포락선을 보인 것이다.

(2) 〈그림 35.3〉은 트랜지스터 변조기의 한 예이다.

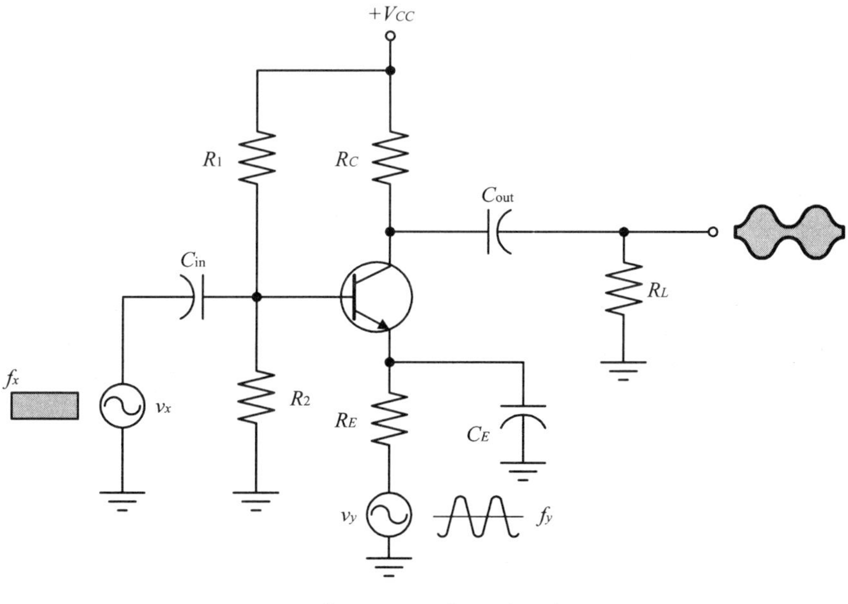

〈그림 35.3〉 진폭 변조기

반송파신호 v_x가 CE증폭기의 입력에 인가되며, 출력이 $A v_x$가 되도록 증폭도 A로 반송파신호를 증폭한다. 에미터 단자에 가해진 변조신호(저주파)는 에미터 전류의 변화를 야기시키고, 전압이득 A는 에미터 전류에 비례한다. 따라서, 증폭된 반송파신호는 AM파형과 같이 보인다.

반송파신호의 주파수를 f_c, 변조파신호의 주파수를 f_s라 하면, AM변조된 파형은 f_c, f_c+f_s, f_c-f_s인 주파수 성분을 포함한다.

(3) 변조율

〈그림 35.4(a)〉에서 AM신호는 최대 피크-피크값 $2V_{max}$와 최소 피크-피크값 $2V_{min}$을 갖는다. 변조 계수와 변조율은 다음과 같다.

$$m = \frac{2V_{\max} - 2V_{\min}}{2V_{\max} + 2V_{\min}} = \frac{V_{\max} - V_{\min}}{V_{\max} + V_{\min}}$$

$$\text{변조율} = m \times 100\%$$

예를 들어, 오실로스코프상의 AM신호가 〈그림 32.4(b)〉와 같다면, 변조율은 다음과 같다.

$$m = \frac{8-2}{8+2} = 0.6$$

$$\text{변조율} = 60\%$$

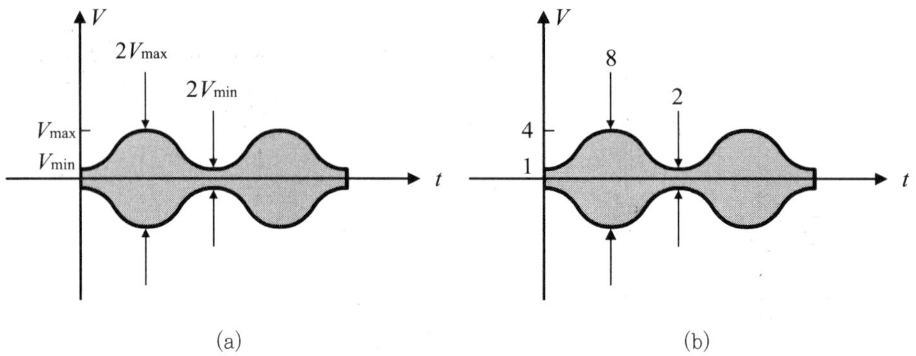

〈그림 35.4〉 AM 신호

3) 포락선 검파기

AM 방송신호는 540[kHz]와 1,600[kHz] 사이의 주파수를 반송파로 사용하며, 반송파는 음성신호(저주파 신호)에 의해 변조되어 AM 신호로써 변형된다.

AM 신호가 적절한 길이를 가진 송신 안테나를 통해 전송되면, 수 마일 떨어져 있는 수신 안테나에서는 수신된 AM 신호를 증폭한 후에 복조하게 되며, 저주파 신호가 재생된다.

AM 신호를 복조하는 한 방법으로써 포락선 검파를 사용한다. 〈그림 35.5(a)〉는 복조기의 한 형태로써 피크 검출기를 보인 것이며, 입력신호의 최대치(상부 포락선)가 검파되므로, 포락선 검파기라고도 한다.

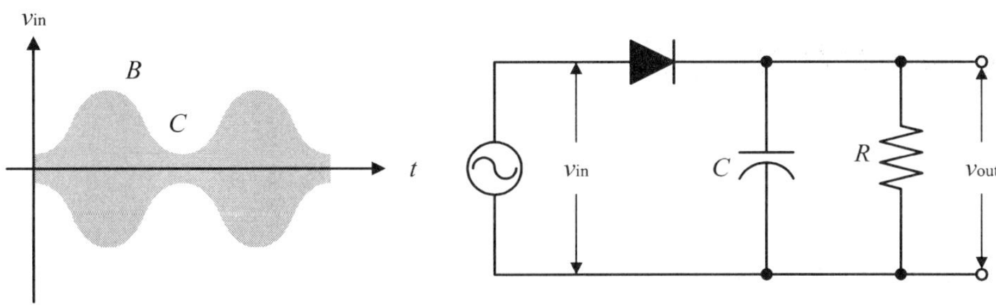

(a) 포락선 검파기

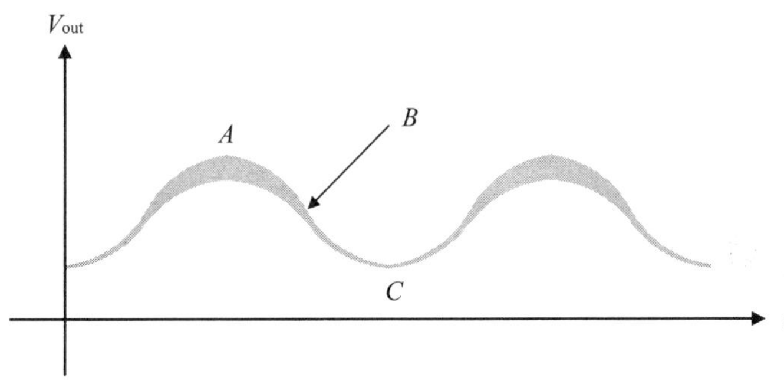

(b) 작은 반송파 리플을 가진 출력

〈그림 35.5〉

AM 신호(반송파+양측파대 주파수) 중에서 복조되려는 신호(저주파)는 포락선과 같으므로, 먼저 입력되는 AM 신호의 반을 제거하기 위해서 다이오드를 사용하며, 남아있는 반송파는 커패시터를 사용하여 여과시킨다.

커패시터는 포락선이 증가할 때 피크값까지 충전되며 포락선이 감소할 때 R을 통하여 방전된다.

만약 RC 시정수를 매우 작게 하면 방전이 너무 빨리 이루어져서, 리플 현상이 남게 되며, 출력전압은 그만큼 줄어든다.

한편, RC 시정수를 매우 크게 하면, 방전이 너무 늦게 이루어지므로, 크리핑 현상이 나타날 수 있다. 따라서, RC 시정수를 적당히 결정하는 것은 매우 중요하다.

〈그림 35.5〉에서 포락선 검파기의 차단 주파수는

$$f_{y(\max)} = \frac{1}{2\pi RCm}$$

이며, m 은 변조율이다.

3. 사용기기 및 부품

(1) 전원공급장치
(2) 오실로스코프
(3) 신호발생기 (RF 2대, AF 1대)
(4) 저항 : 1[kΩ]×3. 4.7k, 10[kΩ]×4, 22[kΩ], 100[kΩ]×2, $\frac{1}{2}$[W]
(5) 콘덴서 : 0.001[μF]×3, 0.01[μF], 0.1[μF]×2, 1.0[μF]
(6) 다이오드 : 1N60A
(7) 트랜지스터 : 2SC1815×2

4. 실험순서

1) 혼합기

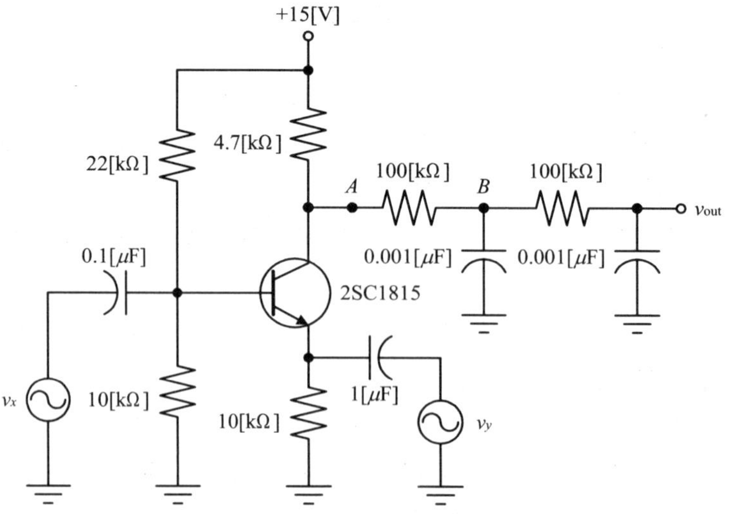

〈그림 35.6〉 혼합기

(1) 〈그림 35.6〉의 회로를 결선하고, 전원을 인가하여라.

(2) v_x를 101[kHz] $0.1V_{p-p}$, v_y를 100[kHz] $1V_{p-p}$ 하고 오실로스코프를 사용하여 출력파형을 관찰하여, [표 35.1]에 기록하여라.

주) 출력신호가 1[kHz]가 될 때까지 v_x의 주파수는 101[kHz] 부근에서 서서히 조절하여라.

(3) A점에서의 파형을 관찰하여 출력파형과 ripple전압을 [표 35.1]에 기록하여라.

(4) B점에서의 파형을 관찰하여 출력파형과 ripple전압을 [표 35.1]에 기록하여라.

2) 진폭변조기

(1) 〈그림 35.7(a)〉의 회로를 결선하고, 전원을 인가하여라.

(2) 저주파발생기의 주파수는 200[Hz], 고주파 발생기의 주파수는 500[kHz]로 놓아라.

(3) 저주파 발생기의 출력을 0[V]로 하고, vout이 0.3Vp-p가 되도록 고주파 발생기의 출력을 조절하여라.

(4) 저주파 신호의 출력을 조절하므로서 진폭변조가 됨을 확인하고, 변조율을 조사하여라.

3) 포락선 검파기

(1) 진폭 변조기〈그림 35.7(a)〉의 출력을 〈그림 35.7(b)〉의 입력단에 접속하여라.

(2) 100% 변조가 되도록 저주파 발생기의 주파수를 조절하고, 오실로스코프를 사용하여, 그림 35.7(b)에서의 v_{in}, v_A, v_{out}을 측정하여 [표 35.2]에 기록하여라. 그 때에 $f_{(max)}$얼마인가? 이론치, 실험치를 조사하여 [표 35.2]에 기록하여라.

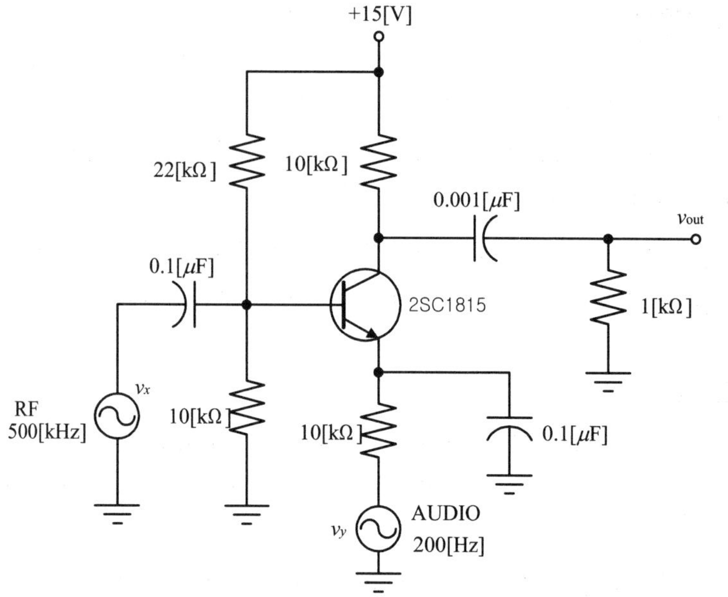

(a) 진폭변조기

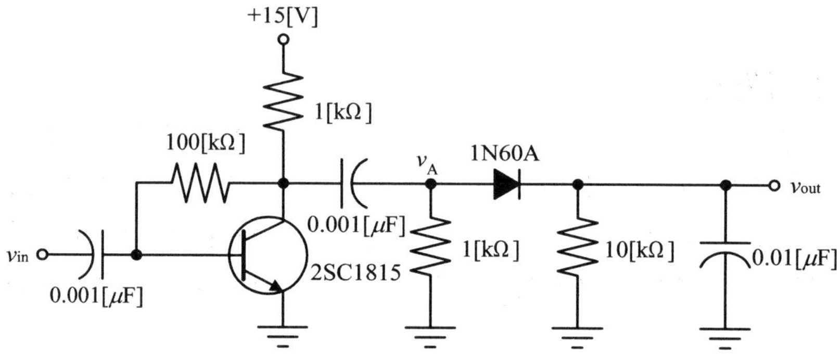

(b) 포락선 검파기

〈그림 35.7〉

5. 실험결과

평 가	월	일
		㉧

실 험 일 자	년 월 일 교시
학 과	
학 번	
공동 실험자	
이 름	

1) 브레드보드 결선

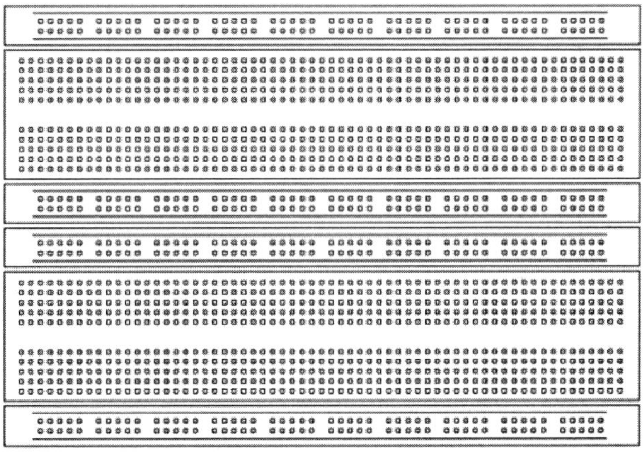

2) 실험순서에 따라 다음의 해당표에 실험결과를 기재하여라.

[표 35.1]

측정점	파 형	V_{ripple}
v_{out}		
v_A		
v_B		

[표 35.2]

측정점	파 형	$f_{y(max)}$	
		이론치	실험치
v_{in}			
v_A			
v_{out}			

6. 검 토

(1) 〈그림 35.6〉에서 출력단에 vx의 주파수와 vy의 주파수가 나타나지 않는 이유는 무엇인가?

(2) 〈그림 35.7(a)〉에서 포락선의 주파수는 무엇을 나타내는가?

(3) 〈그림 35.7(a)〉의 저주파 신호를 변화시킬 때, 〈그림 35.7(b)〉의 출력이 변하는 이유는 무엇인가?

실험 36 555 타이머를 이용한 파형 발생기

1. 목 적

(1) 555 타이머를 이용한 비안정 멀티바이브레이터의 원리를 이해하고, 실험으로 확인한다.
(2) 555 타이머를 이용한 단안정 멀티바이브레이터의 원리를 이해하고, 실험으로 확인한다.
(3) 555 타이머를 이용한 전압제어발진기(VCO)의 원리를 이해하고, 실험으로 확인한다.

2. 관련이론

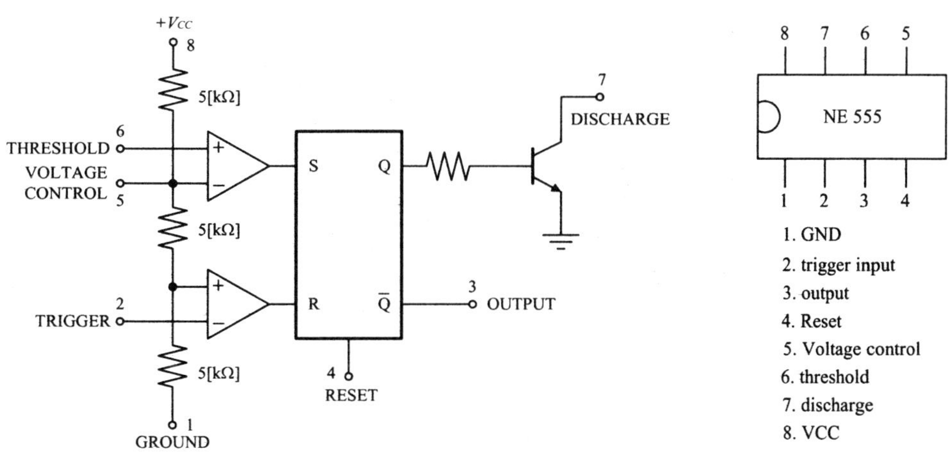

〈그림 36.1〉 555 타이머의 블록도

555는 통상 타이머나 발진기로 사용하는데, 방법은 콘덴서를 일정한 법칙에 따라 충·방전시키는 데에 있고, 그 출력을 이용하는 것으로 타이머나 발진기 외에 톱니파나 삼각파 등의 함수 발생기로도 사용된다. 555를 써서 타이밍 커패시터를 정전류로 충전하면 톱니파를 발생할 수 있다.

555타이머를 동작시키는 데 필요한 각 단자의 기능은 다음과 같으며, 〈그림 36.1〉은 1 chip 타이머인 NE 555 블록도이다.

V_{CC}는 +5~+15[V]의 단일전원으로 동작하여 단안정 MV와 비안정 MV회로를 구성할 수 있고, 동작시간은 수[μS]~수분까지 타이머가 가능하며, 펄스폭 변조(PWM), 펄스위치 변조(PPM), 펄스제어 검파기 등에 사용된다.

1) 비안정 MV

〈그림 36.2(a)〉는 비안정 동작을 위하여 접속된 555 타이머를 보인 것이고, 〈그림 36.2(b)〉 실제 회로도이다.

〈그림 36.2(a)〉 회로에서 위쪽 Op Amp의 반전(-) 입력단자 전압은 $\frac{2}{3}V_{CC}$이고, 아래쪽 Op Amp의 비반전(+) 입력단자 전압은 $\frac{1}{3}V_{CC}$이다.

따라서, 커패시터 C 양단전압이 $\frac{1}{3}V_{CC}$이하일 때는, SR 플립플롭이 리세트되어 Q가 낮은 전압이 되므로, 트랜지스터가 차단이 되어, (R_1+R_2)를 통해 캐패시터가 충전되고, 그 시간은 (R_1+R_2)C로 계산된다.

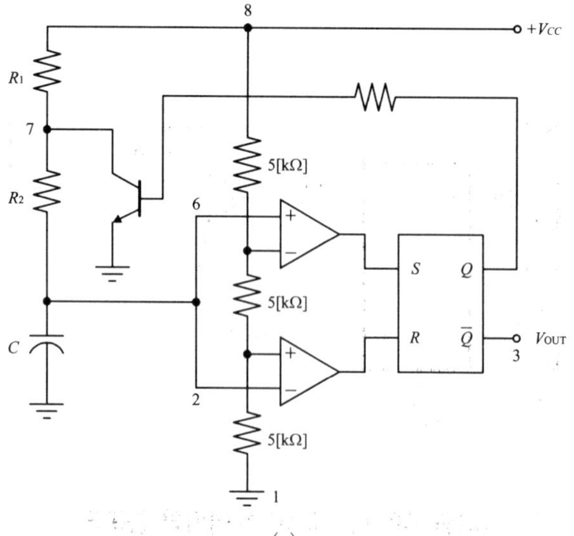

(a)

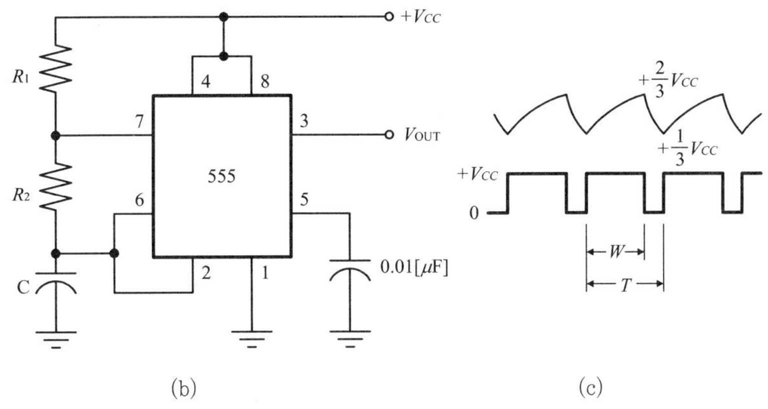

〈그림 36.2〉 비안정 MV

이 충전 때문에 커패시터 양단의 전압이 증가하고 $2V_{CC}/3$ 이상일 때, 위쪽 연산증폭기는 높은 출력 전압을 내고 플립플롭을 세트시킨다. Q가 높을 때는 트랜지스터가 도통되어 커패시터가 R_2를 통해 방전하며, 그 시간은 R_2C가 된다. 방전으로 인해, 커패시터 전압이 $V_{CC}/3$ 이하로 되면, 아래쪽 연산 증폭기가 높은 출력 전압을 내어 플립플롭을 리세트 시킨다. 따라서 〈그림 36.2(c)〉와 같이 커패시터 파형은 지수함수적으로 증감하고, 출력파는 구형파가 된다. 충전 시간이 방전 시간보다 길기 때문에 높은 전압 상태가 낮은 전압 상태보다 길게 되어, 출력은 비대칭이 된다.

이 비대칭 출력에서, 듀티 사이클(duty cycle)은 다음과 같이 정의된다.

$$D = \frac{W}{T} \times 100\%$$

또한, 듀티 사이클은 R_1과 R_2에 의해 결정되며, 50~100% 사이이다.

따라서, 주파수 f와 듀티 사이클 D는 다음과 같다.

$$f = \frac{1.44}{(R_1 + 2R_2)\,C}$$

$$D = \frac{R_1 + R_2}{R_1 + 2R_2} \times 100\%$$

한편, 4번 리셋 단자는 개방 또는 "H"이면, 발진을 하나, 어스시키면 무조건 출력을 "L" 즉, "0"로 리세트 시키며, 또한 5번 전압제어 단자에 bypass 용량을 크게 함으로써 비교기 레벨을 전원에서 얻기 때문에 생기는 전원 노이즈에 의한 오동작을 줄일 수 있다.

2) 단안정 MV

〈그림 36.3(a)〉는 단안정 동작을 위하여 접속된 555 타이머를 보인 것이고, 〈그림 36.3(b)〉는 실제 회로도이다.

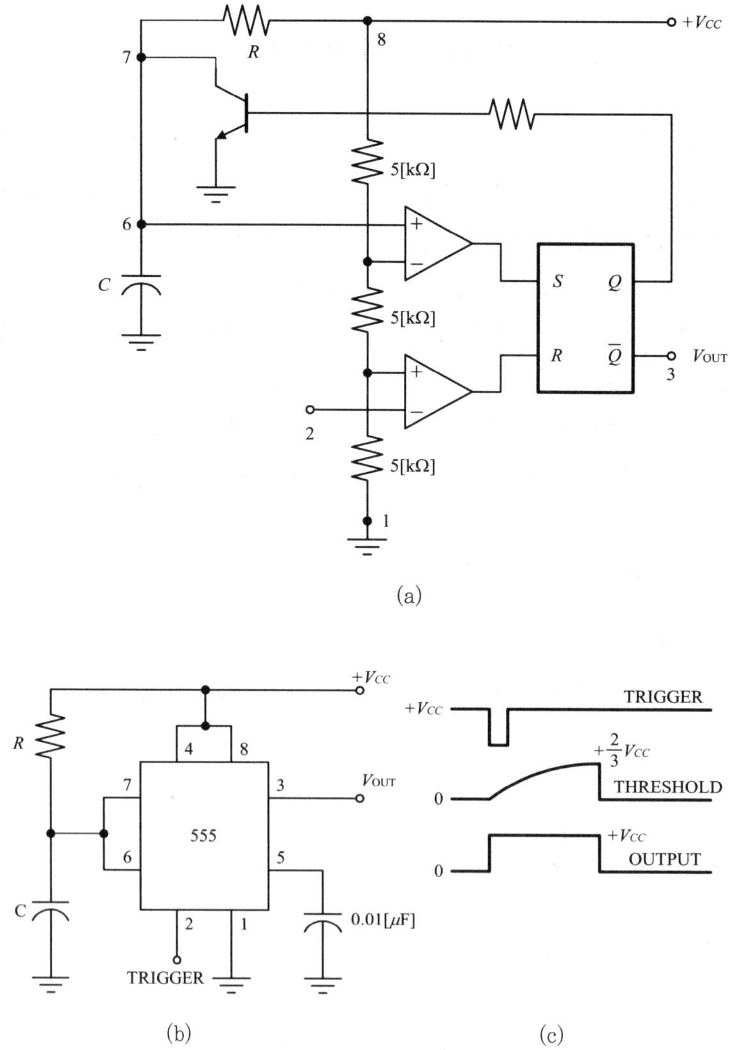

〈그림 36.3〉 단안정 MV

〈그림 36.3(a)〉에서, 트리거 입력단자 2번에 부(-)의 트리거 펄스가 공급될 때마다 단고정 펄스를 만들어 낸다. 트리거 입력이 $V_{CC}/3$ 이하일 때, 아래쪽 연산 증폭기는 높은 전압의 출력을 가지고 플립플롭을 리세트시킨다. 이것은 트랜지스터를 차단시키고, 커패시터는 충전한다.

임계 전압이 $2V_{CC}/3$ 이상이 되면, 위쪽 연산 증폭기가 높은 출력 전압을 내어서 플립플롭을 세트시킨다. Q가 높은 전압이 됨에 따라 트랜지스터는 도통되고, 이것은 커패시터를 빠르게 방전시킨다. 그 결과, 출력파형은 구형파가 된다.

〈그림 36.3(c)〉는 트리거 펄스를 입력단자 2번에 가했을 때 커패시터 C의 충·방전에 의해 변하는 임세전압과 출력파형을 나타낸 것이다.

커패시터 C는 저항 R을 통해 충전되므로 RC 시정수가 클수록 커패시터 양단의 전압이 $2V_{CC}/3$까지 도달하는 시간은 오래 걸리게 된다.

따라서, 출력 펄스의 폭을 RC 시정수로 조절할 수 있다.

$$W(\text{펄스폭}) = 1.1RC$$

3) 전압제어발진기(VCO)

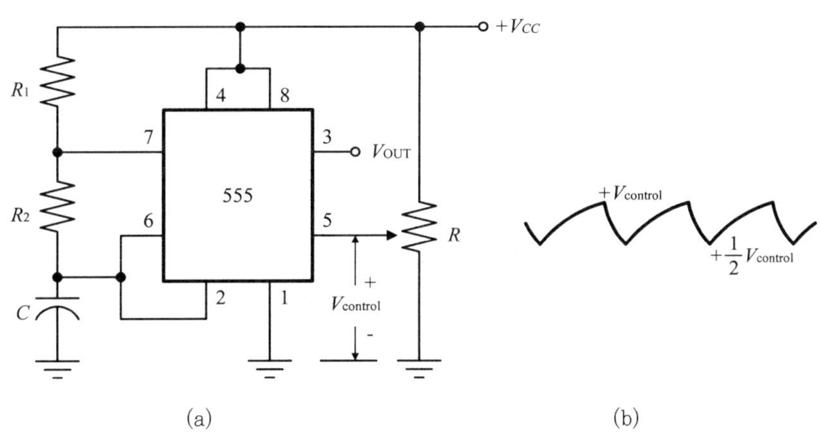

〈그림 36.4〉 전압제어발진기

〈그림 36.4(a)〉는 전압제어발진기를 나타낸 것이다.

〈그림 36.1〉에서 알 수 있듯이 전압제어발진기는 위쪽 Op Amp의 반전입력단자에 5번 pin(제어 pin)이 접속되어 있고, 제어전압은 내부전압 분배기로 인하여 $\frac{2}{3}V_{CC}$이

다.

그러나, 제어전압은 〈그림 36.4(a)〉와 같이 외부적으로 전위차계에 의하여 조절할 수 있고, 〈그림 36.4(b)〉는 커패시터 양단에 나타나는 임계전압의 범위를 나타낸 것이다.

제어전압(Vcontrol)이 증가할수록 커패시터의 충방전 시간이 길어지므로 주파수는 감소한다. 즉, 제어전압을 조절함으로써 주파수를 변화시킬 수 있다.

4) 삼각파 발생기

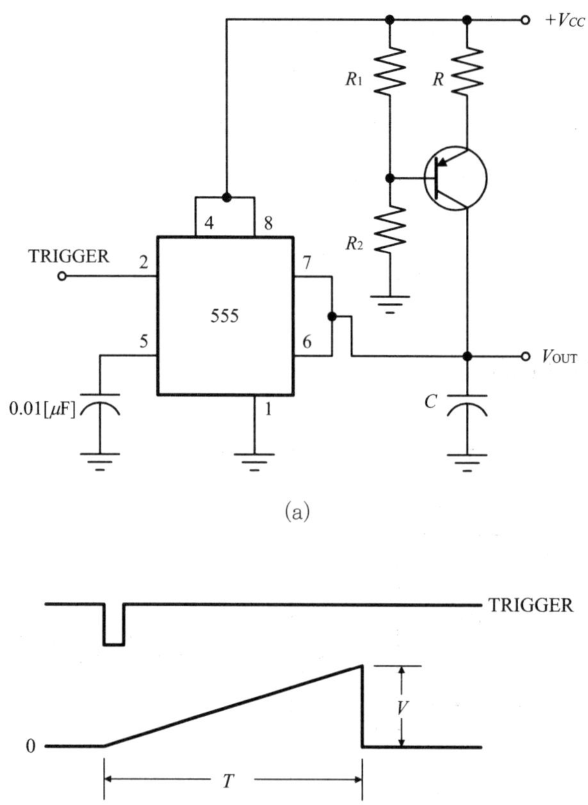

(a)

(b)

〈그림 36.5〉 삼각파 발생기와 파형

그림 36.5는 그림 36.3(b)의 변형으로서 PNP 트랜지스터가 일정한 충전전류를 만들고, 단안정 555 타이머에 트리거 신호가 입력되면 충전전류에 의해 커패시터 C 양단에 톱니파가 발생됨을 보인 것이다.

3. 사용기기 및 부품

(1) 전원공급장치
(2) 오실로스코프
(3) 저주파 신호발생기
(4) 저항 : 1[kΩ]×2, 4.7[kΩ], 10[kΩ]×3, 22[kΩ], 33[kΩ], 47[kΩ], 68[kΩ], 100[kΩ], $\frac{1}{2}$[W]
(5) 가변저항 : 1[kΩ]
(6) 콘덴서 : 0.01[μF]×2
(7) 트랜지스터 : 2SA562
(8) IC : NE555, μA741

4. 실험순서

1) 비안정 MV

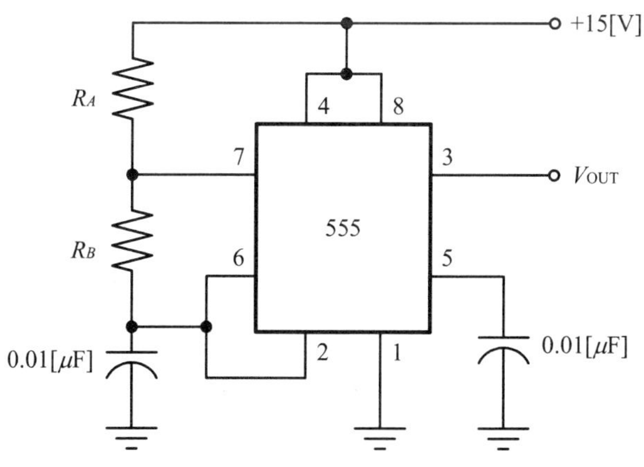

〈그림 36.6〉

(1) [표 36.1]에 주어진 저항에 대해, 〈그림 36.6〉에서 주파수와 듀티 사이클을 계산하여, [표 36.1]에 기록하여라.
(2) 〈그림 36.6〉의 회로에서 R_A=10[kΩ], R_B=100[kΩ]으로 하여 결선하고, 주파수

와 듀티값을 측정하여, [표 36.1]에 기록하여라. 또한, 콘덴서 양단전압(핀 6의 전압)이 5~10[V] 사이에서 지수함수적으로 증감하는 것을 오실로스코프로 확인하여라.

(3) 〈그림 36.6〉 회로에서 R_A, R_B를 [표 36.1]에 주어진 저항으로 대체하여 실험순서 (2)를 반복하고, 그 결과를 [표 36.1]에 기록하여라.

2) 전압제어발진기(VCO)

(4) 〈그림 36.7〉의 회로를 결선하고, 1[kΩ] 가변 저항을 변화시켜 출력 V_{out}의 변화를 관찰하여라.

최대의 주파수와 최소의 주파수는 얼마인가?

$f_{\min}$ =____________________,　$f_{\max}$ =____________________

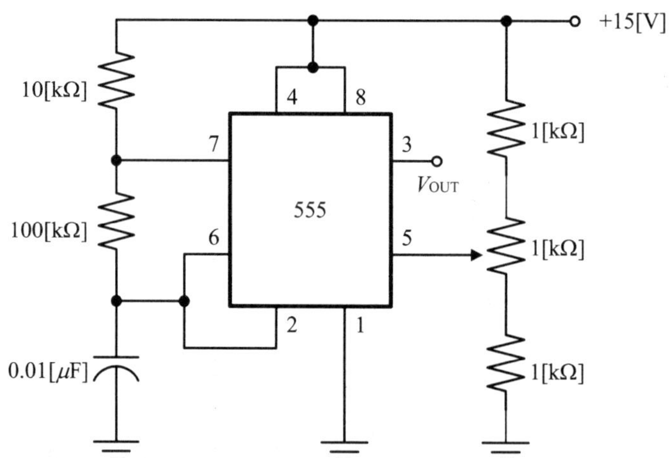

〈그림 36.7〉

3) 단안정 MV

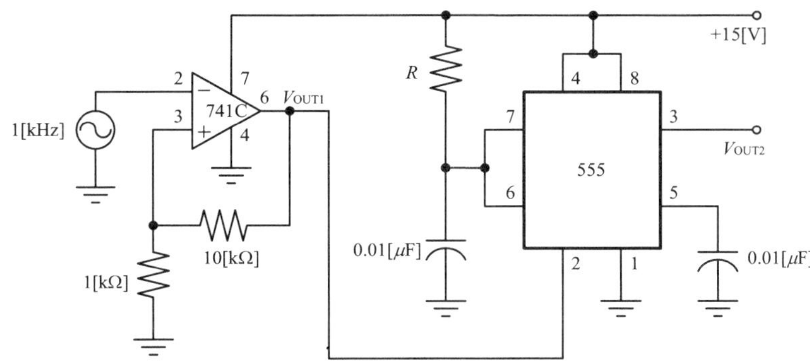

〈그림 36.8〉

(5) [표 36.2]에 주어진 저항에 대해, 〈그림 36.8〉에서 펄스폭을 계산하여 [표 36.2]에 기록하여라.

(6) 〈그림 36.8〉의 회로를 R=33[kΩ]으로 하여 결선하여라. 이 때, 저주파 신호 발생기는 1[kHz] 정현파로 하되, 슈미트 트리거 출력(V_{out1})의 듀티값이 거의 90%가 되도록 정현파의 크기를 조절하여라.

(7) 오실로스코프로 V_{out1}, V_{out2}를 측정하여 [표 36.2]에 기록하여라. 또한, 펄스폭의 측정값도 [표 36.2]에 기록하여라.

(8) [표 36.2]에 주어진 다른 저항에 대해서도 위 실험을 반복하여라.

4) 삼각파 발생기

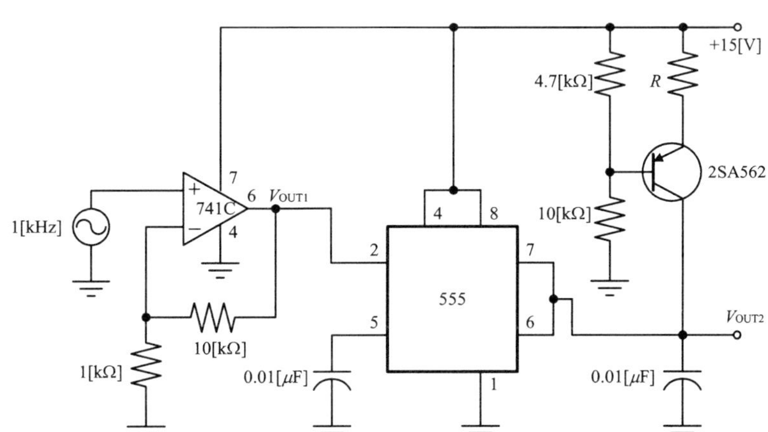

〈그림 36.9〉

(9) 〈그림 36.9〉의 회로를 결선하고 V_{out2}를 측정하여 [표 36.3]에 입력신호와 V_{out1}의 주기에 맞추어 도시하여라. 단, R=10[kΩ]으로 하여라.

(10) R=22[kΩ], R=33[kΩ]으로 교환하여 V_{out2}가 어떻게 변하는지 관찰하여라.

5. 실험결과

평 가	월	일
		㉟

실 험 일 자	년 월 일 교시
학 과	
학 번	
공동 실험자	
이 름	

1) 브레드보드 결선

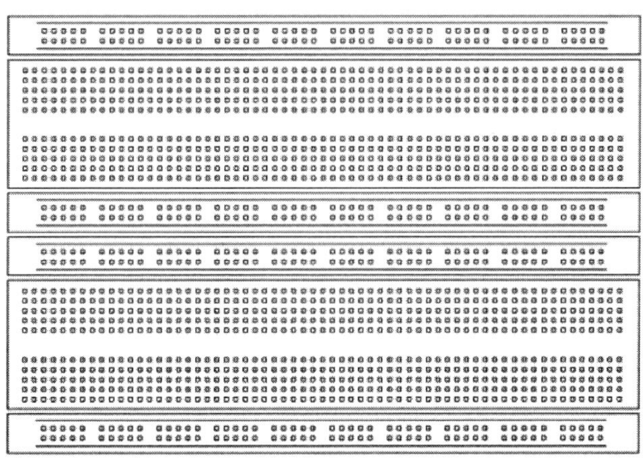

2) 실험순서에 따라 다음의 해당표에 실험결과를 기재하여라.

[표 36.1]

R_A [kΩ]	R_B [kΩ]	출 력 파 형	주파수		듀티값	
			이론치	측정치	이론치	측정치
10	100					
100	10	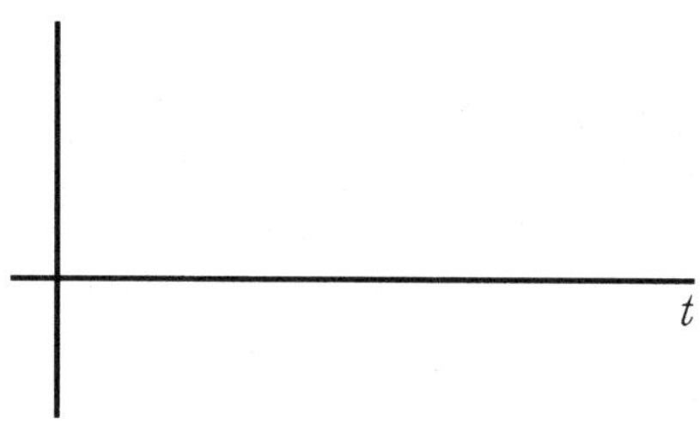				
10	10	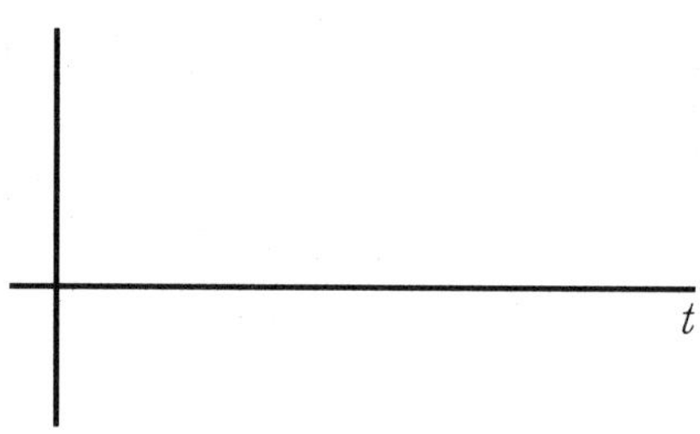				

[표 36.2]

R[kΩ]	측정점	파 형	펄스폭	
			이론치	측정치
33	V_i	t		
	V_{out1}	t		
	V_{out2}	t		
47	V_i	t		
	V_{out1}	t		
	V_{out2}	t		
68	V_i	t		
	V_{out1}	t		
	V_{out2}	t		

[표 36.3]

측정점	파 형
V_i	
V_{out1}	
V_{out2}	

6. 검 토

(1) 듀티 사이클이란 무엇인가?

(2) 실험순서 (2)에서 콘덴서 양단전압이 왜 5[V]~10[V]인가?

(3) 삼각파 발진기에서 R의 영향은 무엇인가?

실험 37 종합 실험

1. 목 적

(1) 이전까지의 실험회로를 종합적으로 구성하여 실험하므로서 회로의 구성과 설계능력을 배양한다.

2. 관련이론

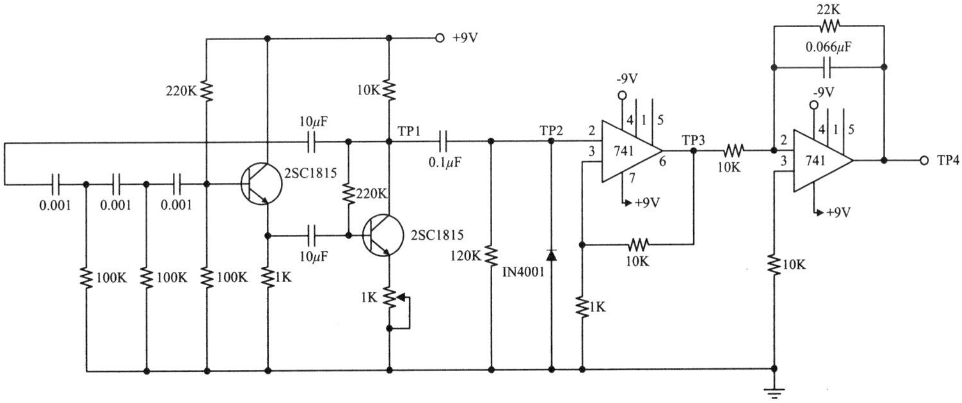

〈그림 37.1〉

1) 〈그림 37.1〉 설명

(1) TP1 앞단은 이상발진기로서 정현파를 발생시킨다.

(2) TP2 앞단은 클램프회로로서 DC전위를 바꾼다.

(3) TP3 앞단은 슈미트 트리거 회로로서 정현파를 구형파로 변화시킨다.

(4) TP4 앞단은 적분회로로서 구형파를 삼각파로 변화시킨다.

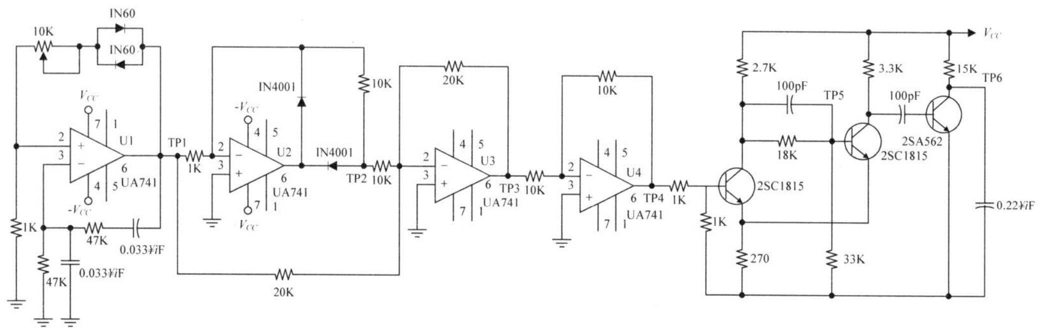

〈그림 37.2〉

2) 〈그림 37.2〉 설명

(1) TP1 앞단은 윈브리지 발생기로서 정현파를 발생시킨다.

(2) TP3 앞단은 정밀급 반파 전파 정류회로로서 TP2에서 반파정류형파형, TP3에서 전파정류형파형을 발생시킨다.

(3) TP4 에서는 반전증폭기로서 위상을 반전시킨다.

(4) TP5 앞단은 슈미트 트리거 회로로서 구형파로 변환시킨다.

(5) TP6 앞단은 톱니파 발생회로로서 구형파를 삼각파로 변환시킨다.

3. 사용기기 및 부품

(1) 전원공급장치

(2) 회로시험기

(3) 오실로스코프

(4) 저항 : 270[Ω], 1[kΩ]×4, 2.7[kΩ], 3.3[kΩ], 10[kΩ]×4, 15[kΩ], 18[kΩ], 20[kΩ]×2, 22[kΩ], 33[kΩ], 47[kΩ]×2, 100[kΩ]×3, 120[kΩ], 220[kΩ]×2,1[MΩ]

(5) 가변저항 : 1[kΩ], 10[kΩ]

(6) 콘덴서 : 100[PF], 0.001[μF]×3, 0.033[μF], 0.068[μF], 0.1[μF], 0.22[μF], 10[μF]×2, 220[μF]×2

(7) 다이오드 : 1N4001×2, 1N60×2

(8) TR : 2SC1815×2, 2SA562

(9) IC : μA741×4

4. 실험순서

(1) 〈그림 37.1〉 회로를 결선하시오.

(2) 가변저항 1[kΩ]을 조절하여 TP1의 파형이 $6\,V_{P-P}$정현파가 되도록 조절하고 그 파형을 [표 37.1]에 기록하시오.

(3) TP2, TP3, TP4의 파형을 측정하여 [표 37.1]에 기록하시오.

(4) 클램프회로(TP1과 TP2사이)를 사용하지 않고 TP1의 파형을 슈미트 트리거회로의 입력단자(TP2)에 인가시켜서 TP3의 파형이 어떻게 되는가를 확인하시오.

(5) 〈그림 37.2〉 회로를 결선하시오.(단, V_{CC}는 +9[V], $-V_{CC}$는 -9[V]로 한다.)

(6) 가변저항 10[kΩ]을 조절하여 TP1의 파형이 $11\,V_{P-P}$의 정현파가 되도록 조절하고, 그 파형을 [표 37.2]에 기록하시오.

(7) TP2, TP3, TP4, TP5, TP6의 파형을 측정하여, [표 37.2]에 기록하시오.

(8) 위상반전회로(TP3와 TP4사이)를 사용하지 않고, TP3의 파형을 슈미트 트리거회로의 입력단자(TP4)에 인가시켜서 TP4의 파형이 어떻게 되는가를 확인하시오.

5. 실험결과

평 가	월	일
		㊞

실 험 일 자	년 월 일 교시
학 과	
학 번	
공동 실험자	
이 름	

1) 브레드보드 결선

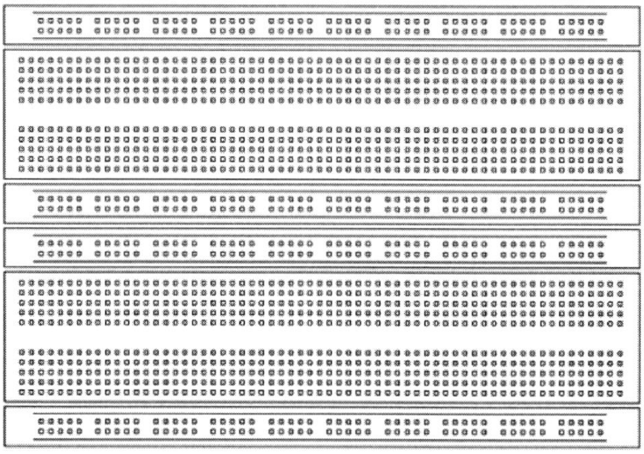

2) 실험순서에 따라 다음의 해당표에 실험결과를 기재하여라.

[표 37.1]

측정단자	파형	V_{P-P}	주파수
TP1	t		
TP2	t		
TP3	t		
TP4	t		

[표 37.2]

측정단자	파 형	V_{P-P}	주파수
TP1	t		
TP2	t		
TP3	t		
TP4	t		
TP5	t		
TP6	t		

6. 검 토

(1) 실험순서 (4)의 결과는 어떠한가 ?
클램프회로를 사용한 이유를 설명하시오.

(2) 실험순서 (8)의 결과는 어떠한가?
위상반전회로를 사용한 이유를 설명하시오.

부 록

1. 전자기기용 심벌
2. 반도체 제품의 형명 붙이는 법
3. 각종 반도체 극성 판별 및 부품 체크
4. KTC 1815
5. OP앰프 IC
6. PM-741 COMPENSATED OPERATIONAL AMPLIFIER

1. 전자기기용 심벌

1) 일반 심벌

도선의 교차	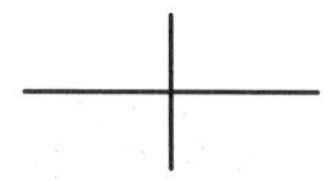	접속되어 있지 않은 상태 (jumper)
접　　지	 (a) (b)	케이스의 접지에는 특히 (b)를 사용한다.
단　　자	○ ●	
가 변 표 시	(a) (b) (c) 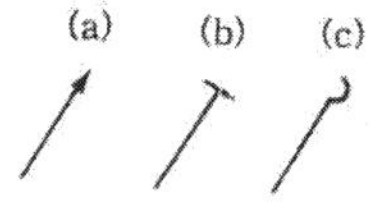	(b)는 특히 반고정을 표시한다. (c)는 특히 탭(tab)을 바꿀 때 사용된다.
연 동 표 시		
저 항 기	(a) (b) 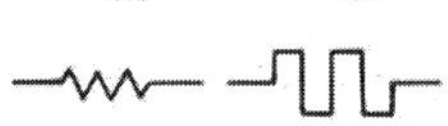	(b)는 특히 무유도성일 경우에 사용된다.
가변저항기(VR)	(a) (b) (c) 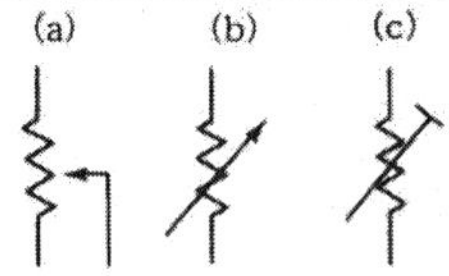	(c)는 반고정형을 나타낸다.
인 덕 터	(a) (b) (c) 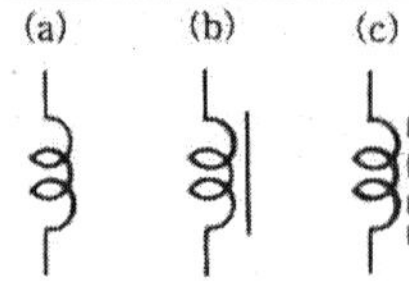	(b)는 철심이, (c)는 압분 철심이 들어 있는 경우
가변인덕터		

콘 덴 서	(a) (b) 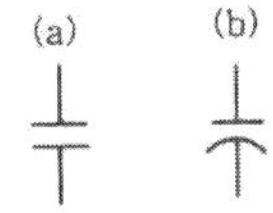	(b)는 전극의 구별에서 저전위쪽을 곡선으로 표시
가변콘덴서	(a) (b) 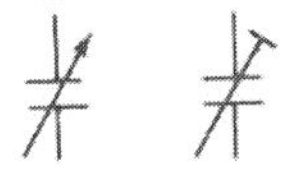	(b)는 반고정형일 경우
전해콘덴서	(a) (b) 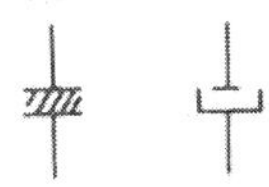	※ 최근 많이 사용되는 탄탈콘덴서도 (a)와 같이 표시한다.
상호인덕터 (변 성 기)	(a) (b) 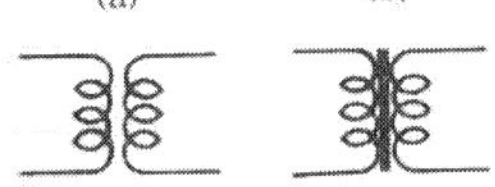	(a)는 공심, (b)는 철심들이를 나타낸다.
전지(직류전원)	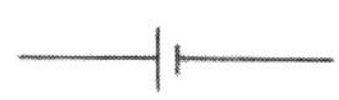	긴 선을 (+), 짧은 선을 (-)로 한다.
교 류 전 원		상수 및 주파수를 표시할 때 보기 : φ 3~60[HZ]
정 류 기		삼각형의 화살표는 직류가 지나는 방향을 표시한다.
퓨 즈		개방형 퓨즈
개 폐 기		SW
전원플러그	(a) (b) 	(a)는 2극, (b)는 3극을 표시한다.
전환개폐기	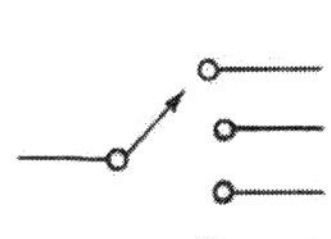	로터의 스위치
관통형콘덴서		
수 정 편		수정 진동자(발진자)

안 테 나	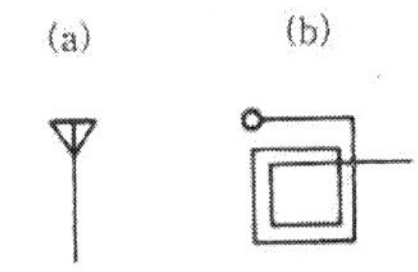	(a)는 일반 안테나 (b)는 루프 안테나
신호등(표시등)	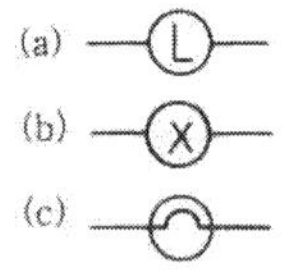	특히 색깔이나 용도를 구별한 경우는 L자 대신 다음과 같이 기입된다. 빨강:RL, 주황색:OL, 녹색:GL, 파랑:BL, 흰색:WL, 노랑:Y, 투명색:TC, 파일럿:PL
시 일 드 선	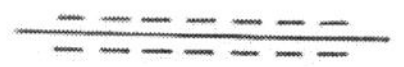	고주파용 동축 케이블선을 표시하기도 한다.
커 넥 터	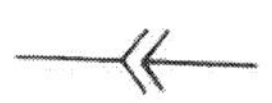	여러 개의 플러그나 잭을 표시하기도 한다.
스 피 커	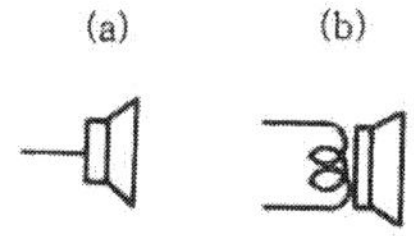	(b)는 다이나믹 스피커
이 어 폰	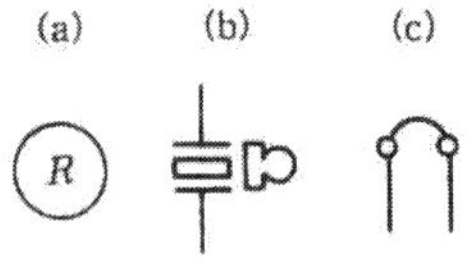	(b)는 크리스탈 이어폰, (c)는 헤드폰을 표시한다.
이어폰 및 헤드폰 잭	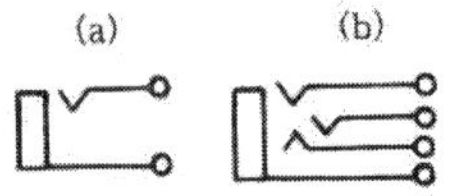	(b)는 스테레오 헤드폰 잭
마이크로폰	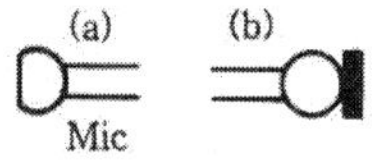	
증 폭 기		블록 다이어그램에 사용된다.

2) 반도체 소자심벌

명 칭	심 벌	비 고	명 칭	심 벌	비 고
다이오드	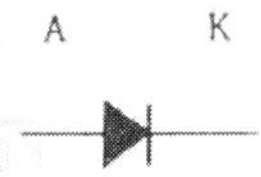	검파, 정류용	SCR	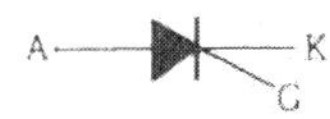	P Gate
제 너 다이오드		정 전 압 다이오우드	DIAC	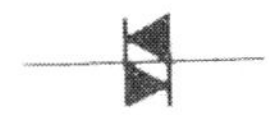	
터 널 다이오드		E D	TRIAC	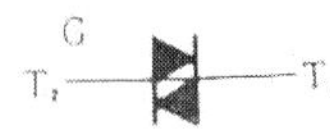	
발 광 다이오드		L E D	LASCR	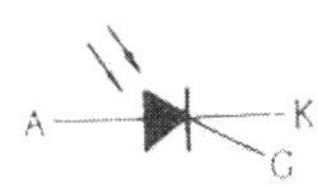	
가변용량 다이오드	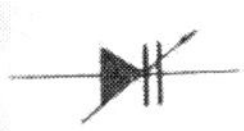	Varactor	SCS	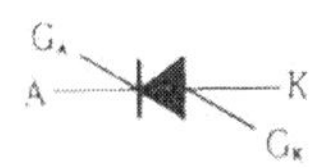	
전파브리 지정류기	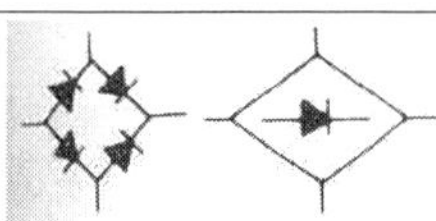		SBS	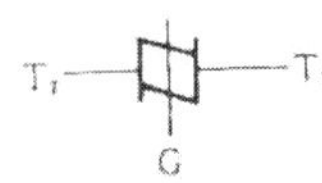	
트랜지스터	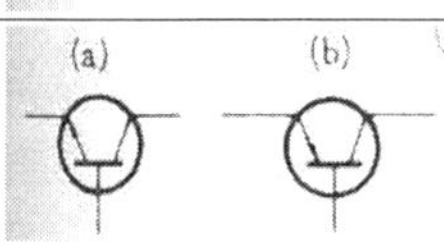	(a) NPN형 (b) PNP형	SSS	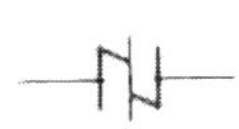	
UJT	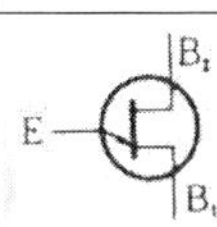		PUT	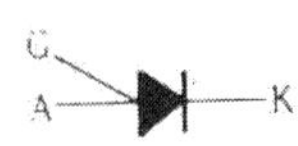	S U S
광 전 트랜지스터	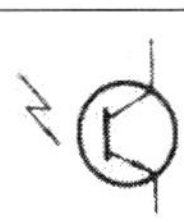		Cds	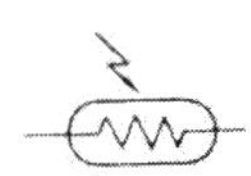	
서미스터	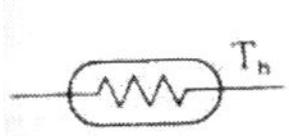		바리스터		대칭형
접합형 F E T	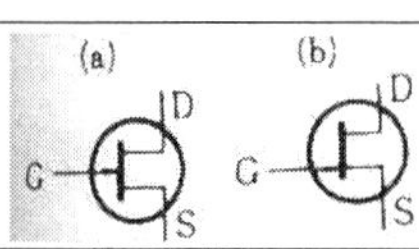	(a) N채널 (b) P채널	MOS형 F E T	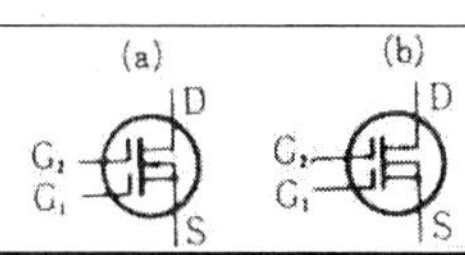	(a) N채널 (b) P채널

명 칭	심 벌	비 고	명 칭	심 벌	비 고
AND gate	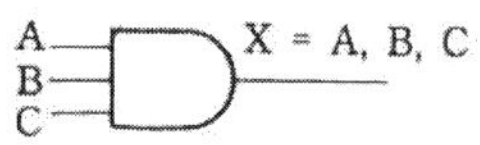	논리곱회로	OR gate	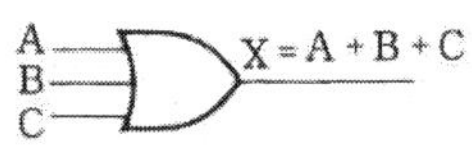	논리합회로
NOT gate	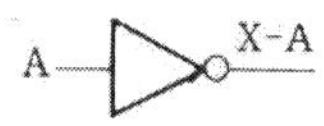	부정회로	NAND gate	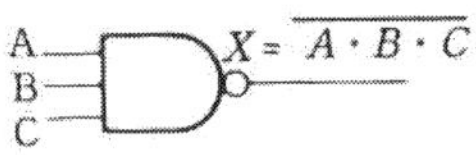	부정논리곱회 로
NOR gate	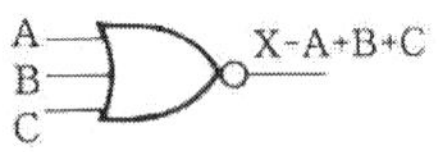	부정논리합회 로	OP Amp	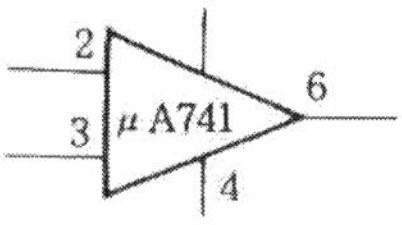	

2. 반도체 제품의 형명 붙이는 법

일본에서 쓰고 있는 형명의 호칭법은 구라파에서 쓰고 있는 법과는 다르나 우리 시장에서는 주로 일본 형명의 호칭법에 의한 상품이 대부분이므로 2SA···, 2SB···, 1S···, 2SF···, 2SM··· 등의 형명을 붙이고 있는 일본공업규격 JIS와 일본전자기계 공업회 표준 규격인 EIA J에 의한 것을 소개한다.

미국에서는 2N···, 1N···, 3N··· 등의 JEDEC의 규정에 의하여 쓰고 있고, 구라파에서는 로마자와 숫자와의 조합으로 표시를 하고 있다.

형명 구성은 5항으로 되고, 각각 다음의 뜻을 갖고 있다.

1항(숫자) ··· 원칙적으로 유효 전극에서 1을 뺀 숫자.
2항(문자 S) ··· 반도체(Semicondactor)를 나타낸다.
3항(문자) ··· 반도체 제품의 종류, 극성, 대략적인 용도를 나타내고, E와 I는 혼동될 염려가 있어 쓰지 않는다. 또한 다이오우드에는 쓰지 않는다.
4항(숫자) ··· EIAJ 등록번호로 11부터 시작되는 2행 이상의 숫자.
0 포토트랜지스터 포토다이오우드
1 다이오우드
2 트랜지스터, 전계효과 트랜지스터(FET) 다이리스터(SCR, TRIAC)
3 4극 전계효과 트랜지스터
5항(문자) ··· 붙임자로서 붙임자가 붙지 않은 원형 제품의 개량형을 나타내며, A,B,C

··· 의 순으로 쓰여진다. 개량형 순으로는 바꾸어 가나, 그 반대로 바꾸어 쓰지는 않는다.

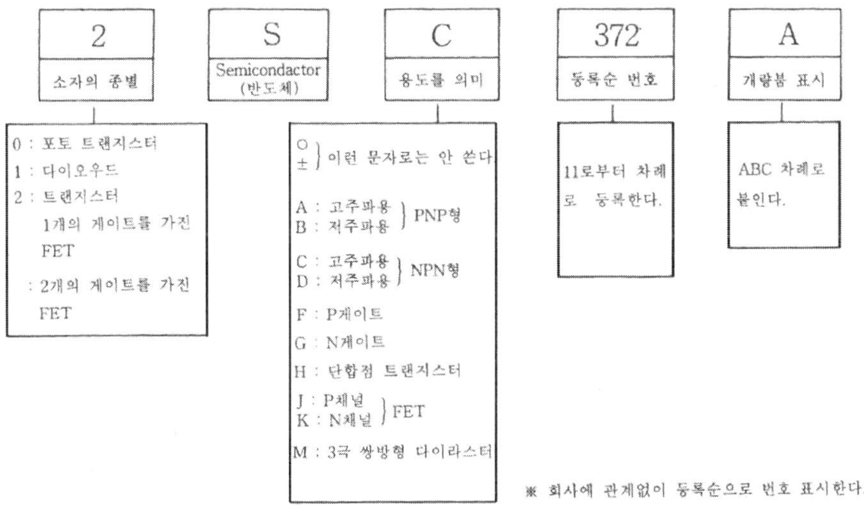

이상 일본 상품에 쓰여지고 있는 JIS, EIAJ에 의한 규정의 설명을 했다. 그러나 일본 상품에서도 정류소자, 다이오우드 등에는 로마자와 숫자의 조합에 의한 특성 표시를 겸한 이름을 붙이고 있는 메이커들이 많다. 즉 1S···, 명칭이 아닌 것이 많다.

3. 각종 반도체 극성 판별 및 부품 체크

1) 다이오드 (Diod)

(1) 회로시험기의 측정 레인지를 R×100[Ω]으로 놓는다.

(2) 다이오드의 양 리이드단자에 회로시험기의 테스트 봉을 교대로 대어본다. 그러면, 한 번은 저항값이 작게 나타나고, 다른 한번은 저항값이 매우 크게(≒∞) 나타난다면 정상적인 다이오드가 되고, 그렇지 않으면 불량이다.

(3) 저항값이 적게 나타나는 경우, 회로시험기의 적색 테스트 봉이 접속된 다이오드의 리이드 단자가 캐소우드(K)가 되고, 흑색 테스트 봉이 접속된 리이드 단자가 애노우드(A)가 된다.

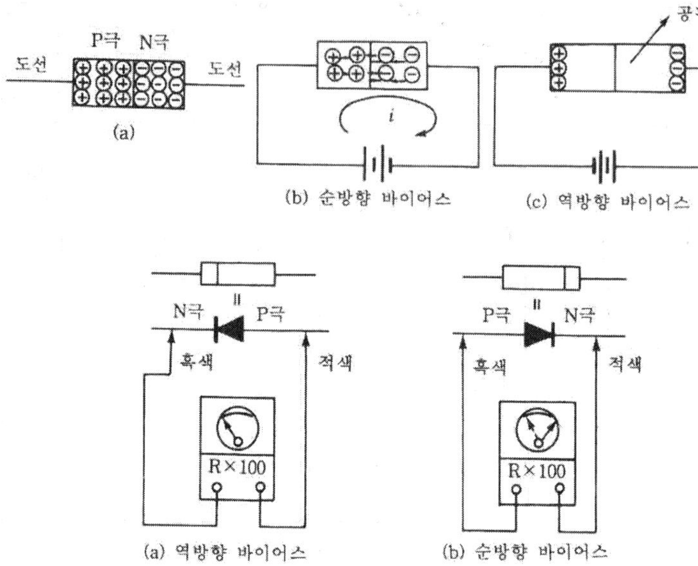

〈그림 3.1〉

2) 발광 다이오드 (LED, Light Emitting Diode)

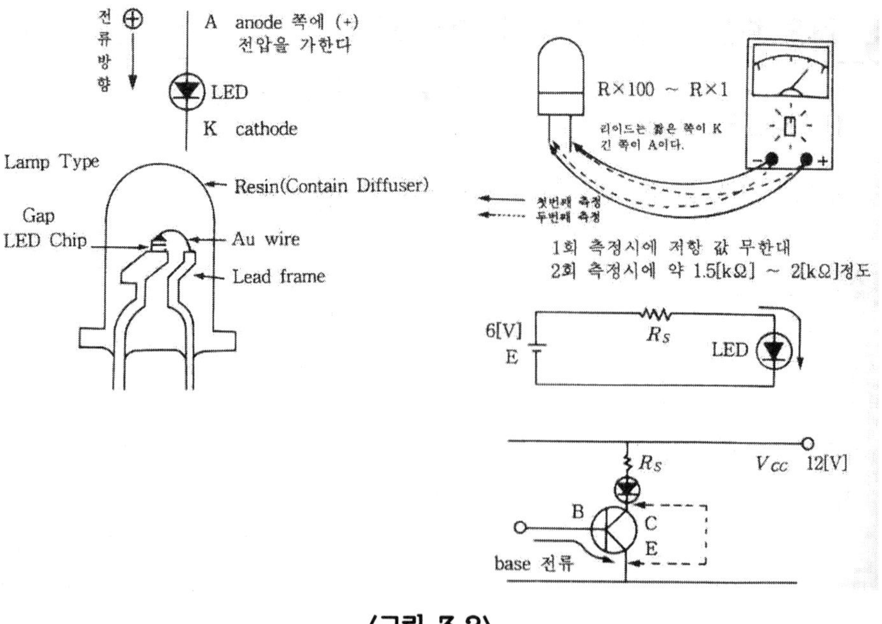

〈그림 3.2〉

(1) 회로시험기의 측정 레인지를 R×100[Ω]으로 놓는다.

(2) LED의 양 리이드단자에 회로시험기의 테스트 봉을 교대로 대어본다. 그러면, 한쪽 방향에서는 LED가 점등되고, 다른 방향에서 소등된다면 정상적인 LED이고, 그렇지 않으면 불량이다.

(3) LED가 점등되었을 때, 회로시험기의 적색 테스트 봉이 접속된 LED의 리이드 단자가 캐소우드(K)가 되고, 흑색 테스트 봉이 접속된 리이드 단자는 애노우드(A)가 된다.

3) LED 디스플레이 (Display)

(1) FND 500, FND 507의 외형

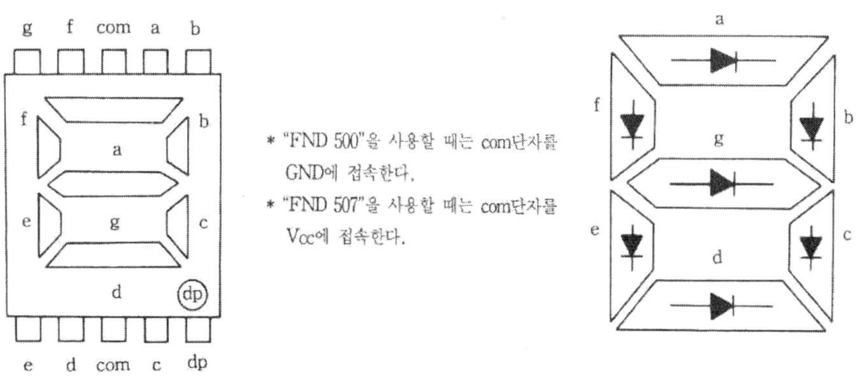

〈그림 3.3〉

LED는 1.7[V]~3.3[V]의 전압레벨에서 동작하며, 응답시간이 10-9sec(ns)정도로 빠르다. 각 세그먼트에는 10~20[mA]정도의 전류가 흐르도록 전류 제한 저항을 연결하여 사용한다.

(2) Common-Cathode

다이오드의 캐소우드 측을 공통 단자로 사용하는 7-세그먼트 LED 디스플레이로 대표적으로 사용하는 것은 FND500이며, SN7448 디코더/드라이버 출력에 의하여 애노우드 단자에 "H" 가 인가될 때 해당 LED세그먼트가 점등된다.

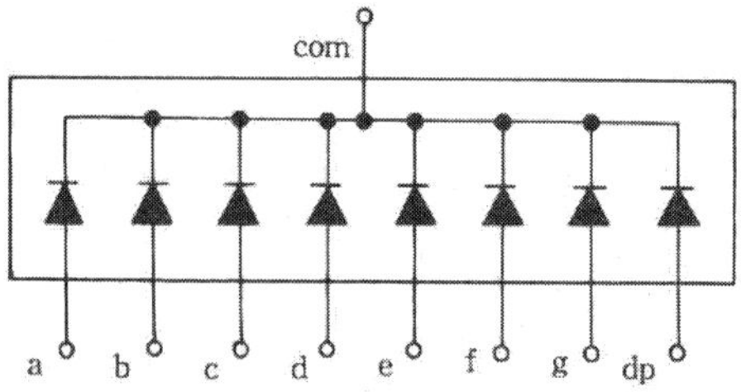

〈그림 3.4〉 내부접속도

(3) Common-Anode

다이오드의 애노우드 측을 공통 단자로 사용하는 7-세그먼트 LED 디스플레이로 대표적으로 사용하는 것은 FND507이며, SN7447디코더/드라이버 출력에 의하여 캐소우드 단자에 "L" 가 인가될 때 해당 LED세그먼트가 점등된다.

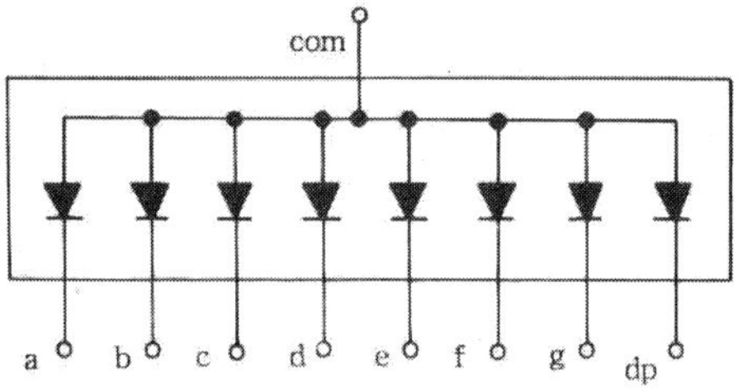

〈그림 3.5〉 내부접속도

4) 트랜지스터 (Transistor)

(1) 베이스 단자 찾기

① 회로시험기의 측정 레인지를 R×100[Ω] 또는 R×1000[Ω]으로 설정하고, 하나의 테스트 봉을 트랜지스터의 임의의 리이드 단자에 대고 다른 하나의 테스트 봉을 남은 두 리이드 단자에 교대로 대어본다.

② 이 때 회로시험기가 0[Ω] 부근의 작은 저항값을 지시하는 접속상태에서 PNP형 T_r이면 적색 테스트 봉이 접속된 리이드 단자가 베이스이고, NPN형 T_r이면 흑색 테스트 봉이 접속된 리이드 단자가 베이스가 된다.

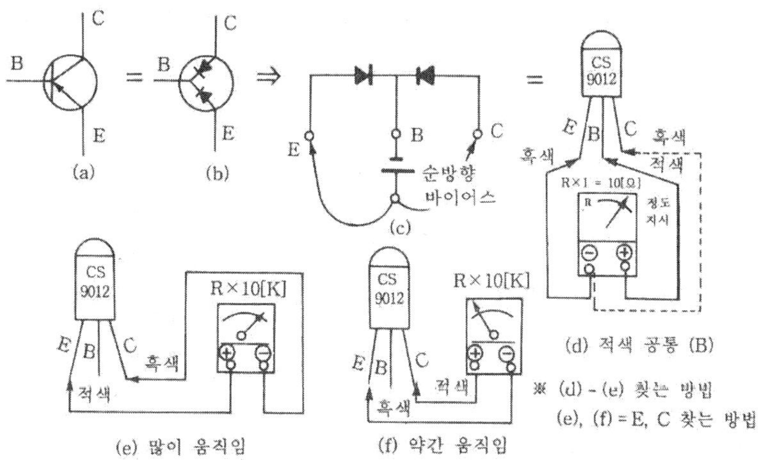

〈그림 3.6〉 **PNP형** T_r

(2) 콜렉터 단자 찾기

① 회로시험기의 측정 레인지를 R×1000[Ω]으로 설정하고, 트랜지스터의 나머지 두 리이드 단자에 테스트 봉을 교대로 대어본다.

② 이 때 회로시험기의 작은 저항값을 지시하는 접속 상태에서 PNP형 Tr이면 흑색 테스트 봉이 접속된 리이드 단자가 콜렉터이고, NPN형 Tr이면 적색 테스트 봉이 접속된 리이드 단자가 콜렉터가 된다.

(3) 위의 측정에서 남은 트랜지스터의 단자가 에미터가 된다.

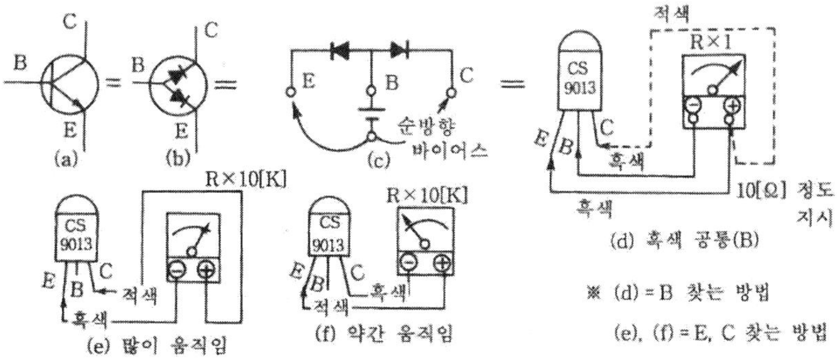

〈그림 3.7〉 **NPN형** T_r

5) 전계효과 트랜지스터 (FET. Electric Field Effect Transistor)

(1) 회로시험기의 측정 레인지를 R×100[Ω]으로 설정하고 트랜지스터의 베이스 단자를 찾는 방법과 동일하게 게이트(G) 단자를 찾는다.

(2) 게이트-소오스 간의 순방향 저항값이 게이트-드레인 간의 저항값보다 약간 작은 것이 일반적이나 그 값이 같을 때는 소오스와 드레인을 바꾸어도 좋다.

(3) 회로 시험기의 측정 레인지를 R×1000[Ω] 또는 R×10000[Ω]으로 하고 테스트 봉을 FET의 남은 두 단자에 번갈아 대어보면 저항값이 적게 지시하는 접속에서, 흑색 테스트 봉이 드레인(D) 단자가 되고, 적색 테스트 봉이 소오스(S) 단자가 된다.

(4) 회로시험기의 측정 레인지를 저항 레인지로 설정하고, 흑색 테스트 봉을 드레인에, 적색 테스트 봉을 소오스에 접속하고 게이트에 손가락을 대었을 때 회로시험기의 지침이 움직이면 양호한 FET라 한다.

(5) FET의 양부 체크법

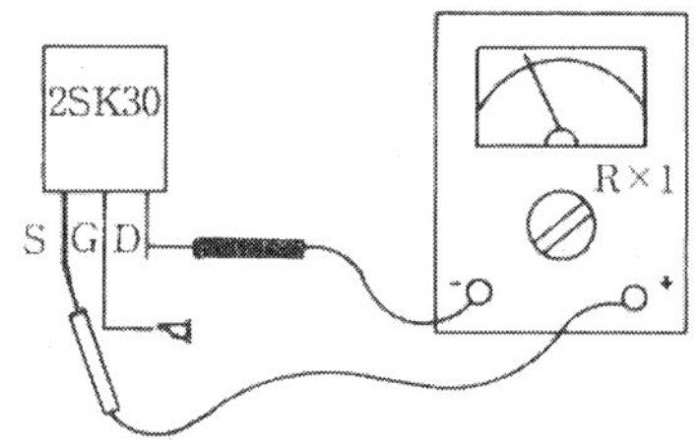

지침이 움직인다.

〈그림 3.8〉

※ FET의 형명

2 SK △△ : "K" 는 N채널 FET임을 표시한다.

2 SJ △△ : "J" 는 P채널 FET임을 표시한다.

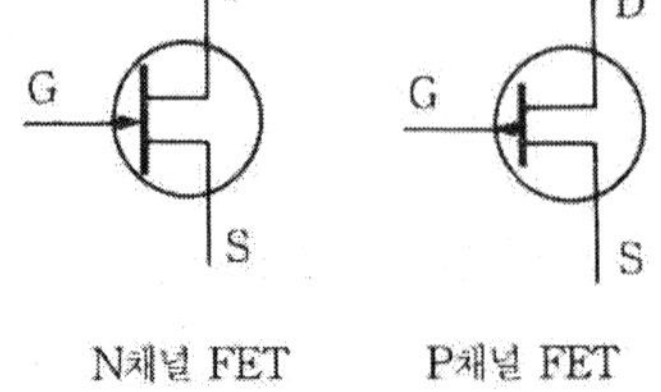

〈그림 3.9〉

6) 단일 접합 트랜지스터 (UJT, Uni-Junction Transistor)

(1) 회로시험기의 측정 레인지를 R×100[Ω]으로 설정하고 트랜지스터의 베이스 단자를 찾는 방법과 동일하게 에미터(E) 단자를 찾는다.

(2) UJT의 에미터 단자를 중심으로 B1과 B2간의 순방향 지시 저항값을 측정한다. 그러면, 에미터-베이스2 간의 저항값이 에미터-베이스1 간의 저항값보다 크게 나타난다.

(3) 회로시험기의 측정 레인지 또는 테스트 봉의 극성에 무관하게 B1-B2 사이의 저항값이 5~10[kΩ] 정도이면 양호한 부품이다.

(4) UJT의 양부 체크법

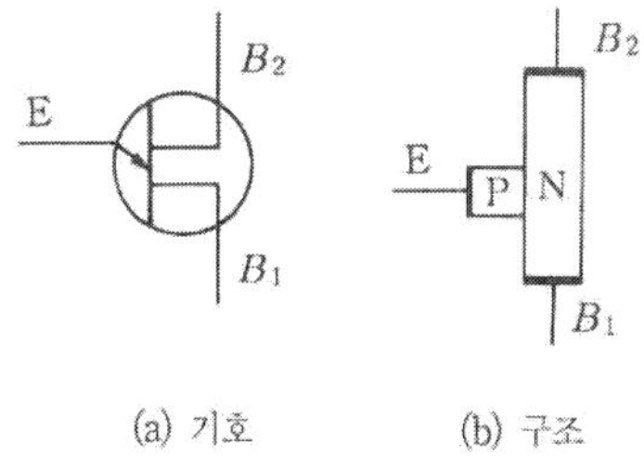

(a) 기호 (b) 구조

〈그림 3.10〉

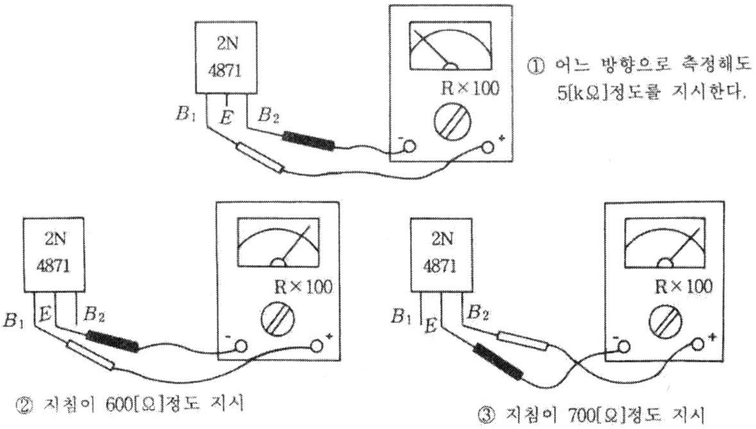

〈그림 3.11〉

7) 실리콘 제어 정류기 (SCR, Silicon Controlled Rectifier)

(1) 회로시험기의 측정 레인지를 R×1[Ω]으로 설정하고, SCR의 각 리이드 단자 간의 순방향 저항값을 측정하다가 약 10[Ω]정도의 저항값을 나타내는 테스트 봉의 접속 상태에서, 회로시험기의 흑색 테스트 봉이 접속된 단자가 게이트(G)이고, 적색 테스트 봉이 접속된 단자가 캐소우드(K)가 된다. 나머지 단자는 애노우드(A) 단자가 된다.

(2) SCR의 양부 체크법

① 회로시험기의 측정 레인지를 R×1[Ω]으로 설정하고, 흑색 테스트 봉을 SCR의 애노우드(A) 단자에, 적색 테스트 봉을 캐소우드(K)에 접속한다. 이때의 저항값은 무한대를 지시하며, 테스트 봉을 반대로 해도 역시 무한대의 저항값을 나타낸다.

② 드라이버를 사용하여 애노우드 단자와 게이트 단자를 쇼트시켰다가 떼는 순간부터 회로시험기가 저항값을 10[Ω]정도를 나타내면 양호한 부품이고, 그렇지 않으면 불량이다.

(3) SCR의 극성 판별법

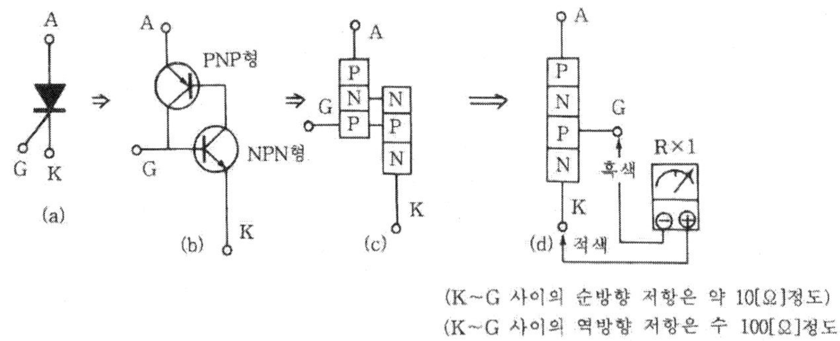

〈그림 3.12〉

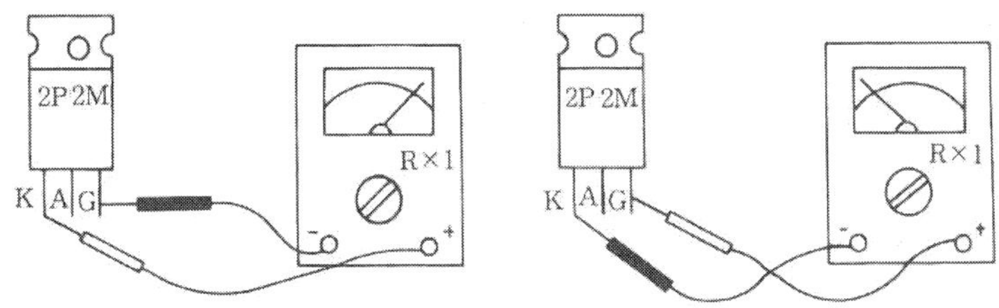

① 지침이 10[Ω]정도 지시　　② 지침이 수 100[Ω]정도 지시

〈그림 3.13〉

(4) SCR의 양부 체크법

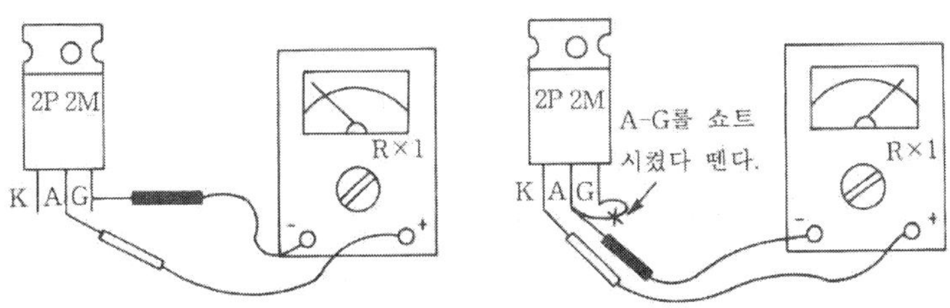

① 어느 방향으로 접속해도 무한대　　② 지침이 10[Ω]정도 계속 지시

〈그림 3.14〉

8) 트라이악 (TRIAC)

(1) 회로시험기의 측정 레인지를 R×1[Ω]으로 설정한다.

(2) 트라이악의 T_1과 T_2의 단자에 회로시험기의 테스트 봉을 어느 방향으로 접속하여도 측정한 저항값은 무한대이다.

(3) 트라이악의 게이트(G)와 T_2의 단자에 회로시험기의 테스트 봉을 어느 방향으로 접속하여도 측정한 저항값은 무한대이다.

(4) 트라이악의 게이트(G)단자에 흑색 테스트 봉, T_1에 적색 테스트 봉을 접속하면 약 15[Ω]정도를 지시하고, 반대의 극성으로 접속하면 약 10[Ω]정도가 지시된다.

(5) 회로시험기의 테스트 봉을 트라이악의 T_1, T_2단자에 각각 접속하고, 게이트(G)를 T_2와 쇼트시키면 그 순간부터 T_1과 T_2는 도통된다. G와 T_2는 접속을 제거하여도 계속 도통상태를 유지한다.

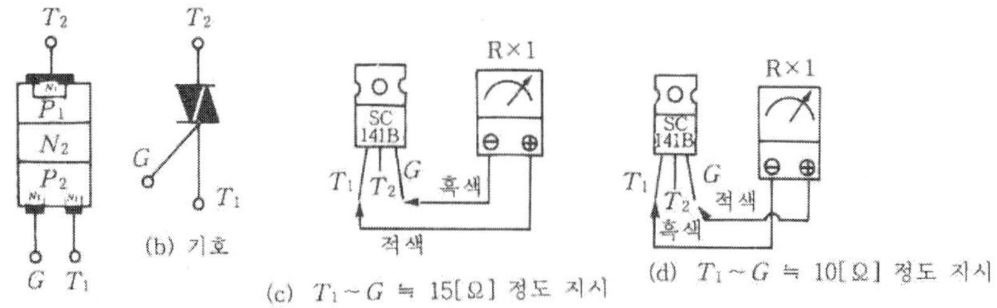

(a) 구조 (b) 기호 (c) $T_1 \sim G$ ≒ 15[Ω] 정도 지시 (d) $T_1 \sim G$ ≒ 10[Ω] 정도 지시

T_1과 T_2사이, $G \sim T_2$ 사이는 어느 단자로 측정해도 ∞를 가리킨다.
그러나, 아래 그림과 같이 G와 T_2를 쇼트시킨 순간부터 $T_1 \sim T_2$는 도통된다.

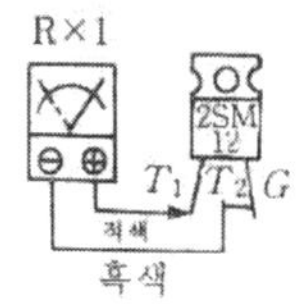

쇼트시킨 다음부터
$T_1 \sim T_2$ 도통

〈그림 3.15〉

9) PUT (Programmable Unijunction Transistor)

(1) 회로시험기의 측정 레인지를 R×1[Ω]으로 설정한다.

(2) PUT의 애노우드(A)에 회로시험기의 흑색 테스트 봉을, 게이트(G)에 적색 테스트 봉을 접속하면 약 500[Ω]정도의 저항값을 지시하고, 테스트 봉을 반대의 극성으로 접속하면 무한대의 저항값을 지시한다.

(3) PUT의 애노우드(A)에 회로시험기의 흑색 테스트 봉을, 캐소우드(K)에 적색 테스트봉을 접속하면 약 500[Ω] 정도의 저항값을 지시하고 테스트 봉을 반대의 극성으로 접속하면 무한대의 저항값을 지시한다.

(4) PUT의 게이트(G)와 캐소우드(K)사이에 회로시험기의 테스트 봉의 극성에 관계 없이 어느 방향이나 무한대의 저항값을 나타낸다.

(5) PUT의 Anode에 흑색 테스트 봉, Cathode에 적색 테스트 봉을 접속하면 순방향 저항값 약 500[Ω]정도 나타내지만, 애노우드와 게이트를 접속하면 무한대의 저항값을 나타낸다.

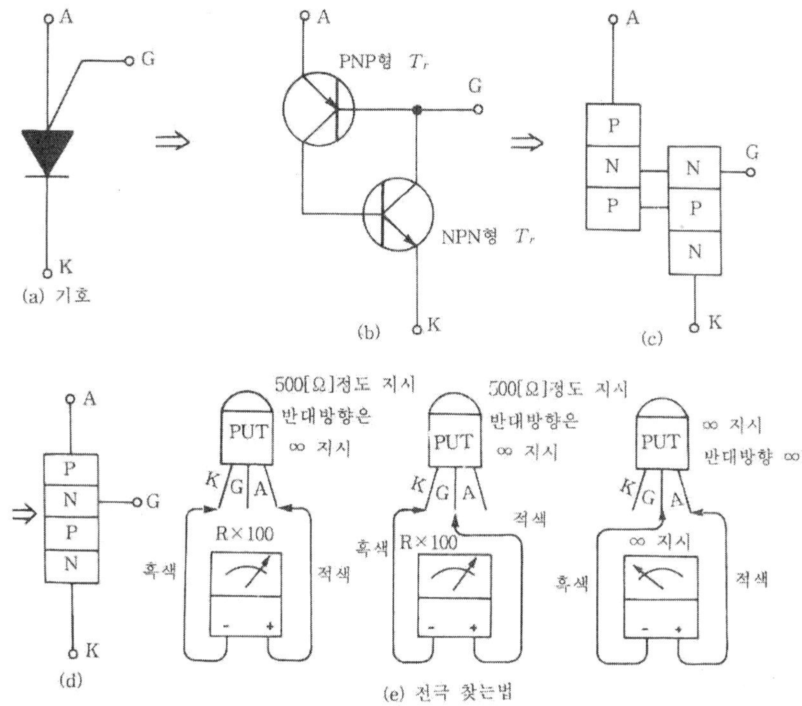

〈그림 3.16〉

10) 포토 트랜지스터 (photo-transistor)

(1) 포토 트랜지스터의 전극 판별법

① 회로시험기의 측정 레인지를 R×100[Ω]에 설정한다.

② 포토 트랜지스터의 창으로 빛을 비추고, 회로시험기의 테스트 봉을 두 단자에 교대로 접속하였을 때, 지시하는 저항값이 낮은 접속 상태에서 적색 테스트봉이 접속된 단자가 에미터, 흑색 테스트 봉이 접속된 단자가 콜렉터 단자가 된다.

(2) **포토 트랜지스터의 양부 체크법**

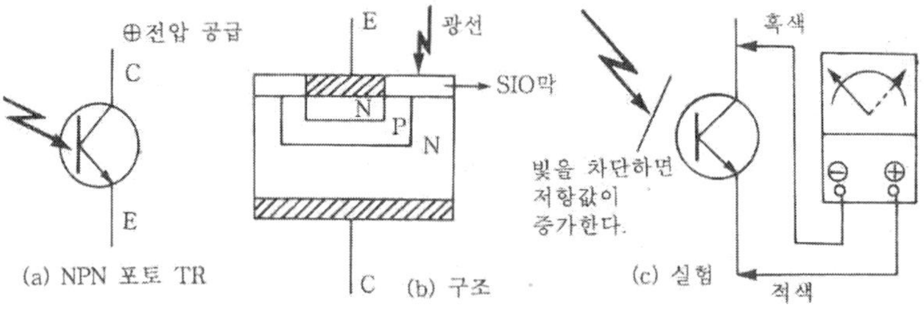

〈그림 3.17〉

회로시험기의 흑색 테스트 봉을 콜렉터 단자에, 적색 테스트 봉을 에미터에 접속하고, 포토 트랜지스터의 창으로 빛을 쬐면 저항값이 저하하고, 빛을 차단하면 저항값이 증가하면 양호한 제품이다.

11) CdS 광도전 소자

(1) 회로시험기의 측정 레인지를 R×100[Ω]에 설정한다.

(2) 회로시험기의 테스트 봉을 극성 구별없이 CdS의 두 단자에 접속하고, CdS에 빛을 쬐면 저항값이 감소하고, 빛을 차단하면 저항값이 증가하면 양호한 부품이다.

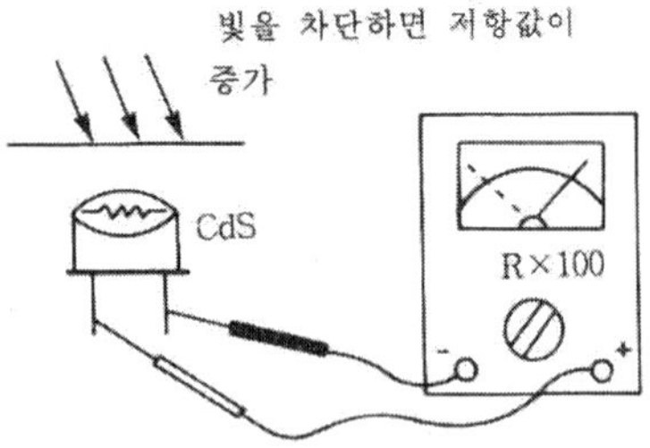

〈그림 3.18〉 CdS 광도전 소자 측정

12) 더미스터

온도가 증가하면 저항값이 감소되는 소자로서 각종 온도 보상회로에 이용된다.

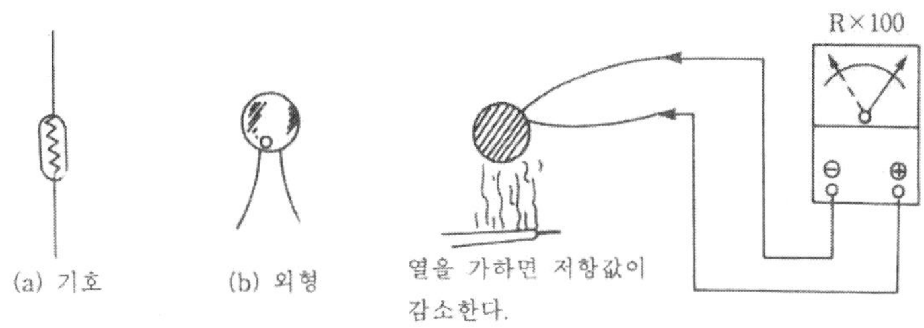

〈그림 3.19〉

13) DIAC

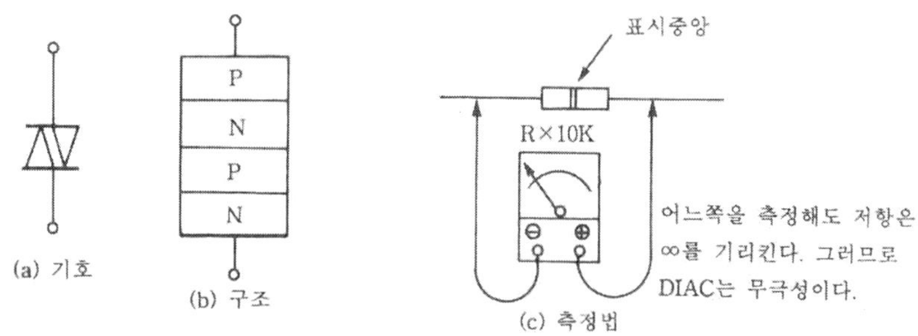

그림 3.20

〈그림 3.20〉

14) 동조 코일

중파 방송 수신용의 동조 코일은 〈그림 3.21〉과 같은 페라이트 코어에 릿츠선을 감은 바아 안테나가 많이 사용되며 그 자체가 안테나로서의 효과도 갖는다. 보통 중파 수신용의 안테나로서의 효과도 갖는다. 보통 중파 수신용의 안테나 코일은 수신동조측(1차)이 55~66회 정도, 베이스 픽업 코일(2차)이 5~6회 정도 감겨 있으며 시판의 바리콘과 정합되어 사용된다. 또 국부 발진용 코일(OSC)은 〈그림 3.22〉와 같이 코어가 들어 있는 보빈에 감아서 다른 외부와의 간섭을 피하기 위해 시일드(shild)하고 있다. FM방송 수신용의 안테나 코일 및 국부 발진코일은 동조 주파수가 높으므로 코일의 권수를 3~7회 정도로 하며 인덕턴스는 권선의 간격을 조정한다.

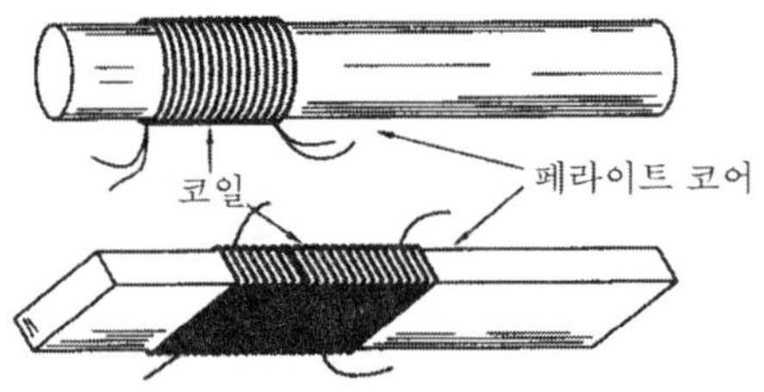

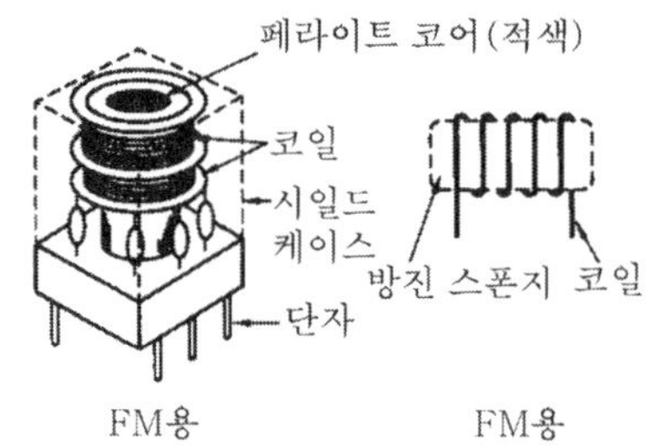

〈그림 3.21〉 발진코일의 구조 및 연결법 〈그림 3.22〉 국부 발진 회로

(1) 발진코일의 구조 및 연결

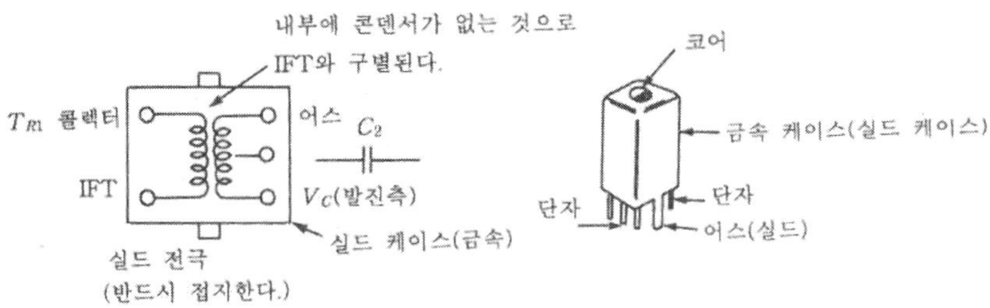

〈그림 3.23〉

(2) 바리콘 연결법

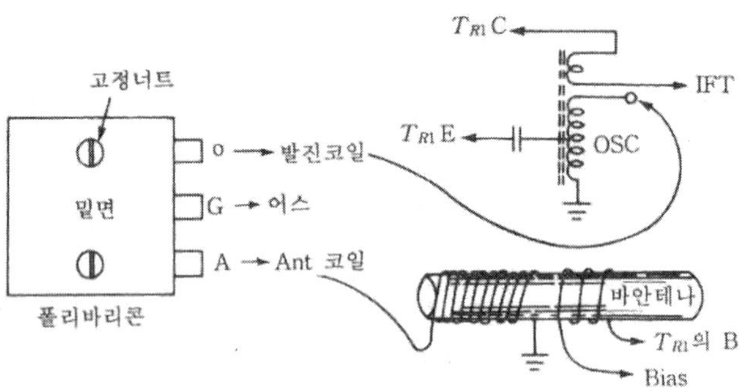

〈그림 3.24〉

4. KTC 1815

APPLICATIONS

- Low Frequency Amplifiers
- Low Noise Amplifiers

FEATURES

- Low Noise, NF=1dB(Typ), 10dB(Max)
- Excellent h_{FE} Linearity, $h_{FE}(0.1mA)/h_{FE}(2mA)=0.95$(Typ.)
- Complementary to the KTA 1015(Type O, Y, GR)
- High h_{FE}(70~700).
- Excellent Safe Operation Area.

Unit in mm

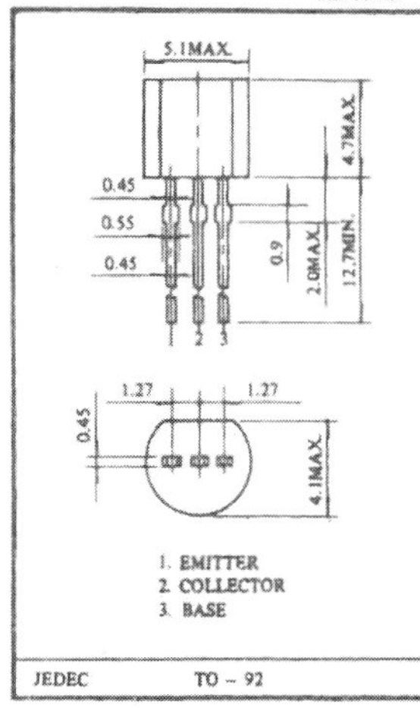

MAXIMUM RATINGS (Ta=25℃)

CHARACTERISTIC	SYMBOL	RATING	UNIT
Collector-Base Voltage	V_{CBO}	60	V
Collector-Emitter Voltage	V_{CEO}	50	V
Emitter-Base Voltage	V_{EBO}	5	V
Collector Current	I_C	150	mA

CHARACTERISTIC	SYMBOL	RATING	UNIT
Emitter Current	I_E	-150	mA
Collector Power Dissipation	P_C	400	mW
Junction Temperature	T_j	125	℃
Storage Temperature Range	T_{stg}	-55~125	℃

ELECTRICAL CHARACTERISTICS (Ta=25℃)

CHARACTERISTIC	SYMBOL	TEST CONDITION	MIN.	TYP.	MAX.	UNIT
Collector Cut off Current	I_{CBO}	$V_{CB}=60V$, $I_E=0$	-	-	0.1	μA
Emitter Cut off Current	I_{EBO}	$V_{EB}=5V$, $I_C=0$	-	-	0.1	μA
DC Current Gain(1)	$h_{FE(1)}$	$V_{CE}=6V$, $I_C=2mA$	70	-	700	-
DC Current Gain(2)	$h_{FE(2)}$	$V_{CE}=6V$, $I_C=150mA$	25	-	-	-
Collector-Emitter Saturation Voltage	$V_{CE(sat)}$	$I_C=100mA$, $I_B=10mA$	-	0.1	0.25	V
Base-Emitter Saturation Voltage	$V_{BE(sat)}$	$I_C=100mA$, $I_B=100mA$	-	-	0.1	V
Transition Frequency	f_T	$V_{CE}=10V$, $I_E=-1mA$	80	-	-	MHz
Output Capacitance	C_{ob}	$V_{CB}=10V$, $I_E=0$, $f=1MHz$	-	2.0	3.0	pF
Base Spreading Resistance	$r_{bb'}$	$V_{CB}=10V$, $I_E=-1mA$, $f=30MHz$	-	50	-	Ω
Noise Figure	NF	$V_{CE}=6V$, $I_C=0.1mA$, $R_g=10kΩ$, $f=1kHz$	-	1.0	10	dB

NOTE: According to h_{FE}(1), Classified as follows

O	70-140	Y	120~240	GR	200~400	BL	350~700

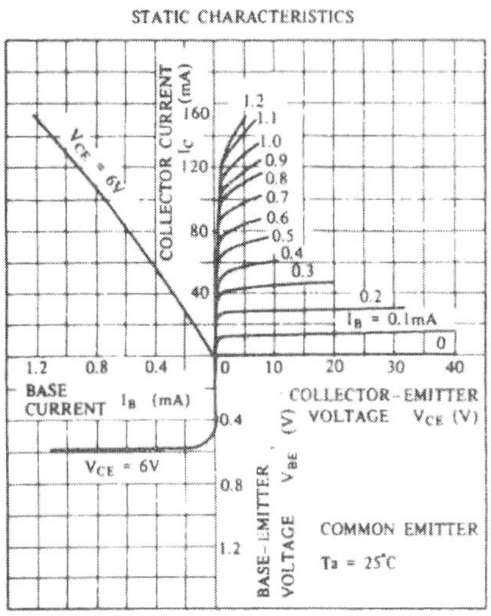

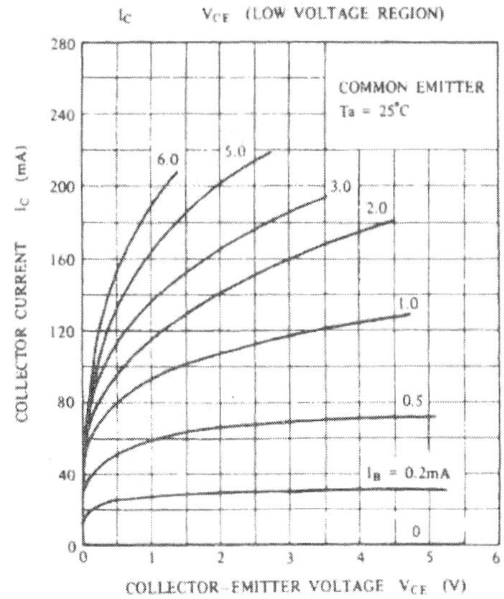

5. OP엠프 IC

1) 1회로들이 OP앰프

주요OP앰프	8핀 DIP(Top View)	Metal Can(Top View)
범용 : μA741 BI-FET : LF351 TL071 J-FET입력 : OPA100	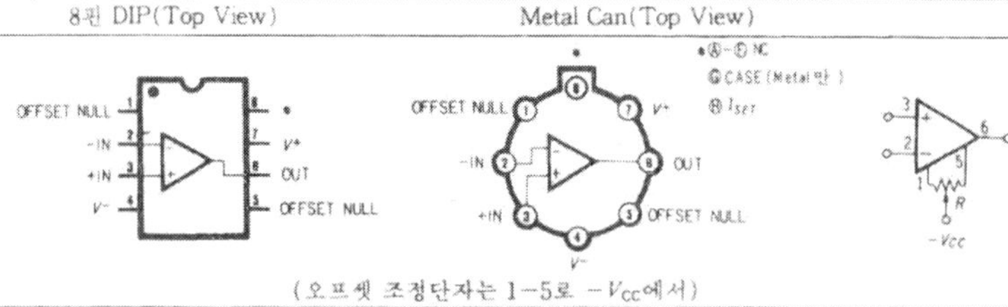	

(오프셋 조정단자는 1−5로 $-V_{CC}$에서)

Ⓐ 범 용(R : 10kΩ)		Ⓑ BI-FET(R : 10kΩ)		Ⓒ BI-FET(R : 100kΩ)
8핀 DIP	Metal Can	8핀 DIP	Metal Can	8핀 DIP
μA741TC LM741CN MC1741CPI μA741CP μPC151C μPC741C TA7504P HA17741PS MB3609	μA741HC LM741CH MC1741CG μPC151A	LF351N LF441CN LF411CN LF13741N TL091P CA081E CA3420AE	LF351H LF441CH LF411CH LF13741H CA081CS CA3420AS AD547H	μPC801C/4081C TL071P TL081P HA17080PS
				Ⓓ BI-FET(R : 250kΩ)
				8핀 DIP
				TL061P

Ⓔ 고속(R : 10kΩ)	Ⓕ 고속(R : 100kΩ)	Ⓖ J-FET입력(R : 10kΩ~100kΩ)		Ⓗ Low Power(R : 100kΩ)	
8핀 DIP	Metal Can	8핀 DIP	Metal Can	8핀 DIP	Metal Can
NE530N NE531N	NE538N	OPA100G	OPA100M OPA103M OPA104M	LM4250CN μPC802C/4250C NJM4250D	LM4250CH

주요OP앰프	8핀 DIP(Top View)
BI-FET : **LF356** 고속 : **LM318** C-MOS : **ICL7611**	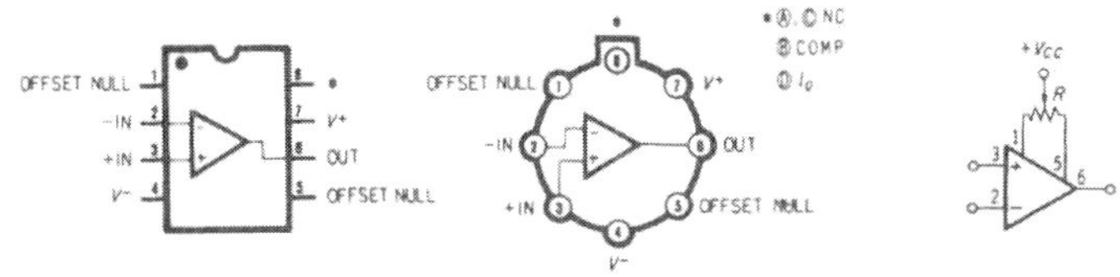 (오프셋 조정단자는 1−5로 $+V_{CC}$에서)

Ⓐ BI-FET(R : 25kΩ)		Ⓑ 고 속(R : 200kΩ)		Ⓒ BI-FET(R : 10kΩ)	
8핀 DIP	Metal Can	8핀 DIP	Metal Can	—	Metal Can
LF356N	LF356H	LM318N	LM318H		OP15J
LF357N	LF357H	LM318P	AD518H		OP16J
μPC806C					OP17J
μPC365C		μPC159C/318C	μPC159D	Ⓓ C-MOS	
μPC807C		HA17715G		8핀 DIP	Metal Can
μPC357C				ICL7611CPA	ICL7611CTY
				ICL7612CPA	ICL7612CTY
				ICL7613CPA	ICL7613CTY
				TLC271	

주요OP앰프	8핀 DIP(Top View) Metal Can(Top View)
고정도 : **μA725** **OP05** **OP27** **LM11**	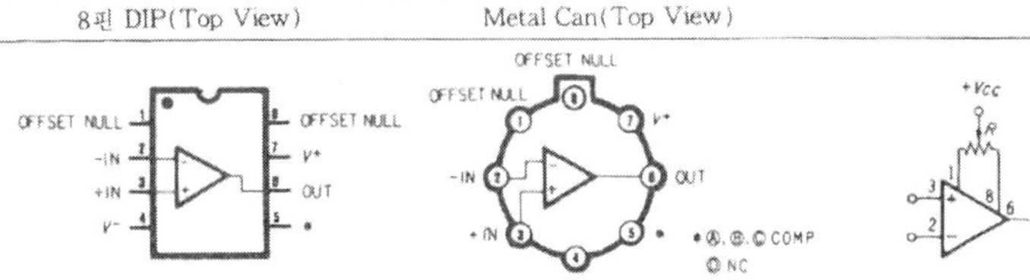 (오프셋 조정단자는 1−8로 $+V_{CC}$에서)

Ⓐ(R : 100kΩ)		Ⓓ (R : 10kΩ)	
8핀 DIP	Metal Can	8핀 DIP	Metal Can
μA725RC	μA725HC	OP05P	OP05J
LM725CN	LM725CH	**OP07P**	OP07J
μPC154D	μPC154A		ADOP07H
NE5534D		**μPC254D**	μPC254A
NE5534D		**OP27Z**	OP27J
Ⓑ (R : 10kΩ)		**OP37Z**	OP37J
	AD504H	**OPA27Z**	OPA27J
Ⓒ (R : 1kΩ~100kΩ)		OPA27Z	OPA27J
LM11CN	LM11CH		

2) 2회로들이 OP앰프

주요OP앰프	8핀 DIP(Top View)	TO99Metal Can(Top View)
RC4558 **TL072** **LM358** **NE5532**	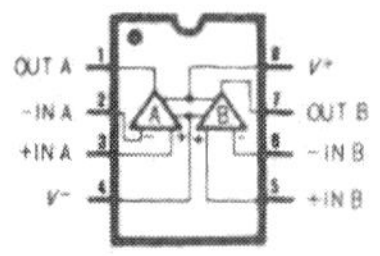	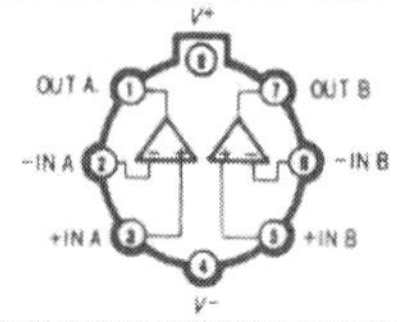

범용, 단일전원		범용		BI-FET	
8핀 DIP	Metal Can	8핀 DIP	Metal Can	8핀 DIP	Metal Can
LM358N LM2904N LM358N LM2904P NE532N μPC1257C μPC358C TA75358P HA17904PS LA6358 AN6561 AN6562 NJM2904D	LM358H LM2904H	RC4558 TL4558P μPC258C μPC4558C TA75558P LA6458D AN6552 AN6553 NJM4558D		LF353N LF412CN LF442CN TL062P TL072P TL082P μPC803C μPC4082C HA17082PS NJM082D CA082E	LF353H LF412CH LF442CH
C-MOS		로 노이즈, 하이 스피드			
ICL7621CPA TLC272 TLC27M2 TLC27L2	ICL7621CTY	NE5532N NE5532P LM833N μPC4556C NJM4556M			

3) 4회로들이 OP앰프

주요OP앰프	범용 14핀 DIP(Top View)
LM324 **TL084**	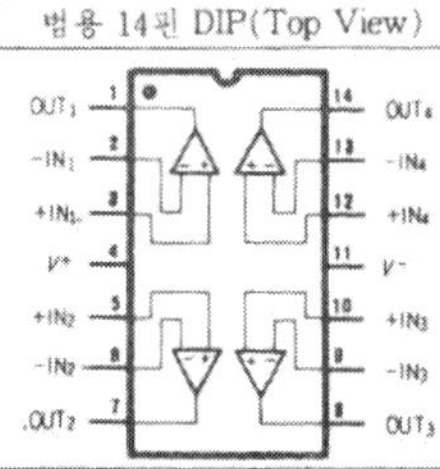

범용(단일전원)	BI-FET	C-MOS
LM324N LM2902N LM324P LM2902P μPC451C μPC324C TA75902P HA17902P MB3614 NJM2902	LF347N LF444CN TL064P TL074P TL084P μPC804C μPC4084 HA17084P NJM064D	TLC274 TLC27M4 TLC27L4

6. PM-741 COMPENSATED OPERATIONAL AMPLIFIER

1) FEATURES

- Industry Standard 741 Specifications
- Internal Frequency Compensation
- Continuous Short-Circuit Protection
- Silicon-Nitride Passivation
- Low Noise

2) ORDERING INFORMATION

TA = +25℃ VOS MAX (mV)	PACKAGE TO-99	OPERTING TEMPERATURE RANGE
6.0	PM741CJ	COM
Burn-in is available on commercial and industrial temperature range parts in Cer DIP, plastic DIP, and TO-can packages. For ordering information, see PMI's Data Book, Section 2. Also available with JAN 38510 processing. Refer to 10101 slash sheet for electrical/processing parameters.		
	MIL-M-38510-10101BGA	PM741AJ5
	MIL-M-38510-10101BGC	PM741AJ1
	MIL-M-38510-10101SGA	PM741"S"AJ5*

* Undergoing Part I qualification. Consult PMI for availability

3) GENERAL DESCRIPTION

The PM-741 series of internally-compensated operational amplifiers provide industry-standard industry-standard 741 specifications. In addition, Precision Monolithics' exclusive Silicon-Nitride "Triple Passivation"

process provides high reliability and long-term stability of parameters. For higher performance general purpose op amps, refer to the OP-02 data sheet. See the OP-04/OP-14 data sheet for duals.

4) PIN CONNECTIONS

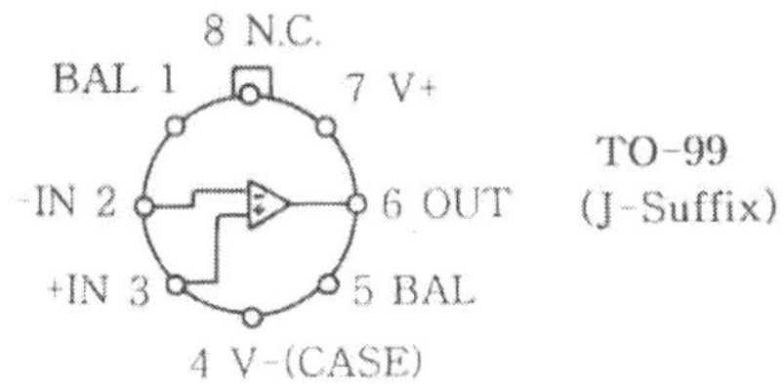

5) SIMPLIFIED SCHEMATIC

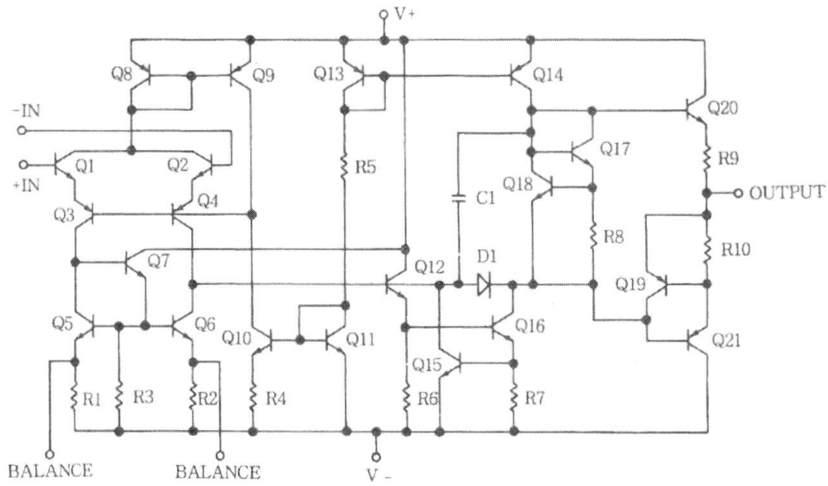

6) ABSOLUTE MAXIMUM RATINGS (Note 1)

Supply Voltage : ±18[V] Differential Input Voltage : ±30[V]

Input Voltage : Supply Voltage Output Short-Circuit Duration : Indefinite

Storage Temperature Range : −65℃ to +150℃

Lead Temperature Range (Soldering, 60 sec) : +300℃

Operating Temperature Range : 0℃ to +70℃

PACAGE TYPE	Θ_{JA} (Note 1)	Θ_{JC}	UNITS
TO-99(J)	150	18	℃/W

Note : 1. Θ_{JA} is specified for worst case mounting conditions, i.e., Θ_{JA} is specified for device in socket for TO Package.

7) ELECTRICAL CHARACTERISTICS

at TA=25℃, VS=±15[V], unless otherwise noted.

PARAMETER	SYMBOL	CONDITIONS	PM-741 MIN	PM-741 TYP	PM-741 MAX	PM-741C MIN	PM-741C TYP	PM-741C MAX	UNITS
Input Offset Voltage	V_{OS}	$R_S \le 10[k\Omega]$	-	-	5.0	-	-	6.0	mV
Input Offset Current	I_{OS}		-	-	200	-	-	200	nA
Input Bias Current	I_B		-	-	500	-	-	500	nA
Input Resistance	R_{IN}	(Note 1)	0.3	-	-	0.3	-	-	MΩ
Large-Signal Voltage Gain	A_{VO}	$R_L \ge 2[k\Omega]$ $V_O = \pm 10[V]$	50,000	-	-	25,000	-	-	V/V
Supply Current	I_{SY}	$V_{OUT} = 0$	-	-	2.8	-	-	2.8	mA

8) ELECTRICAL CHARACTERISTICS

at −55℃≤TA≤+125℃ for PM741, 0℃≤TA≤+70℃ for PM741C, VS=±15[V], unless otherwise noted.

PARAMETER	SYMBOL	CONDITIONS	PM-741			PM-741C			UNITS
			MIN	TYP	MAX	MIN	TYP	MAX	
Input Offset Voltage	V_{OS}	$R_S \leq 10[k\Omega]$	–	–	6.0	–	–	7.5	mV
Input Offset Current	I_{OS}		–	–	500	–	–	300	nA
Input Bias Current	I_B		–	–	1.5	–	–	0.8	μ A
Large-Signal Voltage Gain	A_{VO}	$R_L \geq 2[k\Omega]$ $V_O = \pm 10[V]$	25,000	–	–	15,000	–	–	V/V
Output Voltage Swing	V_O	$R_L \geq 10[k\Omega]$ $R_L \geq 1[k\Omega]$	±12 ±10	– –	– –	±12 ±10	– –	– –	V
Input Voltage Range	IVR		±12	–	–	±12	–	–	V
Common-Mode Rejection Ratio	CMRR	$V_{CM} = \pm 10[V]$	70	–	–	70	–	–	dB
Power Supply Rejection Ratio	RSRR	$R_S \geq 10[k\Omega]$	–	–	142	–	–	142	μ V/V

NOTE : 1. Guaranteed by design

TYPICAL OFFSET NULLING CIRCUIT

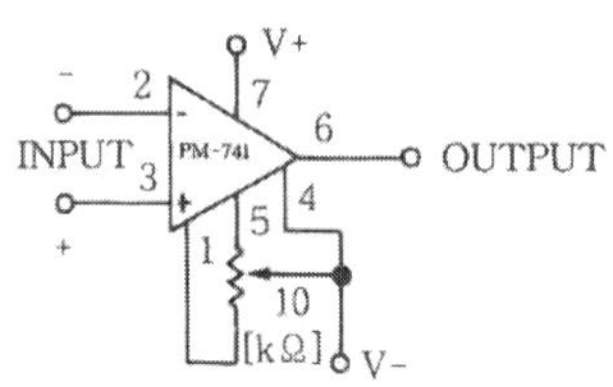

TYPICAL BURN-IN CIRCUIT

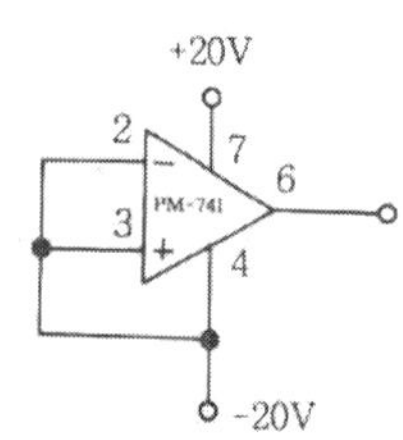

대학 기초실험

7판 2쇄 2024년 3월 4일

저 자 최승덕/최영희/김남호/백관현/문현욱
발행인 송광헌
발행처 복두출판사
주 소 서울특별시 영등포구 경인로82길 3-4
센터플러스 807호
(우) 07371
전 화 02-2164-2580
F A X 02-2164-2584
등 록 1993. 11. 22. 제 10-902 호

정가 : 28,000원
ISBN : 979-11-6675-224-7 93560

한국과학기술출판협회 회원사